教育部职业教育与成人教育司推荐教材
中等职业教育技能型紧缺人才教学用书

金属件制作与安装

（建筑装饰专业）

主编　肖　阳
主审　纪士斌　高　梅

中国建筑工业出版社

图书在版编目（CIP）数据

金属件制作与安装/肖阳主编. —北京：中国建筑工业出版社，2006

教育部职业教育与成人教育司推荐教材

中等职业教育技能型紧缺人才教学用书. 建筑装饰专业

ISBN 7-112-08083-5

Ⅰ. 金… Ⅱ. 肖… Ⅲ. ①金属结构-结构构件-制作-专业学校-教材②金属结构-结构构件-安装-专业学校-教材 Ⅳ. TU39

中国版本图书馆 CIP 数据核字（2006）第 061228 号

本教学用书是根据《中等职业学校技能型紧缺人才培养培训指导方案》和建筑装饰专业“教育标准”与“培养方案”的要求编写的。

本教材按照建筑装饰行业中常见金属件的制作与安装所需的基本技能及相应专业知识安排编写内容，遵照掌握操作技能适应对应岗位需要为主线的原则，原理性的知识只作简要介绍。全书内容包括8个单元：绪论，建筑装饰常用金属材料，建筑构件的钳工制作技术，金属构件的切割与表面、切口等处理装修施工机具，建筑装饰金属构件施工常用焊接技术，不锈钢装饰制作安装，金属幕墙制作安装，铝合金门窗的制作安装。本书主要作为中等职业学校技能型紧缺人才培养培训建筑装饰专业的教学用书，也可供建筑装饰工程技术人员参考使用。

* * *

责任编辑：朱首明 陈 桦

责任设计：董建平

责任校对：张树梅 张 虹

教育部职业教育与成人教育司推荐教材

中等职业教育技能型紧缺人才教学用书

金属件制作与安装

（建筑装饰专业）

主编 肖 阳

主审 纪士斌 高 梅

*

中国建筑工业出版社出版（北京西郊百万庄）

新华书店总店科技发行所发行

霸州市顺浩图文科技发展有限公司制版

北京富生印刷厂印刷

*

开本：787×1092毫米 1/16 印张：15¼ 字数：371千字

2006年8月第一版 2006年8月第一次印刷

印数：1—2500册 定价：**22.00**元

ISBN 7-112-08083-5

（14037）

（邮政编码 100037）

本社网址：http://www.cabp.com.cn

网上书店：http://www.china-building.com.cn

出版说明

为深入贯彻落实《中共中央、国务院关于进一步加强人才工作的决定》精神，2004年10月，教育部、建设部联合印发了《关于实施职业院校建设行业技能型紧缺人才培养培训工程的通知》，确定在建筑（市政）施工、建筑装饰、建筑设备和建筑智能化四个专业领域实施中等职业学校技能型紧缺人才培养培训工程，全国有94所中等职业学校、702个主要合作企业被列为示范性培养培训基地，通过构建校企合作培养培训人才的机制，优化教学与实训过程，探索新的办学模式。这项培养培训工程的实施，充分体现了教育部、建设部大力推进职业教育改革和发展的办学理念，有利于职业学校从建设行业人才市场的实际需要出发，以素质为基础，以能力为本位，以就业为导向，加快培养建设行业一线迫切需要的技能型人才。

为配合技能型紧缺人才培养培训工程的实施，满足教学急需，中国建筑工业出版社在跟踪"中等职业教育建设行业技能型紧缺人才培养培训指导方案"（以下简称"方案"）的编审过程中，广泛征求有关专家对配套教材建设的意见，并与方案起草人以及建设部中等职业学校专业指导委员会共同组织编写了中等职业教育建筑（市政）施工、建筑装饰、建筑设备、建筑智能化四个专业的技能型紧缺人才教学用书。

在组织编写过程中我们始终坚持优质、适用的原则。首先强调编审人员的工程背景，在组织编审力量时不仅要求学校的编写人员要有工程经历，而且为每本教材选定的两位审稿专家中有一位来自企业，从而使得教材内容更为符合职业教育的要求。编写内容是按照"方案"要求，弱化理论阐述，重点介绍工程一线所需要的知识和技能，内容精炼，符合建筑行业标准及职业技能的要求。同时采用项目教学法的编写形式，强化实训内容，以提高学生的技能水平。

我们希望这四个专业的教学用书对有关院校实施技能型紧缺人才的培养具有一定的指导作用。同时，也希望各校在使用本套书的过程中，有何意见及建议及时反馈给我们，联系方式：中国建筑工业出版社教材中心（E-mail：jiaocai@cabp.com.cn）。

中国建筑工业出版社

2006年6月

前言

本教材是根据《中等职业学校技能型紧缺人才培养培训指导方案》和建筑装饰专业“教育标准”与“培养方案”的要求编写的。

本教材按照建筑装饰行业中常见金属件的制作与安装所需的基本技能及相应专业知识安排编写内容，遵照掌握操作技能适应对应岗位需要为主线的原则，原理性的知识只作简要介绍。

全书共分8个单元，均由攀枝花市建筑工程学校教师编写：主编肖阳，副主编鲁力，参编严光鹏、潘高峰。其中单元1、2、3、4由肖阳编写；单元5、7由鲁力编写；单元6由严光鹏编写；单元8由肖阳和潘高峰共同编写。

本教材在编写过程中，参阅了相关著作、教材和资料，得到很大的帮助。主审纪士斌、高梅两位同志提出了许多宝贵意见，在此一并表示感谢！

由于编者水平有限，加之时间仓促，书中如有不妥之处，敬请读者批评指正。

目　录

单元1　绪　论

课题1　金属材料在建筑装饰中的应用

随着我国经济的进一步发展和人民生活水平的不断提高，室内室外装饰工程使用的装饰材料也越来越丰富多彩，通过它实现保护结构、装饰美化和改善工作、生活条件的功能，而其中的金属装饰材料是装饰工程的最重要表现手段之一。它以其色彩光辉、质感轻巧活泼、力度适中等特性表现了非凡的艺术魅力。与其他建筑材料相比，金属材料还能承受较大的各种荷载，能熔铸成各种制品或轧制成各种型材。

在现代建筑装饰工程中，使用的金属装饰材料品种繁多，有钢铁、铝、铜及其合金。它们的特点是使用寿命长、轻盈、易加工、表现力强。这些特点是其他材料所无法比拟的，由此赢得人们的喜爱并得到广泛的应用。例如：高层建筑的金属幕墙、铝合金门窗及其五金、围墙、栅栏、阳台、楼梯、入口、墙面、柱面等等都是采用各种金属材料制成的。

课题2　金属件制作与安装工艺的发展

随着建筑材料的发展，建筑装饰用金属件制作与安装方法也在进步，这主要体现在如下两个方面：

1.1　电动机械的广泛使用

现代装饰工程施工中广泛使用电钻、电动冲击钻、电锤、电动曲线锯、电剪刀、电动角向钻磨机、型材切割机、风动锯、风动冲击锤、风动打钉枪、风动拉铆枪等对装饰材料进行加工制作与安装，提高了生产率和装饰施工质量。

1.2　各种金属型材和板材的应用

国外用作建筑装饰的金属材料向金属板材和型材方向发展，我国现在也已开始应用，其中型材已得到广泛使用。如有铝质装饰板及型材、铜浮雕艺术装饰板、不锈钢板及型材、彩色压型钢板等，满足了人们生活工作各种更高的装饰需要。

单元2 建筑装饰常用金属材料

知 识 点：了解金属材料的机械性能和工艺性能。

教学目标：能识别各种装饰用金属材料的类别。

课题1 金属材料的性能

金属材料的性能分为使用性能和工艺性能：金属材料在使用过程中所表现出来的性能称为使用性能，如物理、化学、机械性能。使用性能的好坏，决定材料的使用范围和寿命。从装饰的艺术性来看，更重视其质感、线型和色彩等特性。在加工制造过程表现出的性能称为工艺性能，如冷弯性能和焊接性能等，它直接影响金属件的制作与安装难易程度。

1.1 金属材料的机械性能

机械性能也称金属的力学性能。它包括强度、硬度、弹性、塑性、韧性与疲劳。金属材料比一般的其他材料有更好的力学性能，用作建筑装饰一般能够满足力学性能的要求。

1.1.1 强度

金属材料在外力作用下抵抗变形或破坏的能力，称为强度。材料的强度越高，抵抗外力使其变形或破坏的能力就越强。强度用材料单位面积上的承载能力来表示大小，如120MPa。

1.1.2 硬度

金属材料抵抗比其更硬的物体压入或局部破坏的性能称为硬度。金属材料的硬度在使用中直接表现为表面耐磨性，它较之其他材料更耐磨。

1.1.3 塑性与弹性

金属材料在外力作用下产生两种变形：一种是弹性变形，另一种是塑性变形。当外力消除后能还原的变形叫弹性变形，不能还原的变形叫塑性变形。在外力作用下产生弹性变形而不被破坏的能力，称为弹性；产生永久变形而不被破坏的能力，称为塑性。金属材料根据塑性的好坏一般分为塑性材料和脆性材料。材料的塑性在加工中表现为易于通过变形成型，在使用中塑性好就是不易脆断，比如玻璃就是脆性大，所以易脆。金属材料一般比其他材料有更好的塑性。塑性一般用材料能拉长的百分比来表示塑性的大小或好坏，如延伸率2%。

在固态下，一般对金属材料加热后其塑性提高；反之，温度降低后其塑性下降。

1.1.4 韧性

金属材料抵抗冲击载荷作用的能力，称为冲击韧性，简称韧性。材料的韧性表现为承受冲击载荷作用时不易断裂的能力。金属材料的韧性一般要比其他材料的韧性大，比如木材，而木材又比玻璃的韧性好。

1.1.5 疲劳

金属材料抵抗交变载荷反复作用的能力，称为疲劳强度，简称疲劳。金属的疲劳强度反映了在交变载荷作用下材料的使用寿命。金属材料的疲劳强度大，表明它在一交变载荷作用下，要比其他疲劳强度小的材料使用更长的时间。

总之，人们总是希望材料的强度、硬度大，塑性韧性好，并且使用寿命长。但是，就一般而言，同一类材料的强度硬度大，塑性韧性就较差一些；反之，塑性韧性好，强度硬度相对就小。

1.2 金属材料的工艺性能

金属材料在加工中的难易程度，称为工艺性。工艺性是材料物理、化学、力学性能的综合反映。按照工艺方法的不同，可分为铸造性、锻造性、焊接性和切削加工性等。

1.2.1 焊接性

金属材料易于用焊接方法连接且不需要附加特殊措施即能获得优良焊接质量的性能，称为可焊性。材料的可焊性不仅与材料本身的性能有关，而且与焊接工艺有关。例如：钢的可焊性就比铸铁的好，而铝合金应用氩弧焊可提高焊接性。

1.2.2 切削加工性

金属的切削加工性，通常是指其被刀具切削加工的难易程度。它与金属材料的硬度、韧性、导热性等因素有关。硬度、韧性高的材料都难于切削。铸铁、黄铜、铝合金等的切削加工性良好，而纯铜、不锈钢的切削加工性则较差。

1.2.3 锻造性

金属材料承受压力加工的工艺性能，称为可锻性。它主要是由金属的塑性决定的，塑性好可锻性就好。如低碳钢就有良好的可锻性，高碳钢、铸铁则难于进行压力加工。

1.2.4 铸造性

金属材料在铸造加工中所表现出来的性能。它包括金属液态时的流动性、冷却凝固时体积收缩性等等特性。铸铁比钢材的铸造性能好。

1.2.5 热处理工艺性

金属材料在固态下，能通过加热、保温和冷却的方法改善其力学性能的性质，称为热处理工艺性。一般而言，金属材料通过热处理，能增加强度、硬度，提高塑性韧性，从而提高材料的使用寿命。

课题2 金属材料的种类特点及应用

金属材料分为黑色金属材料和有色金属材料。黑色金属材料就是钢铁，它是以铁为主的合金材料；有色金属材料是除黑色金属外的所有金属及其合金。

2.1 钢 铁

钢铁主要是铁和碳两种元素组成的合金。此外，钢铁还含有硅、锰、硫、磷等杂质元素。含碳量大于2.11%的铁碳合金称为铸铁；含碳量小于2.11%的铁碳合金称为钢或碳钢；当含碳量小于0.02%时称为工业纯铁。

2.1.1　钢材

钢材的含碳量一般在0.1%～1.4%之间，可分为碳素钢和合金钢。碳对钢的性能影响很大。一般来说，含碳量低，钢的强度、硬度较小，塑性、韧性较大；含碳量高，钢的强度、硬度较大，塑性、韧性降低。钢中的杂质硅（Si）、锰（Mn）、硫（S）、磷（P）对其性能也有一定影响。Si、Mn对钢有一定强化作用；S、P一般是有害杂质，S使钢产生热脆，P引起冷脆现象，所以钢中对其要严格限制。

（1）碳素钢

1）按含碳量不同划分，碳素钢分为低碳钢、中碳钢和高碳钢。

低碳钢——含碳量小于0.25%。它的特点是强度低，塑性和可焊性及可锻性好，应用于制作金属结构和机械零件。

中碳钢——含碳量在0.25%～0.60%之间。它的特点是具有较高的强度，塑性和可焊性较差，应用于制作金属结构和机械零件。

高碳钢——含碳量大于0.60%。它的特点是塑性和可焊性较差，但强度和硬度较高，一般用来制作各种工具。

2）按照质量来分，分为普通钢、优质钢和高级优质钢。

普通钢——含硫≤0.050%，含磷≤0.045%；

优质钢——含硫≤0.035%，含磷≤0.035%；

高级优质钢——含硫≤0.020%，含磷≤0.030%。

3）按照用途来分，可分为结构钢和工具钢。

（a）结构钢　这类钢主要用来制作各种机器零件和工程构件。在碳钢中，它一般是低碳钢和中碳钢。

（b）工具钢　这类钢主要用来制作各种量具、刃具和模具等。在碳钢中，它一般为高碳钢。

4）碳钢的牌号、性能和用途

（a）碳素结构钢　碳素结构钢的牌号由代表其屈服点的字母、屈服强度值、质量等级符号、脱氧方法符号4个部分依次表示。

其中：质量等级共有4级，分别为A（含S≤0.050%，含P≤0.045）、B（含S≤0.045%，含P≤0.045）、C（含S≤0.040%，含P≤0.040）、D（含S≤0.035%，含P≤0.035）；脱氧方法符号分别为“F”表示钢水浇铸时脱氧不完全的沸腾钢，“b”表示半镇静钢，“Z”表示镇静钢，“TZ”表示特殊镇静钢（通常钢号中“Z”和“TZ”符号可省略）。

举例：Q215-A·F，牌号中“Q”代表钢材屈服点，“215”表示屈服强度≥215MPa，“A”质量等级是A级，“F”沸腾钢。

碳素结构钢的应用范围：Q195、Q215-A有较高的延伸率和较低的强度，主要用来制造铆钉、地脚螺钉和受力不大的结构件如钢门钢窗；Q235-A、Q255-A强度较高，用来制作钢筋、钢板和不重要的机械零件；Q235-B、Q255-B、Q275质量较好，可用来制作建筑用质量要求较高的焊接结构件；Q235-C、Q235-D质量好，用作重要焊接结构件。

（b）优质碳素结构钢　优质碳素结构钢的牌号用钢中平均含碳量的万分数的两位来

表示。如$45^{\#}$钢，表示含碳量为万分之四十五，即0.45%的优质碳素结构钢；若钢中锰含量（0.9%～1.20%）较高时，两位数后加锰元素符号Mn，例如65Mn；如为沸腾钢，在后加“F”，例如08F。

优质碳素结构钢的应用范围：08F钢含碳量低，塑性好，强度低，用来制作冷轧板或钢带，可制作外壳、容器和罩子等；10～25号钢具有良好的冷冲压性和焊接性，常用来制造受力不大、韧性要求较高的冲压件和焊接件，如螺栓、螺钉、螺母和焊接容器等。

(c) 碳素工具钢　碳素工具钢的含碳量为0.65%～1.35%。按照质量可分为优质碳素工具钢（含S≤0.030%，含P≤0.035%）和高级优质碳素工具钢（含S≤0.020%，含P≤0.030%）。它的牌号用“T”后加平均含碳量的千分数表示，如为高级工具钢，在牌号末尾加“A”。

举例：T7表示优质碳素工具钢，平均含碳量为0.7%；T10A表示高级优质碳素工具钢，平均含碳量为1.0%。

碳素工具钢的应用范围：T7常用来制作凿子、木工工具等；T8常用来制作木工工具、剪切金属用剪刀等；T10、T11常用来制作车刀、钻头、手锯锯条等；T12、T13常用来制作锉刀、刮刀、刻字刀和量具等。

(2) 合金钢

在碳钢的冶炼过程中，加入一种或多种一定量的合金元素所炼得的钢，称为合金钢。常用的合金元素有：硅（Si）、锰（Mn）、铬（Cr）、镍（Ni）、钼（Mo）、钒（V）、钨（W）、钛（Ti）、铌（Nb）和稀土元素（Re）等。加入这些合金元素后，能改善钢的物理、化学、力学和工艺等性能。加入的合金元素不同，改善的性能也不同。如：加入Si、Mn能提高钢的强度和耐磨性，加入Cr、Ni能提高钢的耐腐蚀性和抗氧化性等。

1) 合金钢的分类

按照合金钢的用途不同，将其分为合金结构钢、合金工具钢和特殊性能钢三大类；按照合金元素的含量不同，又分为低合金钢（合金总含量≤5%）、中合金钢（5%<合金总含量<10%）和高合金钢（合金总含量≥10%）；按照合金元素种类不同，分为铬钢、锰钢、铬镍纲和锰钒硼钢等。

2) 合金钢的牌号、性能和用途

(a) 合金结构钢　合金结构钢的牌号采用“数字＋化学元素符号＋数字”的方法表示。前一个数字表示钢中平均含碳量的万分数，化学元素符号表示加入的合金元素，元素符号后的数字表示该合金元素含量的百分数（含量小于1.5%时可不标出，含量约2%、3%、4%……分别用2、3、4……表示）。例如：60Si2Mn，表示平均含碳量为0.6%、硅含量为2%左右、锰含量小于1.5%的合金结构钢。如为高级优质合金钢，在牌号最后加“A”，如50CrVA。

合金结构钢的应用范围：09MnV是低合金结构钢，其具有良好的焊接性能、塑性和韧性，可用来制作建筑金属结构件、容器等；12MnV可用来制作一般金属结构件及机械零件；65Mn等可用来制作弹簧，等等。

(b) 合金工具钢　合金工具钢用来制造各种刀具、量具和模具等。它的编号方法与合金结构钢相似。不同点：钢中含碳量<1%时，用含碳量的千分数表示；含碳量≥1%时，不标出。例如：9SiCr，表示平均含碳量为0.9%，硅、铬含量均小于1.5%的合金工

具钢；Mn2V，表示平均含碳量≥1.0%，锰含量约2%，钒含量小于1.5%的合金工具钢。

合金工具钢的应用范围：9SiCr用作要求耐磨性高、切削速度低的刃具，如钻头、铰刀等；8MnSi可制作锯条和切削金属刀具；9Cr2可制作钢印、冲孔凿及木工工具等；W6Mo5Cr4V2高速工具钢，用来制作高速切削的刃具，如车刀、钻头等。

(c) 特殊性能钢　特殊性能钢具有特殊的物理、化学和力学性能，如不锈钢、耐热钢和耐磨钢等。建筑装饰中用得最多的是不锈钢。

不锈钢的牌号表示与合金工具钢相似。不同点是：当含碳量小于或等于0.08%时，牌号前面加“0”；当含碳量小于或等于0.030%时，牌号前面加“00”。例如：0Cr18Ni11Ti、00Cr17Ni14Mo2等。

不锈钢的应用范围：1Cr13是铬不锈钢，可制作一般用途刃具类；7Cr17制作刃具和量具等；1Cr17制作重油燃烧器部件和家用电器部件等；0Cr18Ni9、1Cr18Ni9属铬镍不锈钢，在常温或低温下具有较高的塑性和韧性，焊接性能好，无磁性，可用作建筑装饰部件等材料。

(3) 成品半成品钢材的分类

钢铁经冶炼出厂后，根据工程的需要，一般还要进行再加工，形成成品或半成品钢材。这些钢材在建筑装饰中应用的主要有型钢、线材、钢板（分薄和中厚）、钢带、优质型材、不锈钢管、无缝钢管和接缝钢管等8种。

1) 型钢

型钢分为3种：大型型钢、中型型钢和小型型钢。

大型型钢——圆钢、方钢、六角钢、八角钢（直径或对边距离≥81mm），扁钢（宽度≥101mm），工字钢、槽钢（高度≥180mm），等边角钢（边宽度≥100～150mm）。

中型型钢——圆钢、方钢、六角钢、八角钢（直径或对边距离≥38～80mm），扁钢（宽度≥60～100mm），工字钢、槽钢（高度＜180mm），等边角钢（边宽度≥50～149mm），不等边角钢（边宽≥40mm×60mm～99mm×149mm）。

小型型钢——等边角钢（边宽度≥20～49mm），不等边角钢（≥20mm×30mm～39mm×59mm），异型断面钢（其他特殊端面型钢如钢窗用等）。

2) 线材

线材有断面直径为5～9mm的盘条及直条线材（热轧成型）。它包括普通线材和优质线材（拉丝机冷拉钢丝不在其中）。

3) 薄、中厚钢板

当钢材厚度≤4mm时的钢板为薄钢板。它包括镀层薄钢板，如镀锌、镀锡和镀铝等薄钢板及不锈钢板等。

当钢材厚度＞4mm时的钢板为中厚钢板。它分为普通厚钢板（普通碳素钢钢板、低合金结构钢钢板、花纹钢板等）和优质钢板（碳素结构钢钢板、合金结构钢钢板、弹簧钢钢板、工具钢钢板等）。

4) 钢带

钢带有冷轧和热轧制成成卷供应的长钢板。按照质量和表面镀层，它分为普通钢带、优质钢带和镀锡钢带。

5）优质型材

用优质钢经过热轧、锻压和冷拉而成的各种型钢，如圆、方、扁及六角钢等。它有碳素结构型钢（易切结构钢、冷轧钢等）、碳素工具型钢、合金结构型钢、合金工具型钢、高速工具型钢、特殊用途型钢及工业纯铁等等。

6）钢管

钢管有不锈钢管、无缝钢管（包括冷轧、热轧和冷拨的无缝钢管及镀锌无缝钢管）、接缝钢管（包括焊接钢管和镀锌焊接钢管等）。

2.1.2 铸铁

铸铁含有较多的硅、锰、硫、磷等杂质元素，但由于它成本低且具有良好的减振性、耐磨性、铸造性和切削加工性等特点，也得到广泛应用。在建筑装饰中，可用铸铁制作楼梯扶手、阳台栏杆、围墙等金属栏花或栅栏。

根据碳在铸铁中的存在形式，铸铁可分为白口铸铁、灰口铸铁和球墨铸铁等。在建筑装饰工程中直接应用灰口铸铁制作金属部件。灰口铸铁的化学成分范围一般为：含碳量2.5%～3.6%，含硅量1.1%～2.5%，含锰量0.6%～1.2%，含硫量≤0.15%，含磷量≤0.3%。

灰口铸铁的牌号用“HT”和其后的一组数字表示。“HT”表示灰口铸铁，后面的数字表示最低抗拉强度（单位MPa），如HT100是最低抗拉强度为100MPa的灰口铸铁。

2.2 有色金属材料

在建筑装饰工程中常用铝合金和铜合金材料。

2.2.1 铝及其合金

在建筑装饰工程中，越来越大量使用铝合金门窗、铝合金吊顶、铝合金隔断、铝合金框架幕墙、铝合金柜台货架商店橱窗和铝合金装饰板等。

(1) 纯铝

纯铝比钢铁密度小很多，是一种轻金属材料（密度不到钢铁的1/2）。它的强度、硬度很低，但塑性很高。工业纯铝的纯度为99.0%～99.8%，有8个牌号，分别用L1、L2、L3、L4、L4-1、L5、L5-1、L6表示。其中序号越大，则纯度越低。它主要用来制作成导电体，如电缆、电线等和某些受力不大的装饰件（制成冷轧板材、热轧板材、挤压棒材、铆钉线材、拉制薄壁管材、挤制厚壁管材）等。

(2) 铝合金

在工业纯铝中冶炼时加入适量的硅、铜、镁、锰等合金元素，可得到高强度的铝合金。铝合金的比强度（强度与其密度之比）高，并有良好的耐蚀性和切削加工性，使用寿命也在20～25年（普通钢板4～7年）。

铝合金按加工方法可以分为铸造铝合金和变形铝合金。

1）铸造铝合金

用来制造铸件的铝合金称为铸造铝合金（简称铸铝）。根据主要合金元素的不同，铸造铝合金可分为4类：即Al-Si系，Al-Cu系，Al-Mg系，Al-Zn系。

铸造铝合金的牌号：“ZL”加三位数字表示。第一位数字区别合金类别——“1”表示铝硅系，“2”表示铝铜系，“3”表示铝镁系，“4”表示铝锌系；第二、三位数字表示合金的顺序号（同一系中加入的合金元素含量不同，形成同一系的不同牌号）。如 ZL101 和 ZL102 是铸造铝硅合金，102 比 101 含硅多；ZL203 是铜铝合金；ZL301 是铝镁合金；ZL401 是铝锌合金。

铸造铝合金的用途：ZL401 可制作日用品等。

2）变形铝合金

通过冲压、冷弯、辊轧等工艺使其组织、形状发生变化的铝合金，称为变形铝合金。它分为“不能热处理强化的铝合金”和“能热处理强化的铝合金”两大类。

(a) 不能热处理强化的铝合金　这类合金主要是 Al-Mn 系、Al-Mg 系合金。它的特点是具有很高的抗蚀性，所以也称其为防锈铝合金。另外，它还有良好的塑性和焊接性能，强度较低，只有通过冷变形加工使其强化。

防锈铝的牌号：用“LF”加顺序号表示，如 LF5、LF10 等。

防锈铝的用途：LF2、LF3 可制成冷轧板材、热轧板材、挤压棒材、铆钉线材、拉制薄壁管材、挤制厚壁管材；LF10 制成铆钉线材；LF12 制成挤压棒材，等等。

(b) 能热处理强化的铝合金　这类合金一般含有两种以上的合金元素。最常用的是 Al-Cu-Mg 系，Al-Cu-Mg-Zn 系和 Al-Cu-Mg-Si 系。它们通过淬火、时效强化等来提高力学性能。

硬铝合金——属于 Al-Cu-Mg 系合金。它在淬火时效状态下有较好的切削加工性，但耐蚀性差。硬铝合金的牌号用“LY”加顺序号表示，如 LY10 等。硬铝合金可制成热轧板材、冷轧板材、铆钉线材、挤压棒材、管材和型材等。

超硬铝合金——属于 Al-Cu-Mg-Zn 系合金。它的强度在铝合金中最高。超硬铝合金的牌号用“LC”顺序号表示，如 LC4 等。它用来制作重量轻且受力较大的结构件，如飞机大梁、起落架、桁架等；也可把 LC3 制成铆钉线材，LC4、LC9 制成挤压棒材、高强度挤压棒材、冷轧板材和热轧板材。

锻铝合金——属于 Al-Cu-Mg-Si 系和 Al-Cu-Mg-Fe 系合金。它具有良好的锻造性能，通过淬火时效处理可获得与硬铝相当的力学性能。锻铝合金的牌号用“LD”加顺序号表示，如 LD2 等。它主要用来制作各种锻件和模锻件，如航空发动机活塞、直升飞机桨片等；也可把 LD2 制成冷、热轧板和挤压棒材，LD5、LD7、LD8、LD9 制成挤压棒材，LD5 还可制成高强度挤压棒材，LD10 制成挤压棒材和高强度挤压棒材。

3）铝合金的表面处理

为了提高铝合金的性能，要对其进行表面处理。经过表面处理后的铝合金耐磨、耐腐蚀、耐光、耐气候性均好，并且色泽也美观。

(a) 阳极氧化处理

一般用硫酸方法。它是通过控制氧化条件和工艺参数，使铝材表面形成比自然氧化膜(厚度小于 0.1μm) 厚得多的氧化膜 (Al_2O_3 层厚 5～20μm)，并进行封孔处理，从而提高了表面硬度、耐磨性、耐腐蚀性等，且光泽、致密的膜层也易于表面着色。

(b) 表面着色处理

经过中和水或阳极氧化后的铝型材，还可进行表面着色处理。着色的方法有自然着色法、金属盐电解着色法、化学浸清着色法、涂漆色和无公害处理法等。经着色处理后的铝合金表面的颜色有：银白色、金色、青铜色、灰色、黑色、蓝色等。

2.2.2 铜及其合金

铜在地球上的储量较少，所以它比铝的价格要高。在工业上使用的铜及铜合金主要有工业纯铜、黄铜和青铜。它们可以用作生活用品，如宗教祭具、货币和装饰品等。

(1) 纯铜

纯铜是一种玫瑰红色的金属，表面形成氧化铜膜后，外观呈紫红色，故称紫铜。它是通过电解方法获得的，也称电解铜。它具有较好的延展性和加工性和耐蚀性，并且不能通过热处理强化，但能通过冷加工变形强化。工业中使用的纯铜叫工业纯铜，含铜量为99.5%～99.95%，它比普通钢重约15%。

工业纯铜的牌号用“T”加顺序号表示，只有三个牌号T1、T2、T3，序号越大，纯度越低。

纯铜广泛用于制造电线、电缆、电刷、铜管及铜合金原料。

(2) 铜合金

在铜中加入锌、锡等元素冶炼成铜合金，能提高其强度等性能。按照铜中加入的元素不同，铜合金分为黄铜和青铜等。

1) 黄铜

黄铜是以锌为主要加入元素的铜合金。按照化学成分的不同可分为普通黄铜和特殊黄铜两大类；根据生产方法的不同，又可分为压力加工黄铜和铸造黄铜两大类。

(a) 普通黄铜　铜和锌组成的二元合金，称为普通黄铜。锌加入铜中提高了铜合金的强度、硬度和塑性，并且改善了铸造性能。黄铜的抗蚀性能较好，与纯铜接近。

用于压力加工的普通黄铜的代号：用“H”加数字表示，数字为铜含量的百分数，如H62，表示含铜量为62%，含锌量为38%的普通黄铜。

普通黄铜的应用：压力加工普通黄铜可用来制作成冷轧薄板、薄壁管和线材，还可制成螺钉、螺母、弹簧、金属网和建筑装饰制品等；将黄铜加工成黄铜粉（也称金粉），可用于调制装饰涂料，代替“贴金”。

(b) 特殊黄铜　在铜锌合金中加入铅、锡、铝、锰、硅等合金元素制成特殊黄铜。加入这些合金元素后，能改善黄铜的力学性能、耐蚀性能和一些工艺性能（如切削加工性能、铸造性能等）。特殊黄铜有铅黄铜、锡黄铜、铝黄铜和硅黄铜等。

特殊黄铜的代号用“H＋主加元素＋铜含量＋主加元素含量”表示，如HPb61-1，表示含铜量约61%，含铅量约1%，其余为含锌量约38%的铅黄铜；又如HAl59-3-2，表示含铜量约59%，含铝量约3%，含硅量约2%。用于铸造的特殊黄铜，称为铸造黄铜。它是在铜锌合金的基础上在加入其他不同的合金元素，得到不同的铸造黄铜。它有硅黄铜、铝黄铜和锰黄铜等。它的牌号用“ZCu＋元素符号＋含量百分数”表示，如ZCuZn16Si4表示含锌约16%，含硅约4%，百分余量80%约为含铜量。

特殊黄铜可用来制作机械零件和管接头、管配件等。

2) 青铜

铜和锡的合金称为青铜。但是，在习惯上除黄铜和白铜外的其他铜合金都称为青铜：含锡的的称锡青铜，不含锡的称无锡青铜（或叫特殊青铜）。常用青铜有锡青铜、铝青铜、铍青铜和铅青铜等。青铜一般来说具有较好的耐蚀性和良好的切削加工性等特点。

青铜按照加工方法可分为压力加工青铜和铸造青铜两大类。青铜的代号用“Q＋主加元素符号＋主加元素含量”表示，如 QSn6.5-0.4，表示含锡约 6.5%，含其他约 0.4%，余量含铜约 93.1%的压力加工锡青铜。如为铸造青铜，在代号前加“Z”，如 ZQPb10-10，表示含铅约 10%，含锡约 10%，其余含铜约 80%。

青铜可用来制作铜丝、铜棒、铜管、铜板、弹簧和螺栓等。

实训课题

一、实训内容和课时

1. 实训内容：参观各种建筑装饰金属材料或制作现场。

2. 课时：4 节。

二、实训要求

1. 对各种金属装饰材料建立感性认识。

2. 对金属构件制作现场及使用设备、机具有一定认识。

思考题与习题

1. 金属材料的性能主要有哪些内容？

2. 金属材料的强度、硬度、塑性和韧性的含义是什么？

3. 什么是金属材料的工艺性能？它主要有哪些内容？

4. 钢铁按什么指标可以分为两大类？

5. 钢中的杂质元素中对其有害的主要是哪两个元素，各有什么害处？

6. 钢的质量是由什么决定的？40 号钢和 40A 号钢的质量哪一个好？为什么？

7. 牌号为 Q255-B、65Mn、08F、T12A、60Si2Mn、9SiCr、0Cr18Ni11Ti 的钢的种类、主要元素含量及代号、数字的含义是什么？

8. 成品或半成品钢材有哪些种类？

9. 牌号为 HT150 的金属材料代表什么？

10. 铸造铝合金可分为哪四类？ZL203 是其中的哪一类？

11. 变形铝合金根据什么条件可分为两大类？

12. 铝合金的表面处理是为了什么？

13. ZCuZn16Si4 表示什么铜合金？主要元素含量为多少？

14. 青铜的用途是什么？

单元3 金属构件的钳工制作技术

知 识 点：钳工常用工具和设备的用途；錾削、锯削、锉削、钻孔、矫正和弯形基本知识。

教学目标：会正确选用和操作钳工常用工具和设备；掌握装饰工程中常用金属材料的錾削、锯削、锉削、钻孔、矫正和弯形制作加工的基本方法。

课题1 钳工常用工具和设备

1.1 钳工常用工具

钳工最常用工具有扳手类工具和螺钉旋具。

1.1.1 扳手类工具

(1) 活动扳手

活动扳手主要用来拧紧外六角头、方头螺钉和螺母。它由扳手体、活动钳口和固定钳口等组成，见图3-1。它的规格型号由其长度和最大开口宽度表示：有100×14、150×19、200×24、250×30、300×36、375×46、450×55、600×65（单位：mm）八个规格活动扳手。

选用注意事项：①扳手开口要适合螺母的尺寸，不能选用过大的规格，以免扳坏螺母；②应将开口宽度调整得使钳口与拧紧物的接触面贴紧，以防扭动时脱落，损伤物件；③扳手手柄不能任意加长，以免拧紧力量过大，损坏扳手或拧紧物。

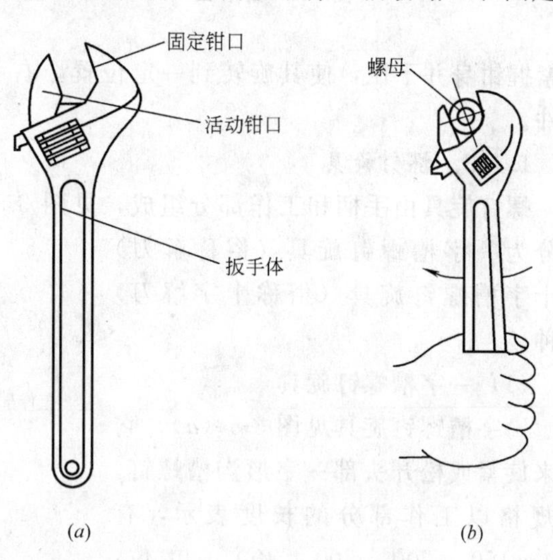

图3-1 活动扳手结构与使用方法
(*a*) 活动扳手结构；(*b*) 活动扳手使用方法

(2) 呆扳手

呆扳手按其结构特点分为单头和双头两种类型，见图3-2。它的用途与活动扳手一样，但由于其开口是固定的，只能用来拧紧对应尺寸的螺母或螺钉。常用双头呆扳手规格表示两端开口宽度，如5.5×7、9×11、24×27（单位：mm）等等。

(3) 内六角扳手

内六角扳手结构见图3-3。它主要用来装拆内六角头螺钉，按对应尺寸选用。其规格用工作头部对边尺寸表示，有3、4、5、6、8、10、12、14（单位：mm）等型号。

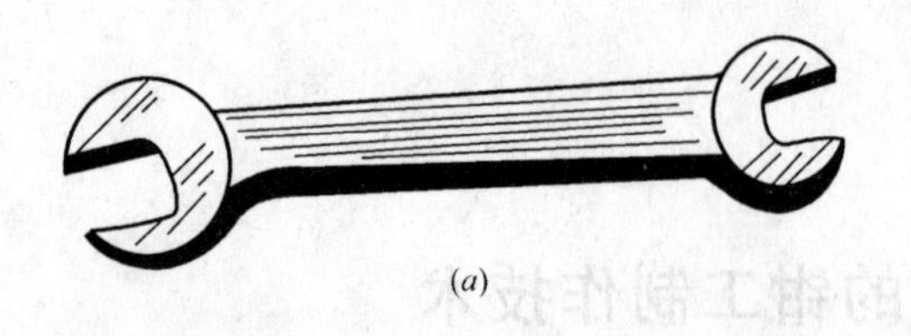
(a)

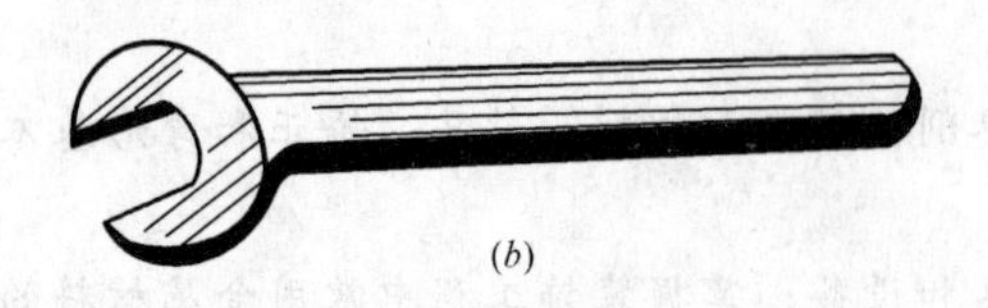
(b)

图 3-2 呆扳手

(a) 双头呆扳手；(b) 单头呆扳手

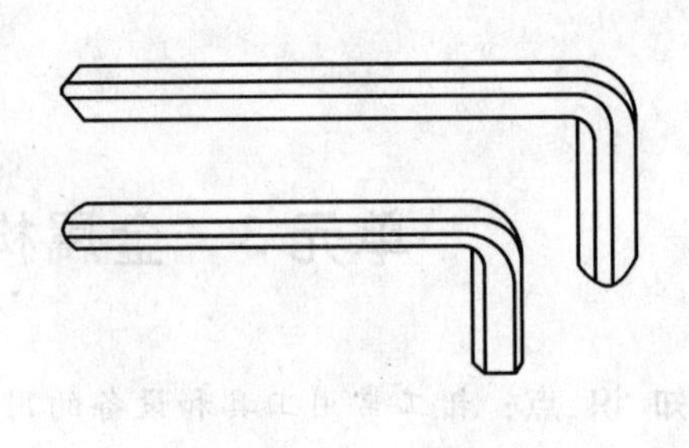

图 3-3 内六角扳手

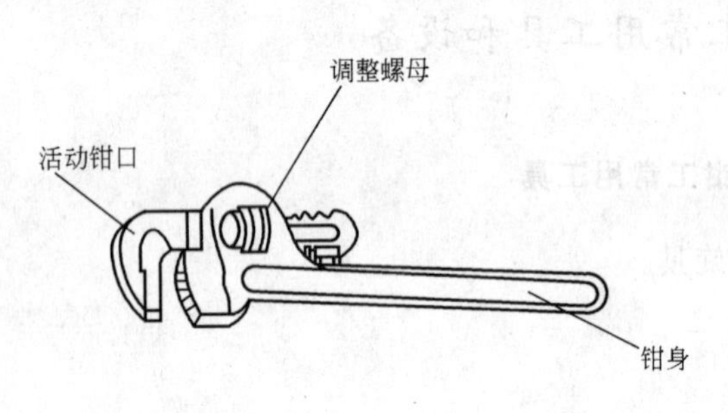

图 3-4 管子钳

(4) 管子钳

管子钳主要用来装拆金属管子或其他圆形工件。它由钳身、活动钳口和调整螺母组成，见图 3-4。其规格用手柄长度和能夹持管子的最大外径表示，有 200 × 25、300 × 40（单位：mm）等型号。

使用注意事项：使用时，活动钳身在左上方，左手压住活动钳口，右手紧握钳身并下压，使其旋转到一定位置，右手再反向回转钳身可重复进行，直到旋紧管件。

1.1.2 螺钉旋具

螺钉旋具由手柄和工作部分组成，见图 3-5。按照工作部分的结构或工作对象不同，可分为一字槽螺钉旋具（俗称解刀）和十字槽螺钉旋具（俗称十字解刀）两种。

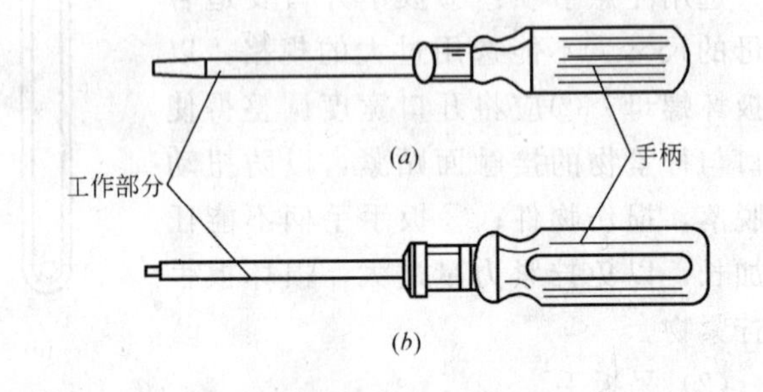

图 3-5 螺钉旋具

(a) 一字槽螺钉旋具；(b) 十字槽螺钉旋具

(1) 一字槽螺钉旋具

一字槽螺钉旋具见图 3-5 (a)。它用来旋紧或松开头部一字形沟槽螺钉。其规格以工作部分的长度表示，有 100、150、200、300、400（单位：mm）等型号。

选用注意事项：①根据螺钉头部一字槽的宽度选择适合规格的旋具；②使用时，左手扶住已放入一字槽内的旋具头部，右手扶住手柄，垂直用力并旋转，直至拧紧或者松开。

(2) 十字槽螺钉旋具

十字槽螺钉旋具见图 3-5 (b)。它用来拧紧或松开头部十字槽螺钉。其规格是用工作部分光杆直径来表示，常见有 2～3.5、3～5、5.5～8、10～12（直径范围，单位：mm）范围的十字解刀。与一字槽螺钉旋具相比，它具有拧紧时头部不易滑出，使用可靠，工作效益高的特点。其使用方法同一字槽螺钉旋具。

1.2 钳工常用设备

钳工工作场所一般有钳工桌、台虎钳、砂轮机、钻床等设备。这里主要介绍台虎钳、砂轮机，钻床在钻孔中介绍。

1.2.1 钳桌与台虎钳

钳桌一般用钢材制成，用来安装台虎钳和放置工具、工件、图样等，其高度为 800～900mm，长度和宽度根据工作需要（如可安装两台或更多台虎钳）而定。为了工作安全，在操作者对面的钳工台上立装有防护网。

台虎钳由两个紧固螺栓固定在钳桌上，用来夹持工件。根据台虎钳是否可以转动，它有固定式（图 3-6*a*）和旋转式（图 3-6*b*）两种。

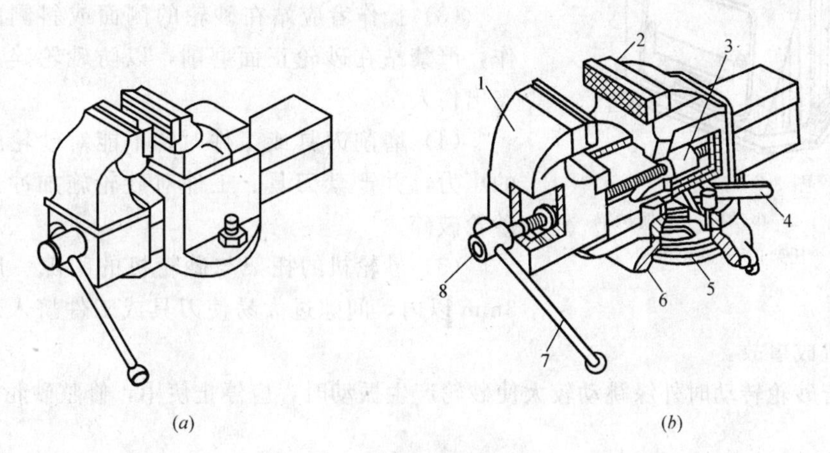

图 3-6 台虎钳

(*a*) 固定式；(*b*) 回转式

1—活动钳身；2—固定钳身；3—螺母；4—短手柄；5—夹紧盘；6—转盘座；7—长手柄；8—丝杆

活动式使用较为方便，应用较广。它由活动钳身、固定钳身、丝杆、螺母、夹紧盘和转盘（固定式无转盘）等组成。

（1）操作要领

顺时针转动长手柄 7 可使丝杆 8 在螺母 3 中转动，并带动活动钳身 1 向内移动，钳口缩小，将工件夹紧；逆时针转动长手柄 7 时，又可使活动钳身向外移动，钳口增大，将工件松开；当逆时针转动短手柄 4 后，可双手扳动钳身使之转动到所需角度，然后顺时针转动短手柄 4，将台虎钳锁紧。

（2）安全使用与保养要求

1）在台虎钳上夹持工件时，只能允许依靠手的力量来扳动手柄，不能借用或加长手柄来旋转手柄，以防损坏台虎钳机件。

2）在台虎钳上对工件进行强力操作时，应使强力方向朝着固定钳身，不然会增加丝杆和螺母的载荷，造成其损坏。

3）不得在活动钳身上进行敲击作业，以免损坏或降低它与固定钳身的配合性能。

4）丝杆、螺母和其他配合表面都要经常保持清洁，并加注润滑油，使其操作省力，防止生锈。

1.2.2　砂轮机

砂轮机用来打磨錾子、钻头、刀具及其他工具，也可磨去工件或材料上的毛刺、锐边等。

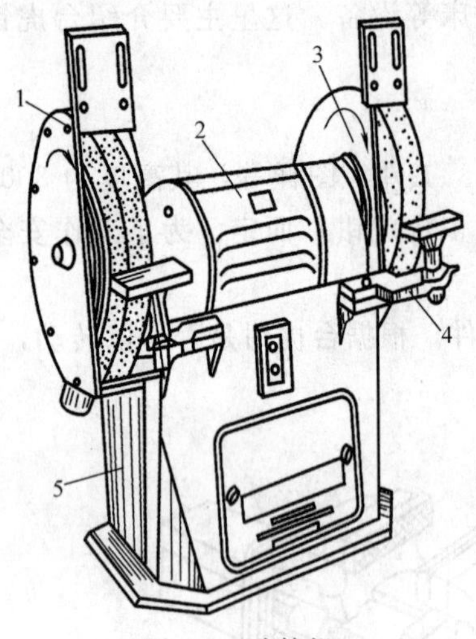

图 3-7　砂轮机

1—砂轮；2—电动机；3—防护罩；4—托架；5—砂轮机座

砂轮机主要由砂轮、电动机、防护罩、托架和砂轮机座等组成，见图 3-7。

砂轮机工作时转速高，必须遵守如下安全操作规程：

(1) 砂轮的旋转方向要正确（正面从上往下转动），使磨屑向下方飞离砂轮和工件。

(2) 砂轮启动后，要稍等片刻，待转速进入正常状态后再开始磨削。

(3) 操作者应站在砂轮的侧面或斜侧面进行操作，严禁站在砂轮正面磨削，以防砂轮碎片或磨屑飞出伤人。

(4) 磨削刀具或工件时，不能对砂轮施加过大的压力，并严禁刀具、工件对砂轮施加冲击，以免砂轮破碎。

(5) 砂轮机的托架与砂轮机的间隙一般保持在 3mm 以内，间隙过大易使刀具或工件挤入砂轮与托架之间，造成事故。

(6) 若砂轮转动时外缘跳动较大使砂轮产生振动时，应停止使用，修整砂轮。

课题 2　钳工的基本操作技能

2.1　画　　线

画线是指在毛坯或工件上，用画线工具划出待加工部位的轮廓线或作为基准的点、线。

2.1.1　画线的种类

画线分平面画线和立体画线两种。

(1) 平面画线

只需要在工件的一个表面上画线后即能明确表示加工界线的，称为平面画线（图 3-8）。如在板料、条料表面上画线，在法兰盘端面上画钻孔加工线等都属于平面画线。

(2) 立体画线

在工件上几个互成不同角度（通常是互相垂直）的表面上画线，才能明确表示加工界线的，称为立体画线（图 3-9）。如画出矩形块各表面的加工线以及支架、箱体等表面的加工线都属于立体画线。

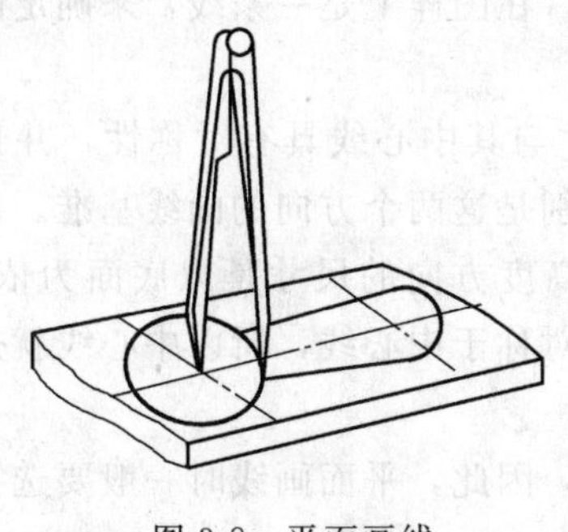

图 3-8　平面画线

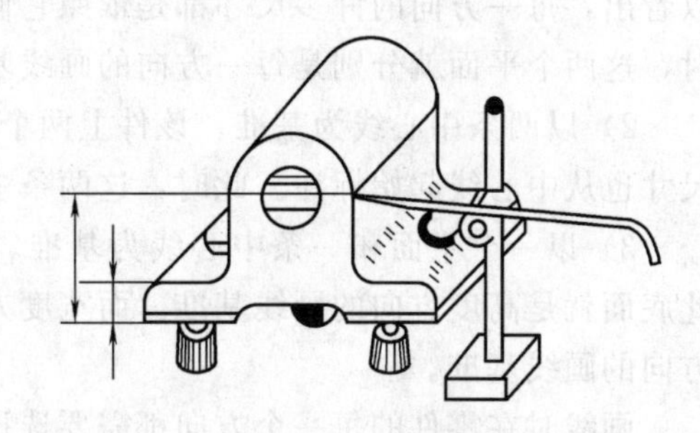

图 3-9　立体画线

2.1.2　画线的目的

画线工作不仅在毛坯表面上进行，也经常在已加工过的表面上进行，如在加工后的平面上画出钻孔的加工线。画线的目的如下：

(1) 确定工件的加工余量，使机械加工有明确的尺寸界线；

(2) 便于复杂工件在机床上安装，可以按画线找正定位；

(3) 能够及时发现和处理不合格的毛坯，避免加工后造成损失；

(4) 采用借料画线可以使误差不大的毛坯得到补救，使加工后的零件仍能符合尺寸要求。

画线是机械加工的重要工序之一，广泛应用于单件和小批量生产，是钳工应该掌握的一项重要操作方法。

2.1.3　画线的要求

画线除要求画出的线条清晰均匀外，最重要的是保证尺寸准确。在立体画线中还应注意使长、宽、高三个方向的线条互相垂直。当画线发生错误或准确度太低时，就有可能造成工件报废。由于画出的线条总有一定的宽度，以及在使用画线工具和测量调整尺寸时难免产生误差，所以不可能绝对准确。一般的画线精度能达到 0.25～0.5mm。因此，通常不能依靠画线直接确定加工时的最后尺寸，而必须在加工过程中，通过测量来保证尺寸的准确度。对于装饰工程而言，一般的画线精度都能满足要求。

2.1.4　画线基准的选择

(1) 基准的概念

所谓画线基准，是指在画线时选择工件上的某个点、线、面作为依据，用它来确定工件的各部分尺寸、几何形状及工件上各要素的相对位置。合理地选择画线基准是做好画线工作的关键。只有画线基准选择得好，才能提高画线的质量和效率以及相应提高工件合格率。虽然工件的结构和几何形状各不相同，但是任何工件的几何形状都是由点、线、面构成的。因此，不同工件的画线基准虽有差异，但都离不开点、线、面的范围。

(2) 画线基准选择

画线时，应从画线基准开始。在选择画线基准时，应先分析图样，找出设计基准，使画线基准与设计基准尽量一致，这样能够直接量取画线尺寸，简化换算过程。画线基准一般可根据以下三种类型选择：

1) 以两个互相垂直的平面（或线）为基准。从零件上互相垂直的两个方向的尺寸可以看出，每一方向的许多尺寸都是依照它们的外平面（在图样上是一条线）来确定的。此时，这两个平面就分别是每一方向的画线基准。

2）以两条中心线为基准。该件上两个方向的尺寸与其中心线具有对称性，并且其他尺寸也从中心线起始标注。此时，这两条中心线就分别是这两个方向的画线基准。

3）以一个平面和一条中心线为基准。该工件上高度方向的尺寸是以底面为依据的，此底面就是高度方向的画线基准。而宽度方向的尺寸对称于中心线，所以中心线就是宽度方向的画线基准。

画线时在零件的每一个方向都需要选择一个基准，因此，平面画线时一般要选择两个画线基准，而立体画线时一般要选择三个画线基准。

2.1.5　画线工具与涂料

（1）画线工具　建筑装饰金属件制作画线一般采用的画线工具有：画针、钢直尺（钢板尺）、直角尺、画规、样冲等，见图 3-10。

1）画针：见图 3-10（*a*），在金属材料上直接画线的工具。它用工具钢、高速钢等制成，针尖淬火磨成约 10°角使用，且注意切勿使之退火。在管子外表面画线可用铅笔。

2）钢直尺：见图 3-10（*b*），配合画针在金属材料上画直线和确定尺寸。

3）画规：见图 3-10（*c*），用来画圆、画弧、量取尺寸和等分线段、角度。

4）直角尺：见图 3-10（*d*），配合画针在金属材料上画垂直线。

5）样冲：见图 3-10（*e*），在金属材料上打出小孔的工具。这个小孔用来确定圆心钻孔或者关键的点的位置。它与锤子配合一次敲击成功。

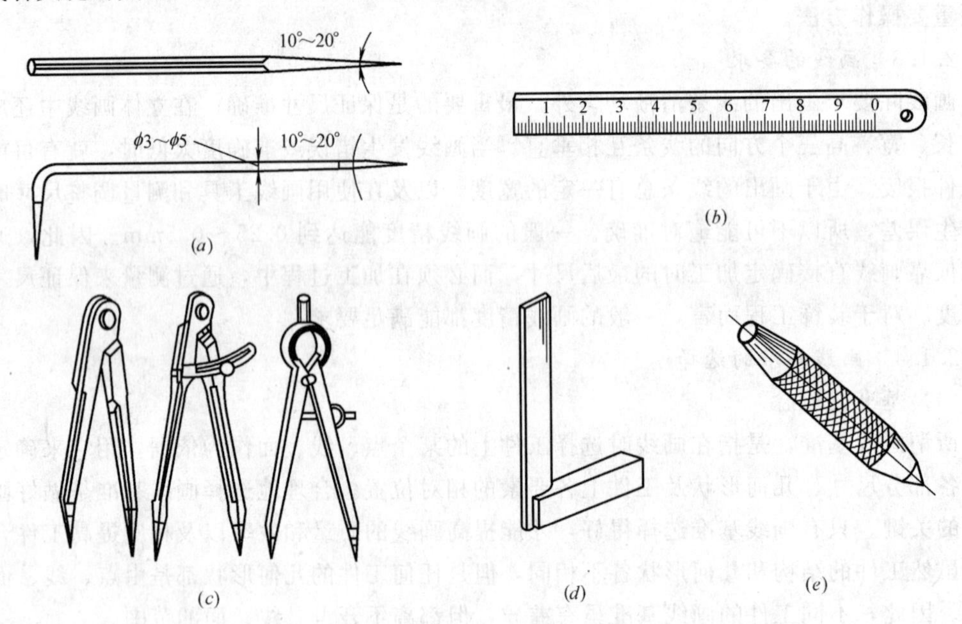

图 3-10　常用画线工具

（*a*）画针；（*b*）钢板尺；（*c*）画规；（*d*）直角尺；（*e*）样冲

（2）画线用涂料　为在工件上画出清晰的线条，一般要在金属的表面画线部分涂上一层薄而均匀的涂料。

石灰水加少量水溶胶混合涂料：适合在锻、铸件表面上画线用；

酒精色溶液或者硫酸铜溶液涂料：适合在已加工过的金属表面上画线。

2.1.6 画线注意事项

（1）将待画线工件安放平稳、可靠和安全，预防变形。

（2）分析图样，确定画线基准。

（3）线条要细、均匀和清晰，避免出现重复线条。

（4）画长线时，要在长线位置上先画多个短线，严格校正后首尾尺寸相连。

（5）画线结束后，用样冲打点来显示，冲孔深度适当、位置准确；长线冲点距离要大；曲线冲点距离要小；线条的交叉、转折处必须冲孔。

2.2 錾 削

錾削是用锤子打击錾子对金属工件进行切削加工的手工操作方法。它常用于不便进行机械加工的场合，如去除工件上的凸缘、毛刺、分割材料等。

根据用途不同，錾子可分为扁錾、狭錾和油槽錾。建筑装饰中主要用扁錾（图 3-11），可以錾削平面、切割工件、去凸缘、毛刺和倒角等。

2.2.1 錾削方法

（1）錾子的握法

握錾子的方法有两种，一种是正握法，见图 3-12（*a*），左手手心向下，大拇指和食指夹住錾子，其余三指向手心弯曲握住錾子，自然放松，錾子头部伸出 20mm 左右，该握法应用最多。另一种是反握法，见图 3-12（*b*），左手手心向上大拇指放在錾子侧面略偏上，自然伸曲，其余四指向手心弯曲握住錾子，该方法錾削力较小，錾削方向不易掌握，一般在不便于正握时才采用这种方法。

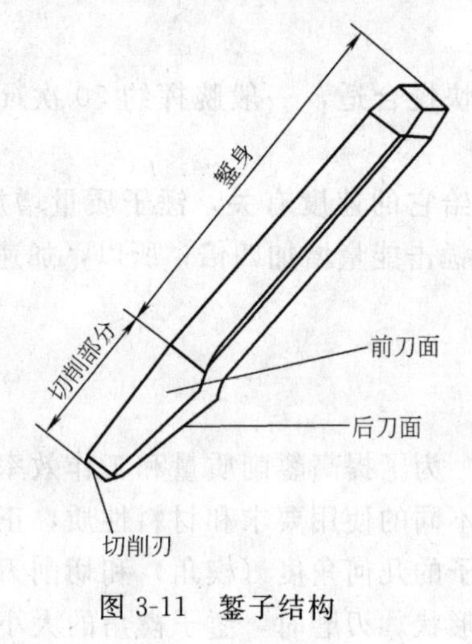

图 3-11 錾子结构

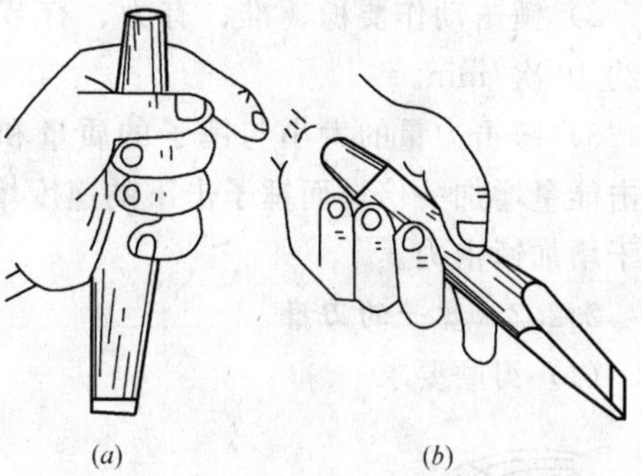

(*a*) (*b*)

图 3-12 錾子的握法

（*a*）正握法；（*b*）反握法

（2）站立位置

錾削时，身体在台虎钳的左侧，左脚跨前半步与台虎钳中心线呈 30°角，见图 3-13，左腿膝盖略弯曲，右脚习惯站稳、伸直，与台虎钳中心线约呈 75°角，两脚相距 250～300mm。身体与台虎钳中心线约呈 45°角，并约为前倾，保持自然。

（3）挥锤方法

根据錾削余量大小不同，挥锤的方法亦不相同。当錾削余量较小或錾削开始和结尾时，錾削力较小，此时，五指紧握锤，用手腕运作进行挥锤，称为腕挥，见图 3-14（*a*），这种挥锤方法锤击力较小；当錾削余量较大时，用手腕与肘部一起挥动击锤，此时，挥锤幅度也较大，锤击力较大，称为肘挥，见图 3-14（*b*）；当手腕、肘和全臂一起挥动时，锤击力最大，称为臂挥，见图 3-14（*c*）。

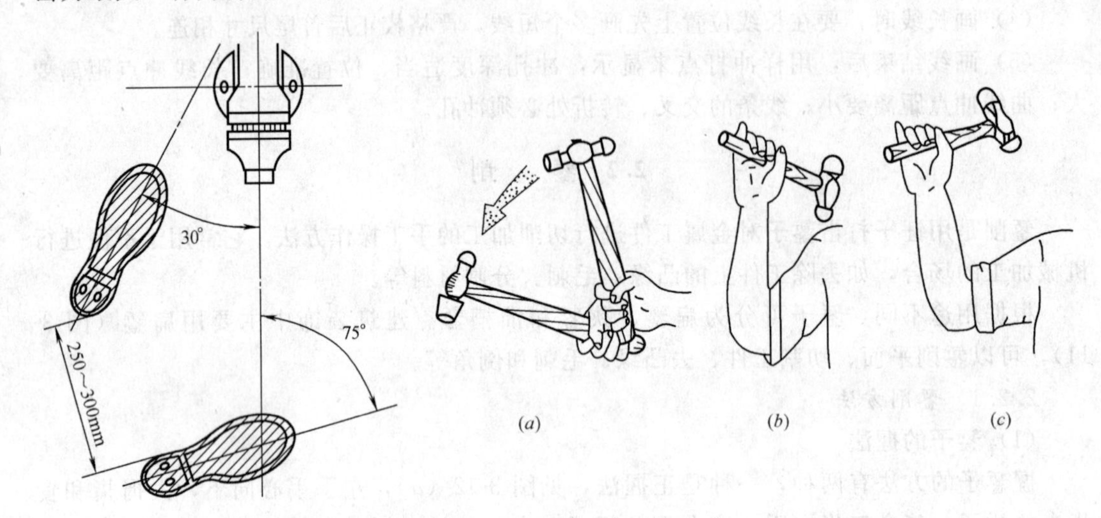

图 3-13　錾削时的站立位置

图 3-14　挥锤方法
（*a*）腕挥；（*b*）肘挥；（*c*）臂挥

（4）锤击要领

1）锤击时，目视錾刃，左脚着力，右腿伸直。

2）锤击动作要稳、准、有力、有节奏，速度快慢合适，一般腕挥约 50 次/min，肘挥约 40 次/min。

3）锤击力量的大小与锤子的质量和手臂提供给它的速度有关，锤子质量增加一倍，锤击能量增加一倍；而锤子击下的速度增加一倍，锤击能量增加四倍；所以，加速锤击有利于增加锤击力。

2.2.2　錾子的刃磨

（1）刃磨要求

为了提高錾削质量和工作效率，应根据不同的使用要求和材料性质，正确刃磨錾子的几何角度（楔角）和切削刃的长度及形状。刃磨时，錾子楔角的大小根据加工工件材料的性质来决定。錾刃的长度应根据錾子的种类及使用特点来决定：扁錾的切削刃稍长并略带弧形，前刀面和后刀面应光洁、平整，必要时，可在油石上作最后精磨、修整。

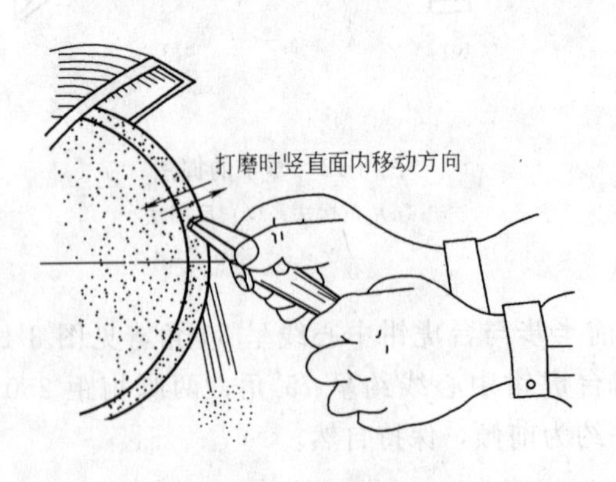

图 3-15　打磨錾刃

（2）刃磨方法

錾子的刃磨操作方法见图 3-15，双手握錾子，使錾子切削刃略高于砂轮中心，在砂轮的轮缘全宽上左、右平稳移动，压力不要过大，控制好錾子的方向、位置，并经常蘸水冷却，保证磨出的楔角、刃口形状和长度正确，切削刃锋利。

(3) 打磨錾刃时的安全要求

严禁用棉纱裹着錾子在砂轮机上刃磨。

2.2.3 錾削实例

下面以錾削板料为例说明扁錾的用途和使用方法：

(1) 錾削小尺寸的薄板料（厚度在 2mm 以下）

可将板料按画线位置与钳口对齐夹持在台虎钳内，然后，扁錾斜 45°角对着板料，沿着钳口从右自左依次錾削，见图 3-16 (*a*)、(*b*)。

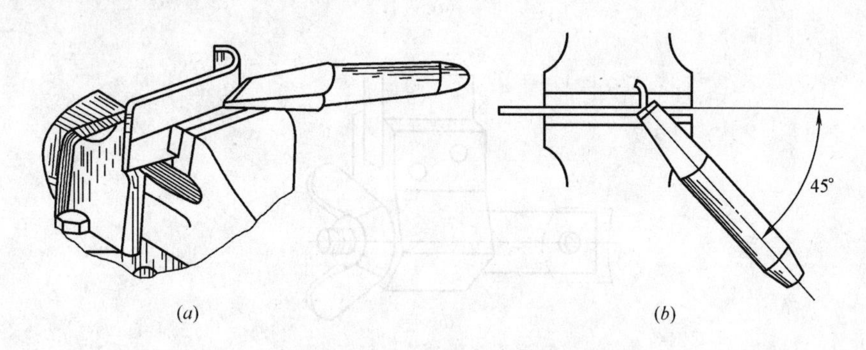

图 3-16 在台虎钳上錾切板料

(*a*) 錾切水平位置；(*b*) 錾切角度

(2) 錾削大尺寸薄板料或曲线板料

可用软铁垫在钢板上进行，见图 3-17。进行錾削前，切削刃应磨出适当圆弧，便于錾削前后錾痕容易接正。錾削直线段时，錾削的切削刃可略长些；錾削曲线工件时，錾刃长度要根据曲率大小而定。

2.2.4 錾削操作注意事项

(1) 根据錾削要求正确选用錾子的种类。

(2) 錾削的工件要夹持牢固、可靠，保证錾削安全。

(3) 錾削时要带防护眼睛。

(4) 錾削方向要偏离人体，或加防护网，加强安全措施。

(5) 錾削时，榔头沿着錾子的曲线方向打击錾子中央，注意观察切削刃位置。

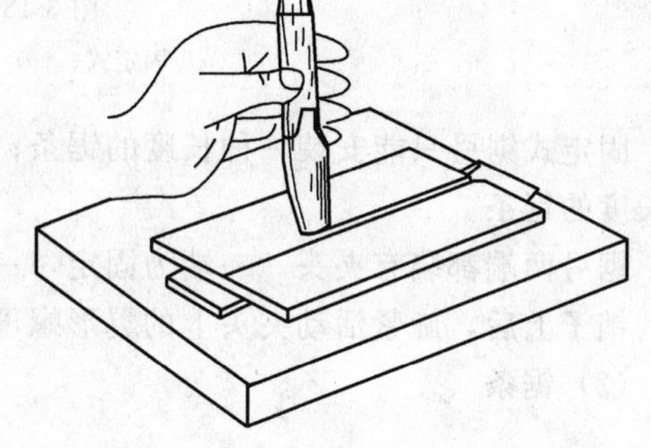

图 3-17 在平板上錾切板料

(6) 錾身头部处，若有毛刺或严重裂缝时，要及时消除。

(7) 榔头松动时，要及时修整或更换。

2.3 手工锯削

用锯对材料或工件进行切断或切槽等的加工方法，称为锯削。它可以锯断各种原材料或半成品，锯掉工件上多余的部分或在工件上锯槽等。

2.3.1　手锯

手锯由锯弓和锯条两部分组成。

(1) 锯弓

锯弓用于安装和张紧锯条，有固定和可调节式两种，见图 3-18 (*a*)、(*c*)。

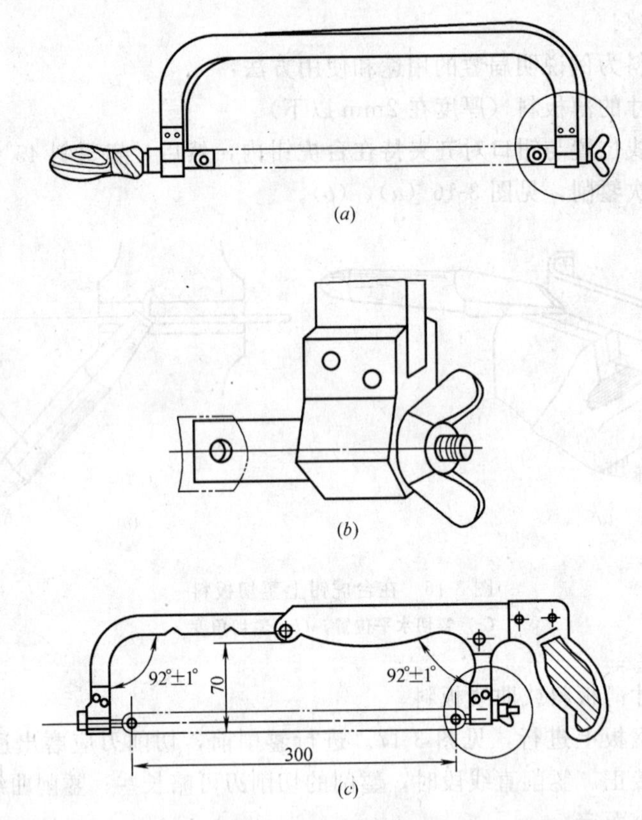

图 3-18　手锯种类

(*a*) 固定式；(*b*) 活动夹头；(*c*) 可调式

固定式锯弓只能安装一种长度的锯条；可调节式锯弓的安装距离可以调节，能安装几种长度的锯条。

锯弓两端都装有夹头，一端为固定，一端为活动见图 3-18 (*b*)。当锯条孔装在两端夹头的销子上后，旋紧活动夹头上的翼形螺母就可以把锯条拉紧。

(2) 锯条

锯条一般用渗碳软钢冷轧制成，经热处理淬硬。锯条的标定长度以两端安装孔的中心距来表示，如常用 300mm 长的锯条。

1) 锯齿的切削角度　锯条单面有一排同样形状的齿，每个齿都有切削作用。锯齿的切削角度，见图 3-19。其前角 $\gamma_0=0°$，后角 $\alpha_0=40°$，楔角 $\beta_0=50°$。

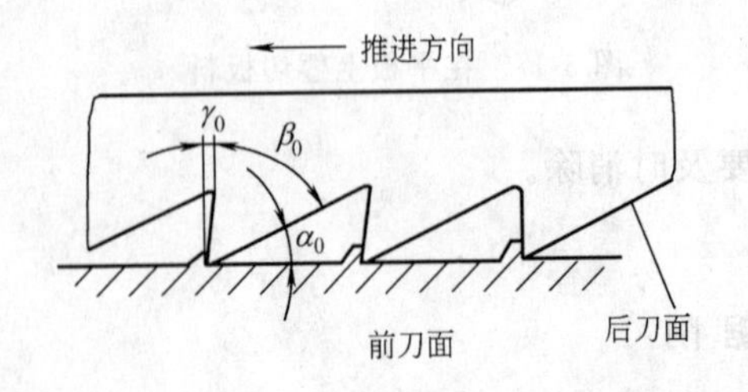

图 3-19　锯齿的切削角度

为了减少锯条的内应力，充分利用锯条材料，目前已出现双面有齿的锯条。两边锯齿淬硬，中间保持较好韧性，不易折断，可延长使用寿命。

2）锯齿的粗细与应用范围　锯齿的粗细以锯条每25mm长度内的齿数来表示。它一般分粗（14～18个齿）、中（22～24个齿）、细（32个齿）三种。三种规格粗细齿锯条应用如下：

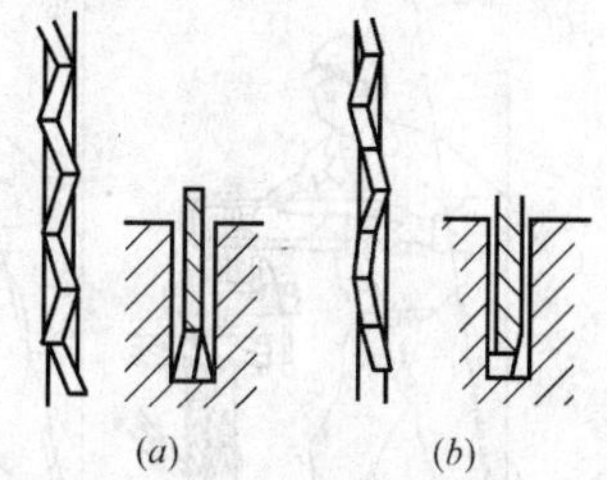

图3-20　锯路与锯齿排列
(a) 交叉形；(b) 波浪形

一般说来，粗齿锯条的容屑槽较大，适用于锯削软材料或较大的切面，如软钢、黄铜、紫铜、铝及合金、铸铁、人造胶质材料等；中齿适于锯削中等硬度的钢材、后壁钢管、铜管等；细齿适于锯削硬、薄材料，如薄片金属、薄壁管子等，因细齿锯参加切削的齿数增多，可使每齿担负的锯削量小，锯削阻力小，材料易于切除，推锯省力，锯齿也不易磨损，并且若齿距大于板厚，易使锯齿被钩住而崩断。

3）锯路　为了减少锯缝两侧面对锯条的摩擦阻力，避免锯条被夹住或折断，锯条在制造时，使锯齿按一定的规律左右错开，称为锯路。锯路有交叉形和波浪形等，见图3-20。锯削时，锯路使工件上的锯缝宽度大于锯条背部的厚度，从而防止了夹锯和锯条过热现象，减少了锯条的磨损。

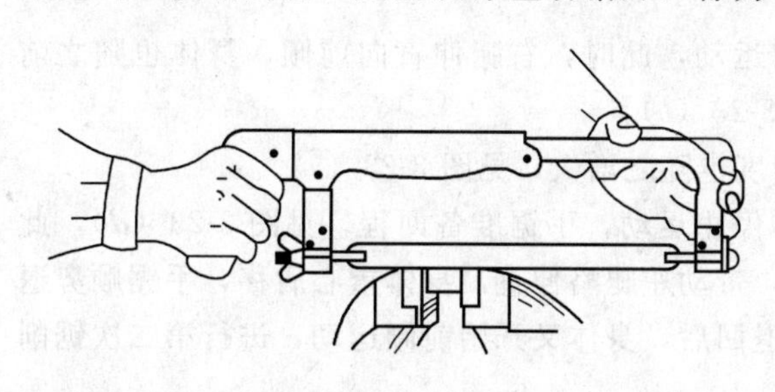
图3-21　握锯方法

2.3.2　锯削姿势

（1）握锯方法　握锯方法见图3-21，右手满握锯柄，左手轻扶在锯弓前端，双手将手锯扶正，放在工件上准备锯削。

（2）站立位置和姿势　锯削时，操作者的站立位置和姿势，见图3-22。

（3）锯削动作步骤

1）锯削前，左脚跨前半步，左膝盖处略有弯曲，右腿站稳伸直，不要太用力，整个

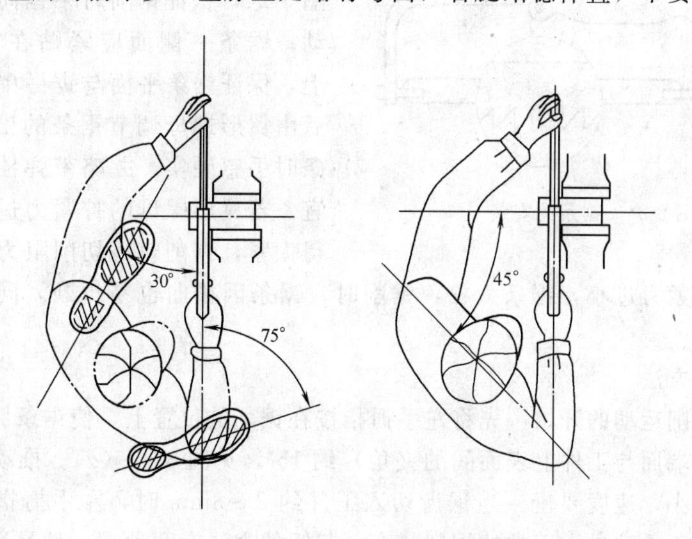

图3-22　锯削站立位置与姿势

身体保持自然。双手握正手锯放在工件上，左臂略弯曲，右臂要与锯削方向基本保持平行，见图 3-23（*a*）。

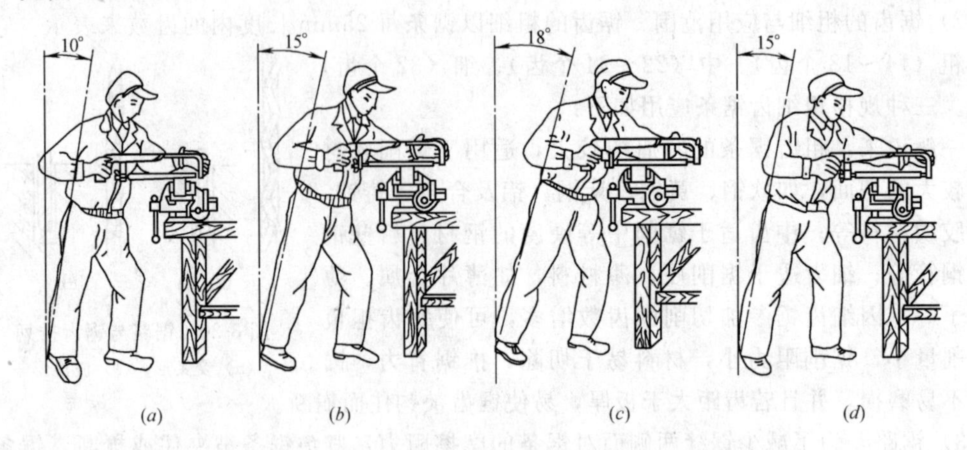

图 3-23　锯削站立位置和姿势

2）向前锯削时，身体与手锯一起向前运动，此时，右腿伸直向前倾，身体也随之前倾，重心移至左腿上，左膝盖弯曲，见图 3-23（*b*）。

3）随着手锯行程的增大，身体倾斜角度也随之增大，见图 3-23（*c*）。

4）手锯推至锯条长度的 3/4 时，身体停止运动，手锯准备回程，见图 3-23（*d*），此时，由于锯削的反作用力，使身体向后倾，带动左腿略伸直，身体重心后移，手锯顺势退回，身体恢复到锯削的起始姿势。当手锯退回后，身体又开始前倾运动，进行第二次锯削循环。

2.3.3　锯削方法

（1）锯条的安装

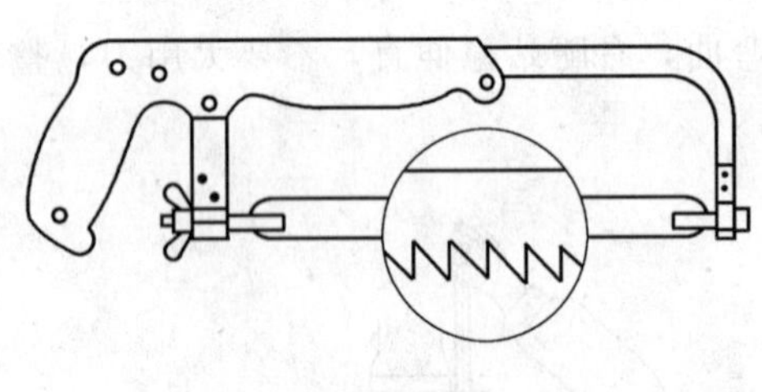
图 3-24　锯条的安装

安装锯条时，要注意锯齿向前倾斜，见图 3-24，保证锯削时手锯向前推进为切削运动；锯条一侧面应紧贴在安装销轴的端面上，保证锯条平面与锯弓中心平面平行，然后由翼形螺母调节锯条的松紧。用手拔动锯条时手感硬实，并略带弹性，则锯条松紧适宜。若翼形螺母的拧紧力过大，会将锯条崩得太紧，锯削时，切削阻力略有增加，锯条就易崩断；拧紧力过小，锯条太松，锯削时，锯条因扭曲也易折断，同时，锯缝也容易歪斜。

（2）起锯方法

起锯是锯削运动的开始，先将左手拇指按在锯削的位置上，使锯条侧面靠住拇指，起锯角（锯齿下端面与工件上表面间的夹角）约 15°，见图 3-25（*a*）。推动手锯，此时行程要短，压力要小，速度要慢。当锯齿切入工件约 2～3mm 时，左手拇指离开工件，放在手锯外端，扶正手锯进入正常的锯削状态。起锯的方法有两种：一种是远起锯法，在远离操作者一端起锯，见图 3-25（*b*）；另一种是近起锯法，在靠近操作者一端的工件上起锯，见图 3-25（*c*）。前者起锯方便，起锯角容易掌握，锯齿能逐步切入工件中去，是常用起锯方法。

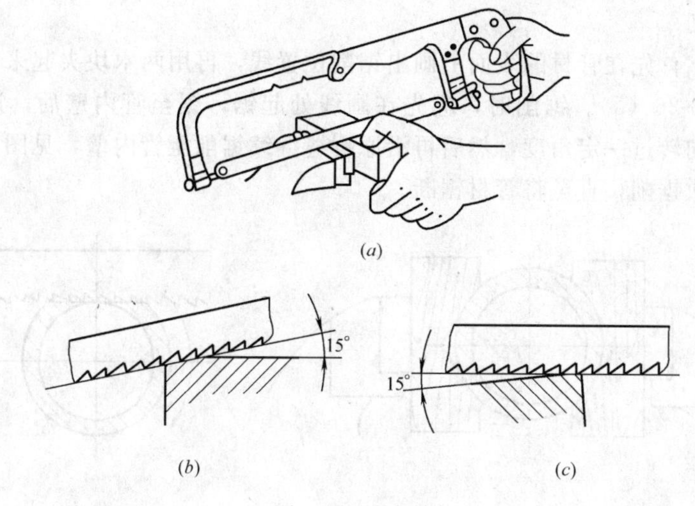

图 3-25 起锯方法

（*a*）起锯开始；（*b*）远起锯法；（*c*）近起锯法

起锯时的注意事项：

1）锯条侧面必须靠紧拇指，或手持一物代替拇指靠紧锯条侧面，保证锯条在某一固定的位置起锯，并平稳地逐步切入工件，不会跳出锯缝。

2）起锯角的大小要适当，起锯角太大时，会被工件棱边卡住锯齿，将锯齿崩裂，并会造成手锯跳动不稳；起锯角太小时，锯条与工件接触的齿数太多，不易切入工件，还可能偏移锯削位置，而需多次起锯，出现多条锯痕，影响工件表面质量。

（3）锯削运动要领

1）锯削用力方法　锯削时，对锯弓施加的压力要均匀，大小要适宜，右手控制锯削时的推力和压力，左手辅助右手将锯弓扶正，并配合右手调节对锯弓的压力。锯削时，对锯弓施加的压力不能太大，推力也不能太猛，推进速度要均匀，快慢要适中。手锯退回时，锯条不进行切削，不能对锯弓施加压力，应跟随身体的摆动，手锯自然拉回。工件将锯断时，要目视锯削处，左手扶住将锯断部分材料，右手推锯，压力要小，推进要慢、速度要低，行程要短。

2）手锯的运动方式　锯削时，手锯的运动方式有两种：一是锯削时，手锯作小幅度的上下摆动，即右手向前推进时，身体也随之向前倾，在左右手对锯弓施加压力的同时，右手向下压，左手向上翘，使手锯作弧形的摆动。手锯返回时，右手上抬，左手随其自然跟随，并携同手锯离开工件并退回。这种运动方式，可以减少锯削时的阻力，锯削省力，提高锯削效率，适用于深缝锯削或大尺寸材料的锯断。另一种是手锯作直线运动，这种运动方式，参加锯削的齿数较多，锯削费力，适用于锯削底平面为平直的槽子、管子和薄板材料等。

3）锯削运动的速度　锯削运动的速度要均匀、平稳、有节奏、快慢适度，否则容易使操作者很快疲劳，或造成锯条过热，很快损坏。一般锯削速度为 40 次/min 左右，硬度高的材料锯削速度低一些；软的材料锯削速度可稍快些；锯条返回时要比前进时快一些。

2.3.4 典型材料的锯削

(1) 管材锯削

锯削管材前，首先在管材的表面上画出锯削位置线，再用两木块夹起来，同时放在虎钳中夹牢，见图 3-26 (*a*)。锯削时，应先在画线处起锯，锯至管内壁后，退出手锯，将管材沿推锯的方向转过一定角度，然后再沿原锯缝继续锯削至管内壁，见图 3-26 (*b*)，按上述操作过程依次锯削，直至将管材锯断。

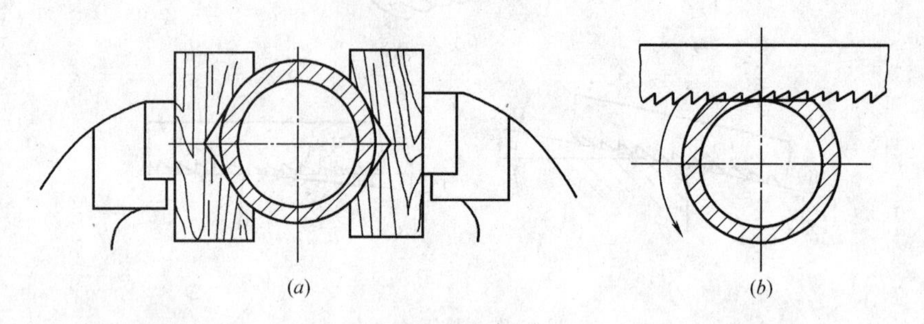

图 3-26 管材锯削
(*a*) 管材夹持方法；(*b*) 管材转位锯削

锯削管材时的注意事项：

1) 当第一次锯削结束后，管材要沿手锯的推进方向旋转，再沿原锯缝进行下一次锯削。若管材背离推进方向旋转，锯削时，管内壁会卡住锯齿，将锯齿崩裂或使手锯猛烈跳动，使锯削不平稳。

2) 管材转角不宜太大，否则下一次锯削时会脱离原锯缝，经几次转动锯断后，锯削表面不平，影响断面质量，必须再进行加工。

3) 管材要夹持牢固、可靠、安全，要防止管材变形。精度较高或大直径的管材，应垫带 V 形槽的木块，然后同时夹入虎钳中。

(2) 板材的锯削

锯削薄板材时，板材容易产生颤动、变形或将锯齿钩住等，因此，一般采用图 3-27 (*a*) 中的方法，将板材夹在虎钳中，手锯靠近钳口，用斜推锯法进行锯削，使锯条与薄板接触的齿数多一些，避免钩齿现象产生。也可将薄板夹在两木板中间，再夹入台虎钳中，同时锯削木板和薄板，这样增加了薄板的刚性，不易产生颤动或钩齿，见图 3-27 (*b*)。

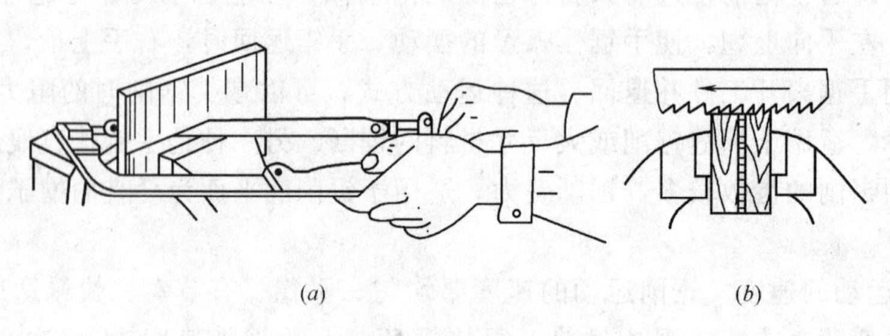

图 3-27 板材锯削
(*a*) 斜推锯法；(*b*) 木板夹持

2.4 锉　　削

用锉刀对工件表面进行切削加工的方法，称为锉削。锉削一般是在錾、锯之后对工件进行的精度较高的加工，其精度可达0.01mm，表面粗糙度可达R_a0.8。锉削的应用范围很广，可以锉削平面、曲面、外表面、内孔、沟槽和各种特形面，还可以配键、做样板及在装配中修整工件，是钳工常用的重要操作技能之一。

2.4.1　锉刀

锉刀用工具钢T13或T12制成，经热处理后切削部分硬度达HRC62～72。

(1) 锉刀的构造

锉刀由锉身和锉柄两部分组成，各部分名称见图3-28。锉刀面是锉削的主要工作面，其前端做成凸弧形，上下两面都制有锉齿，便于进行锉削。锉刀边是指锉刀的两个侧面，有的没有齿，有的其中一边有齿。没有齿的一边叫光边，它可使锉削内直角的一个面时，不会碰伤另一相邻的面。锉刀舌是用来装锉刀柄的。锉柄是木质的，在安装孔的外部应套有铁箍。

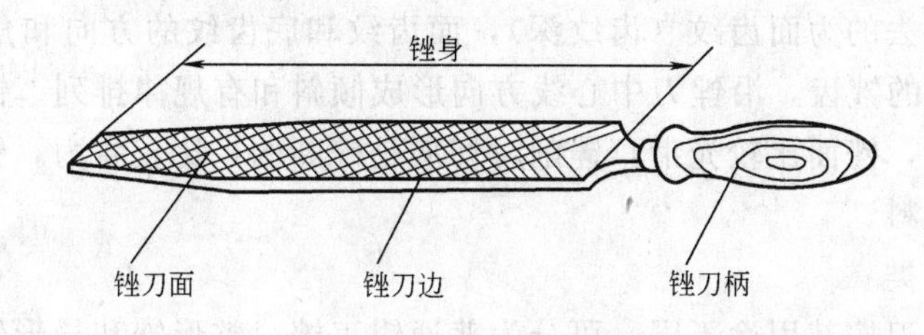

图3-28　锉刀结构

(2) 锉齿和锉纹

1) 锉齿　锉齿有剁齿和铣齿两种。剁齿由剁锉机剁成，其切削角度大于90°，见图3-29 (*a*)；铣齿为铣齿法铣成，切削角小于90°，见图3-29 (*b*)。锉削时每个锉齿相当于一把錾子，对金属材料进行切削。切削角系指前刀面与切削平面之间的夹角，其大小反映切屑流动的难易程度及刀具切入是否省力。

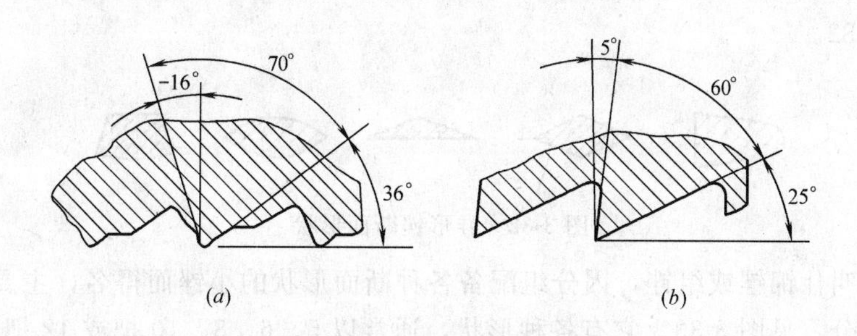

图3-29　锉刀的切削角度

(*a*) 剁齿；(*b*) 铣齿

2) 锉纹　锉纹是锉齿排列的图案。锉刀的齿纹有单齿纹和双齿纹两种。

单齿纹是指锉刀上只有一个方向的齿纹，见图3-30 (*a*)。单齿纹多为铣制齿，正前

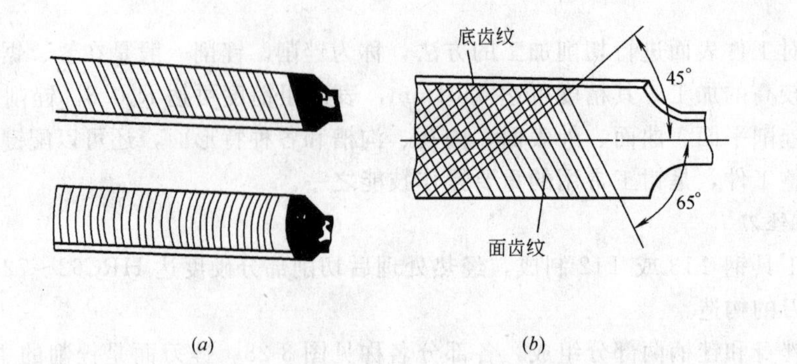

图 3-30　锉刀的齿纹

(a) 单齿纹；(b) 双齿纹

角切削，齿的强度弱，全齿宽同时参加切削，需要较大切削力，因此适用于锉削软材料。

双齿纹是指锉刀上有两个方向排列的齿纹。双齿纹大多为剁齿，先剁上去的为底齿纹（齿纹浅），后剁上去的为面齿纹（齿纹深），面齿纹和底齿纹的方向和角度不同，见图 3-30 (*b*)。这样形成的锉齿，沿锉刀中心线方向形成倾斜和有规律排列。锉削时，每个齿的锉痕交错而不重叠，锉面比较光滑，锉削时切屑是碎断的，比较省力，锉齿强度也高，适于锉硬度较高的材料。

(3) 锉刀的种类

钳工所用的锉刀按其用途不同，可分为普通钳工锉、整形锉和异形锉三类。

普通钳工锉按其断面形状不同，分为平锉（板锉）、方锉、三角锉、半圆锉和圆锉五种，见图 3-31。

图 3-31　普通钳工锉断面形状

异形锉是用来锉削工件特殊表面用的。有刀口锉、菱形锉、扁三角锉、椭圆锉、圆肚锉等，见图 3-32。

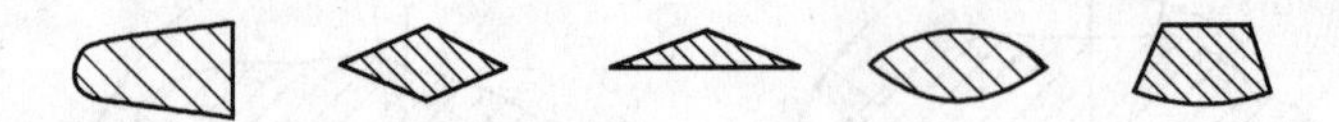

图 3-32　异形锉断面形状

整形锉又叫什锦锉或组锉，因分组配备各种断面形状的小锉而得名，主要用于修整工件上的细小部分，见图 3-33。它有各种形状，通常以 5、6、8、10 把或 12 把为一组。

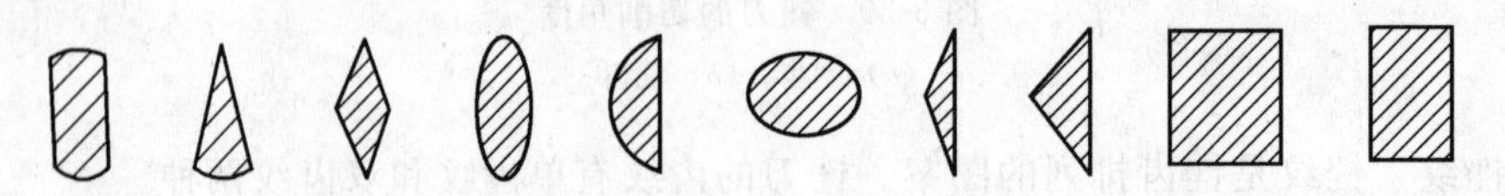

图 3-33　整形锉断面形状

（4）锉刀的规格

锉刀的规格分尺寸规格和齿纹的粗细规格。

不同的锉刀的尺寸规格用不同的参数表示。圆锉刀的尺寸规格以直径表示；方锉刀的尺寸规格以方形尺寸表示；其他锉刀则以锉身长度表示其尺寸规格。

钳工常用的锉刀尺寸规格有100、125、150、200、250、300、350、400mm等几种。

锉齿的粗细规格，按国标GB 5805—86规定，以锉刀每10mm轴向长度内的主锉纹条数来表示。其规格有五个：1号锉纹为粗齿锉刀（每10mm轴向长度内的锉纹条数为5.5～14）；2号锉纹为中齿锉刀（每10mm轴向长度内有8～20条锉纹）；3号锉纹为细齿锉刀（每10mm轴向长度内有11～28条锉纹）；4号锉纹为双细齿锉刀（每10mm轴向长度内有20～40条锉纹）；5号锉纹为油光锉（每10mm轴向长度内有32～56条锉纹）。

2.4.2 锉刀的选择

每种锉刀都有一定的用途，为了充分发挥它的效能，延长锉刀的使用寿命，必须正确地选择锉刀。锉刀选择按照锉刀断面形状、齿粗细、尺寸规格、齿纹四个方面来进行。

（1）锉刀断面形状的选择

锉刀的断面形状应根据被锉削工件的形状来选择，使两者的形状相适应，见图3-34。锉削内直角表面时，可以选用扁锉或方锉等，见图3-34（*a*）、（*b*）；锉削内角表面时，要选择三角锉，见图3-34（*c*）；锉削内圆弧面时，要选择半圆锉或圆锉（小直径的工件），见图3-34（*d*）、（*e*）。选用扁锉锉削内直角表面时，要注意使锉刀没有齿的窄面（光边）靠近内直角的一个面，以免碰伤该直角表面。

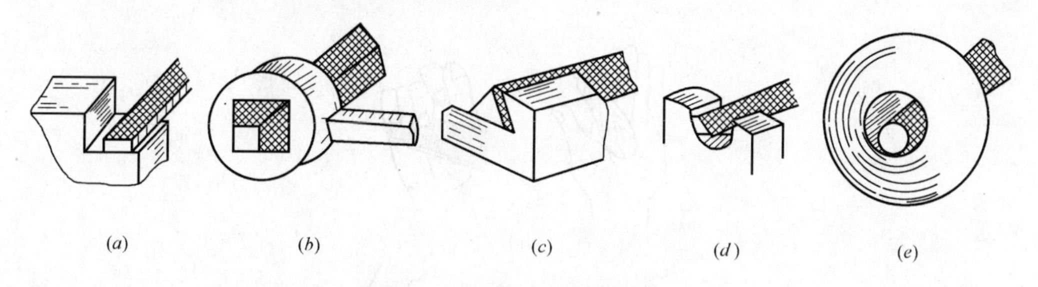

图3-34 不同加工表面用锉刀

（*a*）扁锉；（*b*）方锉；（*c*）三角锉；（*d*）半圆锉；（*e*）圆锉

（2）锉刀齿粗细的选择

锉刀齿的粗细要根据被加工工件的余量大小、加工精度、材料性质来选择。粗齿锉刀适用于加工大余量、尺寸精度低、表面较粗糙、材料软的工件；反之应选择细齿锉刀。

（3）锉刀尺寸规格的选择

锉刀尺寸规格应根据被加工工件的尺寸和加工余量来选用。加工尺寸大、余量大时，要选用大尺寸规格的锉刀，反之要选用短尺寸规格的锉刀。

（4）锉刀齿纹的选用

锉刀齿纹主要根据被锉削工件材料的机械性能来选用。锉削铝、铜、软钢等软材料工件时，最好选用单齿纹（铣齿）锉刀。单齿纹锉刀前角大，楔角小，容屑槽大，切屑不易堵塞，切削刃锋利，容易锉削（或者选用粗齿锉刀）。锉削硬材料或精加工工件时，要选用双齿纹（剁齿）锉刀（或细齿锉刀）。双齿纹锉刀的每个齿交错不重叠，锉刀平整，锉痕均匀、细密，锉削的表面精度高。

2.4.3 锉削加工方法

(1) 锉刀柄的装拆方法

锉刀柄的装拆方法，见图 3-35。锉刀柄要求安装牢固、可靠，以免锉削时脱落伤手。

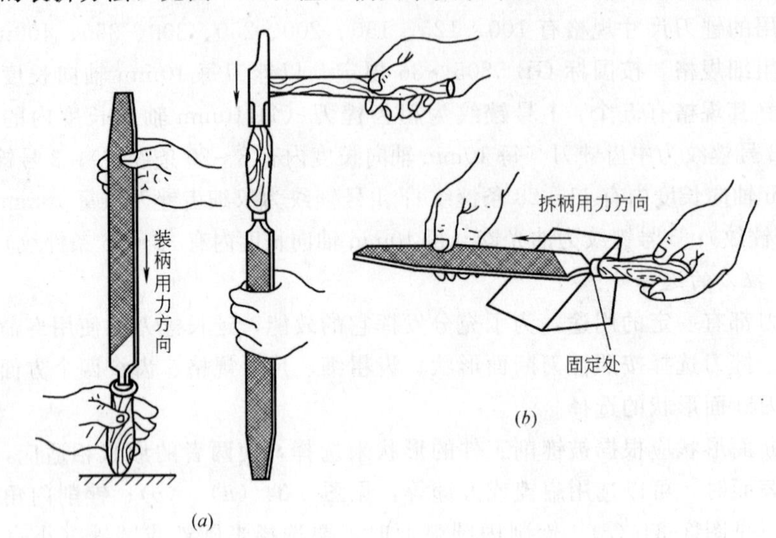

图 3-35 锉刀柄的装拆方法

(a) 装柄；(b) 拆柄

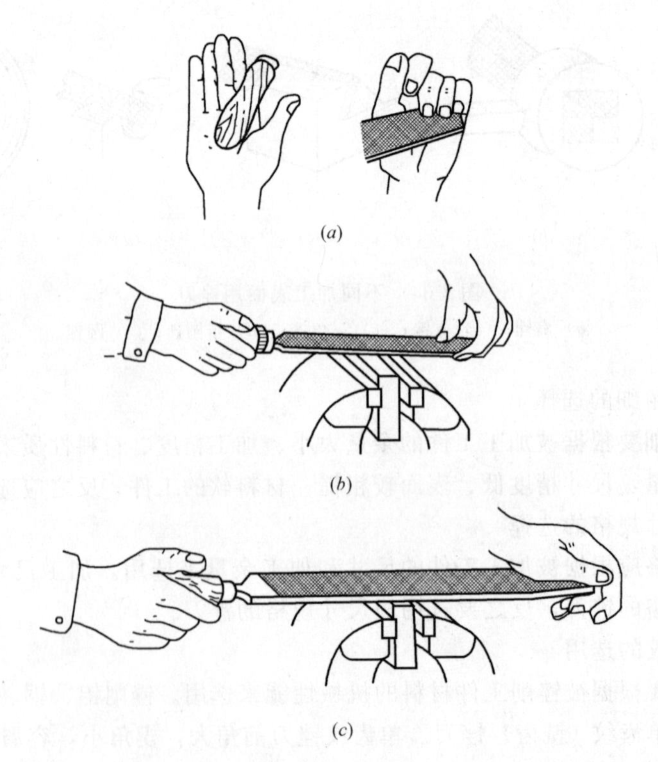

图 3-36 握锉方法

(a) 锉刀握法；(b) 短锉刀握法；(c) 长锉刀握法

(2) 握锉方法

锉刀的握法，见图 3-36 (*a*)，锉刀柄的圆头端顶在右手心，大拇指压在锉刀柄的上部位置，自然伸直，其余四指向手心弯曲紧握锉刀柄；左手放在锉刀的另一端。

当使用长锉刀、锉削余量较大时，用左手掌压在锉刀的另一端部，四指自然向下弯，用中指和无名指握住锉刀，协同右手引导锉刀，使锉刀平直运行，见图 3-36 (*b*)。当使用 2 号锉刀或短锉刀、锉削量较小时，用左手的大拇指和食指捏住锉刀端部，将锉刀端平，进行锉削，见图 3-36 (*c*)。

锉削的站立位置、姿势以及锉削动作与锯削基本相同。锉削时应注意身体的前后摆动与手臂的往复锉削运动相协调，节奏一致，摆动自然，否则易使操作疲劳。

(3) 锉削的用力方法

以锉平面为例，锉削时，双手施加的压力要适当，以保证锉刀平直的锉削运动。锉削开始时见图 3-37 (*a*)，右手施加压力最小，左手施加压力最大，使锉刀平稳地向前运动；随着锉刀向前运动，行程增加，左手施加压力逐渐减小，右手施加压力逐渐增大，当锉刀行至 1/2 行程时，左、右手施加的压力基本相等，锉刀处于水平状态，见图 3-37 (*b*)；当锉刀的锉削行程结束，锉刀即将返回的一瞬间，右手施加压力增至最大，而左手施加压力减为最小，见图 3-37 (*c*)，此时锉刀仍保持水平状态；准备下一次的锉削，见图 3-37 (*d*)。当锉刀返回时，双手不加压力或双手将锉刀抬起，离开工件，快速返回起始位置。

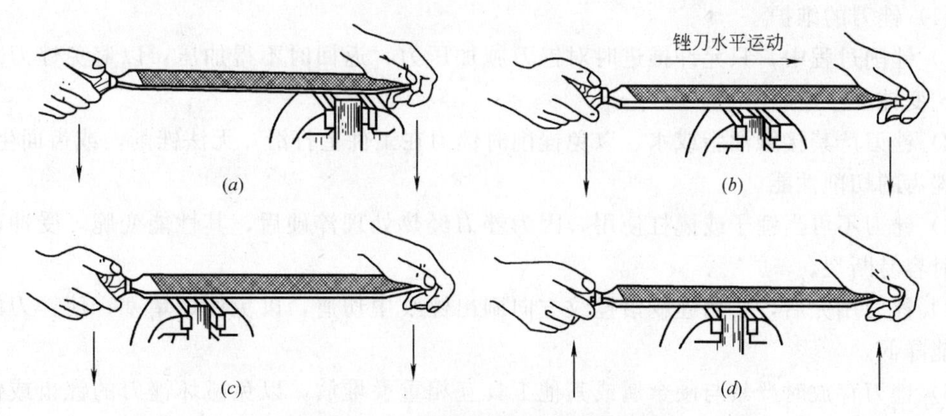

图 3-37 平面锉削双手用力方法

(*a*) 锉削开始；(*b*) 锉削中程；(*c*) 锉削末尾；(*d*) 锉刀返回

(4) 平面锉削方法

平面锉削常用三种方法：顺锉法、交叉锉法和推锉法。

1) 顺锉法　顺锉法见图 3-38 (*a*)，锉刀运动方向与工件夹持方向一致，在锉完一次返回时，将锉刀横向作适当移动，再作下一次锉削（见锉削轨迹图）。这种锉削方法，锉纹均匀一致、美观，是最基本的一种锉削方法，常用于精锉。

2) 交叉锉法　交叉锉法见图 3-38 (*b*)，锉刀运动方向与工件夹持方向约呈 30°～40° 夹角。这种锉削方法，锉纹交叉，锉刀与工件接触面积大，锉刀容易掌握平稳、易锉平，常用于粗加工。

3) 推锉法　推锉的加工方法是，双手握在锉刀的两端，左、右手大拇指压在锉刀的窄面上，自然伸直，其余四指向手心弯曲，握紧锉身，见图 3-38 (*c*)；工作时双手推、拉

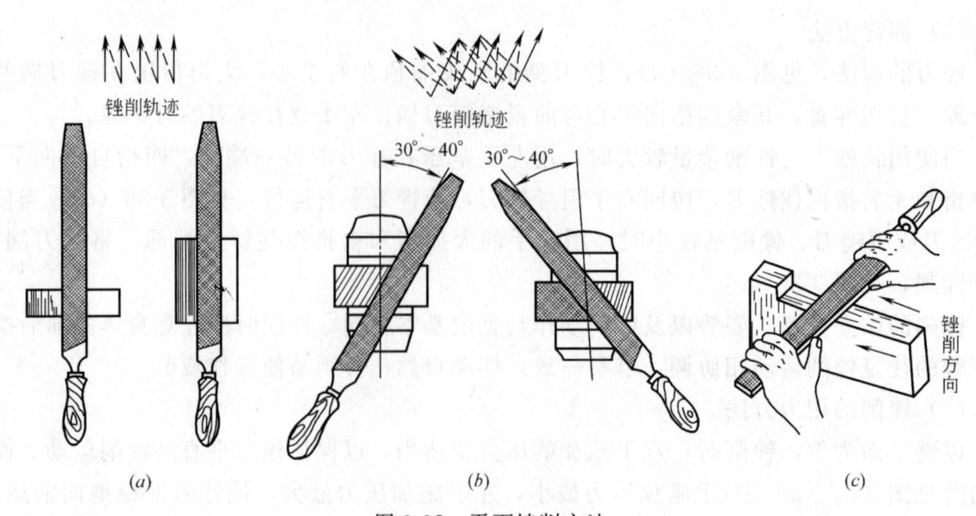

图 3-38　平面锉削方法
(a) 顺锉法；(b) 交叉锉法；(c) 推锉法

锉刀进行锉削加工。推锉法的切削量很小，锉削时锉刀容易掌握平稳，能获得较平整、光滑的平面，适用于锉削狭窄平面或精加工场合。

2.4.4　锉刀的维护与锉削安全使用要求

(1) 锉刀的维护

1) 锉削过程中，只允许推进时对锉刀施加压力，返回时不得加压，以避免锉刀加速磨损、变钝。

2) 锉刀严禁接触油脂或水，以免锉削时锉刀在工件上打滑，无法锉削，或齿面生锈，损坏锉齿的切削性能。

3) 锉刀不可当锤子或撬杠使用，因为锉刀经热处理淬硬后，其性能变脆，受冲击或弯曲时容易断裂。

4) 锉刀用完后，要用锉刷沿锉纹方向刷出锉纹中切屑，以免切屑堵塞，使锉刀的切削性能降低。

5) 锉刀存放时严禁与硬金属或其他工具互相重叠堆放，以免碰坏锉刀的锉齿或锉伤其他工具。

(2) 锉削安全使用要求

1) 锉刀的木柄大小要适当，安装要可靠，严禁使用无柄锉刀。

2) 锉削过程中禁止用手擦摸工件的锉削表面或锉刀工作面，以免切屑扎伤皮肤。

3) 待锉削的工件应尽量夹持在虎钳中央，夹持要可靠、安全、不发生变形。

4) 对已加工工件表面进行锉削时，要用软材料保护夹持部位，或采用夹板夹持，见图 3-39 (a)。

5) 锉削轴销表面时，要借用木块夹持在虎钳中；直径较大的轴销最好选用开有 V 形槽的木块保护，以保证轴销夹持牢固、可靠，见图 3-39 (b)。

6) 锉削工件的斜面时，可用虎钳夹预先夹紧，然后放在台虎钳中夹持，见图 3-39 (c)。

7) 锉削长板料时，可用夹轨夹持在虎钳中，避免锉削中多次装夹，见图 3-39 (d)。

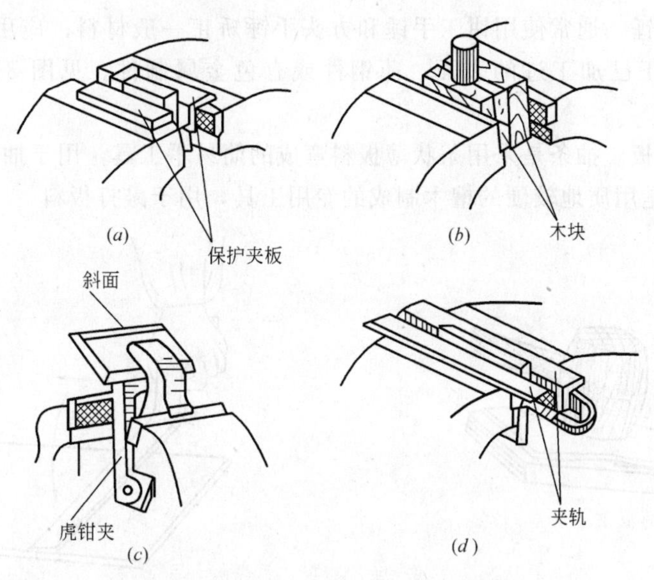

图 3-39　不同工件在台虎钳中的夹持方法

(*a*) 夹板夹持；(*b*) 木板夹持；(*c*) 虎钳夹夹持；(*d*) 夹轨夹持

2.5　矫正与弯形加工

2.5.1　矫正

矫正是消除材料或工件的弯曲、翘曲、凸凹不平等缺陷的加工方法。

金属板材或型材的不平、不直或翘曲变形主要是由于在轧制或剪切等外力作用下，内部组织发生变化产生的残余应力所引起。另外，原材料在运输和存放等处理不当时，也会引起变形缺陷。

金属材料变形有两种：一种是弹性变形，另一种是塑性变形。矫正是针对塑性变形而言。金属板材和型材矫正的实质就是使它们产生新的塑性变形来消除原有的不平、不直或翘曲变形。所以矫正后金属材料内部组织要发生变化，硬度提高，性质变脆，这种现象叫冷作硬化。冷作硬化后的材料给进一步的矫正或其他冷加工带来困难，必要时应进行退火处理，使材料恢复原来的力学性能。

(1) 矫正的分类

1) 按矫正时被矫正工件的温度分类，可分为冷矫正和热矫正两种。冷矫正就是在常温条件下进行的矫正。冷矫正时由于冷作硬化现象的存在，只适用于矫正塑性较好、变形不严重的金属材料。对于变形十分严重或脆性较大以及长期露天存放而生锈的金属板材和型材，要加热到700～1000℃的高温进行热矫正。

2) 按矫正时产生矫正力的方法分类，可分为手工矫正、机械矫正、火焰矫正与高频热点矫正等。

手工矫正是在平板、铁砧或台虎钳上用手锤等工具进行操作的，矫正时，一般采用锤击、弯曲、延展和伸张等方法进行。

(2) 手工矫正的工具

1) 平板和铁砧　平板、铁砧和台虎钳是矫正板材和型材的基座。

2）软、硬手锤　通常使用钳工手锤和方头手锤矫正一般材料；应用铜锤、木锤、橡皮锤等软手锤矫正已加工过的表面、薄钢件或有色金属制件。见图 3-40，为木锤矫正板料。

3）抽条和拍板　抽条是采用条状薄板料弯成的简易手工具，用于抽打较大面积板料，见图 3-41。拍板是用质地较硬的檀木制成的专用工具，用于敲打板料。

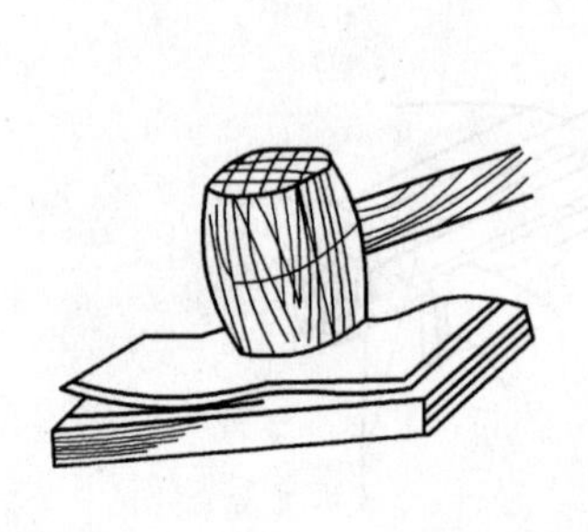
图 3-40　木锤矫正板料

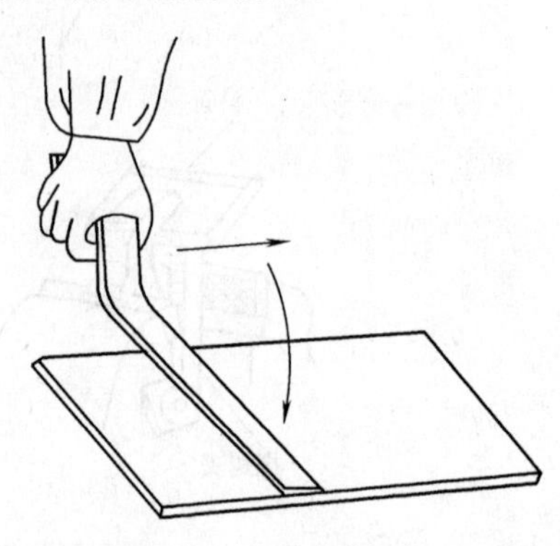
图 3-41　抽条抽打板料

4）螺旋压力工具　螺旋压力工具适用于矫正较大的轴类零件或棒料，见图 3-42。

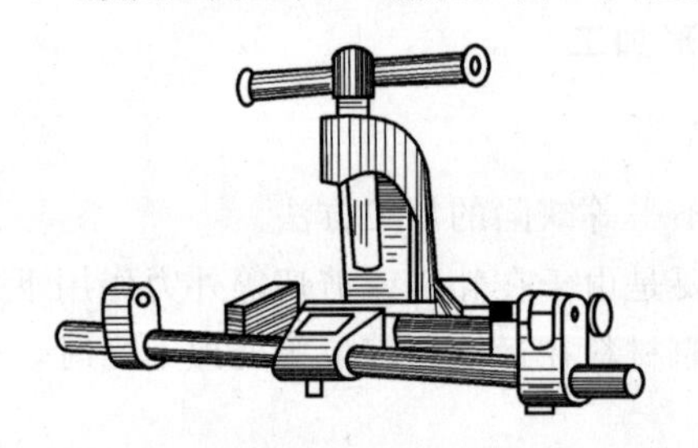
图 3-42　螺旋压力工具矫直轴类零件

(3) 手工矫正方法

1）延展法　金属薄板最容易产生中部凸凹、边缘呈波浪形，以及翘曲等变形。采用延展法矫正，见图 3-43。

薄板中间凸起，是由于变形后中间材料变薄引起的。矫正时可锤击板料边缘，使边缘材料延展变薄，厚度与凸起部位的厚度愈趋近则愈平整。见图 3-43（a）中箭头方向，即锤击位置。锤击时，由里向外逐渐由轻到重，由稀到密。如果直接锤击凸起部位，则会使凸起的部位变得更薄，这样不但达不到矫平的目的，反而使凸起更为严重。如果薄板表面有相邻几处凸起，应先在凸起的交界处轻轻锤击，使几处凸起合并成一处，然后再锤击四周而矫平。

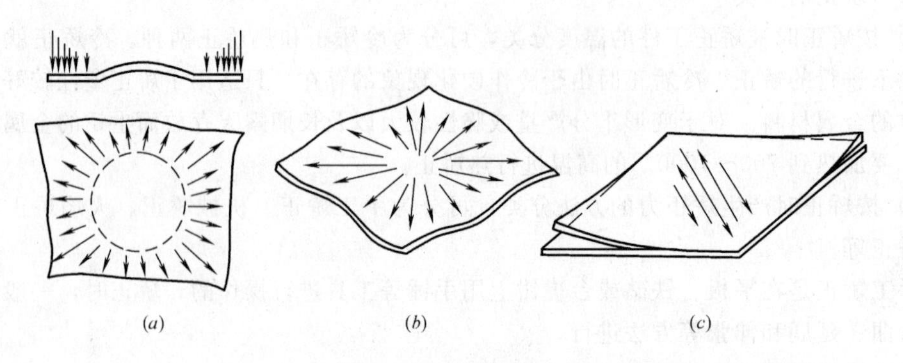

图 3-43　薄板的矫平
（a）中间凸起的矫平；（b）边缘波浪形的矫平；（c）对角翘起的矫平

如果薄板四周呈波纹状，这说明板料四边变薄而伸长了，见图 3-43（*b*）。锤击点应从中间向四周，按图中箭头方向，密度逐渐变稀，力量逐渐减小，经反复多次锤打，使板料达到平整。

如果薄板发生对角翘曲时，就应沿另外没有翘曲的对角线锤击使其延展而矫平，见图 3-43（*c*）。

如果板料是铜箔、铝箔等薄而软的材料，可用平整的木块，在平板上推压材料的表面，使其达到平整，也可用木锤或橡皮锤锤击。如果薄板有微小扭曲时，可用抽条从左到右顺序抽打平面（图 3-41），因抽条与板料接触面积较大，受力均匀，容易达到平整。

用氧—乙炔切割下的板料，边缘在气割过程中冷却较快，收缩严重，造成切割下的板料不平，这种情况也应锤击边缘，使其得到适量的延展。锤击点在边缘处重而密，第二三圈应轻而稀，逐渐达到平整。

2）扭转法　扭转法是用来矫正条料扭曲变形的，一般将条料夹持在台虎钳上，用扳手把条料扭转到原来形状，见图 3-44。

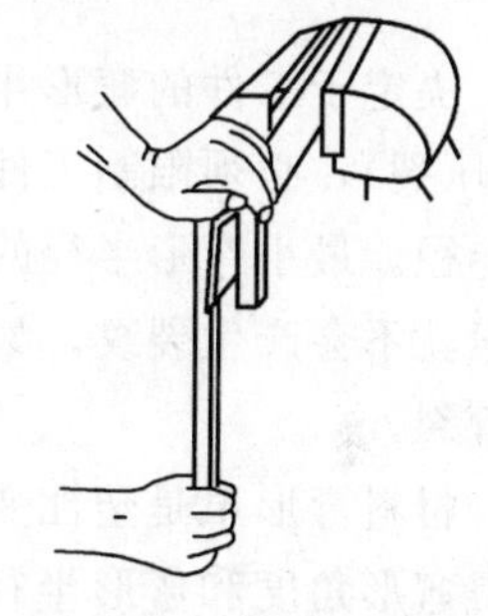

图 3-44　扭转法矫正条料

3）弯形法　弯形法是用来矫正各种弯曲的棒料和在宽度方向上弯曲的条料。直径较小的棒料和薄条料，可夹在台虎钳上用扳手矫正。直径大的棒料和较厚的条料，则用压力机械矫正。矫正前，先把轴或棒料架在两块 V 形铁上，V 形铁距离可按需要调节。将轴转动，用粉笔画出弯曲部位，然后转动螺旋压力机的螺杆，使压块压在圆轴突起部位。为了消除因弹性变形所产生的回翘，可适当压过一些，然后用百分表检查轴的矫正情况。边矫正，边检查，直至符合要求。

4）伸张法　伸张法是用来矫正各种细长线材的。将线材一头固定，然后从固定处开始，将弯曲线材绕圆木一周，紧捏圆木向后拉，使线材在拉力作用下绕过圆木得到伸长矫直，见图 3-45。

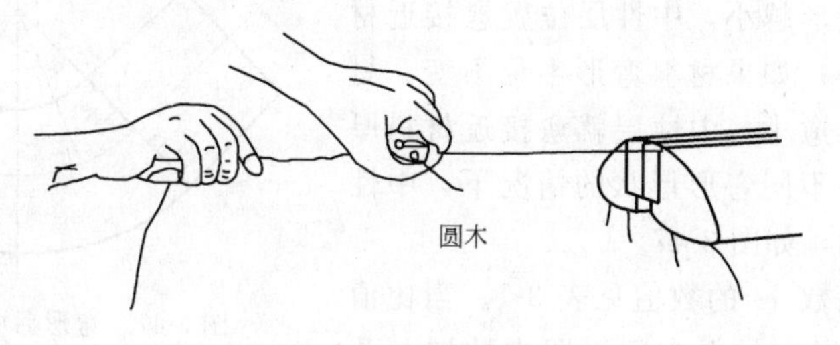

图 3-45　伸张法矫直线材

（4）矫正注意事项

1）矫正时要看准变形的部位，分层次进行锤击，锤击点的位置、密度和锤击力的大小要恰当。

2）对已加工工件进行矫正时，注意工件的表面质量，不能有明显的锤击痕迹。

3）对多次矫正过的材料或制件，其表面已有冷硬现象产生，若再要矫正，之前必须进行退火处理。

2.5.2 弯形加工

(1) 弯形概念

将坯料弯成所需形状的加工方法称为弯形。

弯形是使材料产生塑性变形，因此只有塑性较好的材料才能进行弯形加工。图 3-46 为钢板弯形后的情况。钢板弯形后外层材料伸长（图 3-46 中 c-c 外圆弧）；内层材料缩短（图 3-46 中 a-a 内圆弧）；中间有一层材料（图 3-46 中 b-b）弯形后长度不变，称为中性层。

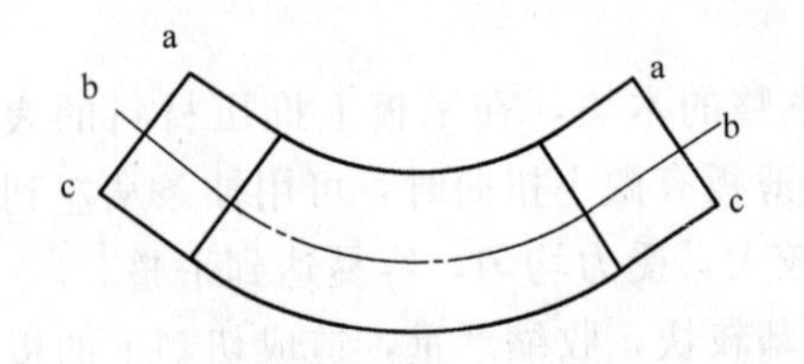

图 3-46 钢板弯形后的变化

弯形工件越靠近材料表面金属变形越严重，也就越容易出现拉裂或压裂现象。

相同材料的弯形加工，工件外层材料变形的大小，决定于工件的弯形半径。弯形半径越小，外层材料变形越大。为了防止弯形件拉裂（或压裂），必须限制工件的弯形半径，使它大于导致材料开裂的临界弯形半径——最小弯形半径。最小弯形半径的数值由实验确定。常用钢材的弯形半径如果大于 2 倍材料厚度，一般就不会产生裂纹。如果工件的弯形半径较小时，可分多次弯形，中间进行退火，以避免弯裂。

材料弯形虽是塑性变形，但也有弹性变形存在。工件弯形后，由于弹性变形的回复，使得弯形角度和弯形半径发生变化，这种现象称为回弹。工件在弯形过程中应多弯过一些，以抵销工件的回弹。

(2) 弯形毛坯长度计算

工件弯形后，只有中性层长度不变，因此计算弯形工件毛坯长度时，可以按中性层的长度计算。但应注意，材料弯形后，中性层一般不在材料正中，而是偏向内层材料一边。

经实验证明，中性层的实际位置与材料的弯形半径 r 和材料厚度 t 有关。当材料厚度不变时，弯形半径越大，变形越小，中性层位置愈接近材料厚度的几何中心；如果材料弯形半径不变，材料厚度越小，变形愈小，中性层就愈接近材料厚度的几何中心。在不同弯形形状的情况下，中性层的位置是不同的，如图 3-47。

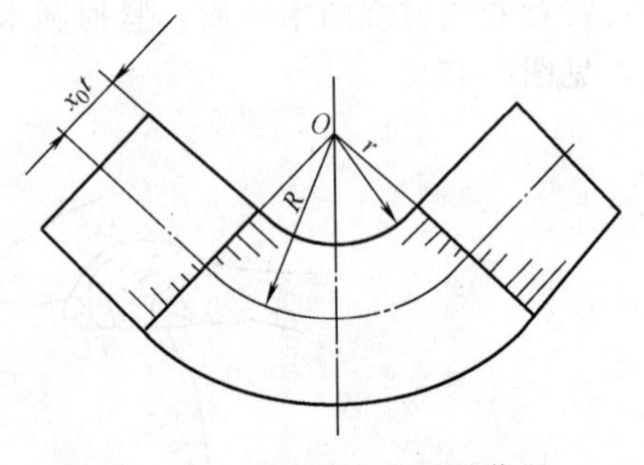

图 3-47 弯形后中性层的位置

中性层位置系数 x_0 的数值见表 3-1。当比值 $r/t \geqslant 16$ 时，中性层在材料中间（即中性层与几何中心层重合）。一般情况下，为简化计算，当 $r/t \geqslant 8$ 时，即可取 $x_0 = 0.5$ 进行计算。

弯形后中性层位置系数 x_0 　　**表 3-1**

r/t	0.25	0.5	0.8	1	2	3	4	5	6	7	8	10	12	14	≥16
x_0	0.2	0.25	0.3	0.35	0.37	0.4	0.41	0.43	0.45	0.45	0.46	0.47	0.48	0.49	0.5

常见的几种弯形形式，见图 3-48。其中 (*a*)、(*b*)、(*c*) 图为内边带圆弧的制件，(*d*) 图为内边不带圆弧的直角制件。

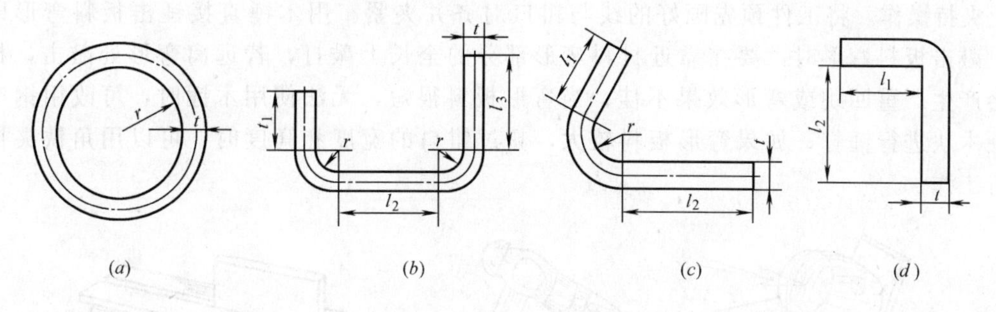

图 3-48 常见弯曲形式

内边带圆弧制件的毛坯长度等于直线部分（不变形部分）和圆弧中性层长度（弯形部分）之和。圆弧部分中性层长度，计算公式：

$$A=\pi(r+x_0)\frac{\alpha}{180}$$

式中 A——圆弧部分中性层长度（mm）；

r——弯形半径（mm）；

x_0——中性层位置系数；

α——弯形角，即弯形中心角（单位 °），见图 3-49。

内边弯形成直角不带圆弧的制件，求毛坯长度时，可按弯形前后毛坯体积不变的原理计算，可按经验公式计算，取 $A=0.5t$。

（3）弯形计算实例

见图 3-48（c），已知制件弯形角 $\alpha=120°$，内弯形半径 $r=16$mm，材料厚度 $t=4$mm，边长 $l_1=60$mm、$l_2=100$mm，求毛坯总长度 L。

解：$r/t=16/4=4$，查表 3-1 得 $x_0=0.41$

$$L=l_1+l_2+A=l_1+l_2+\pi(r+x_0t)\frac{\alpha}{180}$$

$$=60+100+3.14(16+0.41\times4)\frac{120°}{180°}$$

$$=196.93\text{mm}$$

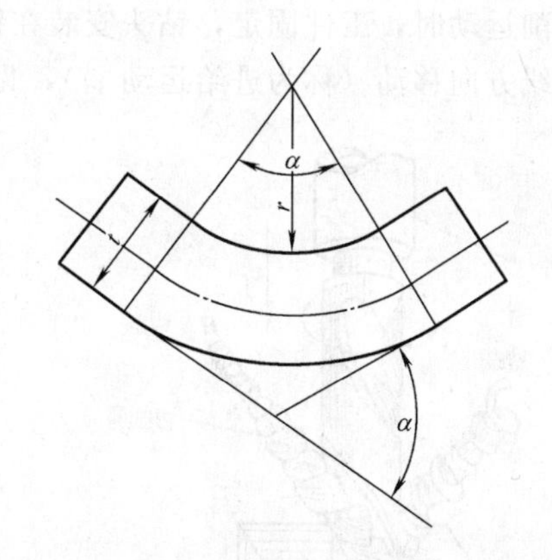

图 3-49 弯形时弯形角与弯形中心

上述毛坯长度计算结果，由于材料本身性质的差异和弯形工艺、操作方法的不同，还会与实际弯形工件毛坯长度之间有误差。因此，成批生产时，要用试验的方法，反复确定坯料的准确长度，以免造成成批废品。

（4）弯形方法

弯形工件按工件操作时的温度可分冷弯和热弯两种。工件在常温下进行弯形的称为冷弯；工件需经加热后进行弯形的称为热弯。热弯适用于材料厚度超过 5mm、弯形半径较小、弯形角较大、塑性稍差的场合。

图 3-50 是板料弯形方法，板料尺寸不大，形状不复杂进行直角弯形时，可以在台虎

钳上夹持操作。将工件预先画好的线与钳口对齐并夹紧，用木锤直接锤击板料弯形即可。敲击板料弯形时，要在靠近材料弯形部分的全长上敲打，若远离弯形处敲击，材料会产生严重回跳或弯形效果不佳；当弯形板料很短，无法使用木锤时，可改用钢锤垫硬木块进行锤打；如果弯形板料较大，超过钳口的宽度和高度时，可以用角铁夹持进行工作。

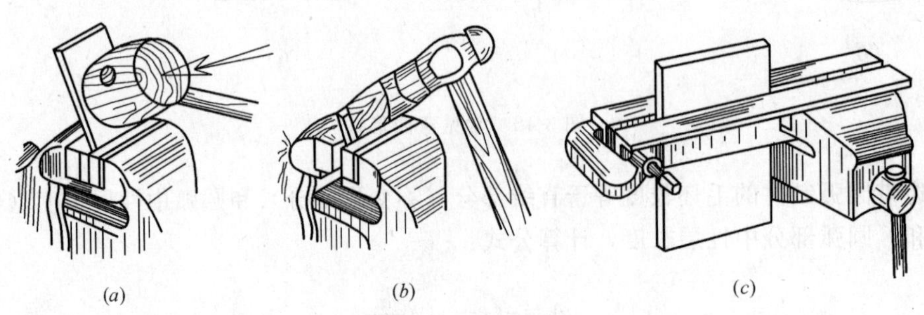

图 3-50　板料在台虎钳上的弯形方法

(a) 用木锤弯形；(b) 用钢锤弯形；(c) 长板料弯形

2.6 钻　孔

钻孔是用钻头在实体材料上加工孔的方法。

钻削运动时，工件固定，钻头安装在钻床主轴上做旋转运动（称为主体运动 v_c），钻头沿轴线方向移动（称为进给运动 v_f），见图 3-51。

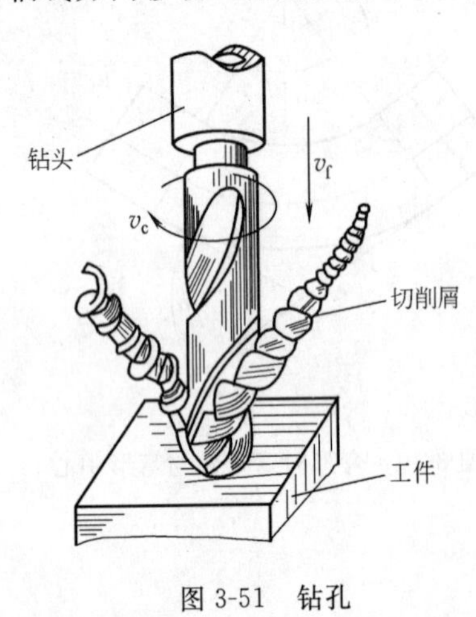

图 3-51　钻孔

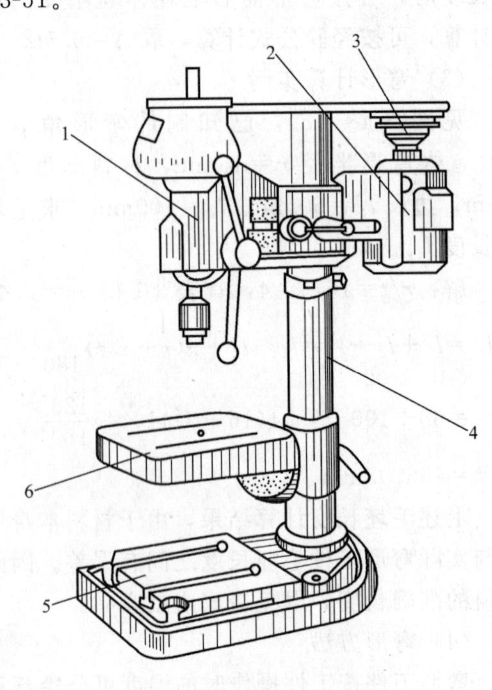

图 3-52　台式钻床

1—机头；2—电动机；3—塔式带轮；4—立柱；5—底座；6—工作回转台

2.6.1　常用钻床

常用钻床有台式钻床、立式钻床和摇臂钻床。图 3-52 所示为台式钻床，它安放在作业台上，主轴垂直布置，是小型钻床，最大钻孔直径是 13mm。

台钻由机头、电动机、塔式带轮、立柱、回转工作台和底座等部分组成。电动机通过一对塔式带轮传动，使主轴获得五种转速。机头与电动机连为一体，可沿立柱上、下移动，根据钻孔工件的高度，将机头调整到适当位置后，通过手柄锁紧后方能进行钻削。在小型工件上钻孔时，可采用回转工作台。回转工作台可沿立柱上、下移动，或绕立柱轴线作水平转动，也可在水平面内作一定角度的转动，以便钻斜孔时使用。在较重的工件上钻孔时，可将回转工作台转到一侧，将工件放置在底座上进行。底座上有两条T形槽，用来装夹工件或固定夹具。在底座的四个角上有安装孔，用螺栓将其固定。一般台钻的切削力较小，可以不加螺栓固定。

2.6.2 麻花钻结构

标准麻花钻头是钻孔常用工具，简称麻花钻或钻头，一般用高速钢（W18Cr4V或W9Cr4V2）制成。

钻头由柄部、颈部和工作部分组成，见图3-53。

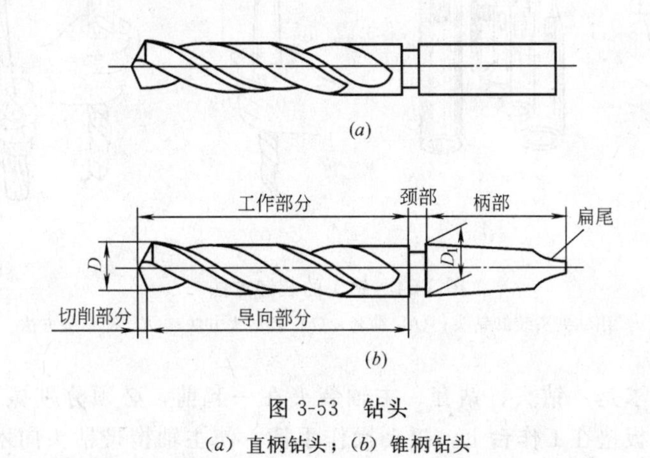

图3-53 钻头

(a) 直柄钻头；(b) 锥柄钻头

(1) 柄部　柄部是钻头的夹持部位，工作时，柄部固定在钻床的主轴孔中或夹持在钻夹头中，用来传递转矩和轴向力。柄的形式有直柄和锥柄两种，直径小于6mm的钻头均为直柄；直径在6～13mm的钻头有直柄和莫氏锥柄两种；直径大于13mm的钻头，柄部全部为莫氏锥柄。锥柄的末端有一扁尾，用来加强转矩的传递作用，防止钻头在锥孔中打滑，同时也是拆卸钻头的敲击处。

(2) 颈部　颈部是磨削加工钻头的退刀槽。

(3) 工作部分　工作部分由导向部分和切削部分组成。导向部分轴向略有倒锥，钻孔时可减小孔壁与导向部分的摩擦，并能正确引导钻头进行工作。刃磨钻头时，导向部分逐渐变短，其直径尺寸略有减小。导向部分有两条螺旋形容屑槽，用来排屑并引入切削液。

2.6.3 钻孔方法

(1) 钻头的装夹

用手电钻或台钻钻削直径为13mm以下的孔时，应选用直柄钻头，在钻夹头中夹持，钻头伸入钻夹头中的长度不小于15mm，通过钻夹头上的三个小孔用钻钥匙转动，使三个卡爪伸出或缩进，将钻头夹紧或松开，见图3-54 (*a*)。

钻削直径为13mm以上孔时，应选用柄部为外莫氏锥度的钻头。它的直径与柄部的莫氏锥度号数成正比。选用相应的钻套（1、2、3、4、5号，见图3-54*b*）安装此钻头。

安装钻头或钻套时，将扁尾的厚度方向对准钻套或主轴上的椭圆槽宽度方向，见图 3-54（*c*）；同时可在椭圆槽中插入楔铁拆卸钻头或钻套。拆卸时，楔铁的圆弧面放在上方，手握钻头，见图 3-54（*d*）；或将主轴稍向下移，工作台上垫木板，敲击楔铁大端，迫使钻头或钻套与主轴孔脱离，其下端落在木板上，上移主轴，钻头与钻套即可取下。

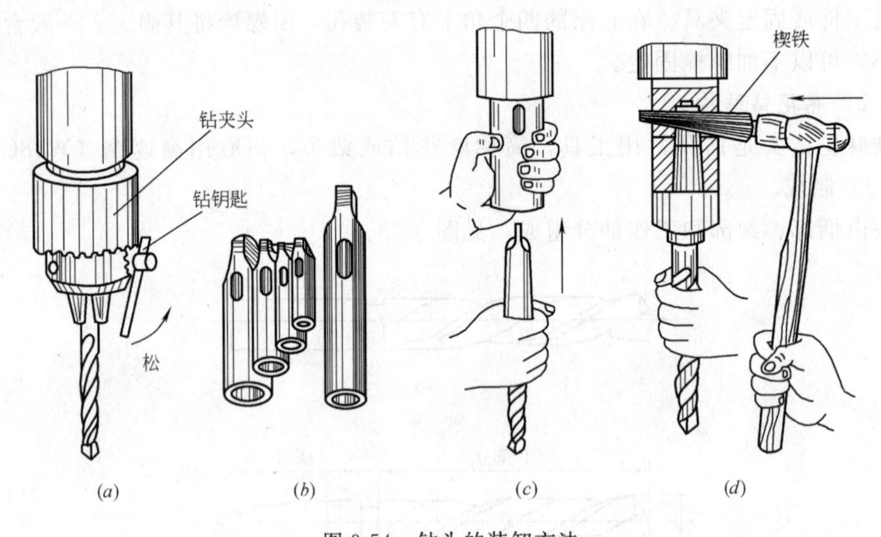

图 3-54　钻头的装卸方法

（*a*）用钻夹头装卸钻头；（*b*）钻套；（*c*）装钻头方法；（*d*）卸钻头方法

钻头的装夹要求是：钻头、钻套、主轴装夹在一起前，必须分别擦干净，联接要牢固，必要时可用木板垫在工作台上，摇动操作手柄，使主轴携带钻头向木板上冲击两次，即可将钻头装夹牢固。严禁用锤子等硬物打击钻头装夹。钻头旋转时其径向圆跳动应尽量小。

（2）工件的装夹

钻孔时，工件的装夹方法应根据钻削孔径的大小及工件形状来选定。一般钻削直径小于 8mm 的孔时，可用手握牢工件进行钻孔；若工件较小，可用手虎钳夹持工件钻孔，见图 3-55（*a*）；长工件可以在工作台上固定一物体，将长工件紧靠在该物体上进行钻孔，见图 3-55（*b*）；在较平整、略大的工件上钻孔时，可夹持在机用虎钳上进行，见图 3-55（*c*）；若钻削力较大，可先将机用虎钳用螺栓固定在机床工作台上，然后再钻孔；在圆柱表面上钻孔时，应将工件安放在 V 形块中固定，见图 3-55（*d*）；另外根据工件的形状可以选用压板、三爪自定心卡盘或专用工具等装夹进行钻孔，见图 3-55（*e*）、（*f*）、（*g*）。

（3）钻孔操作方法　钻孔前，先在钻孔处画线、打样冲眼（样冲眼略小些），再画 1～3 个不同直径的同心圆，然后再将圆心的样冲眼冲大，以便于钻头定心。钻大孔时，可用小钻头预钻一孔，这样便于使钻尖落入预钻孔中，钻头不易偏离孔中心。

钻孔时，钻头夹持要牢固、正确，要在相互垂直的两个铅垂面内观察，钻头轴心线应与孔中心线重合。为此，可先试钻一浅坑与所画圆同心，若不同心，应予以借正，靠移动工件或钻床主轴来解决。若偏离太多，可以在借正方向上多打几个样冲眼，使之连成一个

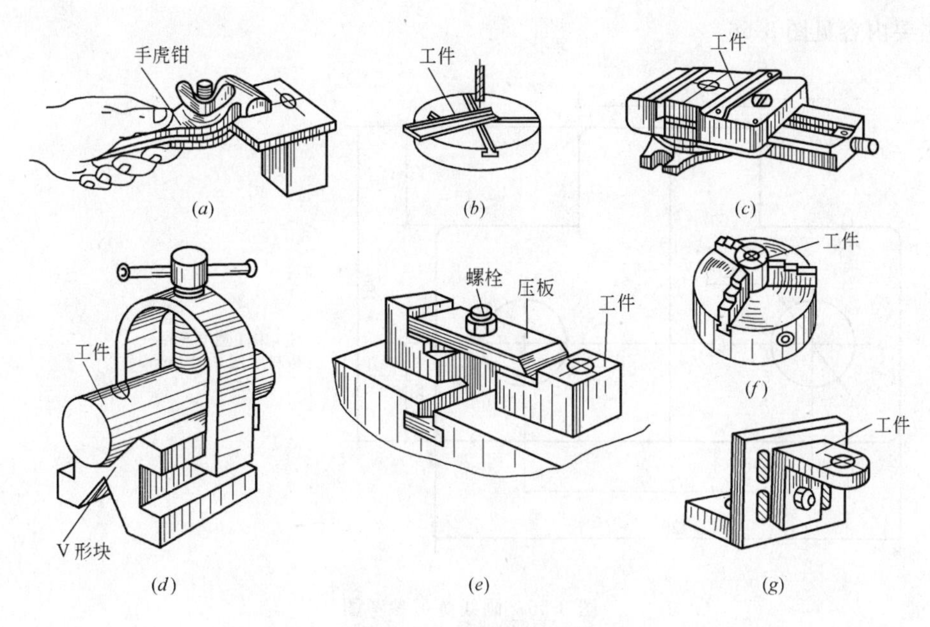

图 3-55　工件装夹方法

(*a*) 手虎钳夹持；(*b*) 长工件固定；(*c*) 机用平口虎钳夹持；(*d*) V形块固定；(*e*) 螺栓压板固定；(*f*) 三爪自定心卡盘装夹；(*g*) 专用工具装夹

大冲孔，将原钻的浅坑借正过来；或用油槽錾在借正方向上錾几条窄槽，减少其切削阻力，则可达到借正的目的。

孔将钻穿时，钻头切削刃会被孔底剩余部分材料咬住，工件会产生很大的扭力，会随着钻头旋转，因此，这时的进给量应减小。如果是机动进给，应改为手动进给，以免折断钻头或破坏孔的加工质量。

(4) 钻孔与钻床使用注意事项

1) 钻半圆孔时，应尽量选用短一些的钻头，以增加其刚性和强度，钻头横刃要磨短，以加强其定心作用，改善切削条件。一般钻孔深度达直径的 3 倍时，一定要退出钻头排屑，以免切屑阻塞而扭断钻头。

2) 工作前按钻床润滑标牌上的位置检查导轨，清除导轨污物，并在各润滑点加润滑油；检查主轴箱的油窗，看油量是否充足；低速运转，观察各传动部位有无异常现象。

3) 钻孔操作时，严禁戴手套或垫棉纱；留长发者要戴工作帽；工件、夹具、刀具必须装夹牢固、可靠。

4) 钻深孔或在铸铁件上钻孔时，要经常退刀，排除切屑；一般钻孔深度达直径的 3 倍时，也一定要退出钻头排屑，以免切屑阻塞而扭断钻头；钻通孔时，在工件低部垫木块，以免钻伤工作台。

实 训 课 题

一、实训内容和课时

1. 画线练习（2 课时）

主要内容见图 3-56。

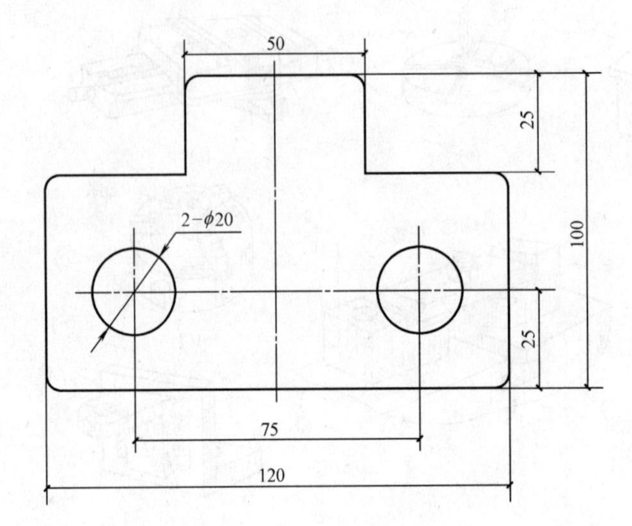

图 3-56 画线练习参考图

2. 锯削和锉削练习（8 课时）

按照图 3-56 样式进行锯削和锉削练习。

3. 钻孔练习（2 课时）

按照图 3-56 练习钻孔。

4. 錾削练习（2 课时）

利用扁錾进行板料和棒料錾切练习。

5. 矫正与弯形练习

选择变形薄板料进行不平、不直和翘曲等缺陷的矫正；选择板材和棒料进行 90°弯曲练习。

二、实训要求

1. 学会各种练习中相关设备和工具的正确使用和安全操作方法；

2. 独立完成图 3-56 所示工件，其加工精度为：长度尺寸±0.5mm；圆孔位置对称度 0.2；垂直度 ϕ0.2。

3. 严格遵守安全操作规程。

思考题与习题

1. 砂轮机的用途有哪些？

2. 简述砂轮机的安全操作规程（注意事项）。

3. 钻床钻孔时由哪两个运动来实现钻削任务？

4. 简述钻床的操作注意事项。

5. 什么是画线基准？主要有哪三个类型的画线基准？

6. 錾子的种类有哪些？扁錾用在什么场合？

7. 錾削操作有哪些注意事项？
8. 手锯有哪两种运动方式？
9. 锉削通过锉刀可以完成哪些加工？
10. 平面锉削有哪些方法？
11. 矫正的作用是什么？有哪些方法？
12. 弯形板材有哪些方法？简述操作要领。

单元4　金属构件的切割与表面、切口等处理装修施工机具

知 识 点： 金属气割在装饰中的应用；装修施工机具的用途与应用范围。

教学目标： 学会气割设备的正确使用，会进行装饰用金属构件的气割加工；会对金属构件使用相关装修施工机具进行切口、表面等加工处理。

金属构件的切割与表面、切口处理是其制作的重要工艺。它的操作水平对保证产品质量，降低物料消耗，提高经济效益等是一个重要因素；而装修施工机具又是保证这些工序顺利实现的主要技术手段。

课题1　金属件的切割

切割是按照划线后所需的形状和尺寸将需要的构件部分分离出来的方法。切割包括冷、热两种方法。冷切割如锯割等，热切割如气割等。

热切割有气割、等离子弧切割和激光切割等。

气割也叫气体火焰切割，是利用气体火焰的热能将材料切割处预热到一定温度后，喷出高速切割氧流，使金属燃烧并放出热量来实现切割的方法。它主要适合于切割碳钢、低合金钢等。

等离子切割是利用等离子弧高温使金属局部熔化，并借高速等离子焰流的动量将熔化的金属排除。从而形成割缝的切割方法。它适用于切割所有金属材料和非金属材料。

激光切割是利用聚集成很小直径的激光束照射切割区，使被切割材料迅速升温熔化，从而形成割缝的切割方法。它主要适用于切割薄金属以及陶瓷、塑料和布等非金属，是高速度、高精度的切割方法。

1.1　气割火焰

气割火焰是由可燃气体与氧气混合而形成的。可燃气体主要是指乙炔气、液化石油气，也有采用氢气的。

1.1.1　对气割火焰的要求

气割的火焰是预热的热源；火焰的气流又是熔化金属的保护介质。气割时要求火焰应有足够的温度，体积要小，焰心要直，热量要集中；还应要求火焰具有保护性，以防止空气中的氧、氮对熔化金属的氧化及氮化。

1.1.2　气割火焰的性质和种类及异常现象和消除方法

(1) 气割火焰的性质

气割火焰包括氧—乙炔焰、氢氧焰及液化石油气［丙烷（C_3H_8）含量占50%～80%，

其他有丁烷（C_4H_{10}）、丁烯（C_4H_8）］等燃烧的火焰。乙炔与氧混合燃烧形成的火焰，称为氧—乙炔焰，简称氧炔焰。氧—乙炔焰具有很高的温度（约 3200℃），加热集中，因此，是气割中主要采用的火焰。

氢与氧混合燃烧形成的火焰，称为氢氧焰。氢氧焰由于其燃烧温度低（温度可达 2770℃），且容易发生爆炸事故，未被广泛应用于工业生产，目前主要用于水下火焰切割等。

液化石油气燃烧的温度比氧—乙炔火焰要低（丙烷在氧气中燃烧温度为 2000～2850℃）。液化石油气燃烧的火焰主要用于钢材切割和有色金属的焊接。它用于气割时，金属预热时间稍长，但可以减少切口边缘的过烧现象，切割质量较好，在切割多层叠板时，切割速度比使用乙炔快 20%～30%。

（2）气割火焰的种类

前面已经谈到，氧—乙炔火焰是气割中主要采用的火焰，由于氧与乙炔的混合比不同，可分为中性焰、碳化焰（也称还原焰）和氧化焰三种，见图 4-1。

1）中性焰　中性焰是氧与乙炔体积的比值（O_2/C_2H_2）为 1.1～1.2 的混合气燃烧形成的气体火焰。中性焰的第一燃烧阶段既无过剩的氧又无游离的碳。当氧与丙烷容积的比值（O_2/C_3H_8）为 3.5 时，也可得到中性焰。中性焰有三个显著区别的区域，分别为焰心、内焰和外焰，见图 4-1（*a*）。

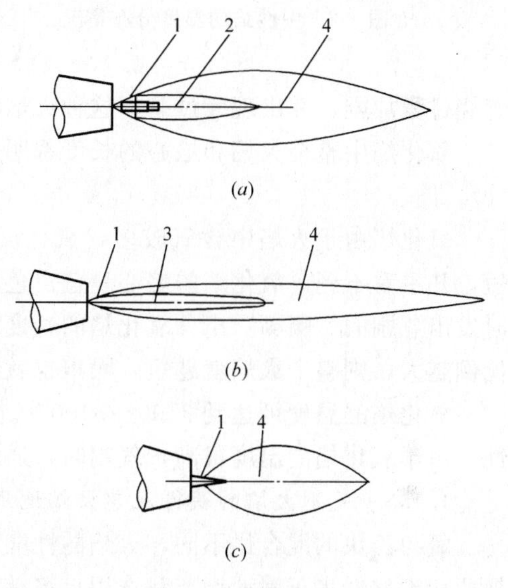

图 4-1　氧—乙炔焰

（*a*）中性焰；（*b*）碳化焰；（*c*）氧化焰

1—焰心；2—内焰（暗红色）；

3—内焰（淡红色）；4—外焰

焰心——中性焰的焰心呈尖锥形，色白而明亮，轮廓清楚。焰心由氧气和乙炔组成，焰心外表分布有一层由乙炔分解所生成的碳素微粒，由于炽热的碳粒发出明亮的白光，因而有明亮而清楚的轮廓。焰心亮度虽高，但温度并不很高，约 950℃。

内焰——内焰主要由乙炔的不完全燃烧产物，即来自焰心的碳和氢气与氧气燃烧的生成物一氧化碳和氢气所组成。内焰位于碳素微粒层外面，紧靠焰心末端，呈杏核形，蓝白色并带有深蓝色线条，微微闪动。内焰处在焰心前 2～4mm 部位，燃烧量激烈，温度最高，可达 3100～3150℃。

外焰——与内焰并无明显界限，一般是从颜色上来区分。外焰的颜色从里向外由蓝白色变为淡紫色和橙黄色。外焰温度比焰心高，约为 1200～2500℃。由于二氧化碳（CO_2）和水（H_2O）在高温时容易分解，所以外焰具有氧化性。

中性焰的温度是沿着火焰轴线变化的，见图 4-2。中性焰温度最高处在距离焰心末端 2～4mm 的内焰的范围内，此处温度可达 3150℃，离此处越远，火焰温度越低。

此外，火焰在横断面上的温度是不同的，断面中心温度最高，越向边缘，温度就越低。

2）碳化焰（还原焰）　氧与乙炔的混合比小于 1（一般为 0.85～0.95）时，混合气中

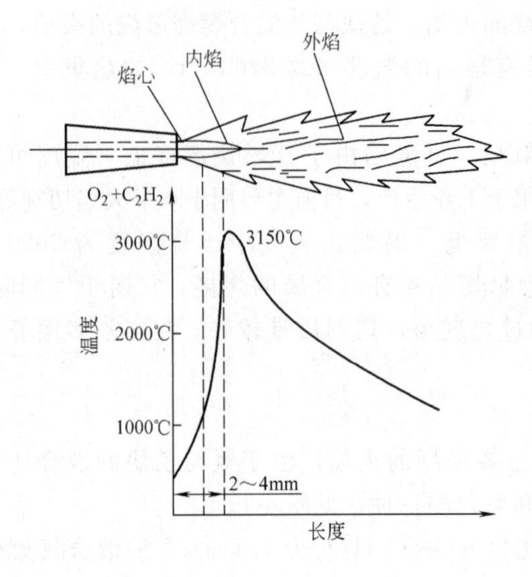

图 4-2　中性焰的温度分布情况

的乙炔未完全燃烧，这种火焰称为碳化焰。

碳化焰的焰心、内焰和外焰三部分界限很明显，见图 4-1 (*b*)。碳化焰的整个火焰比中性焰长而柔软，而且随着乙炔的供给量增多，碳化焰也就变得越长、越柔软，其挺直度就越差。当乙炔的过剩量很大时，由于缺乏使乙炔完全燃烧所需要的氧气，火焰开始冒黑烟。碳化焰的焰心较长，呈蓝白色，由一氧化碳（CO）、氢气（H_2）和碳素微粒组成；碳化焰的外焰特别长，呈橘红色，由水蒸气、二氧化碳、氧气、氢气和碳素微粒组成。

碳化焰的温度为 2700～3000℃。

3）氧化焰　氧与乙炔的混合比大于 1.1（一般在 1.2～1.7 之间）时，混合气燃烧过程加剧，并出现氧过剩，这种火焰称氧化焰。

氧化焰中整个火焰和焰心的长度都明显缩短，只能看到焰心和外焰两部分，见图 4-1 (*c*)。

氧化焰由于火焰中含氧较多，氧化反应剧烈，使焰心、内焰、外焰都缩短，内焰很短，几乎看不到。氧化焰的焰心呈蓝白色，轮廓不明显；外焰呈蓝紫色，火焰挺直，燃烧时发出急剧的“嘶嘶”声。氧化焰的长度取决于氧气的压力和火焰中氧气的比例，氧气的比例越大，则整个火焰就越短，噪声也就越大。

氧化焰的温度可达到 3100～3400℃。由于氧气的供应量较多，使整个火焰具有氧化性。由于氧化焰的温度很高，气割时，通常使用氧化焰。

1.1.3　气割火焰的获得及其火焰适用情况

氧与乙炔的混合比不同，火焰的性能和温度也各异。为获得理想的气割质量，必须根据所切割材料来正确地调节和选用火焰。

（1）碳化焰

打开割炬的乙炔阀门点火后，慢慢地开放氧气阀增加氧气，火焰即由橙黄色逐渐变为蓝白色，直到焰心、内焰和外焰的轮廓清晰地呈现出来，这时的火焰即为碳化焰。

（2）中性焰

在碳化焰的基础上继续增加氧气，当内焰基本上看不清时，得到的便是中性焰。若发现调节好的中性焰过大需调小时，先减少氧气量，然后将乙炔量调小，直至获得所需的火焰为止。中性焰用来预热切割件。

（3）氧化焰

在中性焰基础上再加氧气量，焰心变得尖而短，外焰也同时缩短，并伴有“嘶嘶”声，即为氧化焰。氧化焰的氧化度，以其焰心长度比中性焰的焰心长度的缩短率来表示，如焰心长度比中性焰的缩短率为 1/8，则称为 1/8 或 8%氧化焰。

氧化焰主要适用切割碳钢、低合金钢、不锈钢等金属材料，也叫作为氧—丙烷切割时的预热火焰。

（4）气割火焰异常现象及清除方法

点火和气割中发生火焰的异常现象、原因及消除方法见表 4-1。

火焰的异常现象、原因及消除方法 **表 4-1**

现　象	原　因	措　施
火焰熄灭或火焰强度不够	(1)乙炔管道内有水 (2)回火防止器性能不良 (3)压力调节器性能不良	(1)清理乙炔胶管，排除积水 (2)把回火防止器的水位调整好 (3)更换压力调节器
点火时有爆声	(1)混合气体未完全排除 (2)乙炔压力过低 (3)气体流量不足 (4)割嘴孔径扩大，变形 (5)割嘴堵塞	(1)排除割炬内的空气 (2)检查乙炔发生器 (3)排除胶管中的水 (4)更换割嘴 (5)清理割嘴及射吸管积炭
脱火	乙炔压力过高	调整乙炔压力
气割中产生爆声	(1)割嘴过热，黏附脏物 (2)气体压力未调好	(1)熄灭后仅开氧气进行水冷，清理割嘴 (2)检查乙炔和氧气的压力是否恰当
氧气倒流	(1)割嘴被堵塞 (2)割炬损坏无射吸力	(1)清理割嘴 (2)更换或修理割炬
回火（有“嘘嘘”声，焊炬把手发烫）	(1)割嘴孔道污物堵塞 (2)割嘴孔道扩大，变形 (3)割嘴过热 (4)乙炔供应不足 (5)射吸力降低 (6)割嘴离工件太近	(1)关闭氧气 (2)关闭乙炔 (3)水冷割炬 (4)检查乙炔系统 (5)检查割炬 (6)使割嘴与工件保持适当距离

1.2　气割应用条件和特点

1.2.1　气割的应用条件

气割的实质是被切割材料在纯氧中燃烧的过程，不是熔化过程。为使切割过程顺利进行，被切割金属材料一般应满足以下条件：

（1）金属在氧气中的燃点应低于金属的熔点。气割时金属在固态下燃烧，才能保证切口平整。如果燃点高于熔点，则金属在燃烧前已经熔化，切口质量很差，严重时无法进行切割。

（2）氧化物熔点应低于金属熔点，且氧化物的流动性要好。氧化物的熔点低于金属的熔点，则生成的氧化物才可能以液体状态从切口中被纯氧吹除。否则，氧化物会比液体金属先凝固，而在液体金属表面形成固态薄膜或黏度大，不易吹除，而且阻碍下层金属与氧接触，使切割过程发生困难。铸铁、铝、铜等氧化物的熔点均高于材料本身的熔点，铸铁中的硅及铜、铝氧化物黏度都很大，所以，它们很难气割，即不易获得好的切口质量。

几种常见金属及其氧化物的熔点见表 4-2。

（3）金属在氧气中燃烧时，能放出较多的热量，且金属的导热性要低。这样才能保证切口处下层局部金属的燃烧。否则，生成热低，导热好，热量不足，气割难于正常进行。

（4）金属中含阻碍切割过程进行和提高金属淬硬性的成分及杂质要少。碳及一些合金元素对钢的气割性能的影响见表 4-3。

常见金属极其氧化物的熔点 表 4-2

<table>
<tr><th rowspan="2">金　属</th><th colspan="2">熔　点(℃)</th></tr>
<tr><th>金　属</th><th>氧 化 物</th></tr>
<tr><td>纯铁</td><td>1535</td><td rowspan="4">1300～1500</td></tr>
<tr><td>低碳钢</td><td>约 1500</td></tr>
<tr><td>高碳钢</td><td>1300～1400</td></tr>
<tr><td>铸铁</td><td>约 1200</td></tr>
<tr><td>紫铜</td><td>1083</td><td rowspan="2">1236</td></tr>
<tr><td>黄铜、锡青铜</td><td>850～900</td></tr>
<tr><td>铝</td><td>657</td><td>2050</td></tr>
<tr><td>锌</td><td>419</td><td>1800</td></tr>
<tr><td>铬</td><td>1550</td><td rowspan="2">约 1900</td></tr>
<tr><td>镍</td><td>1452</td></tr>
</table>

合金元素对钢的气割性能的影响 表 4-3

元　素	影　响
C	含 C<0.25%，气割性能良好；含 C<0.4%，气割性能尚好；含 C>0.5%，气割性能显著变坏；含 C>1%，则不能气割
Mn	含 Mn<4%，对气割性能没有明显影响；含量增加，气割性能变坏：当含 Mn≥14%时，不能气割；当钢中含 C>0.3%，且含 Mn>0.8%时，淬硬倾向和热影响区的脆性增加，不宜气割
Si	硅的氧化物使熔渣的黏度增加。钢中硅的一般含量，对气割性能没有影响；含 Si<4%时，可以气割，含量增大，气割性能显著变坏
Cr	铬的氧化物熔点高，使熔渣的黏度增加。含 Cr≤5%时，尚可气割，含量大时，应采用特种气割方法
Ni	镍的氧化物熔点高，使熔渣的黏度增加。含 Ni<7%，尚可气割，含量较高时，应采用特种气割方法
Mo	钼提高钢的淬硬性，含 Mo<0.25%时，对气割性能没有影响
W	钨增加钢的淬硬倾向，氧化物熔点高。一般含量对气割性能影响不大；含量接近 10%时，气割困难；超过 20%时，不能气割
Cu	含 Cu<0.7%时，对气割性能没有影响
Al	含 Al<0.5%时，对气割性能影响不大；含 Al>10%，则不能气割
V	含有少量的钒，对气割性能没有影响
S,P	在允许的含量内，对气割性能没有影响

当被切割材料不能满足上述条件时，则应对气割采取技术措施，如振动气割、氧熔剂切割等，或采用其他切割方法来完成材料的切割任务。

1.2.2　气割特点

(1) 优点　设备简单，使用灵活。

(2) 缺点　对切口两侧金属的成分和组织产生一定的影响，以及局部温度过高引起材料的变形等。

1.3 手工气割设备

气割设备包括手工气割设备、机械气割设备和火焰快速精密切割设备等。手工气割设备中的氧—乙炔气割设备应用最为广泛，见图 4-3。它由氧气瓶、减压器、乙炔瓶、回火防止器、橡皮管和割炬等组成。

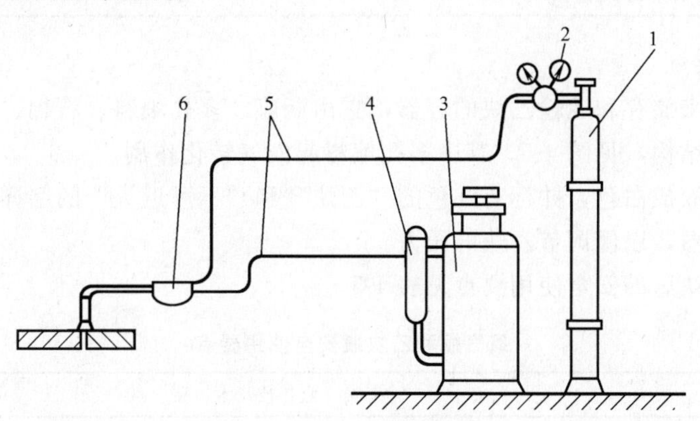

图 4-3 气割设备系统

1—氧气瓶；2—减压器；3—乙炔瓶；4—回火防止器；5—橡皮管；6—割炬

1.3.1 氧气瓶

氧气瓶是储有氧气的一种高压容器，它由瓶帽、瓶阀、瓶钳、防振圈和瓶体等组成。氧气瓶结构，见图 4-4。它的规格按容积有 33、40、44L 等。常用氧气瓶的充装压力为 15MPa，容积为 40L。在 15MPa 压力下可储 $6m^3$ 氧气。氧气瓶（包括瓶帽）外表应涂成天蓝色，在气瓶上用黑漆标注“氧气”两字。

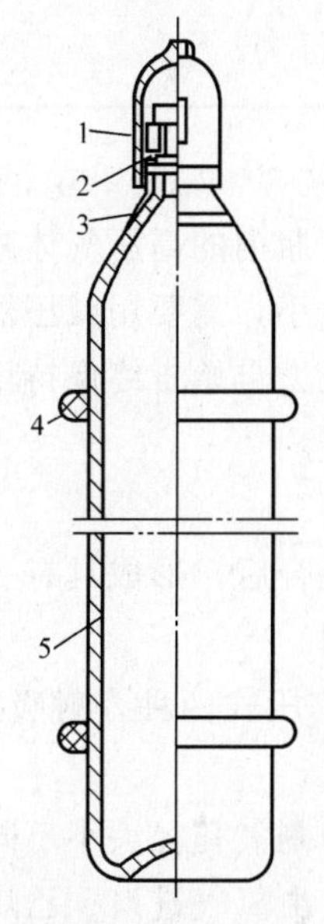

图 4-4 氧气瓶

1—瓶帽；2—瓶阀；3—瓶钳；4—防振圈；5—瓶体

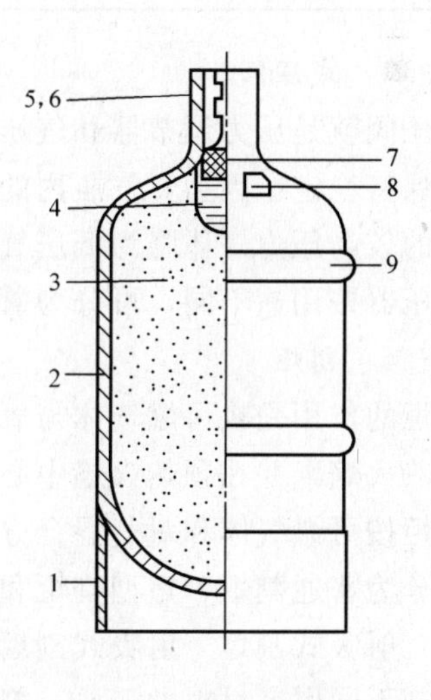

图 4-5 溶解乙炔瓶

1—瓶座；2—瓶壁；3—多孔填料；4—石棉；5，6—瓶帽，瓶阀；7—过滤网；8—履历表；9—防振圈

气割用高压气体容器的主要技术参数，见表4-4。

气割用高压气体容器的主要技术参数　　　表4-4

瓶装气体	充填压力(MPa)	试验压力(MPa)	使用压力(MPa)>	40升满瓶量(kg或L)
氧气	14.71(35℃时)	22.5	1.25	6000L
乙炔	1.25(15℃时)	5.88	0.15	5～7或4000～6000

1.3.2　乙炔瓶

乙炔瓶是用来储存和运输乙炔的容器，它由瓶座、多孔填料、石棉、瓶帽和瓶阀等组成。它的形状与结构，见图4-5。其中多孔填料起液气转化作用。

乙炔瓶外表涂成白色，并标有红色的“乙炔”和“不可近火”的字样。使用乙炔瓶必须配备乙炔减压器，以便调节乙炔的压力。

氧气瓶和乙炔瓶的安全使用要点见表4-5。

氧气瓶和乙炔瓶安全使用要点　　　表4-5

气瓶类型	安全技术要点
压缩氧气瓶	(1)不得靠近热源 (2)勿暴晒 (3)要有防振圈，且不使气瓶跌落或受到撞击 (4)要戴安全帽，防止摔断瓶阀造成事故 (5)与明火距离应大于10m (6)气瓶内气体不可全部用尽，应留有余压0.1～0.2MPa (7)严禁沾染油污 (8)打开瓶阀时不宜操作过快 (9)瓶阀冻结时，可用热水或水蒸气加热解冻，严禁火焰加热
溶解乙炔瓶	(1)同氧气瓶的(1)～(6)条 (2)只能直立，不得卧放，以防丙酮流出

1.3.3　减压阀

减压阀就是压力调节器和气压表，其作用是将储存在气瓶内的高压气体减压到所需的压力并保持稳定。因为，气瓶内的压力高，而气割所需压力小，需要用减压器来把储存在气瓶内的较高压力气体降为低压气体，并保证所需的工作压力自始自终保持稳定状态。

减压器按用途不同，可分为氧气减压器和乙炔减压器等。

1.3.4　割炬

割炬的作用是将可燃气体与氧气按一定的比例和方式混合后，形成具有一定热能和形状的预热火焰，并在预热火焰中心喷射切割氧气流进行切割。

割炬按可燃气体和氧气混合方式的不同分为射吸式和等压式两种，射吸式使用广泛，按用途分为普通割炬、重型割炬和焊割两用炬。

(1) 射吸式割炬　射吸式割炬采用固定射吸管，更换切割氧孔径大小不同的割嘴，以适应切割不同厚度材料的需要。割嘴有组合式或整体式。它由氧气进口、乙炔进口、乙炔阀门、氧气阀、高压氧气阀、喷嘴、射吸管、混合气管、高压氧气管和割嘴等组成。图4-6为射吸式割炬的构造。它适应于低压、中压乙炔气。

常用射吸式割炬的型号和主要技术参数见表4-6。

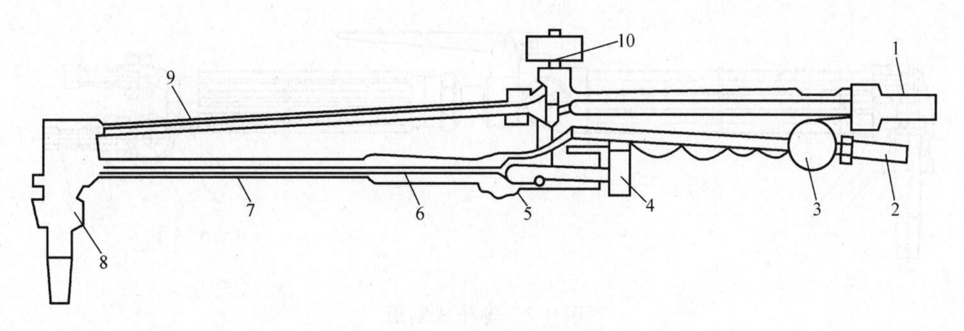

图 4-6 射吸式割炬构造

1—氧气进口；2—乙炔进口；3—乙炔阀门；4—氧气阀；5—喷嘴；6—射吸管；
7—混合气管；8—割嘴；9—高压氧气管；10—高压氧气阀

常用射吸式割炬型号与主要技术参数 **表 4-6**

型号	割嘴号码	割嘴形式	切割低碳钢厚度(mm)	切割氧孔径(mm)	气体压力(MPa) 氧气	气体压力(MPa) 乙炔	气体消耗量(L/min) 氧气	气体消耗量(L/min) 乙炔
G01-30	1	环形	3～10	0.7	0.2	0.001～0.1	13.3	3.5
	2		10～20	0.9	0.25		23.3	4.0
	3		20～30	1.1	0.3		36.7	5.2
G01-100	1	梅花形	10～25	1.0	0.3		36.7～45	5.8～6.7
	2		25～50	1.3	0.4		58.2～71.7	7.7～8.3
	3		50～100	1.6	0.5		91.7～121.7	9.2～10
G01-300	1	梅花形	100～150	1.8	0.5		150～180	11.3～13
	2		200～250	2.2	0.65		183～233	13.3～18.3
	3	环形	200～250	2.6	0.8		242～300	19.2～20
	4		250～300	3.0	1.0		167～433	20.8～26.7

射吸式割炬常见故障及排除方法见表 4-7。

射吸式割炬常见故障及排除方法 **表 4-7**

故障现象	产生原因	排除方法
火焰弱；放炮回火频繁；有时混合管内有余火烧	乙炔管阻塞；阀门漏气；各部位有轻微磨损	清洗乙炔导管及阀门；研磨漏气管部位
放炮回火现象严重，清洗不见效，割嘴扰不住火，切割氧气流偏斜、无力	割嘴各通道部位不光滑、不清洁，有阻塞现象	清洗或修理割嘴
	环形割嘴外套和内嘴不同心	调整割嘴外套及内嘴使之同心
	射吸部位及割嘴磨损严重	彻底清洗、修整磨损部位
点火后火焰渐渐变弱，放炮回火，割嘴发出异样声并伴有回火现象	乙炔供应不足（如接近用完，乙炔阀门开得太小，乙炔胶管不通畅等）	针对具体情况解决乙炔供给不足问题
	割嘴各部位安装不严，射吸部位有轻的阻塞现象	拧紧割嘴松动部位；用通针清理射吸管及管外的喇叭形如口处

(2) 等压式割炬　等压式割炬的乙炔、预热氧、切割氧分别由单独的管路进入割嘴，预热氧和乙炔在割嘴内开始混合而产生预热火焰。它由割嘴、割嘴螺母、割嘴接头、氧气接头螺纹、氧气螺母、氧气软管接头、乙炔接头螺纹、乙炔螺母和乙炔软管接头等组成。

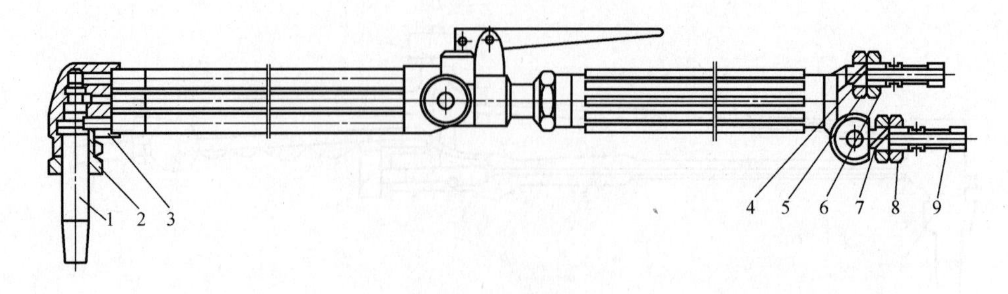

图 4-7 等压式割炬

1—割嘴；2—割嘴螺母；3—割嘴接头；4、5—氧气接头螺纹、螺母；6—氧气软管接头；7、8—乙炔接头螺纹、螺母；9—乙炔软管接头

图 4-7 为等压式割炬的构造。它适用于中压乙炔，火焰稳定，不易回火。

减压器、胶管和割炬的安全技术要点见表 4-8。

减压器、胶管和割炬的安全技术要点 **表 4-8**

用具名称	安全技术要点
气体减压器	(1)必须选用符合气体特性的专用减压器,禁止换用、替用 (2)安装牢固,采用螺纹连接时,应拧足 5 扣以上,采用专门夹具压紧时,装卡应平整牢靠 (3)禁止用棉绳、麻绳或一般橡胶等作为氧气减压器的密封垫 (4)溶解乙炔气瓶用的减压器必须保证位于瓶体的最高部位,防止瓶内液体流出 (5)同时使用两种气体切割时,减压器的出口端都应各自装有单向阀 (6)减压器的卸压顺序是:关闭高压气瓶的瓶阀,再放出减压器的全部余气,最后放松压力调节杆使表针降到 0 位
胶管	(1)切割用氧气胶管为黑色,能承受 1.5～2MPa 压力;乙炔胶管为红色,能承受 0.5～1MPa 压力。两者不能互换使用 (2)胶管与导管(回火保险器、汇流排)连接时,管径必须互相吻合,并用管卡严密坚固 (3)乙炔胶管管段的连接,应使用含铜 70%以下的铜管或不锈钢管 (4)工作前应吹净胶管内残存的气体,再开始工作 (5)禁止使用回火烧损的胶管 (6)胶管上要防止沾上油脂或触及红热金属 (7)胶管长度不短于 5m,以 10～15m 为宜
割炬	(1)使用前应检查其气路是否通畅、射吸能力及气密性,并定期维护 (2)禁止在使用中把割炬的嘴头与平面摩擦来清除其堵塞物 (3)大功率割炬应采用点火器点火,禁止使用普通火柴点火,以防烧伤

1.3.5 气割辅助工具

(1) 护目镜

气割工进行作业时，应戴有色眼镜操作。在切割一般材料时宜用黄绿色镜片，镜片的颜色要深浅合适。视光度强弱可选用 3～7 号遮光玻璃。

(2) 工作台

工作台面通常用铸铁制成。小件一般在工作台上进行切割。

(3) 点火枪

使用手枪式点火枪点火最为安全方便。对于某些着火温度较高的气体，必须用明火点燃，当用火柴点火时，必须把擦着了的火柴从割嘴的后面送到割嘴前，以免手被烧伤。为了安全，不用火柴点火。

（4）胶管及接头

氧气瓶和乙炔气瓶中的气体须用胶管输送到割炬中。根据国标现行规定，氧气管为红色，乙炔管为黑色或蓝色（国际标准规定：氧气管为黑色，乙炔管为红色）。

氧气管与乙炔管强度不同，氧气管允许工作压力为1.5MPa，实验压力为3MPa；乙炔管允许工作压力为0.5MPa，实验压力为1MPa。每一根胶管只能用一种气体，不能互相代用。使用时应注意胶管不要沾染油脂，并要防止烫坏和折伤。已老化的胶管不应使用，应及时更换新胶管，以免造成事故。

（5）通针

气割时，割嘴内容易积灰，孔径喷口被飞溅物局部堵塞，必须经常用相应直径的通针进行疏通，疏通时应熄火（即关闭割炬上的乙炔气阀），打开割炬上的氧气阀，一边用通针在孔径内疏通，一边使氧气从中吹出堵塞物。通针可购置粗细不等的钢质通针成品，也可用钢丝自制。

（6）其他工具

1）清理割缝的工具　有钢丝刷、手锤和锉刀。

2）连接和启闭气体通路的工具　有克丝钳、钢丝和活扳子等。

1.3.6　气割设备的使用方法

（1）氧气瓶、氧气减压器、氧气胶管及割炬的连接

1）使用氧气瓶前，应稍打开瓶阀，吹去瓶阀上粘附的细屑或脏物后立即关闭。开启瓶阀时，操作者应站在瓶阀气体喷出方向的侧面并缓慢开启，避免氧气流朝向人体，以及易燃气体或火源喷出。

2）在使用氧气减压器前，调压螺钉应向外旋出，使减压器处于非工作状态。将氧气减压器拧在氧气瓶瓶阀上（拧足5个螺扣以上），再把氧气胶管的一端接牢在减压器出气口，另一端接牢在割炬的氧气接头上。

（2）溶解乙炔瓶、乙炔减压器、乙炔胶管及割炬的连接

1）使用前，乙炔气瓶必须直立放置时间超过20min，严禁在地面上卧放。

2）将乙炔减压器上的调压螺钉松开，使减压器处于非工作状态。

3）将夹环上的紧固螺钉松开，把乙炔减压器上的连接管对准乙炔气瓶的进出口并夹紧，再把乙炔胶管的一端与乙炔减压器上的出气管接牢，另一端与割炬上的乙炔接头相接。

（3）氧乙炔切割设备的使用方法

1）将割炬上的氧气阀和乙炔阀顺时针方向旋转关好。

2）逆时针旋转打开气瓶阀，减压器的高压表由压力表指示，顺时针方向旋转调压螺钉到适当指示值。

3）打开乙炔瓶阀，逆时针方向旋转3/4圈（用专用套筒），减压器高压表有压力指示，再顺时针方向旋转调压螺钉到适当的指示值。

4）切割前应先开乙炔阀门，点火，后开预热氧气阀门，随即调节出火焰能率及火焰种类；预热切割部位后，打开高压氧气阀门进行切割。

5）停止切割时，先关闭高压氧气阀门，后关闭乙炔阀，最后关闭预热氧气阀。

6）结束切割时（或下班时）应关闭氧气瓶阀和乙炔瓶阀，打开割炬上气阀，放出胶

管内的剩余气体，减压器压力表上的指针回到“0”位，旋松调压螺钉，关闭割炬的气阀。

1.4 氧—乙炔气割手工工艺

氧—乙炔气割是利用氧—乙炔火焰作为预热火焰的切割方法。由于氧—乙炔切割具有高效率、低成本、设备简单、机动性好的特点，且可以在各种位置进行切割及钢板上切割各种外形复杂的工件，因此，已被广泛用于钢板下料、焊接坡口的切割。

1.4.1 切割前的准备工作

(1) 检查工作场地是否符合安全要求；乙炔瓶和回火防止器是否正常。

(2) 切割前，首先将工件垫平，工件下面应留出一定的间隙，以利于氧化渣的吹出。切割时，为防止操作者被飞溅的氧化铁渣烧伤，必要时可加挡板遮挡。

(3) 将氧气调节到所需的压力。对于射吸式割炬，应检查割炬是否有射吸能力。

(4) 检查风线。其方法是点燃割炬，并将预热火焰调整适当，然后打开切割氧气阀门，观察切割氧流（即风线）的形状，风线应为笔直而清晰的圆柱体并有适当的长度。

(5) 预热火焰的长度应根据板材的厚度不同，采用中性焰或轻微的氧化焰。为防止切口边缘增碳，不用碳化焰。

1.4.2 切割工艺参数的选择

(1) 预热火焰能率

预热火焰采用中性焰或轻微的氧化焰。预热火焰能率随割件厚度增加而增大，但预热火焰能率太大，会使切口上缘产生连续珠状钢粒，甚至熔化成圆角，并增加割件表面粘渣。若火焰能率太小，热量不足，则气割速度减慢，使切割过程难以进行。

对于易淬硬的高碳钢和低合金高强度钢，应适当加大预热火焰能率和放慢切割速度，必要时采用气割前先对工件进行预热等措施。

预热火焰能率选择见表 4-9。

预热火焰能率 表 4-9

钢板厚度(mm)	3～25	25～50	50～100	100～200	200～300
火焰能率 (乙炔消耗量 m^3/h)	0.3～0.5	0.55～0.75	0.75～1.0	1.0～1.2	1.2～1.3

(2) 氧气压力

氧气压力主要根据被割件厚度确定。切割氧压力太小，气割过程缓慢，割缝背面易形成粘渣，甚至无法割穿；切割氧压力太大，既浪费氧气，又会使切口变宽，切口表面粗糙，且切割速度反而减慢。氧气压力推荐值见表 4-10。

氧气压力推荐值 表 4-10

工件厚度(mm)	3～12	12～30	30～50	50～100	100～150	150～300
切割氧压力(MPa)	0.4～0.5	0.5～0.6	0.5～0.7	0.6～0.8	0.8～1.2	1.0～1.4

(3) 切割速度

切割速度随割体的厚度增加而减小，切割速度必须与切口内金属的氧化速度相适应。氧化速度快，排渣能力强，则可以提高切割速度。切割速度过慢会降低生产效率，且会造成切口局部熔化，影响割口表面质量。切割速度过快，会形成较大的后拖量，甚至造成切割中断。曲线切割时，切割速度应选择适当，使后拖量尽量减少。另外，切割速度随氧气纯度的增高而增高。

（4）割嘴到切割材料表面的距离 h

通常 h 值=L+2mm。L 为焰心长度。h 值过小，飞溅时易堵塞割嘴，造成回火；h 值过大，预热不充分，切割氧流动能下降，使排渣困难，影响切割质量。h 值的选取见表 4-11。

（5）切割倾角

割嘴与割件间的切割倾角直接影响气割速度和后拖量。切割倾角的大小主要根据割件厚度而定：对小于 6mm 厚钢板时，割嘴应向后倾斜 5°～10°；对 6～30mm 厚钢板时，开始气割割嘴向前倾斜 5°～10°，待割穿后割嘴应垂直于割件，当快割完时，割嘴应逐渐向后倾斜 5°～10°。割嘴的切割倾角与切割厚度的关系见图 4-8。

参考 *h* 值 **表 4-11**

环缝式		多喷口式	
板厚(mm)	h(mm)	板厚(mm)	h(mm)
3～10	2～3	3～10	3～6
10～25	3～4	10～25	5～10
25～50	3～5	25～50	7～12
50～100	4～6	50～100	10～15
100～200	5～8	100～200	10～18
200～300	7～10	200～300	15～20
＞300	8～12	＞300	20～30

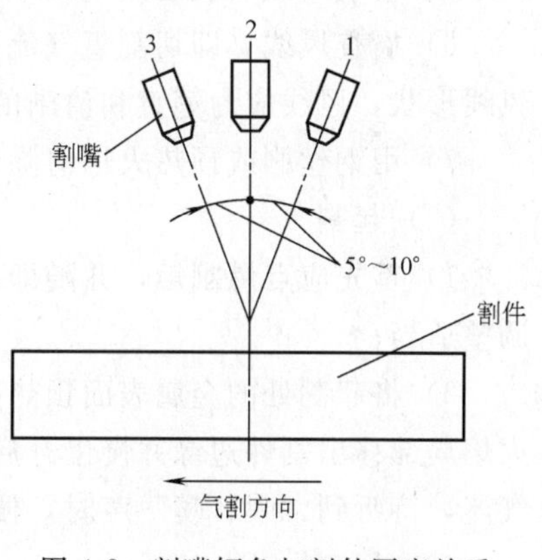

图 4-8 割嘴倾角与割件厚度关系

（6）气割主要工艺参数的选择

一般情况下，根据切割材料的厚度来选择割炬型号和割嘴号数。低碳钢气割工艺参数选择见表 4-12（1）、（2）。

低碳钢手工气割工艺参数（1） **表 4-12**

工件厚度(mm)	氧气压力(MPa)	乙炔压力(MPa)	割炬型号	割嘴号
≤3.0	0.29～0.39	0.01～0.12	G01-30	1、2
3.0～12	0.39～0.49			1、2
12～30	0.49～0.69			2～4
30～50	0.49～0.69		G01-100	3～5
50～100	0.59～0.78			5、6
100～150	0.78～1.18		G01-300	7
150～200	0.98～1.37			8
200～250	0.98～1.37			9

1.4.3 气割操作要领

要获得良好的切割质量，必须具有熟练的操作技术，掌握各个操作步骤中的操作要领。

（1）切割开始前的准备工作

低碳钢手工气割工艺参数（2）　　表 4-12

工件厚度(mm)	乙炔压力(MPa)	预热氧压力(MPa)	切割氧压力(MPa)	割嘴号
200～300	0.08～0.1	0.29～0.39	0.98～1.18	1
300～400	0.1～0.12	0.29～0.39	1.18～1.57	1
400～500	0.1～0.12	0.39～0.49	1.57～1.96	2
500～600	0.1～0.14	0.39～0.49	1.96～2.54	3

1）检查乙炔瓶、回火防止器等设备是否能保证正常工作；

2）割件应尽量垫平，并使切口处悬空；

3）支点必须放在割件以内；

4）根据割件厚度选择割炬型号和气割工艺参数；

5）将氧气或瓶装乙炔气调节到所需压力，并检查割炬是否有射吸能力；

6）检查风线（即切割氧气流）：点火后，将预热火焰调整适当，打开切割阀门，观察风线形状，风线应为笔直和清晰的圆柱形，并有适当的挺度；

7）用钢丝刷或预热火焰清除切割线附近表面上的油漆、铁锈和油污。

（2）起割

1）首先应点燃割炬，并随即调整好火焰（中性焰）。火焰的大小，应根据钢板的厚度调整适当；

2）将起割处的金属表面预热到接近熔点温度（金属呈亮红色或“出汗”状），此时将火焰局部移出割件边缘并慢慢开启切割氧气阀门，当看到钢水被氧射流吹掉，再加大切割气流，待听到“噗、噗”声时，便可按所选择的切割工艺参数进行切割。

（3）切割

1）保持溶渣的流动方向基本上与切口垂直，后拖量尽量小；

2）注意调整割嘴与割件表面间的距离和割嘴倾角；

3）防止鸣爆、回火和熔渣溅起、灼伤；

4）若在气割过程中，发生回火而使火焰突然熄灭时，应立即将切割氧气（高压氧）阀关闭，同时关闭预热火焰的氧气调节阀，再关乙炔阀，过一段时间后再重新点燃火焰进行切割。

（4）更换位置

1）先关闭切割氧，然后换好位置再预热起割；

2）切割薄板时，在关闭切割氧气的同时，火焰应迅速离开割件表面。

（5）切割临近结束时

将割嘴后倾一定角度，使钢板下部先割透，然后再将钢板割断。

（6）切割结束后

先关闭切割气阀门，抬起割炬，再关闭乙炔调节阀，最后关闭预热氧气瓶阀。

1.4.4　气割件切口表面质量的要求

（1）气割切口表面光滑干净，沟纹粗细一致；

（2）气割产生的氧化铁渣容易脱落；

（3）气割缝隙较窄，且宽窄均匀一致；

（4）气割切口钢板边缘棱角未被熔化。

1.4.5 提高手工气割质量的方法

(1) 提高工人操作技术水平。

(2) 选择合理的氧气压力。

(3) 选择适当的预热火焰能率(割嘴号码)。

(4) 掌握合理的切割速度,并要求均匀一致;气割的速度是否合理,可通过观察熔渣的流动情况和切割时产生的声音加以判别及灵活控制。

(5) 保持割嘴整洁,尤其是割嘴内孔要光滑,不应有氧化铁渣的飞溅物粘到割嘴上。

1.5 气割操作安全技术

1.5.1 对气割工作地点的要求

(1) 气割工作地点,必须有防火设备。

(2) 气割工作地点有以下情况时禁止作业:堆存大量易燃物体而又不可能采取防护措施时;可能形成易燃易爆蒸气或积聚爆炸性粉尘时。

(3) 易燃易爆物料应距工作地点10m外。

(4) 作业场地要注意改善通风和排除有害气体、烟尘,避免发生中毒事故。

1.5.2 对气割实际操作的要求

(1) 乙炔最高工作压力禁止超过147kPa。

(2) 每个氧气减压器和乙炔减压器上只允许接一把割炬。

(3) 操作前,应检查氧气管、乙炔皮管与割炬的连接是否有漏气现象,并检查割嘴有无堵塞现象。

(4) 气割盛装过易燃易爆物、强氧化物或有毒物的各种容器、管道、设备时,必须彻底清洗干净后,方可进行作业。

(5) 在狭窄和通风不良的地沟、坑道、管道、容器、半封闭地段等处进行气割和工作,应在地面上进行调试割炬混合气,并点好火,禁止在作业地点调试和点火,割炬都应随人进入。

(6) 在封闭容器、罐、桶、舱室中气割,应先打开被切割工作物的孔、洞,使内部空气流通,防止气割工中毒、烫伤,必要时应有专人监护。作业完毕和暂停时,割炬和胶管都应随人进出,禁止放在作业地点。

(7) 在带压力或电压的或同时带有压力、电压的容器、罐、柜、管道上,禁止进行气割作业,必须先释放压力,切断气源和电源后,才能作业。

(8) 登高切割,应根据作业高度和环境条件,定出危险区的范围,禁止在作业下方及危险区内存放可燃、易爆物品和停留人员。

(9) 气割工必须穿戴规定的工作服、手套和护目镜。

(10) 气割工在高处作业,应备有梯子、工作平台、安全带、安全帽、工作袋等完好的工具和防护用品。

(11) 直接在水泥地面上切割金属材料,可能发生爆炸,应有防止火花喷射造成烫伤的措施。

(12) 对悬挂在起重机吊钩上的工件和设备,禁止气割。

(13) 六级大风或下雨时,应停止露天气割作业。

(14) 气割遇到回火时,应先关闭切割氧调节阀,然后再关闭乙炔和氧气调节阀。

(15) 乙炔胶管或乙炔瓶的减压阀燃料爆炸时，应立即关闭乙炔瓶或乙炔发生器的总阀门。

(16) 氧气胶管爆炸燃烧时，应立即关紧氧气瓶总阀门。

(17) 乙炔发生器、回火防止器、氧气瓶、减压器等均应采用防冻措施，应用热水解冻，禁止用明火或棒棍敲打解冻。

(18) 乙炔系统的检漏，可用涂抹肥皂水的方法进行，严禁用明火检漏。

(19) 电石和乙炔混合气着火时，应采用干砂、CO_2 或干粉灭火器扑火。

(20) 气割工作结束后，应将氧气瓶阀和乙炔瓶阀关紧，再将减压器调节螺钉拧松。

1.6 常用金属材料的气割

1.6.1 薄低碳钢板的气割

对 2～6mm 的薄低碳钢板，切割时因板薄、加热快、散热慢，容易引起切口边缘熔化，熔渣不易吹掉，粘在钢板背面，冷却后不易去除，且切割后变形很大。若切割速度稍慢，预热火焰控制不当，易造成前面割开后面又熔合在一起的现象。因此，气割薄板时，为了获得较满意的效果，应采用下列措施：

(1) 选用 G01-30 型割炬和小号割嘴，见表 4-6；

(2) 预热火焰要小；

(3) 割嘴与割件的后倾角加大到 30°～45°；

(4) 割嘴与割件表面的距离加大到 10～15mm；

(5) 切割速度尽可能快一些。

1.6.2 低碳钢叠板的气割

大批量低碳钢薄板零件气割时，可将薄板叠在一起进行切割。以提高生产率和切割质量。切割前应将每件钢板切口附近的氧化皮、铁锈和油污等仔细清理干净，然后将钢板叠合在一起，叠合时钢板之间不应有空隙，否则会发生钢板局部烧熔。为此，可以采用夹具夹紧的方法、多点螺栓紧固的方法、增加两块 6～8mm 上下盖板一起叠层的方法。为使切割顺利，可使上下钢板错开，造成端面叠层有 3°～5°的倾角，见图 4-9。

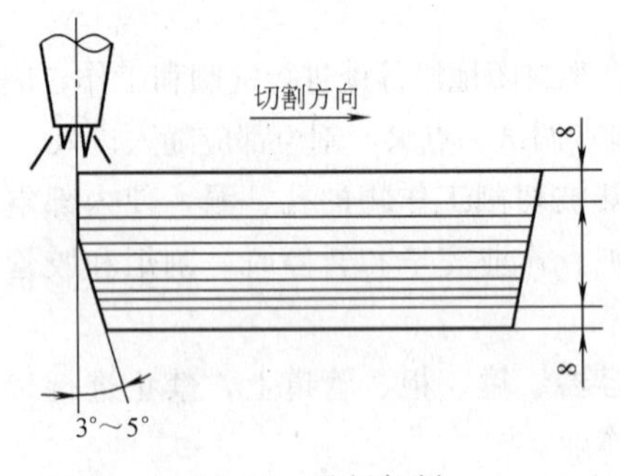

图 4-9 叠板气割

叠板气割可以切割厚度在 0.5mm 以上的薄钢板，总厚度不大于 120mm。

叠板气割与切割同样厚度的钢板比较，切割氧压力应增加 0.1～0.2MPa，切割速度应慢些。

表 4-13 为采用 GKI 扩散形快速割嘴叠板氧—乙炔气割的工艺参数。

1.6.3 大厚度钢板的气割

300mm 厚度钢板气割的主要困难是板材在厚度方向预热不均匀，下部金属燃烧比上部金属慢，切口后拖量大，甚至割不透。气割大厚度钢板时，切割氧压力大，高压氧流对板材冷却作用增大，降低切口温度，使切割速度缓慢。因此，气割大厚度板材时，应采用大号割炬和大号割嘴：氧气供应要充足，可采用汇流排，将数瓶氧气汇集一起；气割时，预热火焰要大；先从割件边缘棱角处开始预热，并使上、下层全部均匀预热，见图 4-10

叠板氧—乙炔气割的工艺参数 **表 4-13**

钢板厚度（mm×层数）	切割氧压力（MPa）	乙炔压力（MPa）	切割速度（mm/min）	夹紧力（N）	钢板之间的间隙（mm）	切割面粗糙度（μm）
6×3	0.784	0.03～0.04	250	9806×2	0.6	25
	0.784	0.03～0.04	380	8179×2	0.15	25
	0.784	0.03～0.04	410	8179×2	0	25
6×5	0.784	0.03～0.04	390	16347×2	0	25
6×8	0.784	0.03～0.04	180	19612×2	0.4	25
6×12	0.784	0.04～0.05	160	16347×2	0.4～0.5	25
14×2	0.784	0.04～0.05	410	—	0.1～0.2	12.5
14×6	0.784	0.04～0.05	235	—	0.03～0.34	—

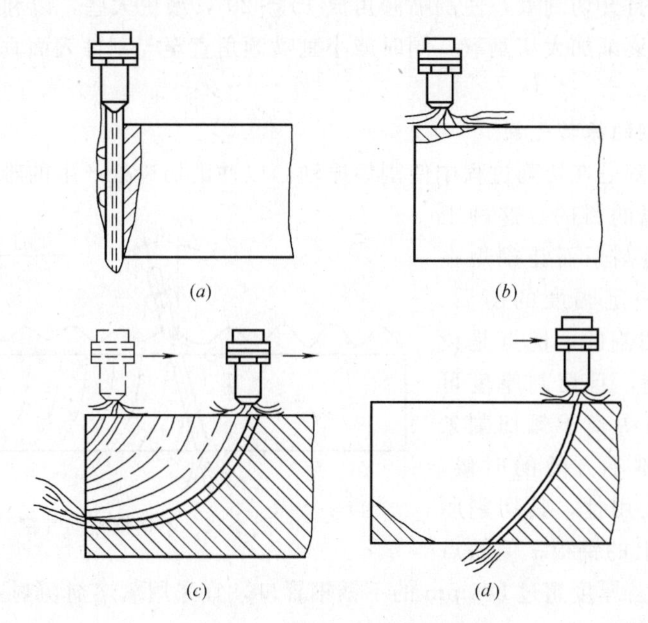

图 4-10　厚钢板气割点的选择

(*a*) 正确预热；(*b*) 不正确预热；(*c*)、(*d*) 选点不当的造成的未割透现象

(*a*)；如果上、下预热不均匀，见图 4-10 (*b*)，则产生未割透现象，见图 4-10 (*c*)、(*d*)。预热温度参数见表 4-14。

大截面钢件气割的预热温度 **表 4-14**

钢 材 牌 号	截面尺寸(mm)	预热温度(℃)
35,45	1000×1000	250
5CrNiMo,5CrMnMo	800×1200	450
14MnMoVB	1200×1200	
37SiMn2MoV,60CrMnMo	ϕ830	
25CrNi3MoV	1400×1400	

操作时，注意使上、下层全部均匀预热到切割温度，逐渐开大切割氧气阀并将割嘴后

倾，见图 4-11（*a*），待割件边缘全部切透时，加大切割氧气流，且将割嘴垂直于割件，再沿割线向前移动割嘴。

切割过程中，还要注意切割速度要慢，而且割嘴应作横向月牙形小幅摆动，见图 4-11（*b*）。

对其他类型的金属材料大厚度割件切割操作要点如下：

（1）割件厚度大于 50mm 时，一般应在起割处预先钻孔。

（2）在余料上预热起割。

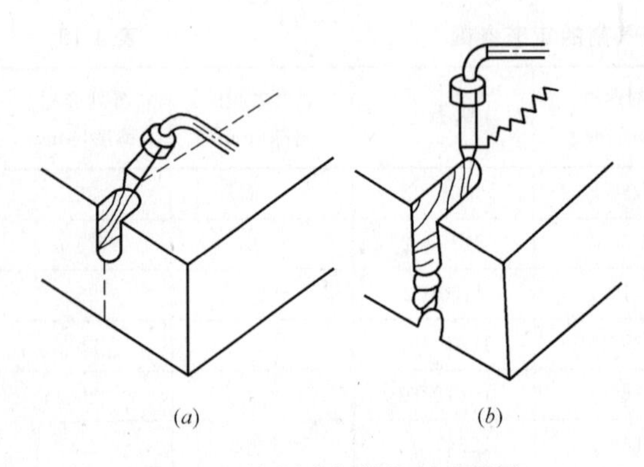

图 4-11　大厚度钢件切割过程图

（*a*）割嘴后倾；（*b*）月牙形割路

（3）开始时稍打开切割氧，使割嘴倾角成 15°～20°，或更大些，以利用排渣并注意选择排渣方向；然后逐渐加大切割氧，同时减小割嘴倾角直至与割件表面垂直；割通后再移到切割线。

1.6.4　不锈钢的振动气割

不锈钢振动气割是在切割过程中使割炬振动，以冲破切口处产生的难熔氧化膜，达到逐步分离切割金属的目的。这种工艺方法是采用普通割炬而让割炬在气割过程中进行一定幅度的前后、上下摆动来完成切割的。优点是设备简单，容易掌握，且切割厚度可以很大。当不具备等离子弧切割条件或等离子弧切割不方便的时候，振动切割有它的实用性，其切割厚度可达 300mm 以上的钢板；但缺点是切口不够光滑。若厚度超过 500mm 的不锈钢冒口，宜采用氧熔剂切割。

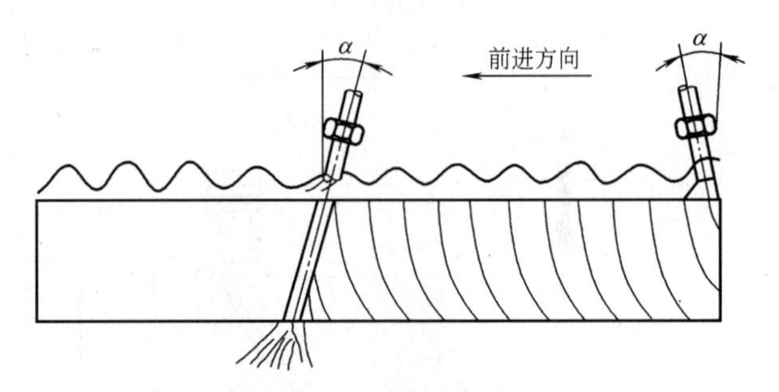

图 4-12　不锈钢振动气割示图

不锈钢振动气割见图 4-12。

振动气割时操作要领如下：

（1）用 G01-300 型割炬气割，预热火焰比一般碳钢切割火焰要大且集中，采用中性焰，氧气压力需增大 15%～20%。

（2）气割时，先从割件边缘加热，至其呈熔融状态时，打开切割氧阀门，并稍微抬高割炬，保证熔渣可从切口流出。此时，割炬即进行一定幅度的前后、上下摆动。振动的切割氧气流冲破切口处产生的高熔点氧化铬，使铁继续燃烧，并通过氧气流的上下、前后冲击研磨作用，把熔渣冲掉，实现连续切割。

（3）振动气割的振幅为 10～15mm，前后振幅应大些；频率为每分钟 80 次左右；切割时保持喷嘴一定的后倾角。

1.6.5　铸铁的振动气割

铸铁的振动气割在原理和工艺方面与不锈钢的振动气割基本类似。

操作时，先以预热火焰（中性焰）预热铸铁切口至熔融状态，然后开启切割氧气阀，同时进行上下振动切割。与不锈钢振动气割略有不同的是：上下振动频率约为每分钟 60 次左右。当割件厚度在 100mm 以上时，振幅为 8～15mm。而且切割一段后，振动频率可渐次减少直到不振动。气割时，也可沿切割方向前后摆动或左右横向摆动，根据割件厚度不同，振幅一般为 8～16mm。

1.6.6 复合钢板的气割

由于钢板层中有不锈钢，气割不锈复合钢板时，与一般碳钢气割有所不同。若用普通碳钢的工艺参数来切割复合钢板，会产生切不透现象。为了解决这个问题，可以采用下列措施：

(1) 采用等压式割炬气割。

(2) 使用较高的预热火焰氧气压力和较低的切割氧气压力（割炬需改装成两个氧气进气阀）。

(3) 气割时，复合钢板的碳钢一面必须向上，切割角度要前倾，以加大切割氧气流所经过的碳钢厚度，这些都有利于气割过程顺利进行。

1.6.7 气割清焊根

气割清焊根多数采用普通割炬，其工艺特点是：风线不可太细太长，而是短而钝，长度为 20～30mm，且直径应大一些。因此最好用专用清焊根割嘴，这样效果最好；或者用风线不好的旧割嘴也比较合适。

气割清焊根时，应注意以下几点。

(1) 首先预热清焊根部位，割嘴角度一般为 20°左右，预热温度高于气割钢板预热温度，且为中性焰；至金属呈熔融状态时，立即将割嘴与割件表面的夹角调整到 45°左右；缓慢开启切割氧气阀，使焊缝根部被吹成一定深度的沟槽；接着横向摆动割嘴，扩大沟槽的宽度；然后割嘴进入已割出的坡口内，按上述方法继续向前清焊根。

清焊根过程中割炬与割件的角度变化见图 4-13。

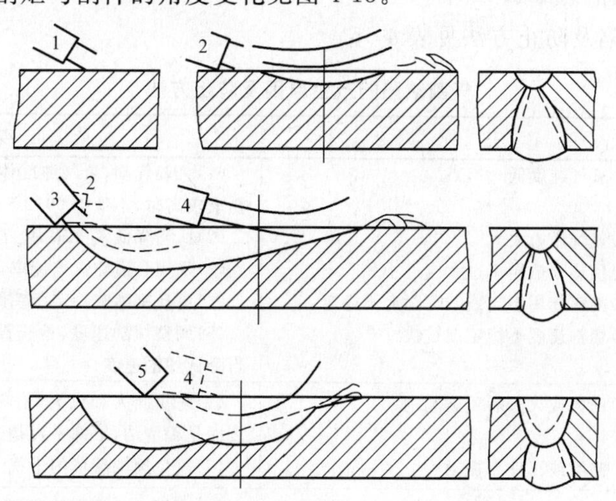

图 4-13 清焊根过程中割炬与割件的角度变化图

1—预热角度约 20°；2—清焊根开始角度约 5°；3—清焊根开始后角度逐渐变化到约 45°；4—割炬前进后继续清焊根的开始角度约 5°；5—继续清焊根的角度约 45°

(2) 为了减轻切割氧气流的冲击力，每当开启切割氧吹掉熔渣时，割嘴应随着熔渣的吹除而缓慢后移 10～30mm，以免将金属吹成高低不平或吹出深沟。同时，切割氧气流应小一些，这样便于控制坡口的宽窄、深浅和根部表面粗糙度。

(3) 清焊根过程中，无需一直开启切割氧，而是根据金属的燃烧温度状况随时打开或关闭。

用气割切坡口或清焊根，所用设备简单，应用灵活，易操作，而且很容易发现气孔、夹渣、未焊透等焊缝内在的缺陷。但其效率比较低，清焊根后得到的槽形坡口较宽。所以有条件的情况下亦可采用碳弧气刨来开坡口、清焊根。

1.7 气割常见缺陷及防止方法

1.7.1 影响气割质量的因素

(1) 割件

割件的材质、厚度、力学性能、平面度、清洁度、气割形状、坡口情况、切口在割件上的分布、套裁方法以及切口四周的余量情况等。

(2) 燃气和氧气

气体的纯度、气体的压力及压力的持久稳定性等。

(3) 设备与工装

设备的精度、操作性能、气割平台的平整度、工件卡紧装置或冷动装置、排渣的方便程度等。

(4) 气割工艺

割炬规格和割嘴号的选择、预热火焰的选择、风线的调节、加热时间的控制、割嘴离割件的高度、割嘴的前后倾角和左右垂直度、气割速度、气割顺序及路线等。

(5) 工人的技术操作水平

1.7.2 气割缺陷的防止

常见的气割缺陷及防止方法见表 4-15。

气割缺陷的产生原因及防止方法　　表 4-15

缺陷形式	产生原因	防止方法
切口断面纹路粗糙	(1)氧气纯度低 (2)氧气压力太大 (3)预热火焰能率过大或过小 (4)割嘴选用不当或割嘴距离不稳定 (5)切割速度不稳定或过快	(1)一般气割，氧气纯度体积分数不低于 98.5%；要求较高时，不低于 99.2%或者高达 99.5% (2)适当降低氧气压力 (3)采用合适的火焰能率预热 (4)更换割嘴或稳定割嘴距离 (5)调整切割速度，检查设备精度及网络电压，适当降低切割速度
切口断面割槽	(1)回火或灭火后重新起割 (2)割嘴或工件有振动	(1)防止回火和灭火，割嘴是否离工件太近，工件表面是否清洁，下部平台是否阻碍熔渣排出 (2)避免周围环境的干扰
切割面上缘熔塌	(1)气割时预热火焰太强 (2)切割速度太慢 (3)割嘴与气割平面距离太近	(1)选用合适的火焰能率预热 (2)适当提高切割速度 (3)气割时割嘴与气割平面距离适当加大
气割面直线度偏差过大	(1)切割过程中断多，重新气割时衔接不好 (2)气割坡口时，预热火焰能率不大 (3)表面有较厚的氧化皮、铁锈等	(1)提高气割操作水平 (2)适当提高预热火焰能率 (3)加强气割前，清理被切割表面

续表

缺陷形式	产生原因	防止方法
气割面垂直度偏差过大	(1)气割时,割炬与割件板面不垂直 (2)切割氧压力过低 (3)切割氧流歪斜	(1)改进气割操作 (2)适当提高切割氧压力 (3)提高气割操作技术
下缘挂渣不易脱落	(1)氧气纯度低 (2)预热火焰能率大 (3)氧气压力低 (4)切割速度过慢或过快	(1)换用纯度高的氧气 (2)更换割嘴,调整火焰 (3)提高切割氧压力 (4)调整切割速度
下部出现深沟	切割速度太慢	加快切割速度,避免氧气流的扰动产生熔渣漩涡
气割厚度出现喇叭口	(1)切割速度太慢 (2)风线不好	(1)提高切割速度 (2)适当增大氧气流速,采用收缩扩散型割嘴
后拖量过大	(1)切割速度太快 (2)预热火焰能率不足 (3)割嘴选择不合适或割嘴倾角不当 (4)切割氧压力不足	(1)降低切割速度 (2)增大火焰能率 (3)更换合适的割嘴或调整割嘴后倾角度 (4)适量加大切割氧压力
厚板凹心大	切割速度快或速度不均	降低切割速度,并保持速度平稳
切口不直	(1)钢板放置不平 (2)钢板变形 (3)风线不正 (4)割炬不稳定 (5)切割机轨道不直	(1)检查气割平台,将钢板放平 (2)切割前校平钢板 (3)调整割嘴垂直度 (4)尽量采用直线导板 (5)修理或更换轨道
切割面渗碳	(1)割嘴离切割平面太近 (2)气割时,预热火焰呈碳化焰	(1)适当提高割嘴高度 (2)气割时,采用中性焰预热
切口过宽	(1)氧气压力过大 (2)割嘴号码太大 (3)切割速度太慢 (4)割炬气割过程行走不稳定	(1)调整氧气压力 (2)更换小号割嘴 (3)加快切割速度 (4)提高气割技术
发生中断割不透	(1)预热火焰能率过小 (2)切割速度太快 (3)被切割材料有缺陷 (4)氧气、乙炔气将要用完 (5)切割氧压力小	(1)重新调整火焰 (2)放慢切割速度 (3)检查夹层、气孔缺陷,试以相反的方向重新气割 (4)检查氧气、乙炔压力,更换新气瓶 (5)提高切割氧压力及流量
有强烈变形	切割速度太慢;加热火焰能率过大,割嘴过大;气割顺序不合理	选择合理的工艺,选择正确的气割顺序
产生裂纹	(1)工件含碳量高 (2)工件厚度大	(1)可采取预热及割后退火处理办法 (2)预热温度 250℃
碳化严重	(1)氧气纯度低 (2)火焰种类不对 (3)割嘴距工件近	(1)换纯度高的氧气,保证燃烧充分 (2)避免加热时产生碳化焰 (3)适当提高割嘴高度
切口粘渣	(1)氧气压力小,风线太短 (2)割薄板时切割速度低	(1)增大氧气压力,检查割嘴 (2)加大切割速度
熔渣吹不掉	氧气压力太小	提高氧气压力,检查减压阀通畅情况
割后变形	(1)预热火焰能率大 (2)切割速度慢 (3)气割顺序不合理 (4)未采取工艺措施	(1)调整火焰 (2)提高切割速度 (3)按工艺采用正确的切割顺序 (4)采用夹具,选用合理起割点等工艺措施

实训课题

一、实训的内容和课时

1. 认识气割设备，学会调节、观察和检查气瓶、割炬等的正常状态，使之能正常使用（4课时）；

2. 学会固定碳钢管子的气割（4课时）；

3. 学会法兰的气割（4课时）；

4. 学会焊接坡口的气割（4课时）。

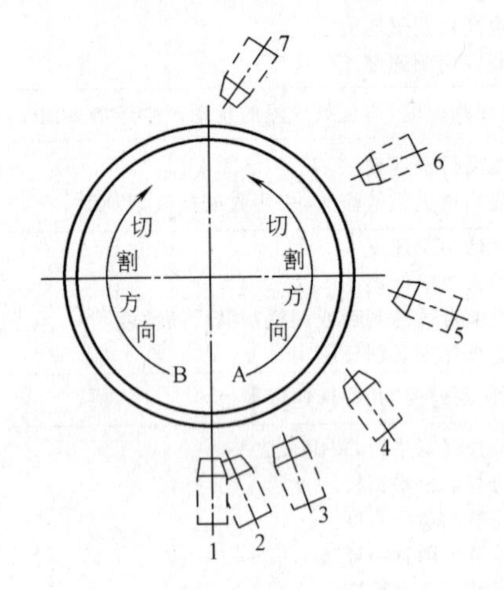

图4-14　固定管子的气割

二、实训工艺要点

1. 固定碳钢管子的气割工艺要点

直径在ϕ200mm以下的碳钢管子手工气割工艺要点是：

（1）从管子的下部开始预热，火焰垂直于管子表面，见图4-14。

（2）待预热到接近熔化温度时，即可打开切割氧气阀。气割时割嘴沿接近管子的切割方向（图4-14中A所指）进行切割。当切割到管子的水平位置时，关闭切割氧气阀。

（3）再将割炬移到管子的下部，按图4-14中B所指方向继续切割。切割终了时，割炬正好在水平位置，这样不易被已割断的管子碰坏割嘴。

2. 法兰气割的工艺要点

（1）在钢板上先气割内圆，再气割外圆。

（2）在钢板上割个孔，再对钢板预热，此时割嘴垂直于钢板，达到气割温度时，将割嘴稍作倾斜，开启切割氧吹出氧化铁渣。

（3）继续气割，逐渐将割嘴转向垂直位置，并不断加大切割氧气流，使熔渣向割嘴倾斜的反方向溅出。

（4）当熔渣的火花不再上飞时，钢板已被切透。此时，割嘴可以与钢板垂直，沿内圆线进行气割。

为了提高切割速度和改善切口质量，常采用简易划规式割圆器，如图4-15所示。

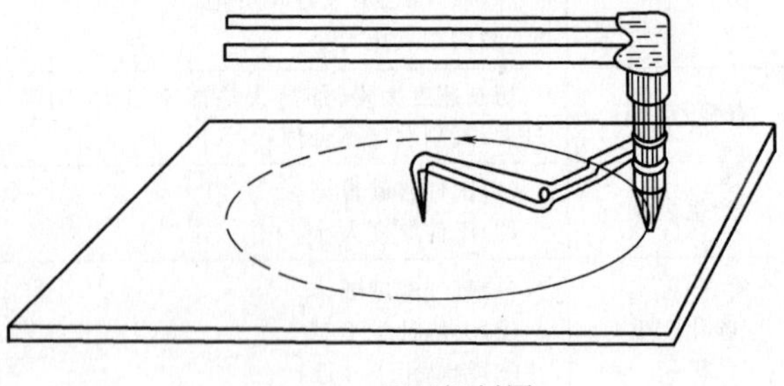

图4-15　用画规割圆

3. 焊接坡口的手工气割工艺要点

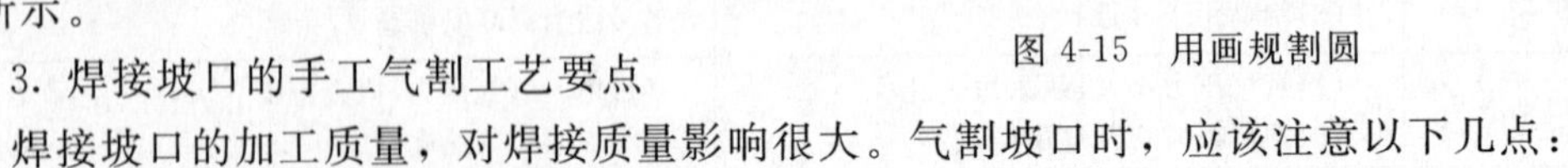

焊接坡口的加工质量，对焊接质量影响很大。气割坡口时，应该注意以下几点：

（1）气割前，先按坡口尺寸画好线。

（2）割嘴位置应按坡口位置找正。

为保证坡口角度和尺寸前后均匀一致，可采用将割嘴靠在自制的角钢上或滚轮上的方法，见图4-16。这样既可以提高气割质量，操作又方便。

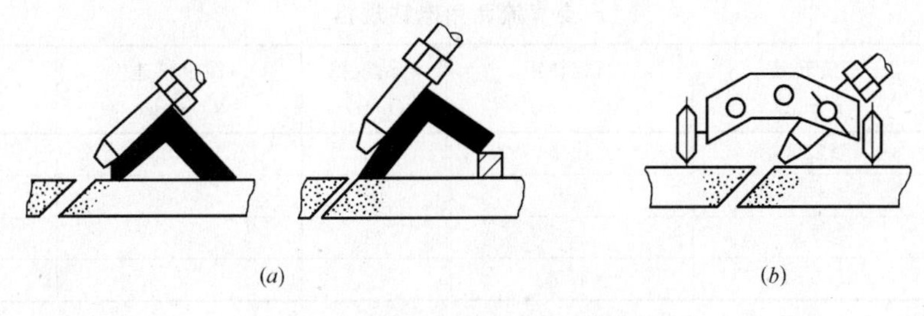

图 4-16　控制割嘴位置和角度的方法

(*a*) 采用自制角钢；(*b*) 采用滚轮架

(3) 适当调整工艺参数。如气割时，可适当增加预热火焰能率；切割氧气的压力略增大些；切割速度略放慢些。

课题 2　金属构件的表面、切口等处理小型装修施工机具

装修机具是保证装修质量，提高功效的重要手段。随着装修的需要，出现了品种繁多的、功能十分广泛的小型装修机具。金属构件的表面、切口等处理就可以通过这些机具来实现。所以本课题通过机具的介绍来讲述这些相关工艺。

小型装修机具可分为电动工具类和风动工具类。电动类应用最为广泛。

电动工具是运用小容量电动机或电磁铁通过传动机构驱动工作装置的一种手持或携带式的机械工具。它既能装在台架上作台式工具使用，又可从台架上取下来作手持式或携带式工具使用。它具有构造简单、携带方便、劳动生产率高的特点。

电动工具按用途和电气安全保护方法可分为三类。

Ⅰ类电动工具：即普通型绝缘电动工具。其额定电压超过 50V，绝缘结构中多数部位只有工作绝缘。如果绝缘损坏，操作者即有触电的危险。

Ⅱ类电动工具：即双重绝缘电动工具，没有接地或接零的装置。

Ⅲ类电动工具：即低电压电动工具。

风动工具是利用风马达把压缩气体能转变为机械能的一种机械工具。它的特点是：重量轻，体积小，功率大；制造简单，构造牢固，不怕碰撞；超负荷工作直至停机，不会损坏工具或烧掉导线。

2.1　电　　钻

电钻用来对金属材料、塑料或其他材料的工件进行钻孔的电动工具。它的特点是体积小，重量轻，操作快捷简便，工效高。对体积大、分量重、构造复杂的工件，利用电钻来钻孔尤其方便，不需将工件夹固在机床上就可进行加工。因此，电钻是建筑装修中最常用的电动工具之一。

电钻由电动机、传动机构、壳体、钻夹头等部分组成。钻头装夹在钻夹头或圆锥套筒内，13mm 及以下的电钻采用钻夹头，13mm 以上的电钻采用莫氏锥套筒。为适应不同的钻削特性，有单速、双速、四速和无级调速的电钻。

电钻的规格以钻孔直径表示，见表 4-16。

交直流两用电钻规格 表 4-16

电钻规格(mm)	额定转速(r/min)	额定转矩(N·m)	电钻规格(mm)	额定转速(r/min)	额定转矩(N·m)
4	≥2200	0.4	16	≥400	7.5
6	≥1200	0.9	19	≥330	3.0
10	≥700	2.5	23	≥250	7.0
13	≥500	4.5			

注：此表为钻削 45 号钢时，电钻允许使用的钻头直径。

手电钻，其外形如图 4-17 所示。

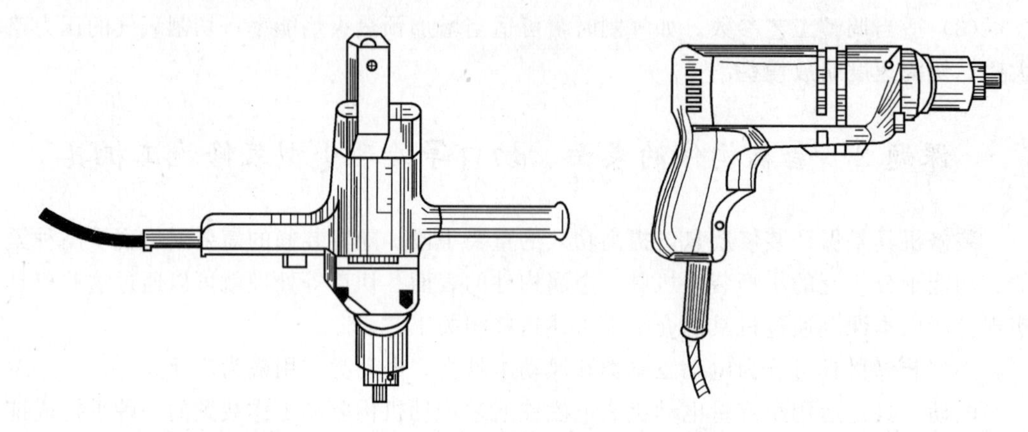

图 4-17 手电钻

手电钻使用注意事项：

(1) 使用前开机空转 1min，检查转动部分是否正常，如有异常，排除故障后方可使用；

(2) 钻头保证锋利，钻孔时不要用力过猛；

(3) 孔将钻穿时，应相应减小压力，以防事故发生。

2.2 冲击电钻

冲击电钻，也叫电动冲击钻。它是可调节式旋转带冲击的特种电钻，当把旋钮调到纯旋转位置时，装上钻头，和普通电钻一样；当把旋钮调到冲击位置，装上硬质合金的冲击钻头，钻头在旋转的同时，还有冲击运动就可以对混凝土、砖墙进行钻孔，用于安装设备及构件。它用单相串激电动机（交直流两用）驱动，其外形如图 4-18 所示。

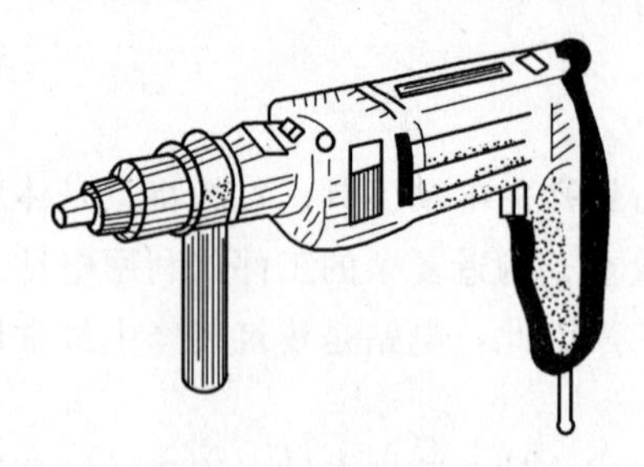

图 4-18 电动冲击钻

电动冲击钻的规格及型号以最大钻孔直径来表示，表 4-17 列出了电动冲击钻两种型号的主要参数。

电动冲击钻使用注意事项：

(1) 使用前要检查冲击钻是否完好，电线有无破损，电源线在进入冲击电钻处有无橡皮护套；

<table>
<caption>电动冲击钻规格及主要参数　　表 4-17</caption>
<tr><th colspan="2">型号与参数</th><th>回 JIZC-10</th><th>回 JIZC-20</th></tr>
<tr><td colspan="2">额定电压(V)</td><td>220</td><td>220</td></tr>
<tr><td colspan="2">额定转速(r/min)</td><td>≥1200</td><td>≥800</td></tr>
<tr><td colspan="2">额定转矩(N·m)</td><td>0.009</td><td>0.035</td></tr>
<tr><td colspan="2">额定冲击次数(次/min)</td><td>14000</td><td>8000</td></tr>
<tr><td colspan="2">额定冲击幅度(mm)</td><td>0.8</td><td>1.2</td></tr>
<tr><td rowspan="2">最大钻孔直径(mm)</td><td>钢铁中</td><td>6</td><td>13</td></tr>
<tr><td>混凝土制品中</td><td>10</td><td>20</td></tr>
</table>

(2) 按额定电压接好电源，根据冲击电钻要求选择合适的钻头后，把调节电钮调好，将钻头垂直于墙面冲转；

(3) 使用中有不正常杂声时应停止使用，如发现旋转速度突然降低，应立即放松压力；

(4) 钻孔时突然刹停应立即切断电源；

(5) 移动冲击电钻时，必须握持手柄，不能拖拉橡皮软线，防止橡皮软线损坏；

(6) 使用时要防止其他物体碰撞，以防损坏外壳或其他零件；

(7) 使用后应放在阴凉干燥处。

2.3 电　锤

电锤在国外叫冲击电钻，兼具冲击和旋转两种功能。其工作原理同冲击电钻。它由单相串激式电机、传动箱、曲轴、连杆、活塞机构、保险离合器、刀夹机构、手柄等组成。通过这些机构实现电锤钻头的冲击运动和旋转运动。

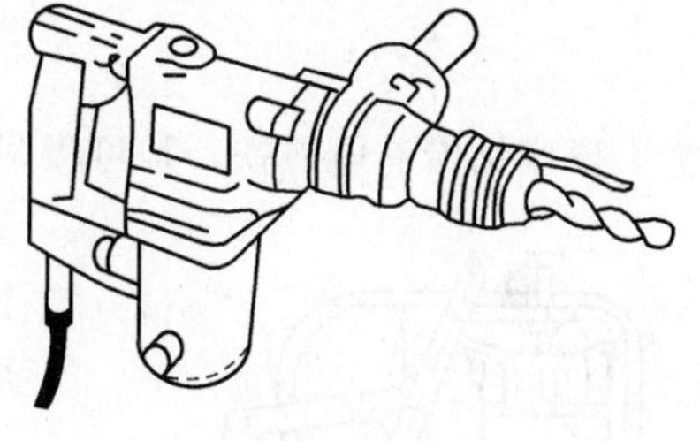

图 4-19　电锤

电锤主要用于铝合金门窗、吊顶龙骨及金属幕墙等建筑装饰工程中的安装和装修，在砖石、混凝土结构上凿孔、开槽、表面凿毛，还可用来钉钉子、铆接、去毛刺等，其外形见图 4-19。

常见几种电锤规格及技术参数见表 4-18。

<table>
<caption>电锤规格与主要技术参数　　表 4-18</caption>
<tr><th>规格型号</th><th colspan="4">技　术　参　数</th></tr>
<tr><td rowspan="2">J_1ZC-22</td><td>常用钻头直径(mm)</td><td>冲击次数(次/min)</td><td>功率(W)</td><td>转速(r/min)</td></tr>
<tr><td>ϕ14、ϕ16、ϕ18、ϕ22</td><td>2100</td><td>500</td><td>800</td></tr>
<tr><td rowspan="2">Z_1SJ-28</td><td>钻孔直径(mm)</td><td>冲击次数</td><td colspan="2">最大钻孔深度(mm)</td></tr>
<tr><td>19～28</td><td>2300</td><td colspan="2">150</td></tr>
<tr><td rowspan="2">Z1SC-1</td><td>钻孔直径(mm)</td><td colspan="3">最大钻孔深度(mm)</td></tr>
<tr><td>ϕ10、ϕ14、ϕ18</td><td colspan="3">150</td></tr>
<tr><td rowspan="2">Z1C-22</td><td>满载冲击次数(次/min)</td><td>空载转速(r/min)</td><td colspan="2">工作能力(钻孔深度 mm)</td></tr>
<tr><td>3150</td><td>800</td><td colspan="2">混凝土 22、钢材 13、木材 30</td></tr>
</table>

2.3.1 电锤的操作

(1) 旋转加冲击作业的操作

把钻头对准钻孔位置，按动开关；轻轻向前推至钻屑慢慢排扫即可。当钻头接触到坚硬物质时钻头会被夹，使电钻受到反冲而旋转，此时要注意紧握手柄。

(2) 仅作旋转作业时的操作

安装钻夹头时，拉开头部的滑动卡夹，并将钻夹头连杆插到滑动卡夹的方孔中，将卡夹松开回到原位，就使钻夹头连接杆被夹紧。钻孔时，过度用力不会提高功效，反使钻头锋刃损坏，降低使用寿命；钻头即将钻通材料时，应减小所施加的压力，以免钻头损坏。

2.3.2 使用注意事项

(1) 使用电锤打孔，锤体必须与工作面垂直，不允许钻头在孔内左右摆动，若需扳撬时，不要用力过猛。

(2) 保证电源和电压与铭牌中规定相符，且电源开关必须处于“断中”位置。如作业地点远离电源，可使用延长电缆。电缆应有足够的线径，其长度尽可能短。检查电缆线有无破裂漏电情况，并应良好接地。

(3) 电锤各连接部位紧固螺钉必须牢靠。根据钻孔、开凿情况选择合适的钻头，并安装牢靠。钻头磨损后应及时更换，以防电机过载。

(4) 电锤多为断续工作制，切勿长时间连续使用，以免烧坏电动机。

(5) 电锤使用后应将电源插头拔离插座。

(6) 对电锤进行经常维护与检修，保证其正常使用。使用前注入优质、耐热性能良好的润滑油；勿使电机绕线受潮气、水分、油剂的侵袭；电锤中的易损件应及时检查更换。

2.4 磁座钻

磁座钻带有电磁铁，是可吸附在钢铁工件的水平面、侧面、顶面、曲面上进行钻削加工的电动工具，广泛适用于建筑、桥梁、锅炉、造船等行业。对某些现场作业，用电钻及钻床无法加工时，便可使用磁座钻。

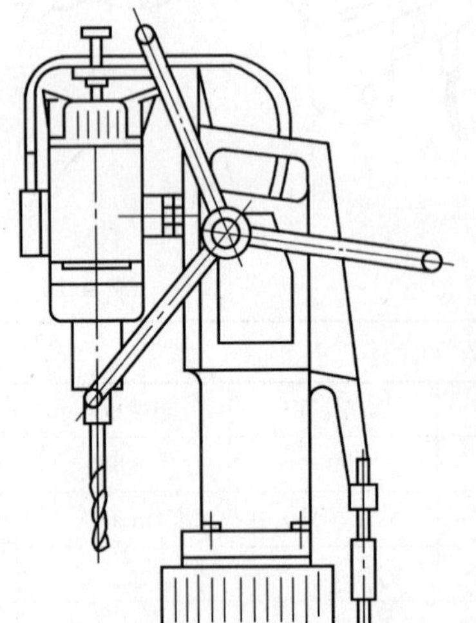

图 4-20 磁座钻

磁座钻外形如图 4-20 所示。它安装在设有电磁吸盘、回转机构、进给机构的机架上。其型式一般为直筒式，外壳与拖板连接。电磁吸盘由线圈、铁芯等组成；回转机构由转盘、压板、固定螺母、钢珠和手柄等组成；进给机构由齿轮、齿条、拖板、摩擦片、手柄等组成。为了安全，一般都安装断电保护器。

磁座钻的型号规格是以最大钻孔直径来表示的。其型号和主要技术参数见表 4-19。

磁座钻使用注意事项：

(1) 开启电磁吸盘开关，经过整流后，产生磁吸力，把磁座钻吸附于钢铁构件加工位置附近，再通过回转机构将钻头对准加工位置，并使后支杆轻轻抵住工件表面；启动电钻开关，使钻头转动，扳动进给机构手柄，进行钻孔。

磁座钻型号与主要技术参数 **表 4-19**

参数		J1CZ-13		J1CZ-23			J3CZ-23		
钢件上钻孔最大直径(mm)		10	13	16	19	23	13	19	23
吸力(kN)	电磁铁吸力	8		10			8	10	
	保护吸力	7		8			7	8	
保护时间(min)		>10		>8			>10	>8	
回转角		300°		300°			300°		
水平位移(mm)		20		20			20		
拖板行程(mm)		140		180			140	180	
额定转速(rpm)		700	500	400	330	250	530	290	235
额定输入功率(W)		430		810			270	400	500
额定电流(A)		2.1		4			0.86	1.18	1.5
额定电压(Y)		220		220			380		
质量(kg)		17.5		27			19.8	29.5	31.1

(2) 雨天和潮湿的环境不宜使用磁座钻。

2.5 电动曲线锯

2.5.1 电动曲线锯的应用和性能

电动曲线锯可按照各种要求对金属、木材、塑料、橡胶、皮革等板型材锯割曲线和直线。根据不同割锯要求，更换不同的锯条。锯条的锯割运动相对曲线锯外壳是直线的往复运动，能在板材上锯割形状复杂并带有较小曲率半径的几何形状。其中粗齿锯条适用于锯割木材，中齿锯条适用于锯割有色金属板材、层压板，细齿锯条适用锯割钢板。它具有体积小、重量轻、操作灵巧、安全可靠等特点。是装饰装修工程的理想锯割工具。

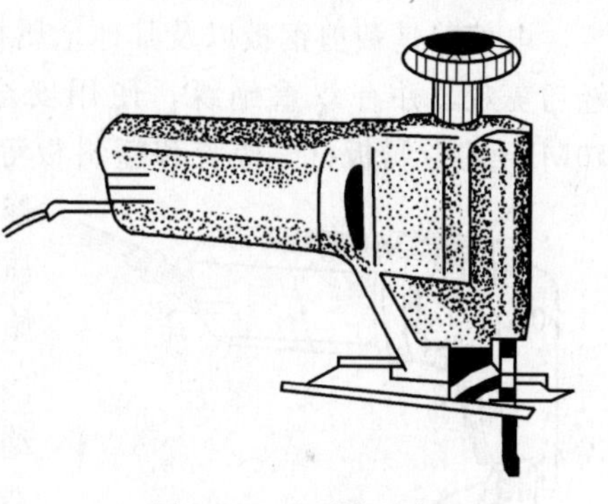

图 4-21 电动曲线锯

图 4-21 是电动曲线锯外形。它主要由转子、定子、风扇、偏心轴、导杆、滑块、平衡块、开关、电刷、锯条等零件组成。

电动曲线锯的规格及技术参数见表 4-20。

电动曲线锯锯条的规格及应用见表 4-21。

电动曲线锯的规格及技术参数 **表 4-20**

型 号	电压(V)	电流(A)	电源频率(Hz)	输入功率(W)	锯割最大厚度(mm)		最小曲率半径(mm)	锯条负载往复次数(次/min)	锯条往复行程(mm)
					钢板	层压板			
回 JIQZ-3	220	1.1	50	230	3	10	50	1600	25

2.5.2 操作注意事项

(1) 为取得良好的锯割效果，锯割前根据被加工的材料选取不同齿距的锯条；若在锯割薄板时发现板材有反跳现象，表明选用锯条齿距太大，应调换细齿锯条。

电动曲线锯锯条的规格及应用　　表 4-21

规　格	齿距(mm)	每英寸齿数	制造材料	表面处理	适用锯割材质
粗齿	1.8	10	T10		木材
中齿	1.4	14	W18Cr4V	发黑	有色金属、层压板
细齿	1.1	18	W18Cr4V		普通钢板

（2）锯条应锋利，并装紧在刀杆上；锯割时向前推力不能过猛，转角半径不宜小于 50mm。

（3）作业中锯条被卡住应立刻切断电源，退出锯条，再进行锯割；在锯割时不能将曲线锯任意提起，以防锯条受到撞击而折断或损伤。但可以断续地开动曲线锯，以便认准锯割线路，保证锯割质量。

（4）曲线锯应经常加注润滑油，使用过程中若发现不正常的声响、火花、外壳过热、不运转或运转过慢时，应立即停锯，检查和修好后方可使用。

2.6　电　剪　刀

电剪刀是裁剪钢板以及其他金属板材的电动工具。它的特点是携带方便，操作简单，轻巧美观，并有双重绝缘，使用安全。它能顺利剪切 1.5mm 以下、抗拉强度不大于 40MPa 的金属板材、橡胶和塑料板等。能剪切机器设备和手工操作不能胜任的加工件，修剪边角更为适宜，并能剪切出各种几何形状，剪切质量好，效率高。它广泛应用在建筑装饰装修的多项施工工艺中。

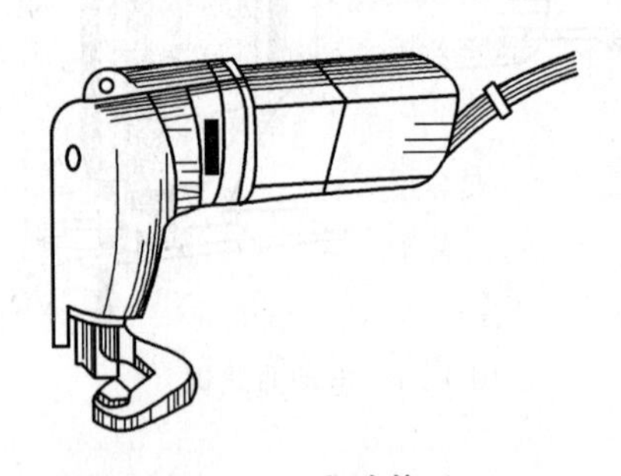

图 4-22　电动剪刀

电动剪刀由单相串激直流两用电动机、偏心齿轮、绝缘外壳、刀杆、刀架、上下刀头等组成。它具有构造简单，操作简便，绝缘可靠，刀刃锋利等优点。其外形如图 4-22 所示。

电剪刀是以能剪切材料的最大厚度来注明型号的，表 4-22 列出了电动剪刀的规格型号及技术参数。

电动剪刀规格型号及技术参数　　表 4-22

型号与参数	回 J1J-1.5	回 J1J-2	回 J1J-2.5
剪切最大厚度(mm)	1.5	2	2.5
剪切最小半径(mm)	30	30	35
额定电压(V)	220	220	220
电流(A)	1.1	1.1	1.75
输出功率(W)	230	230	340
刀具每分钟往复次数	3300	1500	1260
剪切速度(m/min)	2	1.4	2
持续率(%)	35	35	35
质量(kg)	2	2.5	2.5

电剪刀使用注意事项：

(1) 检查剪刀、导线的完好程度，检查电压是否符合额定电压。

(2) 空转看运转是否正常。

(3) 使用前要调整好上下刀刃的横向间隙（根据剪切板的厚度确定，约为板厚的7%。在刀杆处于最高位置时，上下刀刃仍有搭接，上刀刃斜面最高点应大于板厚。作小半径剪切时，将刃口间距调为0.3～0.4mm)。

(4) 使用过程中如有异常响声等，应停机检查。

(5) 要注意电动剪刀的维护，经常在往复运动处加注润滑油，如发现上下刀刃磨损或损坏，应及时修磨或更换。

(6) 电动剪刀使用完后应进行保养并放在干燥处存放。

2.7 电 磨 头

电磨头是专门用来高速磨削的工具。它适用于在大型工、夹、模具的装配调整中，对各种形状复杂的工件进行修磨或抛光；装上不同形状的小砂轮，还可修磨各种凹凸模的成型面；当用布轮代替砂轮使用时，则可进行抛光作业。

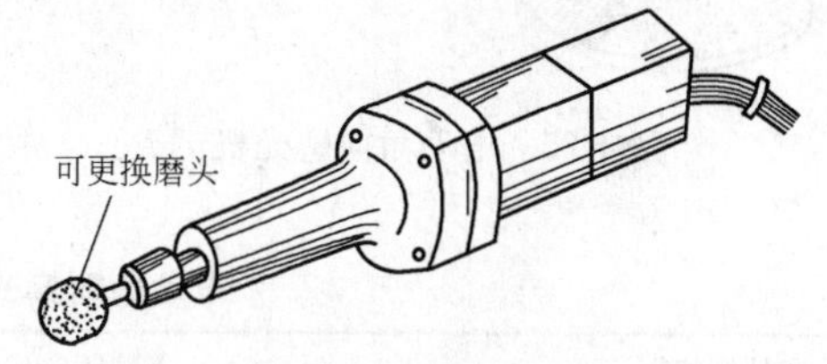

图 4-23 电磨头

电磨头的外形见图 4-23。

电磨头使用注意事项：

(1) 使用前应开机空转 2～3min，检查旋转声音是否正常。若有异常，则应排除故障后再使用。

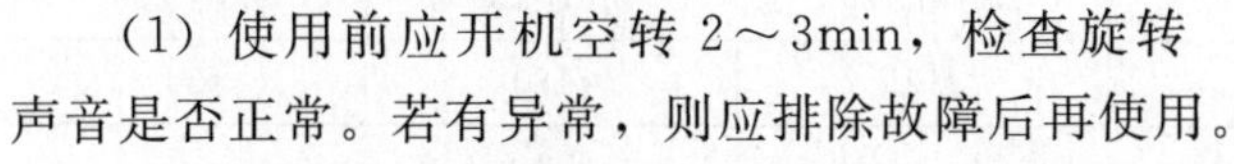

(2) 新装砂轮应经修整后使用，否则所产生的惯性力会造成严重振动，影响加工质量。

(3) 砂轮外径不得超过磨头铭牌上规定的尺寸。工作时砂轮和工件的接触力不宜过大，更不能用砂轮冲击工件，以防砂轮爆裂，造成事故。

2.8 电动角向钻磨机

角向钻磨机是既可钻孔，又可磨削的两用电动工具。当把工作部分换上钻夹头，并装上钻头时，即可对金属等材料进行钻孔加工；如把工作部分换上橡皮轮装上砂布、抛光轮时，可对材料表面进行磨削或抛光。由于钻头与电动机轴线成直角，所以它特别适用于空间位置受限制不便使用普通电钻和磨削工具的场合。所以，它可用于建筑装修工程对多种材料的钻孔、清理毛刺表面、表面抛光以及雕刻制品等。

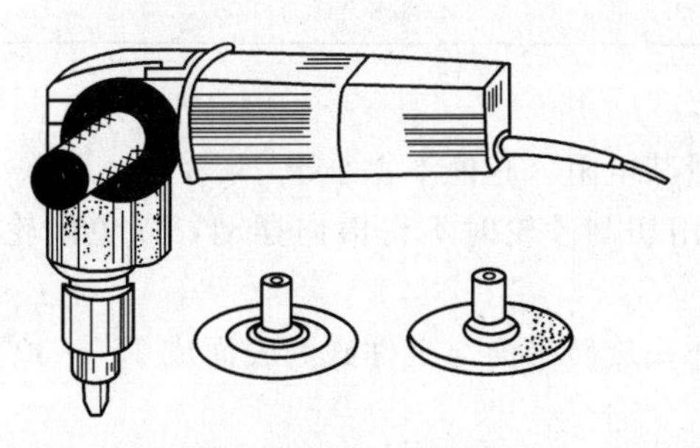

图 4-24 电动角向钻磨机

电动角向钻磨机使用单相串激交直流两用电动机驱动。它的外形见图 4-24。

电动角向钻磨机的型号是由最大钻孔直径来标定的。它的规格型号及钻孔直径见表4-23。

电动角向钻磨机使用注意事项参见电钻和电磨头的使用注意事项。

电动角向钻磨机规格型号及钻孔直径 表 4-23

型号	钻孔直径(mm)	抛布轮直径(mm)	电压(V)	电流(A)	输出功率(W)	负载转速(r/min)
回 JIDJ-6	6	100	220	1.75	370	1200

2.9 电动角向磨光机

电动角向磨光机是用来磨削的电动工具。它由于其砂轮轴线与电机轴线成直角，所以特别适用于位置受限制不便用普通磨光机的场合。按照电动机来分，有交直流两用单相串激和三相中频两类。该机可配用多种工作头，有粗磨砂轮、细磨砂轮、抛光轮、橡皮轮、切割砂轮和钢丝轮等，从而能进行磨削、抛光、切割和除锈等作业。在建筑装修工程中应用非常广泛。

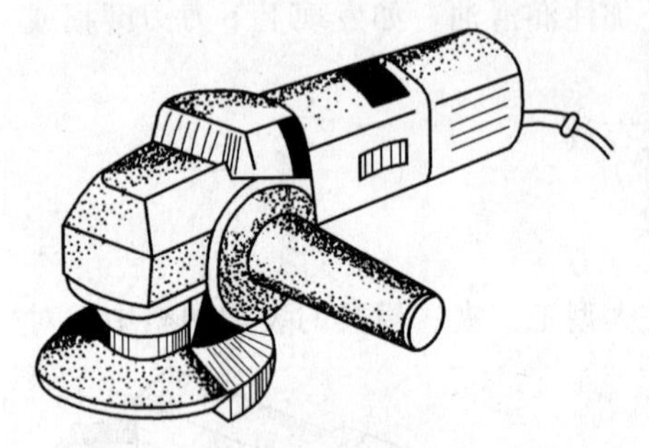

图 4-25 电动角向磨光机

电动角向磨光机的外形见图 4-25。

电动角向磨光机型号是以砂轮的最大直径来表示的，其规格型号及性能参数见表 4-24。

电动角向磨光机规格型号及性能参数 表 4-24

产品规格	SIMJ-100	SIMJ-125	SIMJ-180	SIMJ-230
砂轮最大直径(mm)	ϕ100	ϕ125	ϕ180	ϕ30
砂轮孔径(mm)	ϕ16	ϕ22		
主轴螺纹	M10	M14		
额定电压(V)	220			
额定电流(A)	1.75	2.71	7.8	7.8
额定频率(Hz)	50～60			
额定输入功率(W)	370	580	1700	1700
工作头空载转速(r/min)	10000		8000	5800
净重(kg)	2.1	3.5	6.8	7.2

电动角向磨光机使用注意事项：

(1) 定期检查砂轮防护罩是否完好牢固，测量其电阻（其值不得小于 7MΩ）；

(2) 作业过程中，不要让砂轮受到撞击，使用切割砂轮时不得横向摆动，以免砂轮碎裂。

(3) 为取得良好的加工质量，应尽可能使工作头旋转平面与工件砂磨表面成 15°～30°的角度。

(4) 机器的电缆线与插头具有加强绝缘性能，不能任意更换其他导线、插头，或任意接长导线。

(5) 经常观察电刷磨损状况，及时更换过短的电刷。更换后的电刷经手试电机运转灵活后，再通电空载运行 15min，使电刷与换向器接触良好。

(6) 作业过程中若发现传动机构卡住，转速急剧下降，突然停止转动，或发现有异常振动、声响、温升过高、出现异味、电刷下火花过大有环火等现象时，必须立即切断电源，进行处理。

(7) 电动角向磨光机用完后应放置干燥、清洁、无腐蚀气体的环境中保存。

2.10 型材切割机

型材切割机主要用于切割金属型材。它的原理是根据砂轮磨损切断处的金属，利用高速旋转的薄片砂轮来进行切割，也可改换合金锯片切割木材、硬质塑料等。在建筑装饰施工中，多用于金属内外墙板、铝合金门窗安装、吊顶等工程中。

型材切割机由电动机、切割动力头、变速机构、可转夹钳、砂轮片等零部件组成。其外形见图 4-26，其型号和主要技术参数见表 4-25。

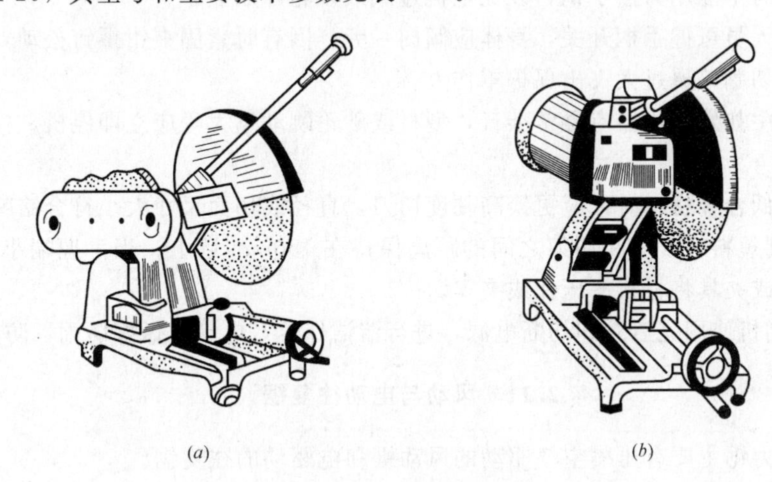

图 4-26 型材切割机

(*a*) J3G-400 型；(*b*) J3GS-300 型

型材切割机主要技术参数 表 4-25

型号		J3G-400 型	J3GS-300 型(双速)
电动机		三相工频电动机	
额定电压(V)		380	380
额定功率(kW)		2.2	1.4
转速(r/min)		2880	2880
极数		二级	二级
增强纤维砂轮片(mm)		400×32×3	300×32×3
切割线速度(m/s)		砂轮片 60	砂轮片 68，木工圆锯片 32
最大切割范围(mm)	圆钢管、异形管	135×6	90×5
	槽钢、角钢	100×10	80×10
	圆钢、方钢	ϕ50	ϕ25
	木材、硬质塑料		ϕ90
夹钳可转角度(°)		0、15、30、45	0～45(内任意调节)
切割中心调整量(mm)		50	
机重(kg)		80	40

型材切割机使用注意事项：

(1) 使用前应检查砂轮片有无裂纹和切割机各部位连接是否牢固，检查绝缘电阻、电缆线以及电源额定电压是否与铭牌要求相符。

(2) 选择砂轮片和木工圆锯片，规格应与铭牌要求相符，以免电机超载。

(3) 作业时，要将被切割件装在可转夹锥上，开动电机，用手柄按下动力头，即可切割型材。

(4) 夹钳与砂轮片应根据实际需要调整角度。

(5) 切割机开动后，应首先注意砂轮片旋转方向是否与防护罩上标出的方向一致，如不一致，应立即停车，调换插头中两支电源线。

(6) 操作时不能用力按手柄，以免电机过载或砂轮片崩裂。

(7) 操作人员可握手柄开关，身体应倾向一旁。因有时紧固夹钳螺钉松动，导致型材弯起，切割机切割碎屑过大飞出保护罩伤人。

(8) 使用中如发现机器有异常杂音，型材或砂轮跳动过大等应立即停机，检修后方可使用。

(9) 切割低合金材料时，应更换高硬度切刀，直径或切面尺寸大小符合铭牌规定。

(10) 切割短料时，手和切刀之间的距离保持在150mm以上；当手握端小于400mm时，应用套管或夹具将材料头压住或夹牢。

(11) 切割机使用完后立即切断电源，进行清洁保养，电动机做好防雨、防潮。

2.11 风动与电动往复锯

往复式动力锯主要有压缩空气驱动的风动锯和电驱动的往复锯。

2.11.1 风动锯

风动锯是用来对铝合金、塑料、橡胶、木材等板材的直线和曲线锯割。它采用旋转式节流阀（为了减少导杆上下高速运动带来的振动，前部设计有平衡装置）。其原理是当压缩空气经节流阀进入滑片或风马达，使转子旋转，经一级齿轮减速，由曲轴机构带动导杆下端的锯条做直线高速往复运动，进行锯割作业。

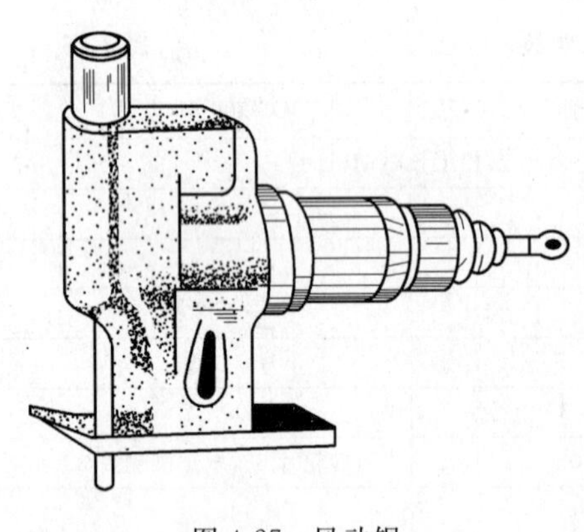

图 4-27 风动锯

风动锯的外形见图 4-27。

2.11.2 电驱动往复锯

电驱动往复锯是一种电动锯割工具，用于锯割金属、木材、合成材料、管材等，可广泛应用于建筑、水利、电力、化工机械等行业。

电驱动往复锯外形见图 4-28。

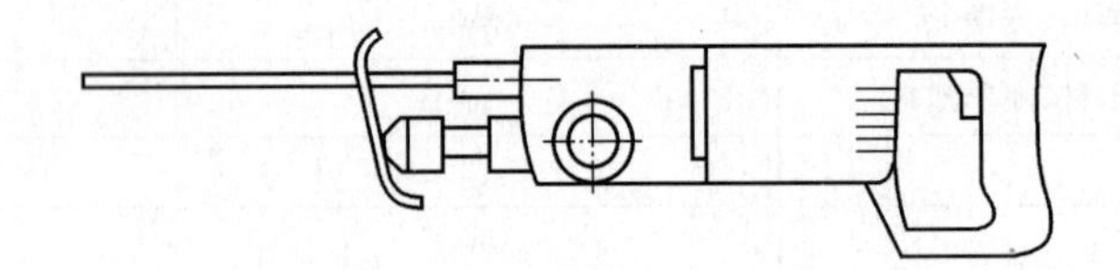

图 4-28 电驱动往复锯

电动往复锯型号是以能切割的最大管材外径来表示的，主要技术参数见表4-26。

电动往复锯型号与主要技术参数 **表 4-26**

型号	额定电压(V)	额定电流(A)	额定输入功率(W)	往复次数(次/min)	行程(mm)	锯割管材范围外径(mm)	锯割钢板最大厚度(mm)	锯割效率(m/min)	重量(kg)
J1FH2-100	220	2.1	430	1400	26	<100	10	0.15	3.6

2.12 风动冲击锤

风动冲击锤的用途是与硬质合金冲击钻头或自钻式膨胀螺栓配合使用，在混凝土、砖石结构上进行钻孔，以便安装膨胀螺栓。它的原理是直接利用高压气体作为介质，通过气动元件和调节阀控制冲击气缸和旋转风马达，实现机械冲击往复运动和旋转运动。它主要由活塞式发动机、滑片式发动机、二级行星齿轮减速机构、工作头、机壳和手柄等组成。

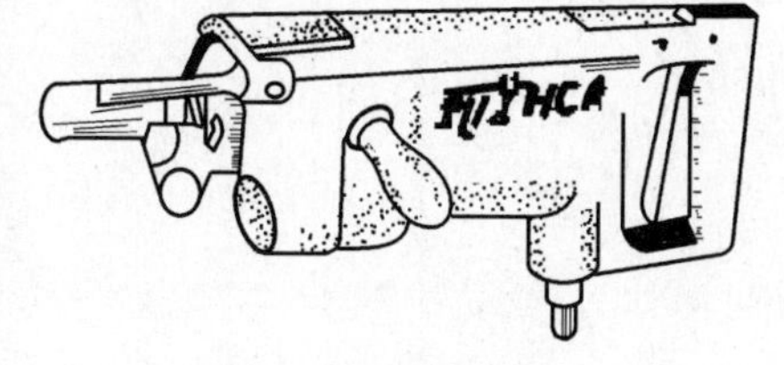

图 4-29 风动冲击锤

风动冲击锤外形见图4-29。它以最大钻孔直径表示型号。其主要技术参数见表4-27。

CZ20型风动冲击锤主要技术参数 **表 4-27**

最大钻孔直径(mm)	气体压力(MPa)	耗气量(L/min)	空载钻速(r/min)	空载冲击频率(次/min)	胶管直径(mm)	整机质量(kg)
20	0.4～0.6	400	300	2500	10	4.5

实 训 课 题

一、实训的内容和课时

1. 实训内容

金属构件使用装修施工机具进行切割、表面处理的操作练习。

2. 课时：4课时。

二、实训要求

1. 熟悉相关装修施工机具的构造、性能和安全操作要求；

2. 掌握装修施工机具的使用方法和操作过程。

思考题与习题

1. 气割火焰有哪三种？怎样获得相应火焰？各适合什么地方选用？

2. 气割前要做哪些准备工作？

3. 不锈钢振动气割如何操作？

4. 气割薄钢板时，为了获得较满意的效果，应采用哪些措施：

5. 水平固定管子的切割如何进行？

6. 焊接坡口的手工气割工艺要点是什么？

7. 产生气割切口断面纹路粗糙的原因有哪些？用什么方法来防止？

8. 影响气割质量的主要因素有哪些？

9. 冲击电钻的用途是什么？

10. 简述电剪刀的使用注意事项。

11. 电磨头在使用中能否用来冲击作业？为什么？

12. 电动角向钻磨机的用途是什么？怎样实现它的两种用途？

单元5　建筑装饰金属构件施工常用焊接技术

知识要点：焊接的概念及其分类；焊接安全知识；焊缝材料；焊接设备；焊接技术；装饰常用金属的焊接。

教学目标：会焊接各种形式焊接接头和坡口；掌握气孔防止措施和焊接裂纹防止措施；正确选用焊接材料；掌握各种焊接设备的使用方法、焊接特点；维护和排除焊机简单故障；对碳素钢、低合金高强度钢、镍及镍合金、不锈钢、铜及铜合金、铝及铝合金、钛及钛合金以及异种金属材料能熟练焊接。

课题1　概　述

1.1　焊接的概念及焊接热源

1.1.1　焊接的概念

焊接就是利用某种能源（如电能、热能、化学能、机械能等），用或不用填充材料，经过一系列的工艺程序，使相互分离的金属工件达到原子间的结合，形成永久性接头的工艺过程。

1.1.2　焊接的分类

根据施焊时金属所处的状态，焊接方法分为熔焊、压焊和钎焊三类。

熔焊是将两个金属工件局部加热至熔化状态，再加入（或不加入）填充金属而结合的工艺。

压焊是只依靠外界机械压力使两个金属工件连接在一起的工艺。这类焊接有两种形式。一是将被焊金属接触部分加热至塑性状态或局部熔化状态，然后施加一定的压力，使金属原子间相互结合成牢固的焊接接头；二是不进行加热，仅在被焊金属的接触面上施加足够大的压力，借助于压力所引起的塑性变形，使原子间相互接近而获得牢固的接头。

钎焊是将工件和钎料（熔点低于母材）加热到钎料熔化、而又低于母材的熔化温度，利用接头间隙中母材与钎料相互扩散作用，使两个分离的工件连成一体的工艺。

1.1.3　焊接热效率

焊接过程中，由热源所提供的热量并没有全部被有效的利用。而是有一部分热量损失于周围介质和飞溅中。也就是说，真正用于焊接的热量，只是热源提供热量的一部分。

不同焊接方法的热效率值见表5-1。

各种焊接方法得热效率　　　　**表5-1**

焊接方法	碳弧焊	手工电弧焊	埋弧焊	钨极氩弧焊		熔化极氩弧焊		电渣焊	电子束焊
				交流	直流	钢	铝		
热效率	0.5～0.65	0.77～0.89	0.77～0.99	0.68～0.85	0.78～0.85	0.66～0.69	0.7～0.85	0.8	0.9

1.1.4 焊接热源的种类及特点

目前常用的几种焊接热源，其主要特性和应用如下：

乙炔焰——最小加热面积 $10^{-2}cm^2$，最大功率密度 $2\times10^3W/cm^2$，正常焊接规范时温度 3200℃，用可燃气体产生热能，用于气焊。

金属极电弧——最小加热面积 $10^{-3}cm^2$；最大功率密度 $10^4W/cm^2$；正常焊接规范时温度 5730℃。它是用气体介质放电产生热能。用于手工电弧焊、气体保护焊等。

钨极氩弧——最小加热面积 $10^{-3}cm^2$；最大功率密度 $1.5\times10^4W/cm^2$；正常焊接规范时温度 7730℃。它是用气体介质放电产生热能。热量较集中，用于氩弧焊。

等离子弧——最小加热面积 $10^{-5}cm^2$；最大功率密度 $1.5\times10^5W/cm^2$；正常焊接规范时温度 16000～33000℃。由机械压缩、电磁收缩、热收缩三效应产生大量热。用于焊接、切割等。

埋弧焊弧——最小加热面积 $10^{-3}cm^2$；最大功率密度 $2\times10^4W/cm^2$；正常焊接规范时温度 6150℃。是由金属极放电产生热能，用于埋弧自动焊。

电渣焊（熔池）——最小加热面积 $10^{-3}cm^2$，最大功率密度 $10^4W/cm^2$，正常焊接规范时温度 2000℃。利用熔池热能进行焊接。用于电渣焊。

电子束——最小加热面积 $10^{-7}cm^2$，最大功率密度 $10^7\sim10^9W/cm^2$。在真空状态，电子在高压、高速运动中产生热能，用于电子束焊。

1.2 焊缝中的气孔

气孔的存在会削弱焊缝的有效工作断面，造成应力集中，降低焊缝金属的强度和塑性，还会给焊缝的致密性、抗蚀性带来不良影响。它是在焊接过程中经常见到的一种焊接缺陷。焊接时产生气孔的气体主要是氢气、一氧化碳和氮气。

防止气孔产生的措施：

(1) 焊前，仔细清除焊件表面上的污物，在坡口两侧各 20～30mm 范围内，去除锈、油，特别是在使用碱性焊条时，更要做好清理工作。

(2) 所用的焊条、焊剂在焊前一定要严格进行烘干。视焊条、焊剂的种类来确定烘干温度和时间。低氢焊条和焊剂中的水分不得超过 0.1%，酸性焊条中的水分不得超过 4%。因此，碱性焊条的烘干温度应为 350～400℃，而酸性焊条只要 200℃烘干即可。

(3) 加强熔池保护，采用短弧焊接，防止空气对电弧的作用。

(4) 采用合理的焊接工艺，创造熔池中气体逸出的有利条件，可降低焊接速度，采取预热及直流反接等。

1.3 焊接裂纹

焊接裂纹是焊接生产中比较常见而又是最危险的焊接缺陷，它不仅会造成废品，而且会造成更严重的破坏事故。

焊接裂纹按其本质可分为热裂纹、冷裂纹、层状撕裂、再热撕裂四大类；按其产生的温度范围可分为热裂纹、冷裂纹；按其产生时间，可分为延迟裂纹和非延迟裂纹；按其产生部位，可分为焊缝金属裂纹及热影响区裂纹；按其形态可分为晶间裂纹和穿晶裂纹。

1.3.1 焊接热裂纹

焊接热裂纹一般指焊缝金属液态冷却到固相线左右出现的结晶裂纹。其形成的原因是随着结晶面延伸，低熔点杂质富集到结晶对称中心位置，在冷却收缩时，若得不到液体金属的补充，在拉应力作用下，被分隔的自由表面上便形成了结晶裂纹。

防止焊接热裂纹有以下措施：

(1) 冶金措施

1) 控制焊缝中有害杂质的含量。对于焊接低碳钢、低合金钢，最有害的元素是硫、磷、碳。为了消除它们的有害作用，除限制被焊金属中的硫、磷含量外，还应控制焊接材料中的含量。例如焊丝中的硫和磷含量，一般不得超过0.03%～0.04%，对于低碳钢和低合金钢焊丝的含碳量一般不超过0.12%。

2) 改善熔池金属的一次结晶组织。细化晶粒可以提高焊缝金属的抗裂性，广泛采用的办法是向焊缝中加入细化晶粒元素，即进行变质处理。

(2) 工艺措施

1) 预热　预热是防止产生热裂纹的有效措施，它的作用主要是减小焊接熔池的冷却速度，以减小焊接应力。

2) 控制焊缝形状　防止低熔点共晶物产生在焊缝的中心。

3) 采用碱性焊条和焊剂　由于碱性焊条和焊剂的熔渣具有较强的脱硫能力，因此具有较高的抗热裂能力。

4) 采用收弧板　在焊接终了断弧时，由于弧坑冷却速度快，常因偏析而在弧坑处形成热裂纹，即弧坑裂纹。所以终焊时应逐渐断弧，填满弧坑。必要时可采用收弧板，将弧坑移出焊件以外。

1.3.2 焊接冷裂纹

焊接冷裂纹是焊后焊接接头冷却到300℃温度以下时出现的裂纹。冷裂纹可以在焊后立即出现，也有时要经过一段时间（几小时、几天、甚至更长时间）才出现。对于这些不是在焊后立即出现的冷裂纹称为延迟裂纹，它是冷裂纹中一种比较普遍的现象。由于延迟裂纹需要推迟一段时间才会出现，甚至在使用过程中才出现，因此，它的危害性比其他形态的裂纹就更严重。碳当量为0.35%～0.40%的低合金钢、中、高碳素钢、合金钢、工具钢和高强度钢等，焊接时都有出现冷裂纹倾向。

冷裂纹大多产生在低合金高强钢的焊接热影响区或熔合线上，有时也可能产生在焊缝中，根据冷裂纹产生的部位。通常将冷裂纹分为三种。

(1) 焊道下裂纹

这种裂纹常发生在淬硬倾向较大、含氢量较高的热影响区，一般情况下裂纹的方向与熔合线平行，但有时也垂直于熔合线。

(2) 焊趾裂纹

这种裂纹起源于焊缝和母材的交界处，并有明显应力集中的地方。裂纹的方向经常与焊缝纵向平行，一般由焊趾的表面开始，向母材深处延伸。

(3) 根部裂纹

这种裂纹比较常见，主要发生在使用含氢量较高的焊条和预热温度不足（或根本不预热）的情况下。这种裂纹与焊趾裂纹相似，起源于焊缝根部的最大应力处，根部裂纹可能

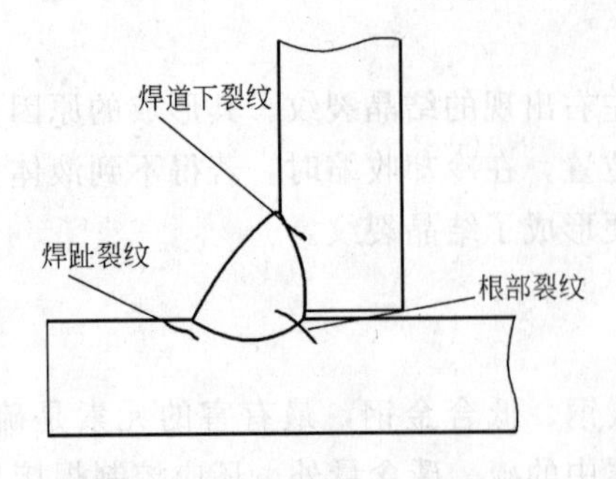

图 5-1　焊接冷裂纹的常见形态

发生在焊接热影响区（粗晶区），也可能发生在焊缝金属内。三种裂纹形态见图 5-1。

防止焊接冷裂纹的措施：

1）冶金措施　选用低氢型焊条和低氢的焊接工艺方法（如低氢型碱性焊条，CO_2 气体保护焊等）。严格控制氢的来源，焊前按规定烘干焊条和焊剂，彻底清除焊接区油、锈、水等污物。通过合金元素改善焊缝的组织状态，以提高焊缝的塑性。

2）工艺措施　采取焊前预热、层间保温、后热或缓冷以及焊后立即消除应力处理，使扩散氢能充分从焊缝中逸出，对防止氢致裂纹有明显效果。一些常用的低合金钢，为避免延迟裂纹所做的后热处理温度和时间见图 5-2。

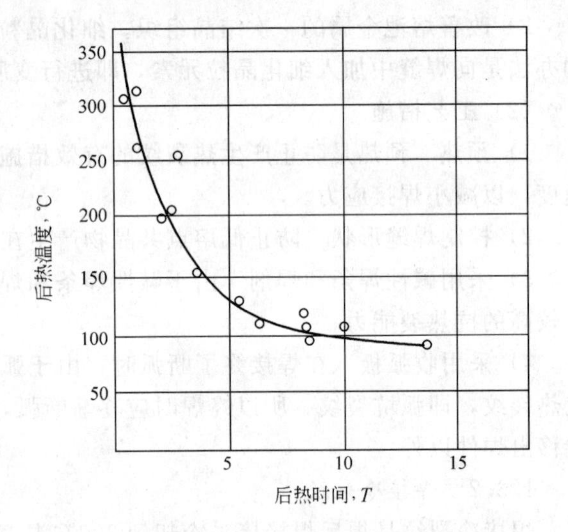

图 5-2　低合金钢后热温度和时间

此外，合理地安排装焊和焊接顺序，改善焊缝的拘束条件，减小焊接应力，合理地选择较大的线能量，有利于氢的逸出，也可降低冷裂纹倾向。

1.3.3　再热裂纹

再热裂纹是指一些含铬、钼、钒等敏感元素的高强钢，焊后在一定的温度范围内（敏感温度范围 580～650℃），再次加热（消除应力热处理或其他热处理过程），在焊接应力的作用下，产生于热影响区中的裂纹。由于这种裂纹是在焊后重新加热（热处理）的过程中产生的，故称为“再热裂纹”。

防止产生再热裂纹，应从控制基本金属及焊缝金属的化学成分，减少敏感元素含量，改善焊缝组织，以及减小焊接应力（应力集中），提高预热温度，避免敏感温度范围等几方面考虑。

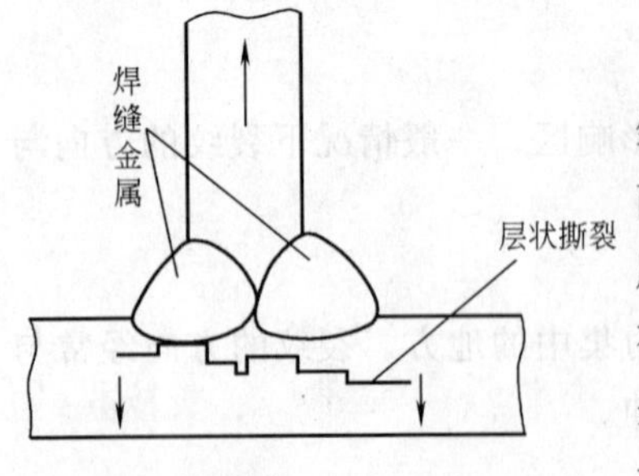

图 5-3　层状撕裂的位置

1.3.4　层状撕裂

产生层状撕裂的原因是在轧制钢板中存在硫化物、氧化物和硅酸盐等非金属夹杂物，它们在平行于钢板表面的各层中呈片状分布，其变形能力极差，使钢板在厚度方向上的力学性能，特别是断面收缩率有较大的降低。在沿焊件厚度方向上的应力（包括焊接应力）作用下，夹杂物界面就会开裂，从而在焊接热影响区及其附近的母材上，就出现具有阶梯状的裂纹，这种裂纹就叫做层状撕裂，见图 5-3。

层状撕裂经常产生在钉字接头、十字接头和角焊缝的热影响区中，也可能发生在熔合线或距熔合线稍远的地方。防止层状撕裂应选用夹杂物少的母材，同时要采取相应措施，减小焊接应力。

1.4 焊接安全要求

焊接操作时要与电、可燃及易爆的气体、易燃液体、压力容器等接触，在焊接过程中还会产生一些有害气体、金属蒸气和烟尘，电弧光的辐射，焊接热源（电弧、气体火焰）的高温等，如果焊工不遵守安全操作规程，就可能引起触电、灼伤、火灾、爆炸、中毒等事故，这不仅给国家财产造成经济损失，而且直接影响焊工及其他工作人员的人身安全。

1.4.1 预防触电的安全知识

焊接作业场地所用电的电压等级为380V/220V，焊机的空载电压一般都在60V以上。因此，焊工在作业时必须注意防止触电。

（1）弧焊设备的外壳必须接零或接地，而且接线应牢靠，以免由于漏电而造成触电事故。

（2）弧焊设备的初级接线、修理和检查应由电工进行，焊工不可私自随便拆修。次级接线端由电焊工进行连接。

（3）推拉电源闸刀时，应戴好干燥的皮手套，面部不要对着闸刀，以免推拉闸刀时，可能发生电弧火花而灼伤脸部。

（4）焊钳应有可靠的绝缘。中断作业时，焊钳要放在安全的地方，防止焊钳与焊件之间产生短路而烧坏弧焊机。

（5）焊工的工作服、手套、绝缘鞋应保持干燥。

（6）在容器或船舱内或其他狭小工作场所焊接时，须两人轮换操作，其中一人留守在外面监护，以便发生意外时，立即切断电源便于急救。

（7）在潮湿的地方作业时，应用干燥的木板或橡胶片等绝缘物作垫板。

（8）更换焊条时，不仅应带好手套，而且应避免身体与焊件接触。

（9）焊接电缆必须有完整的绝缘，不可将电缆放在焊接电弧的附近或炽热的焊缝金属上，避免高温而烧坏绝缘层；同时，也要避免碰撞磨损。焊接电缆如有破损应立即进行修理或调换。

（10）遇到焊工触电时，切不可赤手去拉触电者，应先迅速将电源切断。如果切断电源后触电者呈现昏迷状态，应立即施行人工呼吸，直至送到医院为止。

（11）焊工要熟悉和掌握有关电的基本知识、预防触电及触电后急救方法等知识，严格遵守有关部门规定的安全措施，防止触电事故发生。

1.4.2 预防火灾和爆炸的安全知识

焊接时，由于电弧及气体火焰的温度很高，而且在焊接过程中有大量的金属飞溅物，如稍有疏忽大意，就会引起火灾甚至爆炸。因此焊工在作业时，为了防止火灾及爆炸事故的发生，必须采取下列安全措施：

（1）焊接前要认真检查作业场地周围是否有易燃、易爆物品（如棉纱、油漆、汽油、煤油、木屑、乙炔发生器等），如有易燃、易爆物，应将这些物品搬离焊接作业点5m以外。

（2）在高空作业时更应注意防止金属飞溅而引起的火灾。

(3) 严禁在有压力的容器和管道上进行焊接。

(4) 焊条头及焊后的焊件不能随便乱扔，要妥善管理，更不能扔在易燃、易爆物品的附近，以免发生火灾。

(5) 每焊接完一处时应检查作业场地附近是否有引起火灾的隐患，如确认安全后，才可离去。

1.4.3 预防有害气体和烟尘中毒的安全知识

焊接时，焊工周围的空气常被一些有害气体及粉尘所污染，如氧化锰、氧化锌、氟化氢、一氧化碳和金属蒸气等。焊工长期呼吸这些烟尘和气体，对身体健康是不利的，因此应采取下列措施：

(1) 焊接场地应有良好的通风，焊接区的通风是排出烟尘和有毒气体的有效措施，通风的方式有以下几种：

1) 全面机械通风　在焊接车间内安装数台风机向外排风，使车间内经常更换新鲜空气。

2) 局部机械通风　在焊接工位安装小型通风机械，进行送风或排气。

3) 充分利用自然通风　正确调节车间的侧窗和天窗，加强自然通风。

(2) 在容器内或双层底舱等狭小的地方焊接时，应注意通风排气工作。通风应用压缩空气，严禁使用氧气。

(3) 合理组织劳动布局，避免多名焊工拥挤在一起操作。

(4) 尽量扩大埋弧自动焊的使用范围，以代替手弧焊。

1.4.4 预防弧光辐射的安全知识

电弧辐射主要产生可见光、红外线、紫外线三种射线。过强的可见光耀眼眩目；紫外线对眼睛和皮肤有较大的刺激性，它能引起电光性眼炎，电光性眼炎的症状是眼睛疼痛，有沙粒感、多泪、畏光、怕风吹等，但电光性眼炎一般不会有任何后遗症。皮肤受到紫外线照射时，先是痒、发红、触痛，以后变黑，脱皮。如果作业时注意防护，以上症状是不会发生的。焊工预防弧光辐射应采取下列措施：

(1) 焊工必须使用有电焊防护玻璃的面罩。

(2) 面罩应该轻便、成形合适，耐热、不导电、不导热、不漏光。

(3) 焊工作业时，应穿白色帆布工作服；防止弧光灼伤皮肤。

(4) 操作引弧时，焊工应该注意周围工人，以免强烈弧光伤害他人眼睛。

(5) 在人多的区域，进行焊接时，尽可能地使用屏风板，避免周围人受弧光伤害。

(6) 重力焊或装配定位焊时，要特别注意弧光的伤害，因此要求焊工或装配工应戴防光眼镜。

课题2　焊接材料

2.1 焊　　条

电焊条是传导电流并作为焊缝填充金属的一种焊接材料。它由焊芯（细金属棒或焊丝）和焊芯外表所涂敷的药皮组成，见图5-4。

2.1.1 焊芯

焊芯具有两个功能，一是传导焊接电流，在焊条端部形成电弧。二是焊芯自身熔化，冷却后形成焊缝中的熔敷金属。各种电焊条所用的焊芯材料见表 5-2。

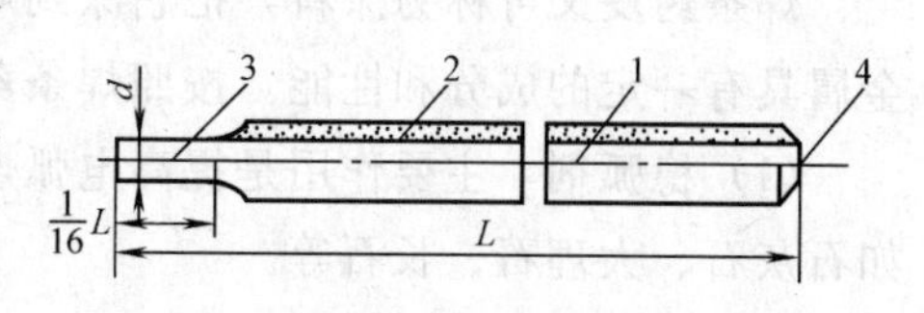

图 5-4 焊条组成示意图

1—焊芯；2—药皮；3—夹持端；4—引弧端

焊条在国家标准中规定的基本尺寸列于表 5-3。

目前常用的焊芯材料牌号及化学成分列于表 5-4，其标准应符合 GB 1300—1977 的规定。

各种焊条所用焊芯材料 **表 5-2**

电焊条种类	所用焊芯	电焊条种类	所用焊芯
低碳钢焊条	低碳钢、H08A 等	堆焊用焊条	低碳钢或低合金钢
低合金钢焊条	低合金钢或低碳钢	铸铁焊条	低碳钢、低合金钢、非铁合金
低合金耐热钢焊条	低合金钢或低碳钢	有色金属焊条	有色金属
不锈钢焊条	不锈钢或低碳钢		

焊条尺寸 **表 5-3**

焊条直径 mm		焊条长度 mm		
基本尺寸	极限偏差	基本尺寸		极限偏差
1.6	±0.05	200	250	±0.2
2.0		250	300	
2.5				
3.2		350	400	
4.0				
5.0		400	450	
6.0				
8.0		500	650	

常用焊芯的化学成分 **表 5-4**

钢 号	C	Mn	Si	Cr	Ni	Mo	其他	S ≤	P ≤
H08A	≤0.10	0.30～0.55	≤0.30	≤0.2	≤0.3			0.03	0.03
H08E	≤0.10	0.30～0.55	≤0.30	≤0.2	≤0.3			0.025	0.025
H08Mn	≤0.10	0.80～1.10	≤0.70	≤0.2	≤0.3			0.04	0.04
H08MnA	≤0.10	0.80～1.10	≤0.70	≤0.2	≤0.3			0.03	0.03
H10Mn2	≤0.12	1.50～1.90	≤0.70	≤0.2	≤0.3			0.04	0.04
H08Mn2Si	≤0.11	1.70～2.10	0.65～0.95	≤0.2	≤0.3			0.04	0.04
H08MnSi	≤0.14	0.80～1.10	0.60～0.90	≤0.2	≤0.3			0.03	0.04
H10MnSiMo	≤0.14	0.90～1.20	0.70～1.10	≤0.2	≤0.3	0.15～0.25		0.03	0.04
H08MnMoA	≤0.10	1.20～1.60	≤0.25	≤0.2	≤0.3	0.30～0.50	Ti0.15	0.03	0.03
H08Mn2MoA	0.06～0.11	1.60～1.90	≤0.25	≤0.2	≤0.3	0.5～0.70	Ti0.15	0.03	0.03
H08CrMoA	≤0.10	0.40～0.70	0.15～0.35	0.8～1.10	≤0.3	0.0～0.60		0.03	0.03
HCr14	≤0.06	0.30～0.70	0.30～0.70	13.0～15.0	≤0.60			0.03	0.03
H00Cr19Ni9	≤0.03	1.0～2.0	≤1.0	18.0～20.0	8.0～10.0			0.02	0.03
H0Cr19Ni9	≤0.06	1.0～2.0	0.50～1.00	18.0～20.0	8.0～10.0			0.02	0.03
H0Cr19Ni9Si2	≤0.06	1.0～2.0	2.00～2.75	18.0～20.0	8.0～10.0			0.02	0.03
H0Cr19Ni11Mo3	≤0.06	1～2	0.30～0.70	18.0～20.0	10.0～12.0	2.0～3.0		0.02	0.03
H1Cr25Ni13	≤0.12	1～2	0.30～0.70	23.0～26.0	12.0～14.0			0.02	0.03
H1Cr25Ni20	≤0.15	1～2	0.20～0.50	24.0～27.0	17.0～20.0			0.02	0.03
H1Cr20Ni10Mn6	≤0.12	5～7	0.30～0.70	18.0～22.0	9.0～11.0			0.03	0.04

2.1.2 焊条药皮的作用及原材料

焊条药皮又可称为涂料，把它涂到焊芯上主要是满足焊接工艺的需要，以及保证熔敷金属具有一定的成分和性能。按照焊条药皮组成物的主要作用，可做以下分类。

(1) 稳弧剂 主要作用是提高电弧燃烧的稳定性，它是碱金属及碱土金属的化合物。如石灰石、大理石、长石等。

(2) 造渣剂 主要作用在于形成具有一定物理化学性能的熔渣产生良好的机械保护作用和冶金处理作用。如钛铁矿、赤铁矿、金红石、大理石等。

(3) 造气剂 主要是形成保护气氛，如淀粉、木屑等。

(4) 脱氧剂 主要作用是对熔渣和焊缝金属进行脱氧。如锰铁、硅铁、钛铁、铝铁等。

(5) 合金剂 主要作用是向焊缝金属中掺入必要的合金成分，根据需要可选用各种铁合金（铬铁、锰铁、钼铁）或纯金属。如金属铬和金属锰等。

(6) 稀渣剂 主要作用是改变焊接熔渣的粘度和流动性，如萤石、钛白粉、金红石等。

(7) 粘塑剂 主要是为改善涂料的塑性和滑性，使之易于用机器压涂药皮。如云母、白泥等。

(8) 胶粘剂 主要作用是把药皮牢固的粘结在焊芯上，常用的胶粘剂是水玻璃，也有的使用酚醛树脂、树胶之类物质。

铁合金的化学成分及作用见表 5-5。

药皮用铁合金的化学成分及作用 **表 5-5**

名 称	牌号	化学成分(%)	在药皮中的作用
低碳锰铁	MnO	Mn≥0.8;C≤0.5;Si≤0.2;P≤0.3;S≤0.03	合金剂;融氧剂
中碳锰铁	Mn1	Mn≥0.78;C≤1.0;Si≤2.0;P≤0.3;S≤0.03	脱氧剂;合金剂 能降低热裂纹倾向
	Mn2	Mn≥0.75;C≤1.5;Si≤2.5;P≤0.3;S≤0.03	
高碳锰铁	Mn3	Mn≥0.78;C≤7.0;Si≤2.0;P≤0.33;S≤0.03	脱氧剂;合金剂
硅铁	Si45	Si≥40～47;Mn≤0.8;Cr≤0.5;P≤0.05;S≤0.04	脱氧剂;合金剂
汰铁	Ti25	Ti≥25;Al/Ti≤0.25;Si/Ti≤0.18; C≤1.0;P≤0.05;S≤0.05;Ca≤3.0	主要用于脱氧,一般不用于合金化
铬铁	Cr4	Cr≥50;C4～6;Si≤3.0;P≤0.07;S≤0.04	主要用于合金,不宜用低碳铬,破碎困难
	CrS	Cr≥50;C6,6～9;Si≤3.0;P≤0.07	
钼铁	Mo551	Mo≥55;Si≤1.2;C≤0.25;Ca≤0.8;S≤0.15; P≤0.10;Sb≤0.08	合金剂,细化晶粒,降低焊缝热裂纹
钒铁	V351	V≥35;C≤0.75;Si≤2.0;P≤0.1;S≤0.1;Al≤1.0	合金剂
铌铁	50%级	Nb≥50;C≤0.12;Si≤1.0;Al≤7.0;S≤0.03;P≤0.27	合金剂
锡铁	W702	W≥70;Mn≤0.4;Cu≤0.2;S≤0.15;P≤0.05	合金剂
硼铁	B51	B≥5;Si/B<2.0;Al/B<1.0;C≤0.1	合金剂

2.1.3 焊条的分类

(1) 按焊条的用途分

1）低碳钢和低合金高强度钢焊条（简称结构钢焊条） 这类焊条的熔敷金属在自然气候环境中具有一定的力学性能。

2）铝及铝合金焊条　这类焊条用于铝及铝合金的焊接、焊补或堆焊。

3）不锈钢焊条　不锈钢焊条又分为铬不锈钢焊条、奥氏体不锈钢焊条及特殊用途焊条。这类焊条的熔敷金属在常温、高温或低温中具有不同程度的抗大气或腐蚀性介质腐蚀的能力和一定的力学性能。

4）铜及铜合金焊条　这类焊条用于铜及铜合金的焊接、焊补或堆焊。

5）低温钢焊条　这类焊条的熔敷金属在不同的低温介质条件下，具有一定的低温工作能力。

6）铸铁焊条　这类焊条是指专用作焊补或焊接铸铁用的焊条。

7）镍及镍合金焊条　这类焊条用于镍及镍合金的焊接、焊补或堆焊。

8）堆焊焊条　这类焊条为用于金属表面层堆焊的焊条，其熔敷金属在常温或高温中具有一定程度的耐不同类型磨耗或腐蚀等性能。

9）钼和铬钼耐热钢焊条　这类焊条的熔敷金属，具有不同程度的高温工作能力。

（2）按焊条药皮熔化后的熔渣特性分。

1）酸性焊条　其熔渣的成分主要是酸性氧化物（SiO_2、TiO_2、Fe_2O_3）及其他在焊接时易放出氧的物质，药皮里的造气剂为有机物，焊接时产生保护气体。

一般用于焊接低碳钢和不太重要的钢结构。

2）碱性焊条　其熔渣的成分主要是碱性氧化物：（如大理石、萤石等），并含有较多的铁合金作为脱氧剂和合金剂，焊接时大理石（$CaCO_3$）分解产生的 CO_2 作为保护气体。

碱性熔渣的脱氧较完全，又能有效地消除焊缝金属中的硫，合金元素烧损少，所以焊缝金属的力学性能和抗裂性均较好，可用于合金钢和重要碳钢结构的焊接。

2.1.4　焊条型号及牌号的表示方法

（1）焊条型号的划分

1）碳钢焊条型号划分　根据 GB 5118—94《碳钢焊条》标准规定，碳钢焊条型号按熔敷金属的抗拉强度、药皮类型、焊接位释和焊接电流种类划分，其编制方法是：

（a）大写字母 E 表示焊条；

（b）前两位数字表示熔敷金属抗拉强度的最小值，单位为 MPa；

（c）第三位数字表示焊条适用的焊接位置；“0”及“1”表示焊条适用于全位置（平、立、横、仰焊）；“2”表示焊条适用于平焊及平角焊；“4”表示焊条适用于向下立焊；

（d）第三位和第四位数字的组合表示焊接电流种类和药皮类型，见表 5-6。

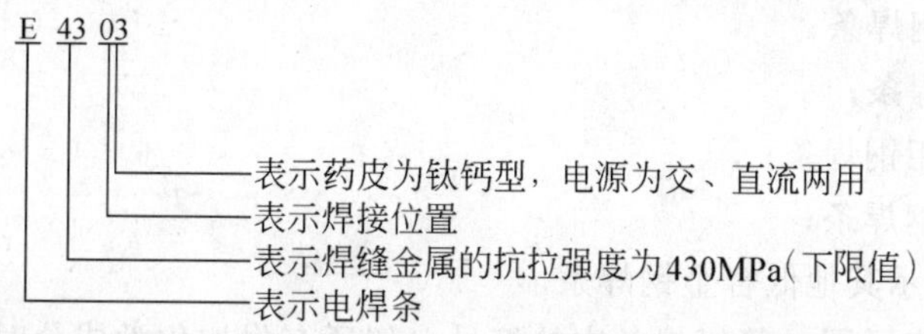

注：焊接位置栏中文字含义：平——平焊，立——立焊，横——横焊，仰——仰焊，平角焊——水平角焊，立向下——立向下焊。E4322 型焊条适宜单道焊。直径不大于 4.0mm 的 E5014、E5015、E5016、E5018 焊条以及直径不大于 5.0mm 的其他型号焊条，可适用于立焊和仰焊。

焊条型号及相关要素见表 5-6。

碳钢焊条型号 **表 5-6**

焊条型号	药皮类型	焊接位置	电流种类
E43 系列熔敷金属抗拉强度≥43kgf/mm²(420MPa)			
E4300	特殊型	平、立、横、仰	交流或直流正、反接
E4301	钛铁矿型		
E4303	钛钙型		直流反接
E4310	高纤维钠型		交流或直流反接
E4311	高纤维钾型		交流或直流反接
E4312	高钛钠型		交流或直流正、反接
E4313	高钛钾型		直流反接
E4315	高氢钠型		交流或直流反接
E4316	低氢钾型		
E4320	氧化铁型	平角焊	交流或直流正接
E4322		平	交流或直流正、反接
E4323	铁粉钛钙型	平、平角焊	交流或直流正、反接
E4324	铁粉钛型		
E4327	铁粉氧化铁型		
E4328	铁粉低氢型		交流或直流反接
E50 系列熔敷金属抗拉强度≥50kgf/mm²(490MPa)			
E5001	钛铁矿型	平、立、横、仰	交流或直流正、反接
E5003	钛钙型		
E5011	高纤维钾型		交流或直流正接
E5014	铁粉钛型		交流或直流正、反接
E5015	低氢钠型		直流反接
E5016	低氢钾型		交流或直流反接
E5018	铁粉低氢型		
E5024	铁粉钛型	平、平角焊	交流或直流正、反接
E5027	铁粉氧化铁型		交流或直流正接
E5028	铁粉低氢型		交流或直流反接
E5048		平、立、仰、立向下	

2）低合金钢焊条型号划分

据《低合金钢焊条》(GB 5118—1994) 标准规定，低合金钢焊条型号按熔敷金属的力学性能、化学成分、药皮类型、焊接位置和焊接电流种类划分，低合金钢焊条型号 E X X X X 的编制方法与碳钢焊条相同。但焊条型号后面有短线“—”与前面数字分开，后缀字母为熔敷金属的化学成分分类代号，其中：

A 表示碳—钼钢焊条；

B 表示铬—钼钢焊条；

C 表示镍—钢焊条；

NM 表示镍—钼钢焊条；

D 表示锰—钼钢焊条；

G、M 或 W 表示其他低合金钢焊条。

字母后的数字表示同一等级焊条中的编号。如还有附加化学成分时，附加化学成分直接用元素符号表示，并以短线“—”与前面后缀字母分开，见表 5-7。

低合金钢焊条型号举例如下：

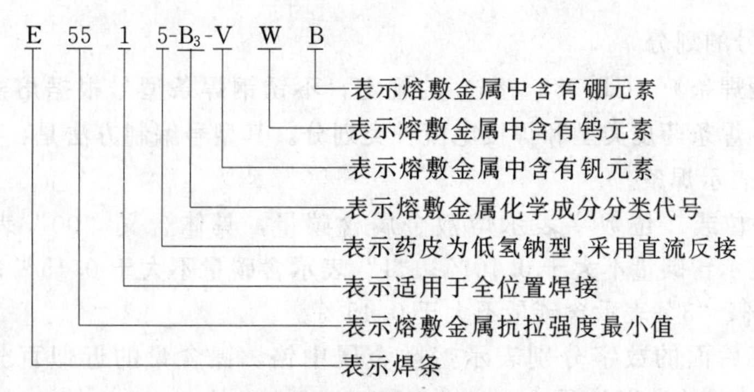

低合金钢焊条型号划分 **表 5-7**

焊条型号	药皮类型	焊接位置	电流种类
E50 系列—熔敷金属抗拉强度≥50kgf/mm²(490MPa)			
E5010-X	高纤维素钠型	平、立、横、仰	直流反接
E5011-X	高纤维素钾型		交流或直流反接
E5015-X	低氢钠型		直流反接
E5016-X	低氢钾型		交流或直流反接
E5018-X	铁粉低氢型		
E5020-X	高氧化铁型	平角焊	交流或直流正接
		平	交流或直流正、反接
E5027-X	铁粉氧化铁型	平角焊	交流或直流正接
		平	交流或直流正、反接
E55 系列—熔敷金属抗拉强度≥55kgf/mm²(540MPa)			
E5500-X	特殊型	平、立、横、仰	交流或直流正,反接
E5503-X	钛钙型		直流反接
E5510-X	高纤维素钠型		
E5511-X	高纤维素钾型		交流或直流反接
E5513-X	高钛钾型		
E5515-X	低氢钠型		直流反接
E5516-X	低氢钾型		交流或直流正、反接
E5518-X	铁粉低氢型		
E60 系列—熔敷金属抗拉强度≥60kgf/mm²(590MPa)			
E6000-X	特殊型	平、立、横、仰	交流或直流正、反接
E6010-X	高纤维素钠型		直流反接
E6011-X	高纤维素钾型		交流或直流反接
E6013-X	高钛钾型		交流或直流正、反接
E6015-X	低氢钠型		直流反接
E6016-X	低氢钾型		交流或直流反接
E6018-X	铁粉低氢型		
E70 系列—熔敷金属抗拉强度≥70kgf/mm²(690MPa)			
E7010-X	高纤维素钠型	平、立、横、仰	直流反接
ET010-X	高纤维素钾型		交流或直流反接
E7013-X	高钛钾型		交流或直流正、反接
E7015-X	低氢钠型		
E7016-X	低氢钾型		交流或直流反接
E7018-X	铁粉低氢型		
E75 系列—熔敷金属抗拉强度≥75kgf/mm²(740MPa)			
E7515-X	低氢钠型	平、立、横、仰	直流反接
E7516-X	低氢钾型		交流或直流反接
E7518-X	铁粉低氢型		
E85 系列—熔敷金属抗拉强度≥85kgf/mm²(830MPa)			
E8515-X	低氢钠型	平、立、横,仰	直流反接
E8516-X	低氢钾型		交流或直流反接
E8518-X	铁粉低氢型		

注：后缀字母 x 代表熔敷金属分类化学成分代号 A_1，B_1 等；焊接位置栏中文字含义：平——平焊，立——立焊，横——横焊，仰——仰焊，平角焊——水平角焊，立向下——立向下焊；直径不大于 4.0mm 的 E××15—X、E××16—X、E××18—X 型焊条及直径不大于 5.0mm 的其他型号焊条可适用于立焊和仰焊。

3）焊条型号的划分

按《不锈钢焊条》（GB 983—85）的规定，不锈钢焊条型号根据熔敷金属的化学成分、力学性能、焊条药皮类型和焊接电流种类划分。其型号编制方法是：

字母“E”表示焊条。

E后面的一位或二位数字表示熔敷金属含碳量，具体含义“00”表示碳量不大于0.04%；“0”表示含碳量不大于0.10%；“1”表示含碳量不大于0.15%；“2”表示含碳量不大于0.20%；“3”表示含碳量不大于0.45%。

含碳量数字后面的数字分别表示熔敷金属中铬、镍含量的近似百分数。并以短线“—”与表示含碳量的数字分开。

若熔敷金属中含有其他重要合金元素，当元素平均含量低于1.5%时，型号中只标明元素符号，而不标注具体含量；当元素平均含量等于或大于1.5%、2.5%、3.5%…时，一般在元素符号后面相应标注2、3、4…数字。

在焊条后面附加有后缀“15、16”则表示焊条药皮类型及焊接电流种类。后缀15表示焊条药皮为碱性，适用于直流反接焊接，后缀16表示焊条药皮为碱性或其他类型，适用于交流或直流反接焊接。

不锈钢焊条型号的编制举例如下：

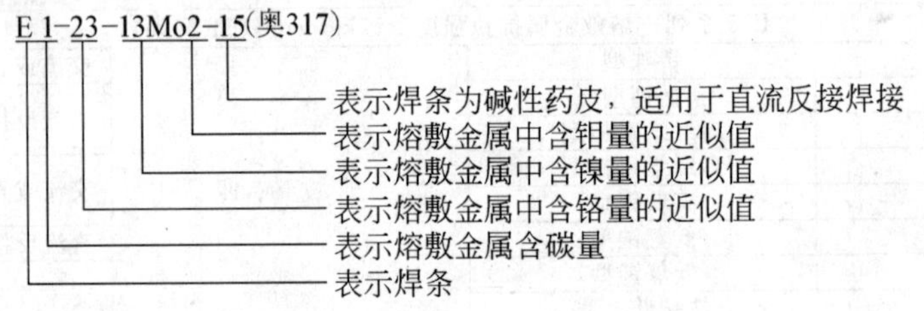

（2）焊条牌号的划分

焊条牌号是根据焊条主要用途及性能特点来命名的。焊条牌号通常以一个汉语拼音字母（或汉字）与三位数字组成，拼音字母（或汉字）表示焊条各大类，后面的三位数字中，前二位数字表示各大类中的小类。第三位数字表示焊条药皮类型及焊接电源。焊条型号与结构钢焊条牌号的对应关系见表5-8。

各类焊条牌号编制方法举例如下：

1）结构钢焊条牌号举例：

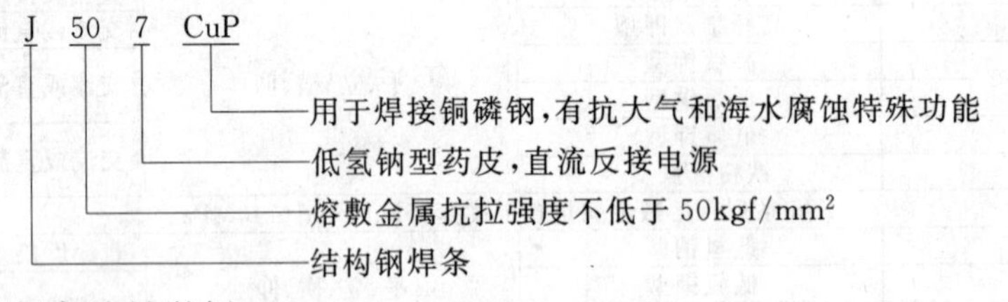

2）不锈钢焊条牌号举例：

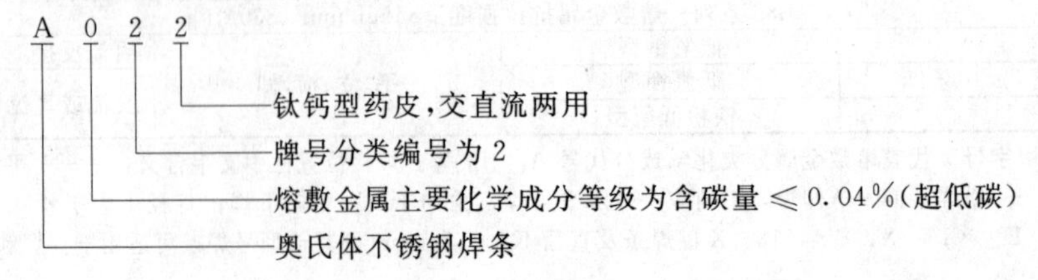

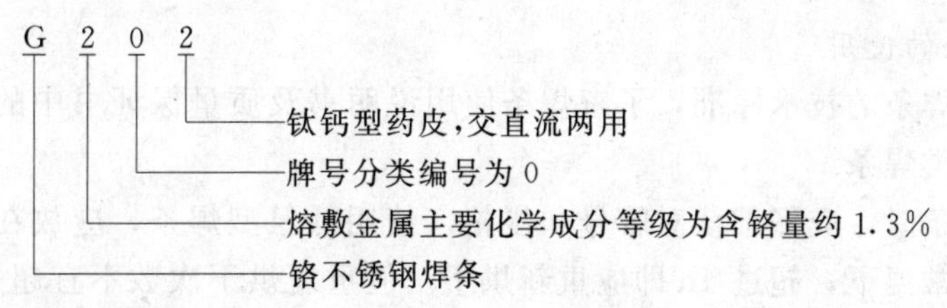

3）有色金属焊条牌号举例：

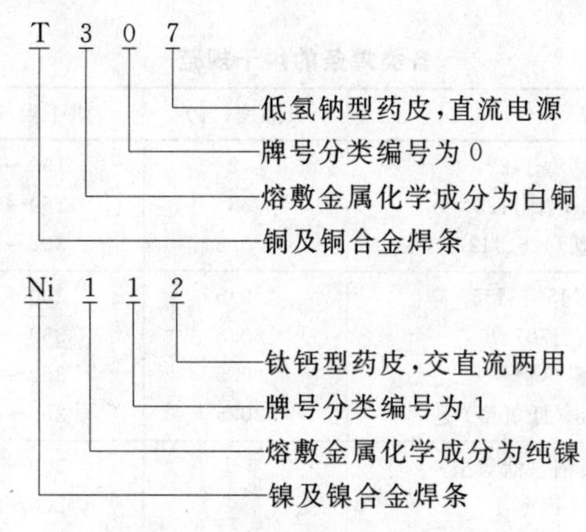

焊条型号与结构钢焊条牌号对照表 **表5-8**

焊条型号	焊条牌号	焊条型号	焊条牌号	焊条型号	焊条牌号
E4300	J420G	E4315	J427Ni	E5003G	J502CrNiCu
E4301	J423	E4316	J426	E5011	J505
E4303	J422	E4320	J424		J505MoD
	J422GM			E5015	J507
	J422CrCu				J507H
	J422Fe	E4324	J421Fe13		J507XG
E4311	J425	E4327	J424Fe14		J507X
E4313	J421	E5001	J503		J507DF
	J421X	E5003	J502	E5015-G	J507R
	J421Fe		J502Fe		J507GR
E4315	J427	E5003G	J502NiCu		J507RH
E4323	J422Fe13	E5003G	J502WCu		J501Fe18
	J507NiCu	E5016-1	J506H	E5028	J506Fe16
	J507D	E5016-G	J506G		J506Fe18
	J507Mo		J506RH	E5501-G	J553
	J507MoNb		J506NiCu	E5515-G	J557
	J507MoW	J506WCu			J557Mo
	J507CrNi	E5018	J1506Fe		J557MoV
	J507CuP	E5018-1	J506Fe-1	E5516-G	J556
	J507NiCuP	E5018-G	J507FeNi		J556RH
	J507MoWNbB	E5018	J507Fe	E6015-D1	J607
	J506	E5023	J502Fe15	E6015-G	J607RH
E5016	J506X	E5023	J502Fe16	E6016-D1	J606
	J506D	E5024	J501Fe15	E7015-D2	J707
	J506DF		J501218	E7015-G	J707Ni
	J506GM	E5027	J504Fe		J707RH
	J506LMA		J504Fe14		J707NiW

2.1.5 焊条的使用

焊工应熟悉焊条的技术标准，了解焊条使用说明书及质量保证书中的各项指标内容，以便合理选用各类焊条。

焊工领用焊条时，应仔细核对牌号和规格。使用低氢型焊条，应放在焊条保温筒内，一般低氢焊条在常温下，超过4h即应重新烘干。但重复烘干次数不宜超过三次。各类焊条的烘干规范列于表5-9。

各类焊条的烘干规范 **表5-9**

电焊条类型及牌号		吸潮度(%)	烘干温度(℃)	保温时间(min)
低碳钢	钛钙型J422 钛铁矿型J423 低氢型J426、J427	≥2 ≥3 ≥0.5	150～200 150～200 300～350	30～60 30～60 30～60
高强度钢 耐热钢 低温钢	高强度钢J507、J557等 J607、J707等 耐热钢 低温钢(低氢型)	≥0.5 ≥0.5 ≥0.5 ≥0.5	300～400 350～450 350～400 350～400	30～60 60 60 60
不锈钢	铬不锈钢 低氢型 钛钙型 奥氏体不锈钢 低氢型 钛钙型	≥1	300～350 200～250 200～300 150～200	30～60 30～60 30～60 30～60
堆焊	钛钙型 低碳钢芯 低氢型 合金钢芯 低氢型	≥2 ≥0.5 ≥1	150～250 300～350 150～250	30～60 30～60 30～60
铸铁	石墨型Z308等 低氢型Z116等	≥1.5 ≥0.5	70～120 300～350	30～60 30～60
铜、镍及其合金	低氢型 钛钙型 墨型	≥1	300～350 200～250 120～150	30～60 30～60 30

2.1.6 装饰金属材料焊接常用焊条的特点及用途

(1) 铝及铝合金焊条

电弧焊焊接铝及铝合金时，常出现金属氧化，元素烧损，以及出现气孔、裂纹等缺陷。为避免这些缺陷的产生，在施焊过程中应注意以下几点。

1) 由于焊条的药皮主要由碱金属和碱土金属的氯化盐和氟化盐组成，电弧稳定性差，飞溅大，极易吸潮，所以在使用前应经150℃左右烘焙1～2h。存放在焊条保温筒内使用，以免受潮药皮锈蚀、变质。

2) 施焊前坡口应用化学清洗法或机械法清理干净。

3) 铝在高温时强度很低，焊接时焊缝金属容易下塌，为确保焊透而又不致塌陷，最好背面采用垫板。垫板材料可以用石墨、不锈钢及碳钢等。垫板中间表面焊缝处应开圆形槽，以利于焊缝的背面成形。

4) 采用直流电源，焊条接正极。焊接时采用短弧，焊条不做横向摆动，并垂直于焊件表面。由于焊条熔化速度快，焊接速度约比碳钢焊条快3倍左右，更换焊条时必须快速进行。

5）焊后必须及时用蒸汽或热水洗刷残留的熔渣，以免产生腐蚀。

常用铝及铝合金焊条牌号及用途列于表5-10。

常用铝及铝合金焊条牌号及主要用途　　表5-10

焊条牌号	国标型号	焊缝主要成分%	主要用途
L109	TAl-9	Al～99	焊接纯铝、纯铝容器
L209	TAlSi-9	Si4.5～6 Cu≤0.3 Al余量	焊接纯铝、硅铝铸件、铝及合金锻件、硬铝，但不宜焊铝镁合金
L309	TAlMn-9	Mn1.0～1.6 Si≥0.5 Al余量 Mg～5	用于焊接铝锰合金、纯铝及铝合金
L409		Al余量	用于焊接铝镁合金

（2）不锈钢焊条

不锈钢电焊条又分为铬不锈钢和铬镍不锈钢两类。

1）铬不锈钢焊条　铬不锈钢焊条主要用于铬不锈钢的焊接。常用铬不锈钢焊条及主要用途见表5-11。

常用铬不锈钢焊条牌号及主要用途　　表5-11

焊条牌号	国标型号	药皮类型	焊接电源	主要用途
G202	E1-13-16	钛钙型	交直流	焊接0Cr13,1Cr13钢及耐磨、腐蚀表面的堆焊
G207	E1-13-15	低氢型	直流	
G302	E0-17-16	钛钙型	交直流	焊接Cr17不锈钢
G307	E0-17-15	低氢型	直流	
G217	相当E1-13-1-15	低氢型	直流	焊接0Cr13、1Cr13、2Cr13和耐磨耐蚀表面的堆焊

2）奥氏体不锈钢焊条　奥氏体不锈钢焊条除用于焊接相应的奥氏体不锈钢外，还作为复合钢、异种钢、淬火倾向大的碳钢和高铬钢的焊接。使用奥氏体不锈钢焊条时，需注意以下几点。

（a）由于不锈钢焊芯的电阻大，交流电源比直流电源焊接时容易发红，故应尽可能的采用直流电源焊接。钛钙型焊条宜焊接薄板，低氢型焊条则可焊接中、大厚度的焊件。

（b）不锈钢焊条不宜多次重复烘干，否则容易造成药皮脱落。焊条要保持干净，切勿沾上油污和其他脏物，以免影响焊接质量。

（c）为防止由于加热时间太长而引起晶间腐蚀，焊接时应选用小电流、短弧焊接，层间温度不能过高，并建议采用窄焊道、多层焊接。

奥氏体不锈钢焊条牌号及主要性能见表5-12。

由于奥氏体不锈钢焊条的品种繁多，为了便于焊工在使用过程中的管理和识别，在焊条尾部一般都涂有规定的颜色标记，见表5-13。

（3）铜及铜合金焊条

铜及其合金焊条在使用时应注意以下几点。

1）铜的导热性非常好，焊接时对母材需要进行预热，并选用较大的焊接电流。

奥氏体不锈钢焊条牌号及主要用途 表 5-12

焊条牌号	国标型号	药皮类型	焊接电源	主 要 用 途
A002	E00-19-10-16	钛钙型	交直流	焊接超低碳 Cr19Ni11 或 0Cr19Ni10 不锈钢、如合成纤维、化肥、石油等设备
A022	E00-18-12M02-16	钛钙型	交直流	焊接尿素、合成纤维设备
A032	E00-19-13M02Cu2-16	钛钙型	交直流	在稀、中浓硫酸介质的超低碳不锈钢设备
A042	E0023-13M02-16			焊接尿素塔衬板（A151316）及堆焊超低碳不锈钢
A062	E00-23-13-16	钛钙型	交直流	焊石油、化工设备的同类不锈钢及异种钢
A102	E19-10-16			焊接工作温度低于 300℃ 的 0Cr19Ni9
A107	E0-19-10-15	低氢型	直流	及 0Cr19Ni11Ti 的不锈钢
A132	E0-19-10Nb-16	钛钙型	交直流	焊接 0Cr19Ni11Ti 不锈钢设备
A137	E0-19-10Nb-15	低氢型	直流	焊接 0Cr19Ni11Ti 重要不锈钢设备
A202	E0-18-12M02-16	钛钙型	交直流	焊接 0Cr17Ni12M02 不锈钢结构如在有机、无机酸
A207	E0-18-12M02-15	低氢型	直流	介质的设备
A212	E0-18-12M02Nb-16	钛钙型	交直流	焊接重要的 0Cr17Ni12M02 不锈钢设备如尿素设备等
A302	E1-23-13-16	钛钙型	交直流	焊接同类型不锈钢或异种钢
A307	E1-23-13-15	低氢型	直流	
A312	E1-23-13M02-16	钛钙型	交直流	焊接耐硫酸介质的不锈结构钢
A402	E2-26-21-16			焊接高温耐热不锈钢及 Cr5Mo、Cr9Mo、Cr13 等也
A407	E2-26-21-15	低氢型	直流	可用于异种钢
A412	E1-26-21M02-16	钛钙型	交直流	焊接高温条件下耐热不锈钢及异种钢
A423	E3-26-21-16	钛钙型	交直流	焊接 HK-40 耐热不锈钢
A502	E1-16-25M06N-16			焊接淬火状态的低合金或中合金钢，如 30 锰硅等
A507	E1-16-25M06N-15	低氢型	直流	
A607	E2-16-35M03 Mn4W3Nb-15	低氢型	直流	用于 850～900℃ 下工作的耐热不锈钢，如 Cr20Ni32B、Cr18Ni37 等

不锈钢焊条的颜色标记 表 5-13

牌 号	焊条端部色别	牌 号	焊条端部色别	牌 号	焊条端部色别
A002	中绿	A112	无色	A402	黑色
A102		A212	紫红	A407	
A107		A222	棕色	A412	天蓝
A132	中黄	A237	粉色	A502	银白
A137		A242	中蓝	A507	
A022	大红	A302	白色	A707	深灰
A202		A307		A802	橘红
A207		A312	浅灰		

2）焊接现场应通风良好，或采取通风措施，以防止铜中毒。

3）为防止铜在焊接热过程的晶粒粗大，要对焊缝进行锤击，消除残余应力，细化晶粒。常用铜及铜合金焊条牌号及用途列于表 5-14。

常用铜及铜合金焊条牌号及用途 表 5-14

焊条牌号	标准型号	主要化学成分%	主 要 用 途
T107	TCu	Si<0.5 Mn<0.5 Cu>99	紫铜、脱氧铜的焊接
T207	TCuSi	Si2.4～4.0 Mn≤1.5 Sn≤1.5 Cu 余量	紫铜、黄铜、磷青铜及铸铁补焊
T227	TCuSh-7	Sn7.9～9.0 P0.03～0.3	紫铜及异种材料焊接
T237	TCuAl-7	Al7～9 Mn≤2.0 Si≤1.0	铝青铜焊接及补焊铸铁
T247	TCuAlMn-7		焊接高锰铝青铜

（4）结构钢焊条

选用结构钢焊条时，首先根据母材的抗拉强度等级，按“等级”原则选用同等级的结构钢焊条。其次，对于焊缝性能，对要求高的重要构件或容易产生裂纹的钢材和构件，如厚度大、刚性强、施焊环境温度低等，焊接时应选用碱性焊条或超低氢、高韧性焊条。

常用的结构钢焊条牌号和主要用途可参见表 5-15。

常用的结构钢焊条牌号和主要用途 **表 5-15**

焊条牌号	国标型号	药皮类型	焊接电源	主要用途
J422	E4303	钛钙型	交直流	焊接低碳钢结构合同等级的低合金钢
J422Fe				焊接较重要的低碳结构钢高效率焊条
J422Fe13	E4323	陕粉钛钙型		
J426	E4316	低氢钾型		焊接重要的低碳钢及某些低合金钢如 Q235、20R、20g 等
J427	E4315	低氢钠型	直流	
J427Ni				
J502	E5003	钛钙型	交直流	焊接 16Mn 及同等级低合金钢的一般结构
J502Fe				
J506	E5016	低氢钾型		焊接中碳钢及重要的低合金钢结构如 16Mn 等
J507	E5015	低氢钠型	直流	焊接中碳钢及 16Mn 等重要的低合金钢结构
J507H				
J507R	E5015-G			用于压力容器的焊接
J557	E5515-G	低氢钠型	直流	焊接中碳钢及相应强度的低合金钢结构如 25MnTi、15MnV 等
J557Mo				
J556-RH	E5016-G	低氢钾型	交直流	用于海上平台、船舶和压力容器等低合金钢结构
J606	E6016-D1			用于焊接中碳钢及低合金钢结构如 15MnVN 等
J607	E6015-D1	低氢钠型	直流	
J607Ni	E6015-G	低氢钠型	直流	焊接相应强度等级并有再热裂纹倾向的结构
J607RH				用于焊接压力容器、桥梁、海洋结构，如 CF60 钢等
J707	E7015-D2	低氢钠型	直流	焊接相应强度等级的低合金钢重要结构，如 18MnMoNb 等
J757	E7517-G	低氢钠型	直流	焊接同等级低合金钢结构，如 14MnMoNbB 等
J757Ni				
J857	E8515-G			焊接同强度等级低合金钢重要结构，如 30CrMo 等
J107				焊接同强度等级低合金钢重要结构，如 30CrMnSi 等

2.2 焊 丝

在焊接时作为填充焊缝的金属丝、同时也作为导电的金属称为焊丝。

焊丝按其化学成分可分为：焊接用焊丝、硬质合金堆焊丝、铜及铜合金焊丝、铝及铝合金焊丝等；若按其适用的焊接方法，可分为埋弧焊丝、CO_2 焊丝、氩弧焊丝、电渣焊丝及自保护焊丝等。

焊丝牌号的编制方法是：

1）结构钢焊丝牌号的第一个字母“H”表示焊接用实芯焊丝；

2）“H”后面的一位数字或两位数字表示含碳量；

3）化学符号及其后面的数字表示该元素大致含量的百分值。合金元素含量小于 1% 时，该合金元素化学符号的数字省略。

4）在结构钢焊丝牌号尾部标有“A”或“E”时，“A”表示为优质品，说明该焊丝的硫、磷含量比普通焊丝低；“E”表示为高级优质品，其硫、磷含量更低。例如：

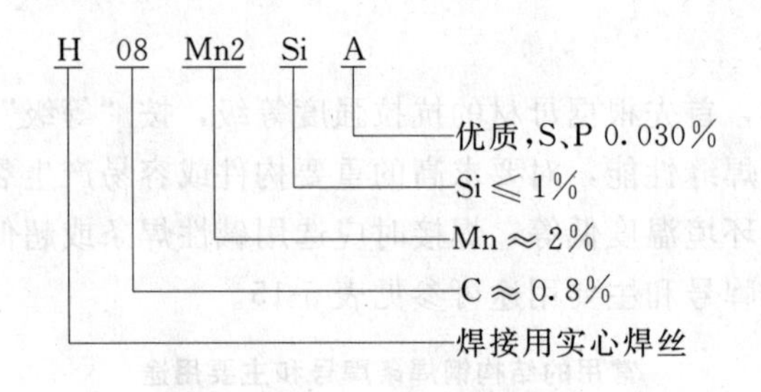

2.3 其他焊接材料

2.3.1 焊接用气体

（1）焊接用气瓶颜色表示含义见表 5-16。

气瓶涂色表示方法 **表 5-16**

气瓶名称	外表面颜色	字样	字色	横条颜色
氧气瓶	天蓝	氧	黑	
氢气瓶	深绿	氢	红	红
氮气瓶	黑	氮	黄	棕
氩气瓶	灰	氩	绿	
二氧化碳气瓶	黑	二氧化碳	白	
乙炔气瓶	白	乙炔	红	
压缩空气	黑	压缩空气	白	

（2）焊接用气体性质及用途见表 5-17。

焊接用气体性质及用途 **表 5-17**

名称	纯度不小于%	主要性质	用途
氧	一级 99.2 二级 98.5	无色、无味、助燃，能与多种元素化合，焊接时使金属氧化	与可燃气体混合燃烧，用来焊接或切割
氩	焊钢 99.7 焊铝 99.9 焊钛 99.99	无色惰性气体，高温下均不与其他元素起化合作用	作为氩弧焊、等离子弧焊和切割的保护气体
氦	99.6	惰性气体，与氩相似	用于气体保护焊，氦弧焊适用于自砂焊
二氧化碳	99.5	化学性稳定，不燃烧，高温时分解成 CO 和 O_2，对金属有氧化性	可做保护气体，也可与氩混合作气体保护焊
氮	99.7	化学性不活泼，高温时与锂、镁、钛元素化合，对铜不起反应	常用于等离子切割、气体保护焊时作为外层保护气体

2.3.2 防飞溅用涂料

焊接时产生的飞溅，常常容易粘结在焊缝两侧的金属材料上，尤其是焊接不锈钢材料的焊件，飞溅与焊件粘结较牢固，不易清除。对此，可先在待焊的焊缝两侧涂上一层防止飞溅粘结的涂料，使焊接过程中产生的飞溅金属不易粘到母材上，且易于清除。

防止飞溅涂料的配方如下：

石英沙 30%；水玻璃 40%；白垩粉 30%。

2.4 常用装饰金属焊接材料选用原则

电焊工在选用焊条时应遵循以下原则。

(1) 根据被焊的金属材料等级选用。同种钢材按强度等级选用能满足材料力学性能要求的。例如，焊接碳钢或普通低合金钢时，应选用结构钢焊条。

(2) 异种钢、复合钢焊接时，应按强度等级低的一侧选用；对于易产生裂纹的钢材或构件（大厚度、刚性大、施焊环境温度低等），应选用碱性焊条，甚至超低氢焊条、高韧性焊条。

(3) 选用不锈钢及钼和铬钼耐热钢焊条时，应根据母材化学成分选择相同类型的焊条。

(4) 补焊铸铁时，要按铸件是否切削加工及修补后的使用要求来选择。如灰口铸铁补焊后不要求加工，可选用铸 208、铸 607 焊条；若表面需要加工，可选用铸 408、铸 308 等。

(5) 不锈钢复合板的焊接，可选用基层、过渡层、复层三种焊条。一般复合钢板的基层不接触腐蚀介质，常用低碳钢和低合金钢，可选用相同等级的结构钢焊条；过渡层处于两种不同材质的交界处，应选用含铬镍比复合钢板高，塑性、抗裂性较好的奥氏体不锈钢焊条。

课题 3 焊接设备

在装饰金属加工中常用的焊接设备为电焊机、火焰焊接设备。在特殊条件是也用其他焊接设备。

3.1 电焊机

(1) 电焊机的分类

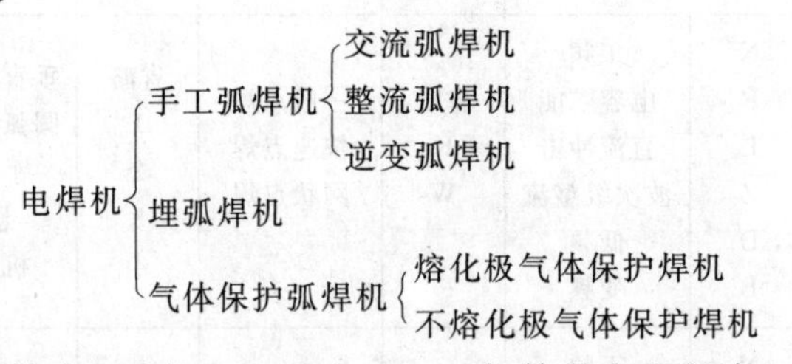

(2) 电焊机型号（摘自 GB/T 10249—1988）与符号含义见表 5-18。

电焊机型号代表字母 表 5-18

序号	第一字位		第二字位		第三字位		第四字位		第五字位	
	代表字母	大类名称	代表字母	小类名称	代表字母	附注特征	代表字母	系列序号	代表字母	本规格
1	A	弧焊发电机	X P D	下降特性 平特性 多特性	省略 D Q C T H	电动机驱动 单弧焊发电机 汽油驱动 柴油驱动 拖拉机驱动 汽车驱动	省略 1 2	直流 直流发电整流 交流	A	额定焊接电流

续表

序号	第一字位		第二字位		第三字位		第四字位		第五字位	
	代表字母	大类名称	代表字母	小类名称	代表字母	附注特征	代表字母	系列序号	代表字母	本规格
2	Z	弧焊整流器	X P D	下降特性 平特性 多特性	省略 M l E	一般电源 脉冲电源 高空载电压 交直流两用	省略 1 2 3 4 5 6 7	磁放大器或饱和电抗器式 动铁芯式 动线圈式 晶体管式 晶闸管式 交换抽头式 变频式	A	额定焊接电流
3	B	弧焊变压器	X P	下降特性 平特性	L	高空载电压	省略 1 2 3 4 5 6	磁放大器或饱和电抗式 动铁芯式 串联电抗式 动圈式 晶闸管式 变换抽头式	A	额定焊接电流
4	M	埋弧焊机	Z B U D	自动焊半 自动焊堆 焊多用	省略 J E M	直流 交流 交直流脉冲	省略 1 2 3 4	焊车式 横臂式 机床式 焊头悬挂式	A	额定焊接电流
5	H	电渣焊机	S B D R	丝极 板极 多用 熔嘴					A	额定焊接电流
6	D	点焊机	N R L Z D B	工频 电容贮能 直流冲击 波次级整流 低频 变频	省略 K W	一般点焊 快速点焊 网状点焊	省略 1 2 3 4	垂直运动式 圆弧运动式 手提式 悬式 机器人	kVA J kVA	额定容量 最大贮能量 额定容量
7	T	凸焊机	N R J Z D B	工频 电容贮能 直流冲击 波次级整流 低频 变频	省略		省略	垂直运动式	kVA J	额定容量 最大贮能量
8	F	缝焊机	N R J Z D B	工频 电容贮能 直流冲击 波次级整流 低频 变频	省略 Y P	一般缝焊 挤压缝焊 垫片缝焊	省略 1 2 3	垂直运动式 圆弧运动式 手提式 悬挂式	kVA J	额定容量 最大贮能量

续表

序号	第一字位		第二字位		第三字位		第四字位		第五字位	
	代表字母	大类名称	代表字母	小类名称	代表字母	附注特征	代表字母	系列序号	代表字母	本规格
9	U	对焊机	N R J Z D B	工频 电容贮能 直流冲击 波次级整流 低频 变频	省略 B Y G C T	一般对焊 薄板对焊异型 截面对焊 钢窗闪光对焊 自行车圈对焊 链条对焊	省略 1 2 3	固定式 弹簧加压式 杠杆加压式 悬挂式	kVA J	额定容量 最大贮能量
10	E	电子束焊枪	Z D B W	高真空 低真空 局部真空 真空外	省略 Y	静电式 移动式	省略 1	二极枪 三极枪	kV mA	加速电压 电子束流
11	P	高频焊机	省略 G	接触加热 感应加热					kVA	振荡功率
12	Q	钎焊机	省略 Z	电阻钎焊 真空钎焊					kVA	额定容量

3.2 电弧焊机

电弧焊机是产生电弧以供给热量熔化金属，达到焊接目的的设备。

电弧焊机按输出电流种类可分成交流弧焊机、直流弧焊机、脉冲弧焊机和逆变弧焊机等。

3.2.1 交流弧焊机

交流弧焊机也称弧焊变压器，它是电弧焊电流的一种应用较早的形式，以交流电形式向焊接电弧输送电能的设备。弧焊变压器实际上是一台具有一定特性的变压器，其主要特征是在等效次级回路中增加阻抗，获得电压的外部特性，以满足焊接工艺的要求。

常用弧焊变压器主要技术数据及用途见表 5-19。

常用弧焊变压器主要技术数据及用途 **表 5-19**

型　号	输入容量(kVA)	初级电压(V)	次级电压(V)	电流调节范围(A)	负载持续率(%)	主　要　用　途
BX1-300	24	380	76	50～300	40	手工电弧焊,用于φ3.2～6mm 焊条
BX1-500	39.5	220/380	77	100～500	60	手工电弧焊,用于φ3.2～6mm 焊条焊大型工件
BX21000	76	380	69～78	400～1200	60	做自动焊或半自动焊电源
BX3-120	7 或 9	220/380	70～75	20～160	60	农机修理及手工焊薄板
BX3-400	28	380	80～90	60～500	60	可做交流手工氩弧焊电源
BP1-3X1000	160	380	3.8～53.4	可达 1000	60	电渣焊专用电源
BP3X500	122	380	70	35～210	60	供 12 个手工电弧焊集中使用
BX1-300	24	380	76	50～300	40	手工电弧焊,用于φ3.2～6mm 焊条
BX1-500	39.5	220/380	77	100～500	60	手工电弧焊,用于φ3.2～6mm 焊条焊大型工件
BX21000	76	380	69～78	400～1200	60	做自动焊或半自动焊电源
BX3-120	7 或 9	220/380	70～75	20～160	60	农机修理及手工焊薄板
BX3-400	28	380	80～90	60～500	60	可作交流手工氩弧焊电源
BP1-3X1000	160	380	3.8～53.4	可达 1000	60	电渣焊专用电源
BP3X500	122	380	70	35～210	60	供 12 个手工电弧焊集中使用

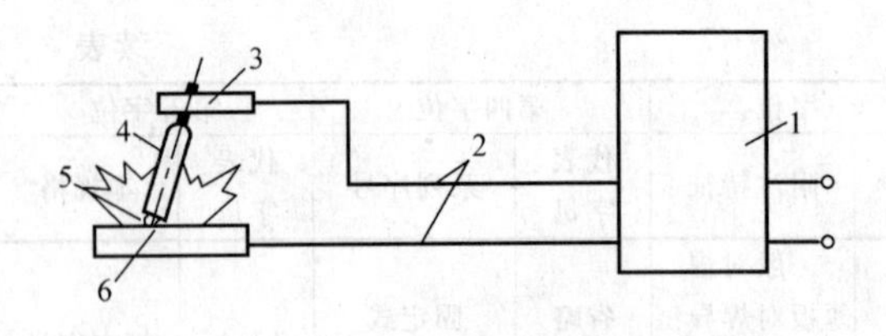

图 5-5 电弧焊电路系统图

1—电焊机；2—电缆；3—焊钳；4—焊条；5—电弧；6—工件

3.2.2 电弧焊常用的机具

(1) 电弧焊的电路系统

电弧焊的电路系统主要是由电焊机、电焊电缆、电焊把钳、电焊条、电弧和被焊件组成的电气回路（图 5-5）。

(2) 焊接电缆

焊接电缆是为传导电流用的导线，共有两根，分别由焊机的二次线圈引出，一根接至电焊把钳上（俗称把线），一根接至被焊件上（俗称地线）。把线为多股铜芯橡胶软电缆，通常使用的电缆截面积为 $50mm^2$，地线采用铝芯多股电缆。

(3) 电焊把钳

电焊把钳俗称焊把，是用来夹持电焊条和传导电流用的一种必备的焊接工具。常用的为 G-352 型电焊把钳，其最大安全电流为 300A，适用于直径为 $\phi2\sim\phi5$mm 电焊条的焊接。

(4) 面罩

面罩是用来防护电弧光对焊工面部灼伤和金属飞溅烫伤的工具，它是用轻而坚韧的深褐色或暗红色纤维板加工制成的，形式有头戴式（或盔式）和手拿式（盾式）两种。

(5) 黑玻璃

黑玻璃又叫护目玻璃，是使焊工眼睛免遭强烈弧光及有害射线伤害的防护用品。使用时，可直接卡在面罩的观察窗上，但应在其两面各加一块白玻璃，以延长黑玻璃的使用寿命。

黑玻璃色号的选择一般可根据焊工的年纪、视力和环境的明暗确定，年轻、视力好的焊工或在光线强的处所可选用较深的；年老、视力差的焊工或在光线暗的处所可选用较浅的。黑玻璃的色号也可按使用电流的大小选择，见表 5-20。

表护目玻璃的色号及规格 **表 5-20**

色　号	适用焊接电流(A)	尺寸(mm×mm×mm)
7～8	<100	2×50×107
9～10	100～300	
11～12	>300	

3.2.3 BX1-330 型交流焊机的构造及工作原理

这种电焊机主要由固定铁芯、活动铁芯、一次线圈（或初级绕组）和二次线圈（或次级绕组）所组成（图 5-6）。

它是利用电磁感应原理，依靠改变漏磁的大小来增减电流强度进行工作的。当外部电源（380V 或 220V）接通供电时，焊机的一次线圈 1 带电而产生磁场，磁力线通过固定铁芯 6，形成磁的闭合回路。二次线圈 2、3 在磁场中感应出电流，通过引出导线和电焊电缆向电弧供电，这时又形成电的回路。

从其构造特点来看，次级线圈分成两组分别缠绕在固定铁芯的 a、b 两芯柱上，左侧的线圈 a 绕在初级线圈的外面，可起到建立电压的作用。右侧的线圈 b 相当于电感线圈，起到降压的作用，使焊机获得下降电压的外部特性，并能构成空载电压的一部分。

这种电焊机的空载电压（又叫引弧电压，是尚未引燃电弧时的电压）为 60～80V。焊

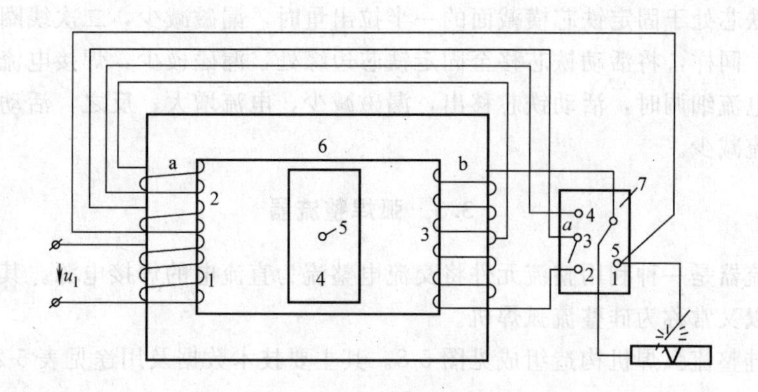

图 5-6 BX1-330 型焊机构造示意图

1—初级绕组；2、3—次级绕组；4—动铁芯；5—螺杆；

6—静铁芯；7—接线端子

接时的工作电压（或叫电弧电压，即电弧已经引燃）为 30V。

BX1-330 型焊机的电流调节范围为 50～450A。调节方法有粗调和细调两种。

(1) 焊接电流的粗调

采取倒换二次线圈引出线接线板上短路片的方法，按Ⅰ、Ⅱ两个挡次进行切换。Ⅰ挡的电流调节范围为 50～180A（即接线板上的 2、3 两个抽头用短路片接通）；Ⅱ挡（即 3、4 接通）为 160～450A。倒换的原则是按选用的电焊条直径和需用的焊接电流大小确定。

(2) 焊接电流的细调

它依靠改变活动铁芯，推进或拉出的位置，从而增减漏磁量的大小进行调节，见图 5-7。

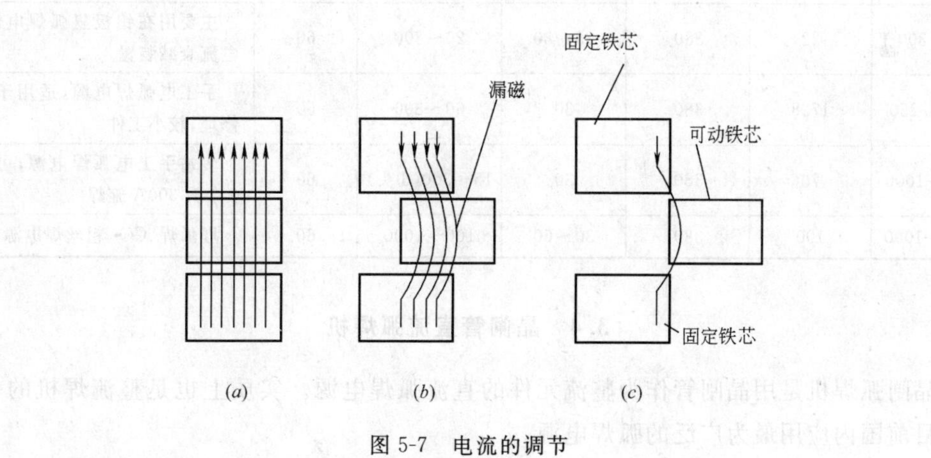

图 5-7 电流的调节

(a) 活动铁芯全部推进到固定铁芯内；(b) 活动铁芯拉出一半；

(c) 活动铁芯移到固定铁芯边缘

活动铁芯全部推进到固定铁芯内，固定铁芯中所通过的磁力线约有近 1/2（假设）由活动铁芯穿过，因为这部分磁力线对二次线圈没有做功（一般称之为漏磁），所以二次线圈所感应出来的电流较小。

当活动铁芯处于固定铁芯横截面的一半拉出量时，漏磁减少，二次线圈感应出来的电流也就增大。同样，将活动铁芯移至固定铁芯边缘处，漏磁极少，焊接电流可达最大值。

总之，电流细调时，活动铁芯移出，漏磁减少，电流增大；反之，活动铁芯推进，漏磁增大，电流减少。

3.3 弧焊整流器

弧焊整流器是一种利用整流元件将交流电整流为直流电的焊接电源。其整流元件多为硅元件，所以又常称为硅整流弧焊机。

典型的硅整流弧焊机构造组成见图 5-8。其主要技术数据及用途见表 5-21。

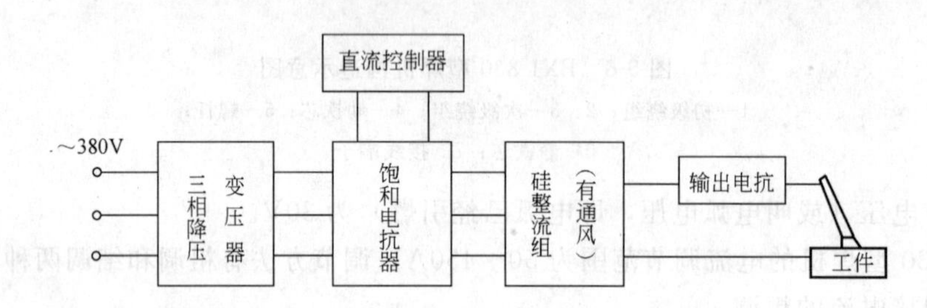

图 5-8 硅整流焊机组成方图

常见部分硅整流弧焊主要技术数据及用途 表 5-21

型　号	输入容量 kVA	初级电压 V	次级电压 V	电流调节范围 A	负载持续率%	主　要　用　途
ZXG-300	21	380	25～30	15～300	60	手工电弧焊电源，可用 ϕ3～6mm 焊条
ZXG-400	34.9	380	36	40～480	60	手工电弧焊电源，可用户 ϕ3～6mm 焊条
ZXG7-300-1	22	380	25～30	20～300	60	主要用在钨极氩弧焊电源，有电流衰减装置
ZXG1-250	17.8	380	30	60～300	60	手工电弧焊电源，适用于农机修理，较小工件
ZPG6-1000	70	380	30	15～300(6 头)	60	多站手工电弧焊电源，可同时6个头 300A 施焊
ZXG7-1000	100	380	30～60	100～1000	60	埋弧焊、CO_2 粗丝焊电源

3.4 晶闸管直流弧焊机

晶闸弧焊机是用晶闸管作为整流元件的直流弧焊电源。实质上也是整流焊机的一种，它是目前国内应用最为广泛的弧焊电源。

晶闸管整流焊机主要由主变压器、晶闸管整流器、直流电感和控制电路四部分组成，其电路原理见图 5-9。

晶闸管弧焊机与硅整流弧焊机相比较有如下优点：①构造简单并易获得电弧、吹力、推力等多种功能特性。②电流、电压调节范围大，可进行无级调节。③电源输入功率小，见表 5-22。

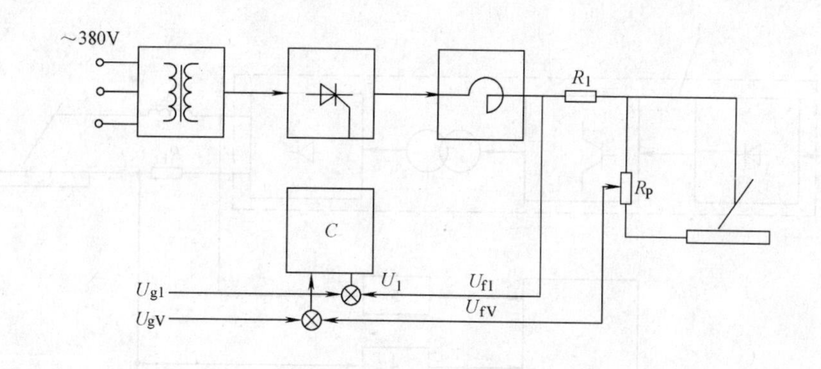

图 5-9 晶闸管弧焊机原理图

电源输入功率比较 **表 5-22**

额定焊接电流(A)	电流输入功率(kVA)		
	晶闸管弧焊机		硅整流弧焊机
	TIG 焊	手弧焊	
300	12	18	21.5
500	23	32	40

其常见典型晶闸管弧焊机的主要技术数据及用途见表 5-23。

常用晶闸管弧焊机的主要技术数据及用途 **表 5-23**

型 号	输入容量(kVA)	初级电压(V)	次级空载电压(V)	电流调节范围(A)	负载持续率(%)	主要用途
ZX5-400-1	24	380	73	20～400	60	用于各种材料手工电弧焊
ZX5-400	24	380	60	50～400	60	手工电弧焊
LHE-400	24	380	75	50～400	60	手工电弧焊
ZDK-500	36.4	380	77	50～600	80	手工电弧焊及等离子切割电源
ZX5-250	14	380	55	50～250	60	手工电弧焊小件焊接

3.5 逆变弧焊机

逆变焊机又称逆变弧焊电源、逆变整流器，它是弧焊电源的最新发展。

3.5.1 逆变弧焊机的构造及工作原理

把单相或三相的工频交流 50Hz 的网路交流电压输入整流器，整流、滤波后，获得直流，通过大功率电子开关的交替开关作用，又将直流变换成几千至几万赫兹的中频交流，再经中频变压器、电抗器降压至几十伏中频交流低压，经输出整流器整流、滤波后，变成适合焊接需要的直流电。这就是最常用的逆变制式，称为交流→直流→交流→直流制式，其构造及工作原理如图 5-10 所示。

逆变弧焊机主要由主电路（包括输入整流器、电抗器、大功率电子开关、中频变压器和输出整流器等）、外特性控制电路、电子控制电路、保护电路等组成。外特性控制，是借助大功率电子开关和闭路反馈电路来实现的。电子控制电路，能对焊接电压、电流进行无级调节。

3.5.2 逆变弧焊机的种类

逆变弧焊机的种类按它采用的电子元件划分，主要有快速晶闸管式和功率晶体管式、场效应管式、绝缘栅双极晶体管式等。

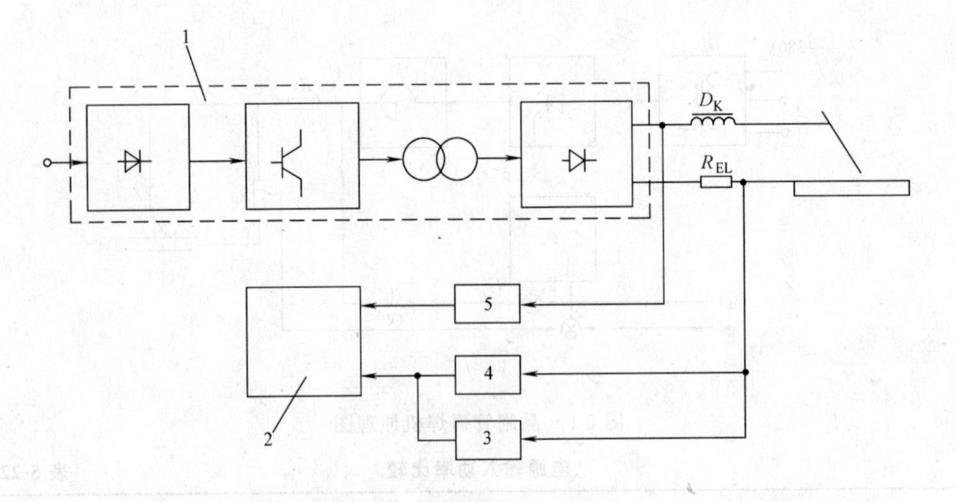

图 5-10 逆变弧焊机原理图

1—主电路；2—电子控制电路；3—外特性控制电路；4—电子电抗器；5—保护电路

国内目前实际应用的主要为双管单端正激式，见图 5-11。

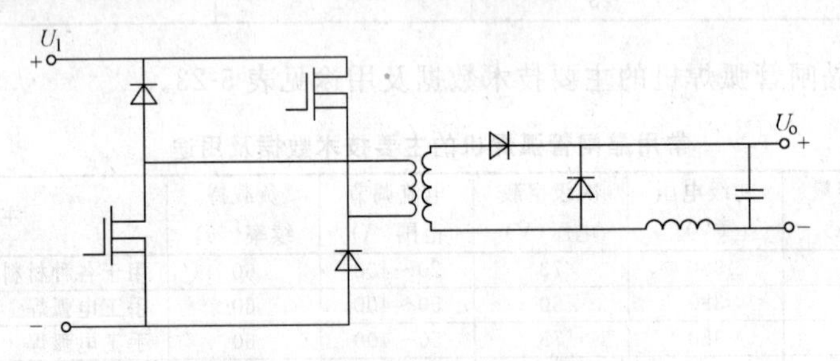

图 5-11 双管单端正激逆变器电路

半控桥整流式，见图 5-12，全控桥式整流，见图 5-13 等几种电路形式。

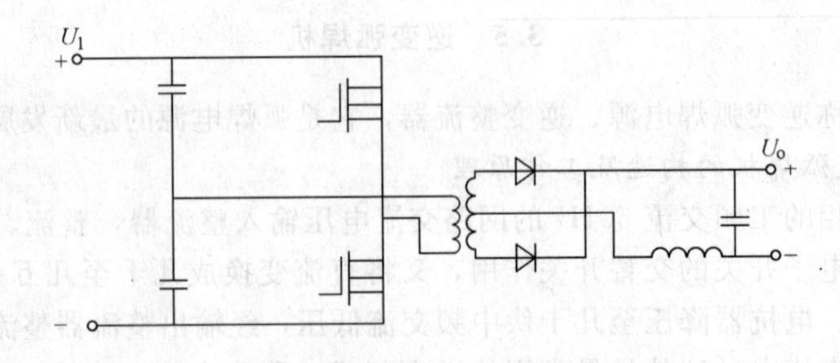

图 5-12 半桥逆变器电路

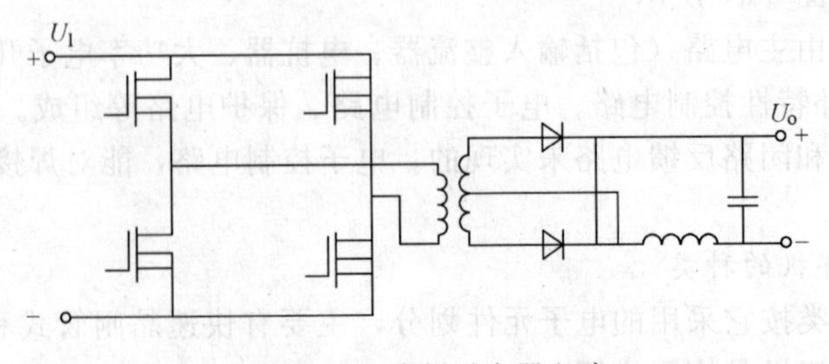

图 5-13 全桥逆变器电路

目前应用最多的为半桥串联谐振式，见图 5-14。

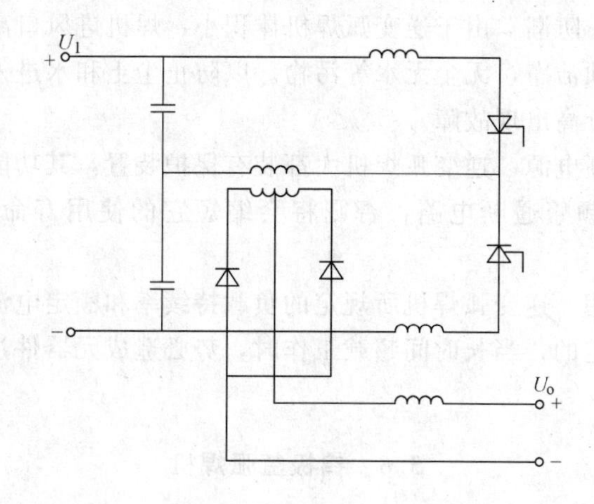

图 5-14 半桥串联谐振逆变器电路

3.5.3 逆变弧焊机的特点

逆变弧焊机与普通弧焊机相比较，具有如下特点：

(1) 逆变弧焊机高效节能 逆变焊机的效率可达 85%～90%；功率因数一般在 0.95～0.99 左右。空载时损耗极小。一台额定电流为 400A 的逆变焊机，空载时的损耗只有 100W 左右，节能效果显著。

(2) 动特性好、适应性强 从电气控制角度讲，动特性好就是焊机的动态响应快，也可以说是频率特性宽。

(3) 体积小、重量轻 逆变焊机采用的是中频降压变压器，其铁心的截面比普通焊机小几十倍，相应铜材（线圈）比例也下降。仅为整流器焊机的 1/7～1/6。

(4) 适用广泛 逆变弧焊机可用于手工电弧焊、各种气体保护焊（包括脉冲弧焊、半自动焊）、等离子弧焊、埋弧焊、管状焊丝电弧焊及等离子切割电源等多种焊接工艺。

常用国产逆变弧焊机主要技术性能见表 5-24。

常用国产逆变弧焊机主要技术性能及用途 表 5-24

型 号	输入容量 kVA	初级电压 V	次级空载电压 V	电流调节范围 A	负载持续率 %	主要用途
ZX7-315	12.4	380	70	10～315	60	手工电弧焊
ZX7-400-ST	14	380	75	40～400	60	手工电弧焊、不锈钢高合金等
LIS-160	7	220	56	5～160	60	用于手工焊、钨极氩弧焊较薄工件
LIS-400	14	380	75	25～400	60	手工焊、钨极氩弧焊
ZX7-250	9	380	70	50～300	60	手工焊

3.5.4 逆变弧焊机的使用与维护

(1) 逆变弧焊机的冷却 逆变弧焊机主要由电子元器件组成，为冷却这些元器件，一般焊机内都设有冷却风扇。目前，较多采用的是水平轴风冷。焊机内的电子元件、阻容元件等的温度时间常数一般均很小，当元器件温升高时，累计热疲劳后易出现故障或损坏，温度若超过限值，则会立即烧坏。因此，使用逆变弧焊机时，必须注意远离热源，通风良好。特别是焊机的进风口、出风口不准有障碍物，影响通风冷却效果。使用时要经常注意风机运转状态，一旦出现异常，需立即进行修理，正常后再使用。风机停转时不能使用。

（2）防尘、防腐、防潮　由于逆变弧焊机体积小，焊机进风口离地面较近。因此，逆变焊机放置的地方必须洁净，无尘无水等污物。以防止尘土和水进入焊机内，造成机内金属锈蚀，元器件温度升高出现故障。

（3）不要频繁通断电源　逆变弧焊机大都装有保护装置，其功能是起短路及过载保护作用，这些元件不宜频繁通断电路，否则将会缩短它的使用寿命，影响主电路的可靠使用。

（4）不要超载使用　逆变弧焊机所规定的负载持续率和额定电流值，是根据所采用的元器件所能承受值制定的，当长时间超载工作时，势必造成元器件过热疲劳，降低逆变弧焊机的使用寿命。

3.6　钨极氩弧焊机

手工钨极氩弧焊机主要由焊接电源、焊枪、引弧及稳弧装置气系统以及水冷却系统等几部分组成。其构造见图 5-15。

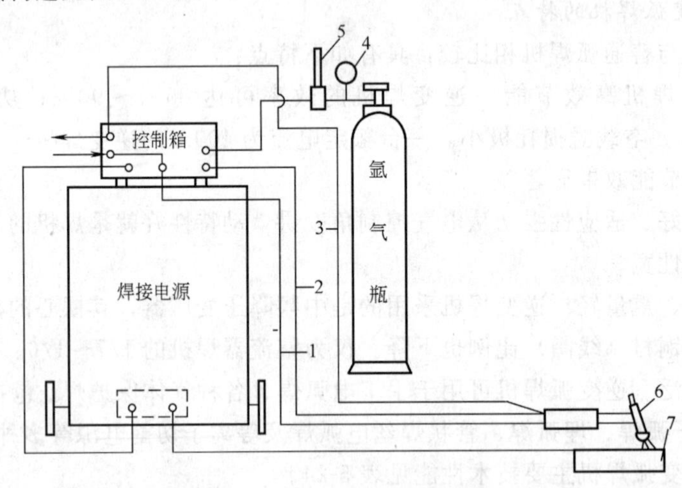

图 5-15　手工钨极氩弧焊机结构示意图

1—水冷却焊接电线；2—回水管；3—氩气管路；
4—氩气减压表；5—流量计；6—焊枪；7—工件

钨极氩弧焊机电源有交流和直流两种。直流电源主要用于碳钢、不锈钢、耐热钢、合金钢、紫铜及铜合金等材料的焊接；交流电源则用于铝及铝合金的焊接。

常用的国产钨极氩弧焊机主要技术性能列于表 5-25。

常用的国产钨极氩弧焊机主要技术性能　　表 5-25

型　号	NSA4-300	NSA2-300-1	NSA-500-1	NSA-400
输入电压(V)	380	380	380	380/220
空载电压(V)	72	70～80	80～88	76
电弧电压(V)	25～30	12～20	20	20
额定焊接电流(A)	300	300	500	400
负载持续率(%)	60	60	60	60
电流调节范围(A)	20～300	50～300	50～500	50～500

3.7 二氧化碳气体保护焊机

二氧化碳气体保护焊是熔化极气体保护焊的一种形式，它利用焊丝与工作之间产生的电弧来熔化金属，由 CO_2 气体作保护，采用焊丝作为填充金属。其构造形式见图 5-16。

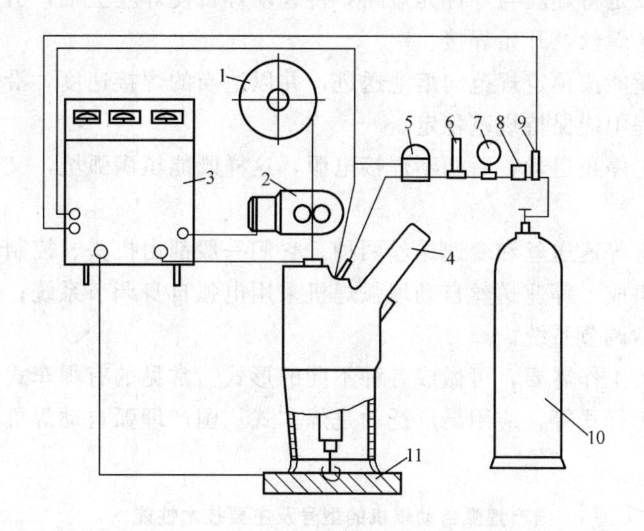

图 5-16 二氧化碳保护焊机结构示意图

1—焊丝；2—送丝机构；3—电源；4—焊枪；5—电磁气阀；
6—流量计；7—减压阀；8—干燥器；9—预热器；
10—二氧化碳气瓶；11—工件

二氧化碳气体保护焊机可分为自动焊和半自动焊两种。焊机主要由焊接电源、送丝机构、焊枪及行走机构（自动焊）、供气系统和水冷却等几部分组成。焊接电源一般为直流，可用整流式或逆变式。电源的外特性可分为：平特性（恒压）、陡降特性（恒流）和缓降特性三种。送丝机构将焊丝从焊丝盘推出送给焊枪，焊丝通过焊枪时，与铜导电嘴接触而带电，导电嘴通过焊丝将电流构成回路建立电弧。供气系统提供保护气体（CO_2）保护熔池。采用水冷焊枪时，则由水冷却系统提供冷却水。控制系统主要控制和调整焊接过程的程序。如开始、停止送丝、提前和滞后供气、冷却水开通、启动、停止焊接以及控制焊丝送给速度和焊车行走等。

常用国产 CO_2 气体保护焊机主要技术性能列于表 5-26。

常用国产 CO_2 气体保护焊机主要技术性能 表 5-26

焊机名称 / 型号	拉丝式半自动 CO_2 焊机	推丝式半自动 CO_2 焊机	管状焊丝推式 CO_2 焊机	推丝式半自动 CO_2 焊机	自动 CO_2 焊机
	NBC-200	NBC-1-250	NBG-400	NBC-1-5001	NZC-1000
输入电压 V	380	380	380	380	380
电弧电压 V	17～30	18～36	20～40	15～40	30～50
额定输入容量 kVA	5.4	9.2	34	37	100
负载持续率%	70	60	60	60	100
电流调节范围 A	40～200	70～250	70～500	50～500	200～1000
焊丝送给速度 M/h	90～540	120～720	120～600	120～480	60～228
焊丝直径 mm	0.5～1.0	1.0～1.2	2.4,2.8,3.2	1.2～2.0	3～5

3.8 埋弧自动焊机

为了完成焊接过程自动化，埋弧自动焊机应能自行完成以下动作。

（1）引弧　一般是将焊丝与焊件先短路，再起动焊机使焊丝上抽，引燃电弧，当电弧拉到一定长度后下送焊丝，开始焊接。

（2）焊接　焊丝能按预定规范向熔池送进，并以适当的焊接速度，沿焊接接缝移动进行焊接，在焊接过程中能保持规范稳定。

（3）熄弧　能先停止送丝，后切断焊接电源，这样既能填满弧坑，又不使焊丝与焊缝粘连。

埋弧自动焊机有等速送丝和变速送丝两种。它们一般都由机头、控制箱、导轨（或支架）以及焊接电源组成。等速送丝自动埋弧焊机采用电弧自身调节系统；变速自动埋弧焊机采用电弧电压自动调节系统。

埋弧自动焊机按工作需要，可做成各种不同的形式。常见的有焊车式、悬臂式、门架式、悬挂式、电磁爬行式等，应用最广泛的是焊车式。国产埋弧自动焊机的型号及主要技术性能列于表 5-27。

国产埋弧自动焊机的型号及主要技术性能　　**表 5-27**

技术规格 \ 型号	NZA-1000	MZ-1000	MZ1-1000	MZ2-1500	MZ3-500	MZ6-2-500
送丝方式	变速送丝	变速送丝	等速送丝	等速送丝	等速送丝	等速送丝
焊机结构特点	埋弧、明弧两用焊车	焊车	焊车	悬挂式自动机头	电磁爬行小车	焊车
焊接电流 A	200～1200	400～1200	200～1000	400～1500	180～600	200～600
焊丝直径 mm	3～5	3～6	1.6～5	3～6	1.6～2	1.6～2
送丝速度 cm/min	50～600（弧压反馈控制）	50～200（弧压 35V）	87～672	47.5～375	180～700	250～1000
焊接速度 cm/min	3.5/130	25～117	26.7～210	22.5～187	16.7～108	13.3～100
焊接电流种类	直流	直流或交流	直流或交流	直流或交流	直流或交流	交流
送丝速度调整方法	用电位器无级调速（用改变晶闸管导通角来改变电动机转速）	用电位器调整直流电动机转速	调换齿轮	调换齿轮	用自耦变压器无级调节直流电动机转速	用自耦变压器无级调节直流电动机转速

3.9 电弧焊机的使用维护及故障排除

电弧焊机的使用维护是保证安全生产和焊接效率、焊接质量的重要手段。因此，必须重视日常的焊机维护工作。同时，对于一个熟练的电焊工来说，也应该懂得自己所使用的焊机常见故障产生的原因，以及处理这些故障的基本方法，这对于提高焊工技术素质、焊接质量和焊接生产率都具有十分重要的意义。也是对焊工持证上岗的基本要求。

3.9.1 电弧焊机的使用维护

对焊机的合理使用和正确维护，能保持焊机的工作性能稳定和使用寿命，也能保证焊接正常运行。电焊机的维护应由电工和电焊工共同负责，电焊工在维护方面应做到以下几点。

(1) 电焊机应尽可能的放在通风良好又干燥的地方，不能靠近热源，并要放置平稳。对硅整流、晶闸管整流、逆变焊机等电子元件整流焊机，更应注意保护和冷却，严禁放在通风不良条件下进行焊接，以免损坏电子元件。

(2) 在使用新焊机或长时间闲置要启用的焊机时，应先仔细检查焊机有无损坏处，并按焊机说明书或有关技术要求进行检验。焊机初、次极的绝缘电阻分别在 0.5MΩ、0.2MΩ 以上。若低于此值时，应予以干燥处理，对损坏处及时修复。

(3) 焊机供电回路电压与焊机应相符，防止烧坏焊机。并要有可靠的接地。电源线和焊接电缆线的导线截面积及长度要适当，额定负载时电源线电压降应不大于网路电压的5%，焊接电缆线的电压降不大于4V。

(4) 焊接前，在焊机空载运转时，应细听焊机声音有无异常，观察冷却风扇是否正常排风。一切正常时再开始焊接。

(5) 电焊钳不要与焊机壳接触，以防止短路。焊接过程中，焊接回路的短路时间不宜过长，更不应用短路的方法干燥焊条。特别是整流式焊机，在采用大电流焊接时更要注意短路，以免烧坏整流元件。

(6) 焊机应按规定的额定输出电流值和额定负载率正确使用，防止由于过载烧坏。

(7) 焊机内部应经常保持清洁。定期用干燥的压缩空气吹净灰尘，这对电子元件整流式焊机尤为重要。

(8) 要经常检查焊机接头螺栓是否拧紧，特别是焊接电缆接头，以防止焊接过程中过热烧坏。

(9) 当焊机发生故障、作业完毕以及临时要离开作业现场时，都应及时切断供电电源。

3.9.2 电焊机常见故障及排除方法

(1) 电弧焊变压器焊机的常见故障及其排除方法

1) 焊机过热。

可能产生的原因：①焊机过载；②变压器线圈短路；③铁芯绝缘损坏。

排除方法：①按规定的负载率下的焊接电流使用；②重绕线圈或更换绝缘；③修好绝缘。

2) 电缆接线处过热。

可能产生的原因：①接线螺栓太松；②接线处有氧化皮。

排除方法：①拧紧螺栓；②去掉氧化皮后再拧紧。

3) 保险丝经常烧断。

可能产生的原因：①接线螺栓太松；②接线处有氧化皮。

排除方法：①检查电源线，消除短路；②检查线圈，更换绝缘或重绕线圈。

4) 焊机外壳带电。

可能产生的原因：①电源线或焊接电缆碰外壳；②线圈碰外壳；③焊机外壳没接地或

接触不良。

排除方法：①检查并消除碰壳处；②用兆欧表检查线圈绝缘电阻；③接妥接地线。

5）焊机振动或响声过大。

可能产生的原因：①可动铁芯传动机构有故障；②铁芯上螺杆和弹簧松动；③线圈短路。

排除方法：①检修传动机构；②加固铁芯及拉紧弹簧；③更换绝缘或重绕线圈。

6）焊接电流过小。

可能产生的原因：①焊接电缆过长、降压太大；②焊接电缆卷成盘形，电抗大；③电缆接头连接不良或与工件接触不良。

排除方法：①缩短电缆长度或加大导线截面；②放开盘形电缆；③把接触不良的接头拧紧。

7）焊接电流忽大忽小。

可能产生的原因：①焊接回路连接处接触不良；②可动铁芯随焊机震动移位。

排除方法：①检查接触处，使之接触良好；②加固可动铁芯，使之不易发生震动。

（2）电弧焊整流器焊机的常见故障及其排除方法

1）焊机空载电压太低。

可能产生的原因：①网路电压太低；②变压器初级绕组匝间短路；③整流元件击穿；④磁力起动器接触不良。

排除方法：①应调高电压至规定值；②检修变压器线圈；③更换元件；④修复起动器。

2）焊接电流调节失灵。

可能产生的原因：①控制线圈匝间短路；②焊接电流控制器接触不良；③控制电路元件击穿。

排除方法：①消除短路；②修复接触部分；③更换元件。

3）焊接过程中电压突然降低。

可能产生的原因：①主回路全部或部分短路；②整流元件击穿；③控制电路断路；④三相保险丝断了一相。

排除方法：①检修线路；②更换整流元件，检修保护线路；③检修控制回路；④更换保险丝。

4）机壳漏电。

可能产生的原因：①电源线误碰壳体；②接线绝缘不良或接线板烧坏；③内部绕组、元件受潮漏电；④未接地或地线接触不良。

排除方法：①排除碰壳现象；②恢复绝缘必要时更换接线板；③排除受潮现象；④接妥接地线。

5）焊接电流不稳定。

可能产生的原因：①主回路接触器触点抖动；②风压开关抖动；③控制回路接触不良。

排除方法：①消除抖动现象；②检查并消除抖动；③检修各活动触点。

6）电风扇不转。

可能产生的原因：①保险丝烧断；②电动机引线或绕组断线；③控钮开关接触不良。

排除方法：①更换保险丝；②接好或修复断线；③修复或更换开关。

7）电流表无指示。

可能产生的原因：①电流表或相应接线断路；②电抗器和交流绕组断线；③主回路有故障。

排除方法：①修复电流表；②排除断线；③检查主回路，排除故障。

8）焊机响声不正常。

可能产生的原因：①输出端"＋""－"极短路；②焊接回路有短路现象。

排除方法：①排除短路；②检查焊接主回路。

(3) 钨极氩弧焊机的常见故障及其排除方法

1）电源通，指示灯不亮。

可能产生的原因：①开关损坏；②控制变压器损坏；③熔断器烧坏；④指示灯损坏。

排除方法：①更换开关；②检修变压器；③更换熔断器；④换指示灯。

2）控制线路有电，焊机不能起动。

可能产生的原因：①焊机开关接触不良；②启动继电器或热继电器故障；③控制变压器损坏。

排除方法：①检修开关；②检修继电器；③更换或检修变压器。

3）无振荡或振荡微弱。

可能产生的原因：①高频振荡器有故障；②火花放电间隙不对；③放电盘云母烧坏；④放电电极烧坏。

排除方法：①检修开关；②检修继电器；③更换或检修变压器。

4）有振荡、放电，但不起弧。

可能产生的原因：①焊接回路接触器故障；②控制线路有故障；③焊件回路接触不良。

排除方法：①检修接触器；②检查控制回路；③接好焊件回路。

5）焊接过程电弧不稳定。

可能产生的原因：①稳弧器故障；②焊接电源有故障。

排除方法：①检修稳弧器；②检修焊接电源。

6）起动后无氩气输出。

可能产生的原因：①气路堵塞；②电磁阀故障；③控制线路故障；④气延时线路故障。

排除方法：①清理气路；②检查气阀；③检查线路；④修理延时线路。

(4) CO_2 气体保护焊机出现故障时，可采用直观法、测试法和用新元件代入法进行判别。从故障发生部位开始，逐级向前检查。CO_2 气体保护焊机常见故障及其消除方法如下：

1）按下起动开关送丝电机不转或转而不送丝。

可能产生的原因：①电机碳刷磨损；②电机电源变压器或自耦变压器损坏；③电枢、激磁整流器损坏；④控制继电器的触点或线圈烧坏；⑤控制按钮烧坏；⑥焊枪开关接触不良或断线；⑦送丝轮打滑；⑧焊丝和导电嘴相熔在一起；⑨焊丝卷曲卡在进口处；⑩保险丝烧断；⑪调速电路故障，断线、整流件烧坏，控制变压器烧坏，电位器及可控硅元件击穿或烧坏。

排除方法：①更换；②检修；③更换；④更换线圈或触点；⑤换新；⑥更换开关或检修；⑦调整送丝轮；⑧退出焊丝剪掉一段；⑨更换保险丝；⑩检修电路或更换元件。

2）送丝不均匀。

可能产生的原因：①送丝电机故障；②送丝轮压力不当；③送丝轮磨损；④送丝软管太软或堵塞；⑤减速箱故障；⑥焊枪开关或控制线路接触不良；⑦焊丝盘缠绕不好，有松有紧或弯曲；⑧导电嘴孔径不合适。

排除方法：①检修电机；②调整送丝轮；③更换；④更换软管；⑤检修减速箱；⑥检修开关或线路；⑦重缠焊丝；⑧更换导电嘴。

3）焊丝在送丝轮和软管进口卷曲或打结。

可能产生的原因：①送丝轮离软管进口太远；②送丝轮压力太大，使焊丝变形；③送丝轮和软管进口不在一条线上；④导电嘴与焊丝粘住；⑤导电嘴内孔太小；⑥送丝软管堵塞。

排除方法：①加长接头缩短距离；②调整压力；③调直；④更换导电嘴；⑤更换导电嘴；⑥清理或更换软管。

（5）埋弧自动焊机常见故障和排除方法：

1）按焊丝“向下”“向上”按钮时，焊丝动作不对或不动作。

可能产生的原因：①控制线路中故障（如整流器烧坏，按钮接触不良等）；②电动机方向接反。

排除方法：①检查上述部件并修复；②改换电动机接线。

2）按起动钮，线路正常工作，但不引弧。

可能产生的原因：①焊接电源未接通；②电源接触器接触不良；③焊丝与焊件接触不良；④焊接回路无电压。

排除方法：①接通电源；②修复接触器；③清理焊丝与焊件接触点。

3）启动后，焊丝一直向上抽。

可能产生的原因：电弧反馈线未接或断开。

排除方法：把线接好。

4）焊丝送给不均匀，电弧不稳定。

可能产生的原因：①送丝轮太松或太紧；②焊丝被卡住；③网路电压波动太大。

排除方法：①调整焊丝送给滚轮；②检查焊丝送给机构；③使用专用线路。

5）焊接小车突然停止行走。

可能产生的原因：①焊车离合器脱开；②车轮被电缆等物阻挡。

排除方法：①关紧离合器；②排除阻挡物。

6）焊机启动后，焊丝末端周期性与焊件粘住或常断开。

可能产生的原因：①粘住是因电弧电压太低，焊接电流太小；②常断弧是因电弧电压太高，焊接电流太大。

排除方法：①增加电弧电压或电流；②减小电弧电压或电流。

7）焊丝在导电嘴中摆动，焊丝有时变红。

可能产生的原因：①导电嘴磨损；②导电不良。

排除方法：更换导电嘴。

8）导电嘴与焊丝一起熔化。

可能产生的原因：①电弧太长，焊丝伸出太短；②焊丝送给停止，电弧未停。

排除方法：①增加送丝速度和伸出长度；②检查焊丝停送原因。

9）焊机启动，未引燃电弧，而焊丝粘在工件上。

可能产生的原因：焊丝与焊件接触太紧。

排除方法：调整接触程度。

10）焊接停止，焊丝粘住。

可能产生的原因：①"停止"按钮按下太快；②不经停止1，直接按下停止2。

排除方法：①慢些按停止钮；②先按停止1，再按停止2。

3.10 火焰焊接设备

在装饰工程中常用的火焰焊接设备为氧—乙炔焊接设备。氧—乙炔焊接设备在前面有介绍（详细见单元4气割）。气焊与气割的设备不相同之处在焊炬和割炬。在此只介绍焊炬。

（1）焊炬

气焊时用于控制气体混合比、流量及火焰并进行焊接的工具，称为焊炬。焊炬的作用是将可燃气体和氧气按一定比例混合，并以一定的速度喷出燃烧而生成具有一定能量、成分和形状的稳定的焊接火焰。

（2）焊炬的分类

焊炬按可燃气体与氧气混合的方式不同可分为：低压焊炬和等压式焊炬两类，低压焊炬又分为换嘴式及换管式。常用的是低压焊炬。

（3）低压焊炬的构造及工作原理

1）低压焊炬的构造　低压焊炬主要由焊炬主体、乙炔调节阀、氧气调节阀、喷嘴、射吸管、混合气管、焊嘴、手柄、乙炔管接头、氧气管接头等部分组成，见图5-17。

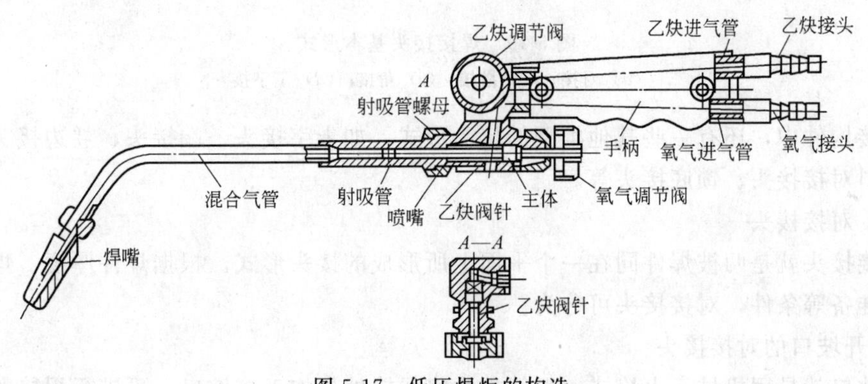

图5-17　低压焊炬的构造

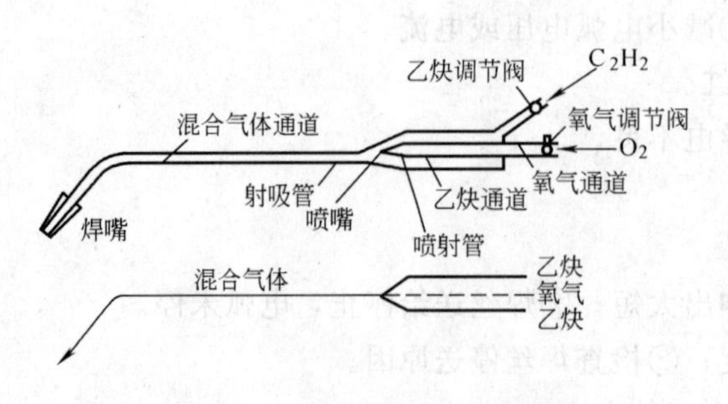

图 5-18 低压焊炬的工作原理

2）低压焊炬的工作原理

低压焊炬的工作原理见图 5-18。

打开氧气调节阀，氧气即从喷嘴口快速射出，并在喷嘴外围造成负压（吸力）；再打开乙炔调节阀，乙炔气即聚集在喷嘴的外围。由于氧射流负压的作用，聚集在喷嘴外围的乙炔气很快被氧气吸出，并按一定的比例与氧气混合，经过射吸管、混合气管从焊嘴喷出。

射吸式焊炬的特点是利用喷嘴的射吸作用，使高压氧气（0.1～0.8MPa）与压力较低的乙炔（0.001～0.1MPa）均匀地按一定比例（体积比约为 1∶1）混合，并以相当高的流速喷出。所以不论是低压乙炔（压力大于 0.001MPa），还是中压乙炔，都能保证焊炬的正常工作。由于低压焊炬的通用性强，因此应用较广泛。

课题 4　焊接技术

4.1　手工电弧焊

电焊是利电能转变为热能进行熔化焊接的一种工艺。由于人工操作，故称为手工电弧焊，简称为电焊。它是焊接行业中最基本、最主要的焊接方法。

4.1.1　接头和坡口形式

焊接的接头就是指两个分离的焊件组拼在一起所形成的被焊接口（简称接头）。它包括焊缝、熔合区和热影响区。

在装饰金属构件加工焊接接头的基本形式有对接接头、搭接接头、丁字接头、角接接头四种，见图 5-19。

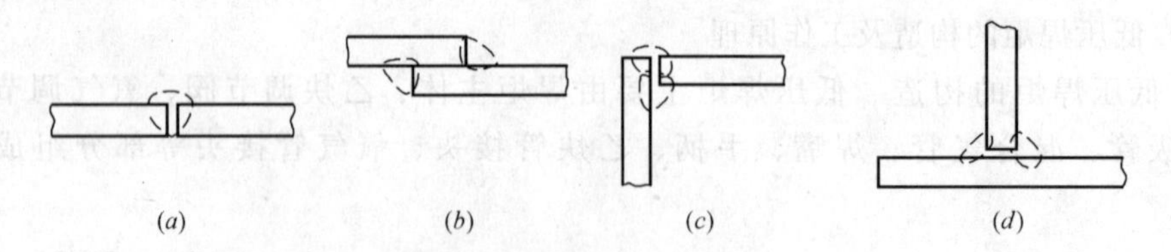

图 5-19　焊接接头基本形式

(a) 对接；(b) 搭接；(c) 角接；(d) 丁字接

焊接构件中，还有一些其他类型的接头形式，如十字接头、端接头、卷边接头、套管接头、斜对接接头、锁底接头等。

（1）对接接头

对接接头就是两被焊件同在一个平面上所形成的接头形式。根据焊件厚度、焊接方法和坡口准备等条件，对接接头可分为：

1）开坡口的对接接头

开坡口就是用机械、火焰或电弧等方法将焊接处先加工成坡口，再进行焊接的接头。

对接接头的坡口形式可分为：

(a) U形坡口　U形坡口有U形坡口、单边U形坡口、双面U形坡口，见图5-20。当钢板厚度为20～60mm时，采用U形坡口［图5-20（*b*）］，当板厚度为40～60mm时，采用双面U形坡口［图5-20（*c*）］。

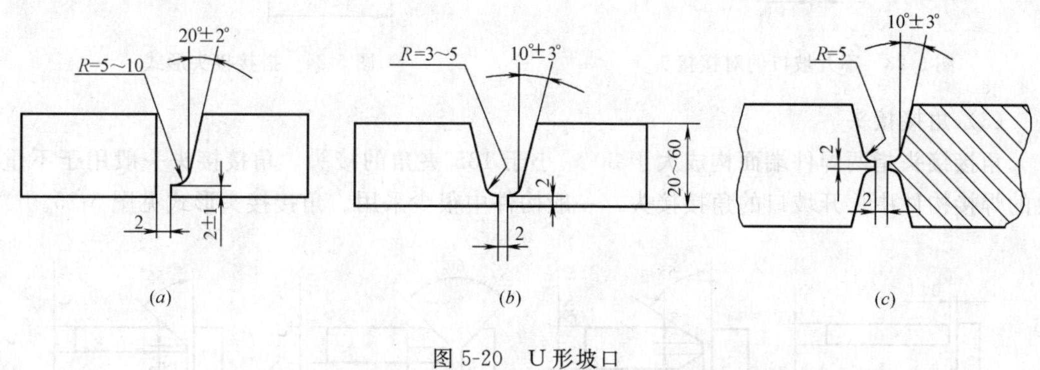

图5-20　U形坡口

（*a*）单边U形坡口；（*b*）U形坡口；（*c*）双面U形坡口

U形坡口的特点是焊着金属量最少，焊件产生变形小，焊缝金属中母材金属占的比例也小。

(b) V形坡口　钢板厚度为7～40mm时，采用V形坡口。V形坡口有：V形坡口、钝边V形坡口、单边V形坡口、钝边单边V形坡口四种。V形坡口的特点是加工容易，但焊后角变形较大，见图5-21。

(c) X形坡口　钢板厚度为12～60mm时可采用X形坡口，也称为双面V形坡口，如图5-22所示。

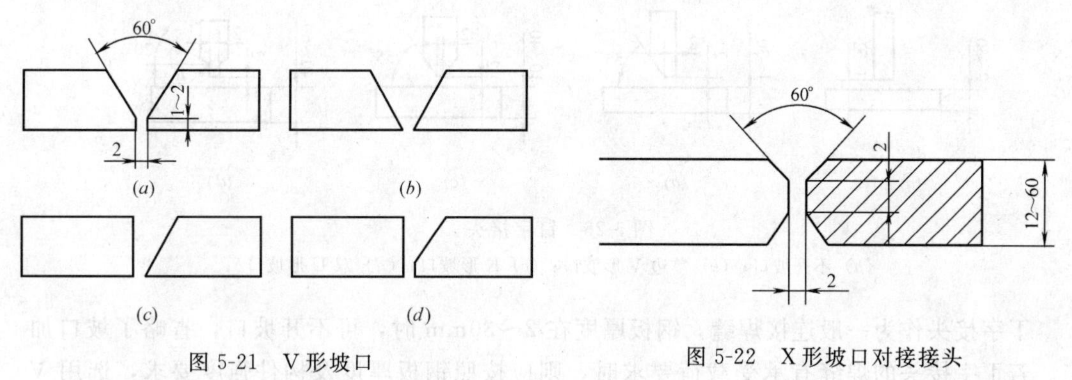

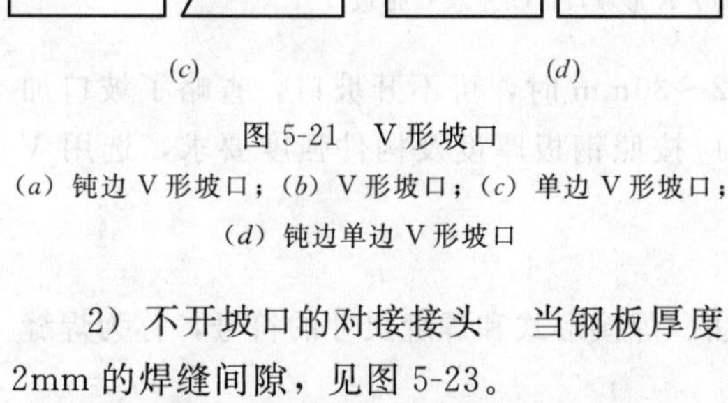

图5-21　V形坡口

（*a*）钝边V形坡口；（*b*）V形坡口；（*c*）单边V形坡口；（*d*）钝边单边V形坡口

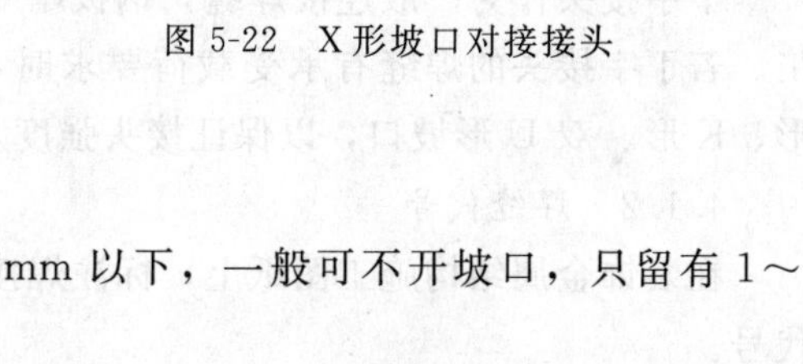

图5-22　X形坡口对接接头

2）不开坡口的对接接头　当钢板厚度在6mm以下，一般可不开坡口，只留有1～2mm的焊缝间隙，见图5-23。

（2）搭接接头

搭接接头就是两个被焊件相互错叠在一起而形成的接头。搭接接头一般用于12mm以下钢板，其重叠部分为3～5倍板厚，采用双面焊接，见图5-24。

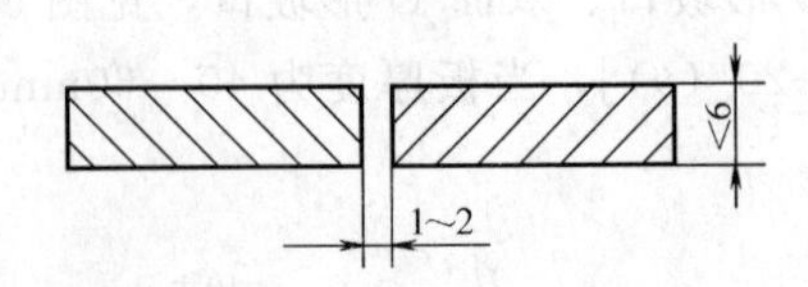

图 5-23　不开坡口的对接接头

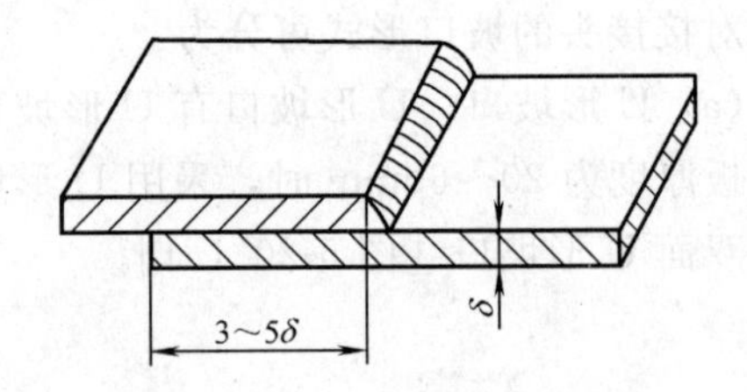

图 5-24　搭接接头形式

（3）角接接头

角接接头指两焊件端面构成大于 30°，小于 135°夹角的接头。角接接头一般用于不重要的焊接构件中。开坡口的角接接头，一般构件中很少采用。角接接头形式见图 5-25。

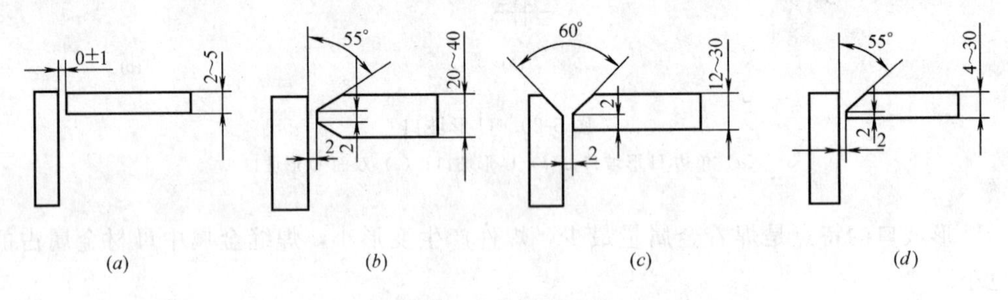

图 5-25　角接接头形式

（*a*）不开坡口；（*b*）K 形坡口；（*c*）V 形坡口；（*d*）单边 V 形坡口

（4）丁字接头

丁字接头又称 T 形接头，它是由两个被焊件相互垂直所形成的接头。按照焊件厚度可分为不开坡口、单边 V 形、K 形以及双 U 形四种形式。接头形式见图 5-26。

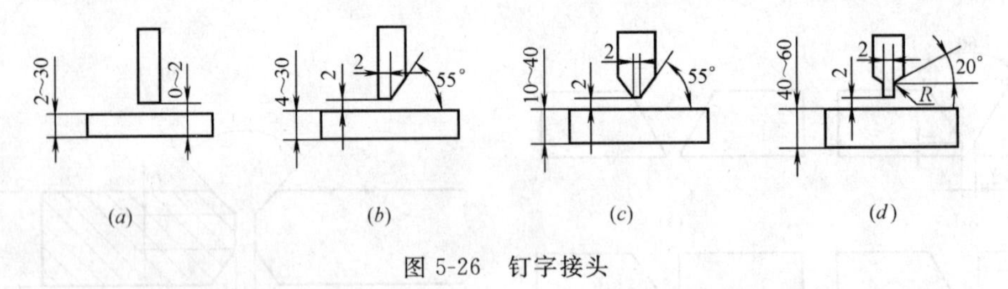

图 5-26　钉字接头

（*a*）不开坡口；（*b*）单边 V 形坡口；（*c*）K 形坡口；（*d*）双 U 形坡口

丁字接头作为一般连接焊缝，钢板厚度在 2～30mm 时，可不开坡口，省略了坡口加工。若丁字接头的焊缝有承受载荷要求时，则应按照钢板厚度及构件强度要求，选用 V 形、K 形、双 U 形坡口，以保证接头强度。

4.1.2　焊缝代号

在装饰金属结构施工图纸上，标注焊接方法、焊接形式和焊缝尺寸的符号，称为焊缝代号。

（1）焊缝符号

焊缝符号的国家标准为 GB 324—88。

焊缝符号主要由基本符号、辅助符号、补充符号、引出线和焊缝尺寸符号等组成。

各种焊缝的焊缝名称、焊缝示意图及其对应的焊缝基本符号见表 5-28。

焊缝基本符号 **表 5-28**

序 号	焊 缝 名 称	焊 缝 形 式	符 号
1	I形焊缝		‖
2	V形焊缝		V
3	钝边 V 形焊缝		Y
4	单边 V 形焊缝		V
5	钝边单边 V 形焊缝		Y
6	U形焊缝		Y
7	单边 U 形焊缝		Y
8	喇叭形焊缝		)(
9	单边喇叭形焊缝		|(
10	角焊缝		◺
11	塞焊缝		⊓
12	点焊缝		○
13	缝焊缝		⊖

续表

序号	焊缝名称	焊缝形式	符号
14	封底焊缝		
15	堆焊缝		

辅助符号是表示焊缝表面形状特征的符号，如不需要确切地说明焊缝表面形状时，可用不同辅助符号。

辅助符号的具体种类、名称、示意图及相应的符号见表 5-29。

辅助符号 **表 5-29**

序号	名称	形式	符号	说明
1	平面符号			表示焊缝表面齐平
2	凹陷符号			表示焊缝表面内陷
3	凸起符号			表示焊缝表面凸起
4	带垫板符号			表示焊缝底部有垫板
5	三面焊缝符号			要求三面焊缝符号的开口方向与三面焊缝的实际方向画得基本一致
6	周围焊缝符号			表示环绕工件周围焊缝
7	现场符号			表示在现场或工地上进行焊接
8	交错断续焊缝符号			表示双面交错断续分布焊缝

（2）引出线

引出线一般由带箭头的指引线（简称箭头线）和两条基准线（一条为实线，另一条为虚线）两部分组成，见图 5-27。

箭头线相对焊缝的位置，一般没有特殊要求，但是在标注 V、Y、J 形焊缝时，箭头线应指向带有坡口一侧的焊件，必要时，允许箭头线折弯一次。

基准线的虚线可以画在基准线的实线下侧或上侧。基准线一般与图样的底边相平行，但在特殊条件下亦可与底边相垂直。

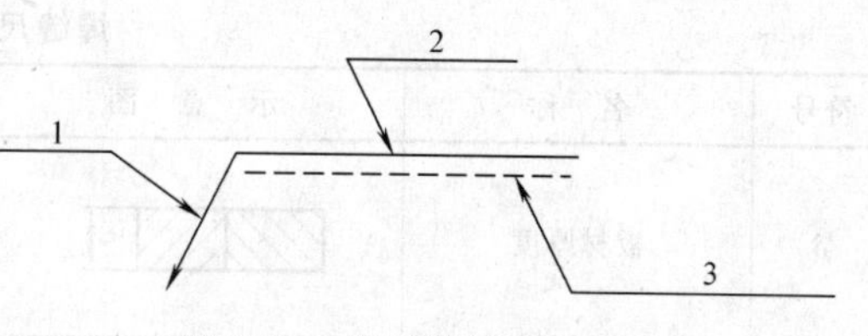

图 5-27 指引线的画法示意

1—箭头线；2—基准线（实线）；3—基准线（虚线）

焊缝基本符号在基准线上的位置规定如下。

1）如果焊缝在接头的箭头侧面（指箭头线箭头所指的一侧），则将基本符号标在基准线的实线侧面，见图 5-28（*a*）。

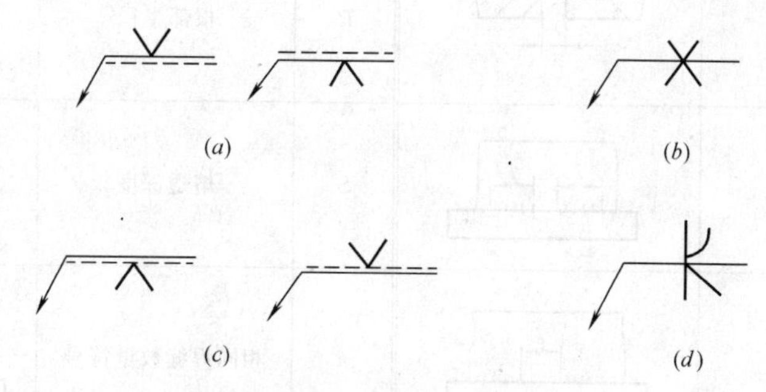

图 5-28 基本符号相对基准线的位置

（*a*）焊缝在接头的箭头侧；（*b*）对称焊缝；（*c*）焊缝在接头的非箭头侧；（*d*）双面焊缝

2）如果焊缝在接头的非箭头侧面，则将基本符号标在基准线的虚线一侧，见图 5-28。

3）标注对称焊缝及双面焊缝时，可不加虚线，见图 5-28（*c*）、（*d*）。

（3）焊缝尺寸符号及数据标注要求

焊缝尺寸一般不标注。如需要注明焊缝尺寸时，其尺寸符号见表 5-30。

焊缝尺寸符号标注时，应注意标注位置的正确性。标注位置要求是：

（1）焊缝横截面上的尺寸标在基本符号的左侧，如钝边高度 P、坡口高度 H、焊角高度 K、焊缝余高 h、熔透深度 S、U 形坡口圆弧半径 R、焊缝宽度 c、焊点直径 d 等。

（2）焊缝长度方向尺寸标注在基本符号的右侧，如焊缝长度、焊缝间距等。

（3）坡口角度 α、根部间隙等尺寸标在基本符号的上侧或下侧。

（4）相同的焊缝数量符号标在基准线尾部。

（5）当需要标注的尺寸较多又不易分辨时，可在尺寸前面增加相对应的尺寸符号。

4.1.3 焊缝形式

焊缝就是焊件经焊接后形成的结合部分。焊缝按不同形式可分为下面几种。

（1）按焊缝在空间位置的不同分为：

1）横焊缝 焊缝倾角在 0°～5°，焊缝转角在 70°～90°的横位置施焊的焊缝，称之为横焊缝。

2）立焊缝 焊缝倾角在 80°～90°，焊缝转角在 0°～180°的立向位置施焊的焊缝，称为立焊缝。

焊缝尺寸符号 表 5-30

符号	名　称	示　意　图	符号	名　称	示　意　图
δ	板材厚度		c	焊缝宽度	
α	坡口角度		P	钝边高度	
b	根部间隙		R	根部半径	
l	焊缝长度		S	熔透深度	
e	焊缝间隙		n	相同焊缝数量符号	
k	焊角高度		H	坡口高度	
d	焊点直径		h	焊缝增高量	

3）平焊缝　焊缝倾角在 0°～5°，焊缝转角在 0°～10°的水平位置施焊的焊缝，称为平焊缝。

4）仰焊缝　在倾角为 0°～5°，焊接转角在 165°～180°；角焊缝的焊缝倾角 0°～5°，焊缝转角 115°～180°的向上位置施焊的焊缝，称之为仰焊缝。

（2）按焊缝结合形式分类可分：

1）对接焊缝　在焊件的坡口面焊接的焊缝，称为对接焊缝。

2）角焊缝　沿两直交或近似直交的交线所焊的焊缝，称为角焊缝。

（3）按焊缝断续情况分为：

1）定位焊缝　焊前，为装配和固定焊件位置而焊接的短焊缝，称为定位焊缝。

2）连续焊缝　沿接头全长不间断焊接的焊缝，称为连续焊缝。

3）断续焊缝　沿焊缝全长焊接具有一定间隔的焊缝，称为断续焊缝。它又可分为并列断续焊缝和交错断续焊缝。

4.1.4　操作技术

（1）引弧

手工电弧焊时，引燃焊接电弧的过程，称为引弧。常用的引弧方法有划擦法和直击法两种，见图 5-29。

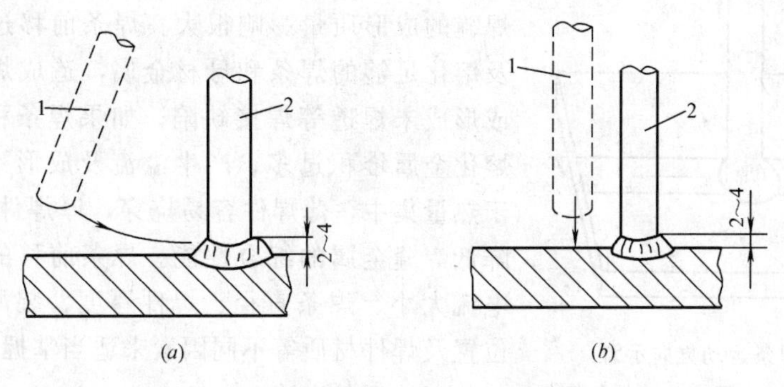

图 5-29 引弧方法示意图

(a) 划擦引弧法；(b) 直击引弧法

1—引弧前；2—引弧后

1）划擦引弧法　先将焊条末端对准焊件，然后将手腕扭转一下，使焊条在焊件表面上轻微划擦一下，动作有点似划火柴，用力不要过猛，随即将焊条提起 2～4mm，即在空气中产生电弧。引燃电弧后，焊条不能离开焊件太高，一般不大于 15mm，且不要超出焊缝区。然后手腕扭回平位，使电弧拉回起头位置，并保持一定的电弧长度，开始焊接，见图 5-29（*a*）。

2）直击引弧法　先将焊条末端对准焊件，然后手腕下弯一下，使焊条轻碰一下焊件，再迅速将焊条提起 2～4mm，即产生电弧。引弧后，手腕放平，使电弧保持在与所用焊条直径相适应的范围内，开始焊接，见图 5-29（*b*）。

不论采用哪一种引弧方法，都应注意以下几点：

(a) 引弧处应清洁，不宜有油污、锈斑等杂污，以免影响导电和使熔池产生氧化物，导致焊缝产生气孔和夹杂。

(b) 为便于引弧，焊条端部应裸露焊芯，以利于导电。

(c) 焊条与焊件接触后，焊条提起的时间要适当。太快，气体电离差，难以形成稳定的电弧；太慢，则焊条和焊件易粘在一起造成短路。

(d) 引弧应在焊缝内进行，避免引弧时烧伤焊件表面。

(2) 焊条运动的基本形式

当引出电弧进行施焊时，焊条要有三个方向的基本动作，即焊条送进、焊条横向摆动和焊条前移，见图 5-30。

1）焊条送进　焊条在电弧热作用下，会逐步熔化缩短，为了保持电弧长度，必须将焊条朝着熔池方向逐渐送进。为了达到这个目的，焊条送进的速度应该与焊条熔化的速度相等。如果焊条送进速度过快，则电弧长度迅速缩短，使焊条与焊件接触，造成短路；如果焊条送进速度过慢，则电弧的长度增加，会造成断弧。

2）焊条横向摆动　为了获得一定宽度的焊缝，焊条必须要有适当的横向摆动，其摆动的幅度与焊缝要求的宽度及焊条的直径有关。摆动越大，则焊缝越宽。这必然会降低焊接速度，增加焊缝的线能量。对于某些容易过热的材料（如奥氏体不锈钢、3.5Ni 钢）

等，提倡不作横向摆动的单道焊。

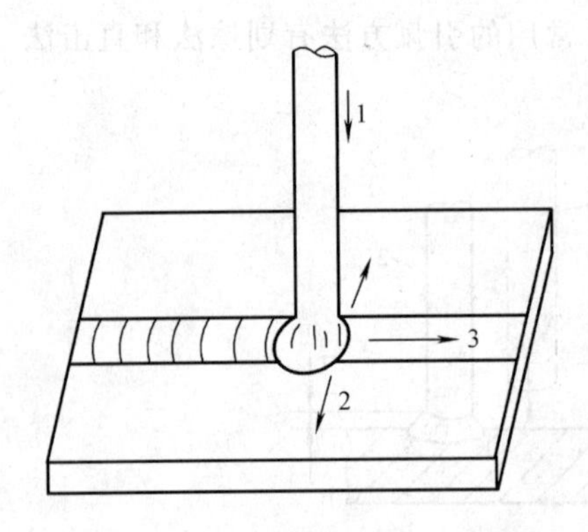

图 5-30 焊条运动方向示意

1—焊条送进；2—焊条摆动；3—焊条前移

3）焊条前移 焊条沿着焊接方向向前移动，对焊缝的成形质量影响很大。焊条前移过快电弧来不及熔化足够的焊条和母材金属，造成焊缝断面太小或形成未焊透等焊接缺陷；如果焊条移动太慢，则熔化金属堆积过多，产生溢流及成形不良，同时由于热量集中，薄焊件容易烧穿，厚焊件则产生过热，降低焊缝金属的综合性能。焊条前移的速度应根据电流大小、焊条直径、焊件厚度、装配间隙、焊缝位置及焊件材质等不同因素来适当掌握。

（3）运条方法

所谓运条方法，就是焊工在焊接过程中，对焊条运动的手法。它与焊条角度及焊条运动三动作共同构成了焊工操作技术，都是能否获得优良焊缝的重要操作因素。

1）直线形运条方法 直线形运条法是在焊接时保持一定弧长，沿着焊接方向不作摆动的前移，见图 5-31。这种方法适用于板厚 3～5mm 的不开坡口对接平焊、多层焊的第一层封底焊和多层多道焊。

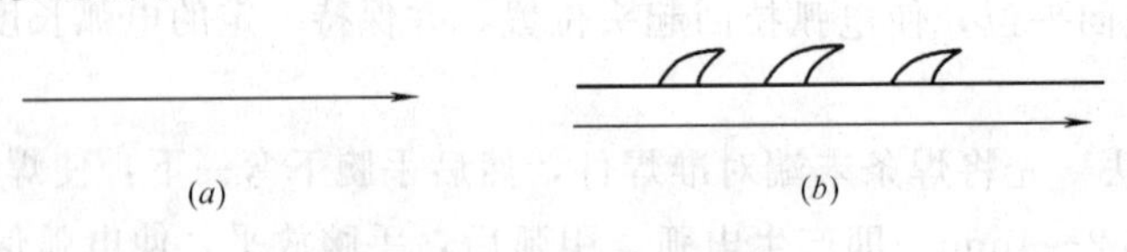

图 5-31 直线形运条法

（*a*）直线形；（*b*）直线往返形

2）直线往返运条法 直线往返运条法是焊条末端沿焊缝方向作来回的直线形摆动，见图 5-31（*b*）。这种方法焊接速度快、焊缝窄、散热快，适用于薄板和对接间隙较大的底层焊接。

3）锯齿形运条法 锯齿形运条法是将焊条末端，向前移动的同时，作锯齿形的连续摆动，见图 5-32。

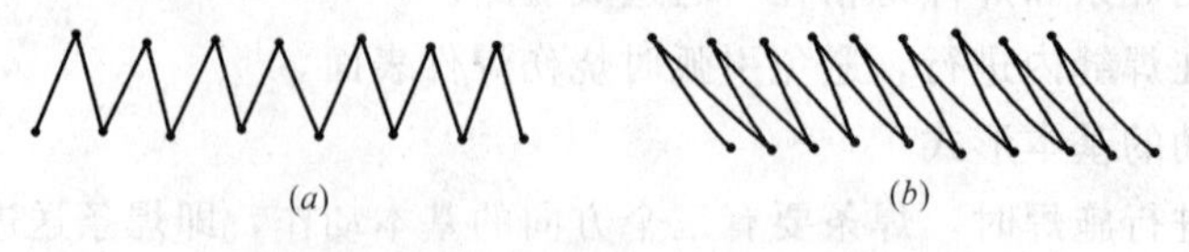

图 5-32 锯齿形运条法

（*a*）正锯齿形运条法；（*b*）斜锯齿形运条法

运条时两侧要稍加停顿，停留时间视焊件厚度、电流的大小、焊缝宽度及焊接位置而定。锯齿形摆动的目的，是为了控制焊缝熔化金属的流动和得到必要的焊缝宽度，以获得较好的焊缝成形，其具体应用范围：平焊、立焊、仰焊的对接接头和立焊的角接接头。

4）月牙形运条法 操作方法与锯齿形相似，只是焊条摆动形状呈月牙形，见图 5-33。当对接接头平焊时，为避免焊缝金属过高及使两侧熔透，有时采用反月牙法运条，见图 5-33（*b*）。

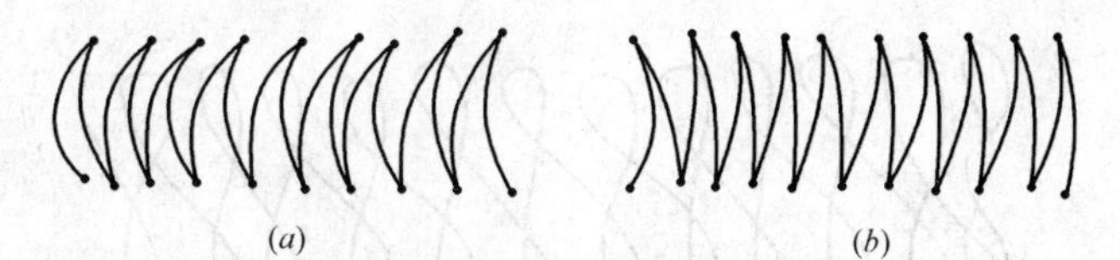

图 5-33　月牙形运条

（a）月牙形运条；（b）反月牙形运条

5）三角形运条法　三角形运条法是焊条末端在前移的同时，作连续的三角形运动。根据适用场合的不同，可分为正三角形和斜三角形两种，见图 5-34。

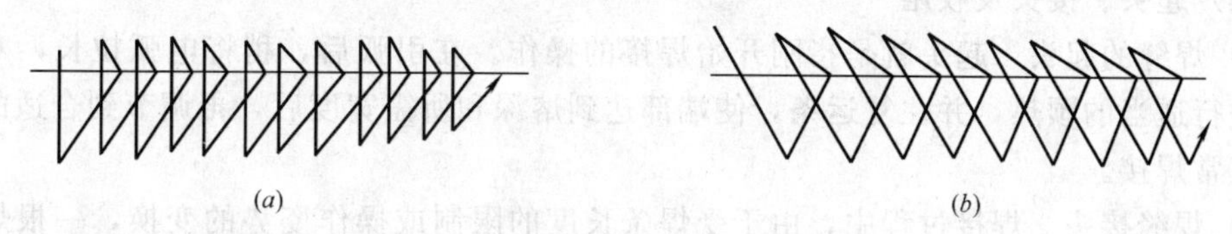

图 5-34　三角形运条法

（a）正三角形；（b）斜三角形

正三角形运条法，只适用于开坡口的对接焊缝和 T 字接头的立焊。

斜三角形法适用于除立焊外的角焊缝、开坡口的对接焊缝、T 形接头的仰焊和开坡口的横焊接头。

6）圆圈形运条法　圆圈形运条法是焊条末端连续作圆圈运动，并不断前移，见图 5-35。

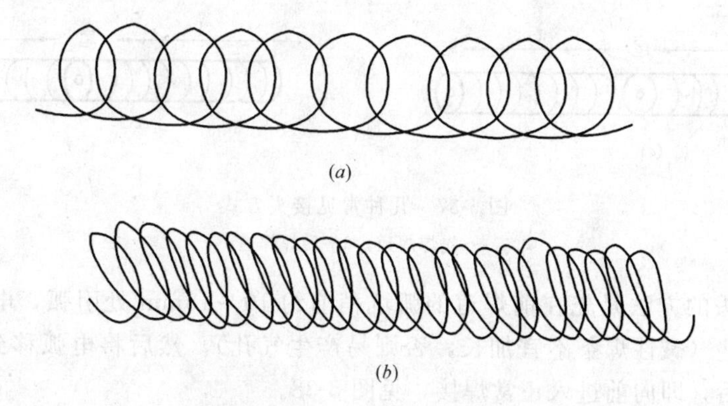

图 5-35　圆圈形运条

（a）正圆圈形；（b）斜圆圈形

正圆圈运条法，图 5-35（a）只适用于焊接较厚的焊件平焊缝。它的优点是熔池在高温停留的时间长，促使溶解在熔池中的氧、氮等气体有机会析出。同时也便于熔渣的上浮。

斜圆圈运条法见图 4-35（b），它适用于平、仰位置的 T 形接头和对接接头的横焊缝。其特点是有利于控制熔化金属不受重力的影响而产生下淌现象，有助于横焊缝的成形。

7）8 字形运条法　8 字形运条法是焊条末端连续做 8 字形运动，并不断前移，见图 5-36。这种运条法比较难掌握，它适用于宽度较大的对接焊缝及立焊缝的表面层焊缝。用此法焊接对接立焊的表面层时，运条手法需灵活，运条速度应快些，这样能获得焊波较

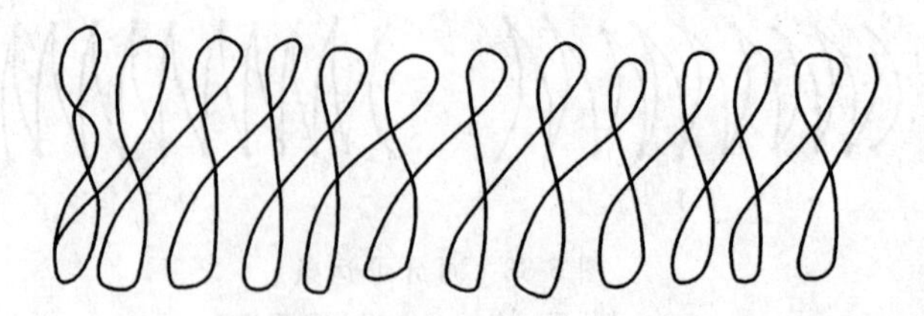

图 5-36　8 字形运条法

细、均匀美观的焊缝表面。

（4）起头、接头及收尾

1）焊缝的起头　起头就是指刚开始焊接的操作。在引弧后，稍将电弧拉长，对焊缝端部进行适当的预热，并往复运条，使端部达到熔深和所需宽度后，再调节到合适的弧长进行正常焊接。

2）焊缝接头　焊接过程中，由于受焊条长度的限制或操作姿势的变换，一根焊条往往不可能完成一道焊缝。因此，焊缝的接头是不可避免的。焊缝的接头一般有以下几种方式，见图 5-37。

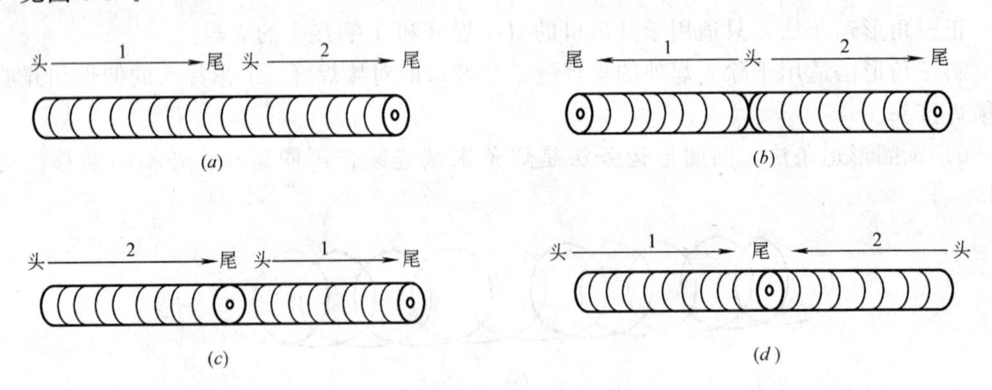

图 5-37　几种常见接头方式

1—先焊焊道；2—后焊焊道

第一种接头的方法是先在前焊道的弧坑稍前约 10～15mm 处引弧，电弧长度比正常焊接时略微长些（碱性焊条不宜加长，否则易产生气孔），然后将电弧移到原弧坑的 2/3 处，填满弧坑后，即向前进入正常焊接，见图 5-38。

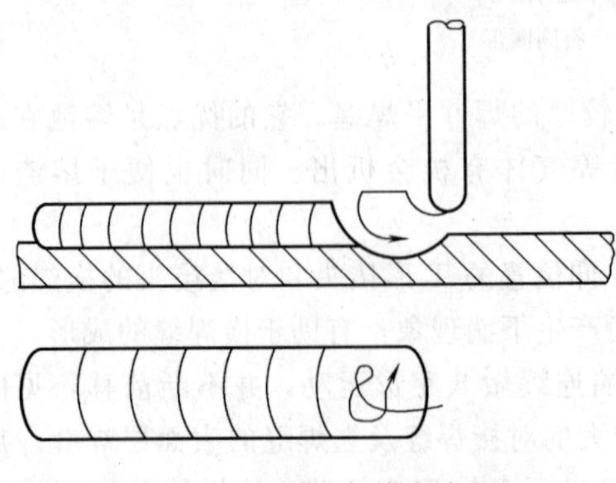

图 5-38　焊道尾部接头处理

第二种接头方式见图 5-37（*b*），要求先焊的焊道起头处略低些，接头时在先焊焊道起头处略前一点引弧，并稍微拉长电弧，将电弧移向先焊焊道接头处，使电弧覆盖端头，待起头处焊平后，再向先焊焊道向反方向进行焊接（见图 5-39）。

第三种接头方式见图 5-37（*d*），是从另一端起弧，焊到前焊道的结尾处，焊接速度略慢些，以填满弧坑，然后以较快的速度再向前焊一小段后熄弧，见图 5-40。

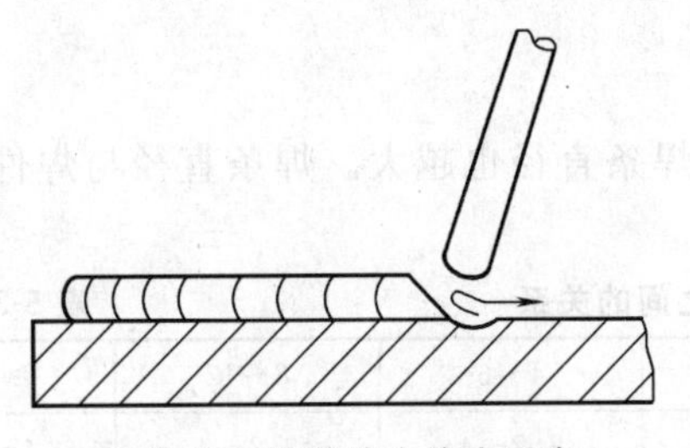

图 5-39　焊道端头接头示意

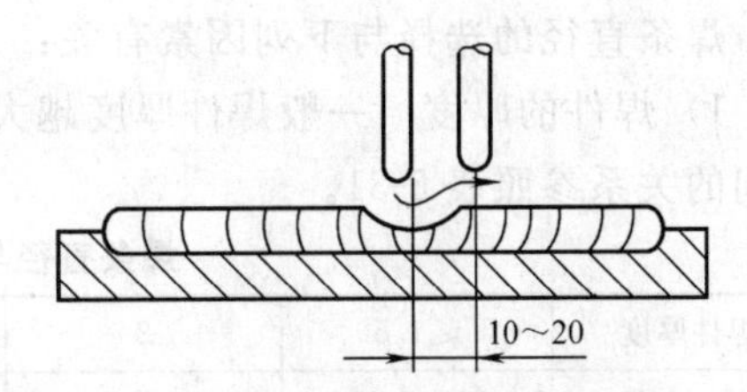

图 5-40　在前焊道尾部接头示意

第四种接头方式，是后焊的焊道结尾与先焊的焊道起头相连接。要利用结尾时的高温，重熔前焊道的起头处，将起头处焊平后迅速收弧。

3）焊缝的收尾　焊缝收尾指的是一条焊缝结束时的操作。焊缝的收尾操作，应保持正常的熔池温度，做无直线运动的横摆或点焊动作，逐渐填满弧坑，再将电弧拉向一侧熄弧。收尾动作是熄弧，和填满弧坑。一般收尾动作有以下三种。

（1）画圈收尾法　当焊条移到终点时，作画圈动作，直到填满弧坑再拉断电弧，见图 5-41。此法适用于厚板焊接，对于薄板有烧穿的危险。

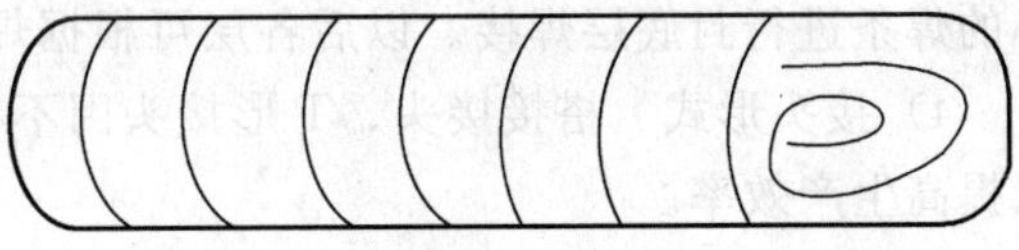

图 5-41　画圈收尾法

（2）反复断弧收尾法　当焊接进行到焊缝终点时，在弧坑处做数次反复的熄弧、引弧，直到填满弧坑再拉断电弧。此法适用于薄板和大电流焊接，但不适用于碱性焊条，以免产生气孔，见图 5-42。

（3）回焊收尾法　焊条移至焊缝收尾处稍加停顿，接着改变焊条角度，见图 5-43，焊条由位置 1 转到位置 2，待填满弧坑再转到位置 3，然后慢慢拉断电弧。这样相当于收尾处变成了一个起头。此法适用于碱性焊条的焊接。

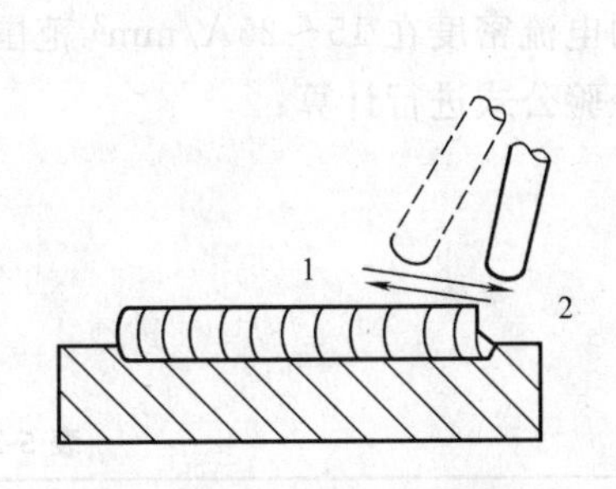

图 5-42　反复断弧收尾示意图

1—熄弧；2—引弧

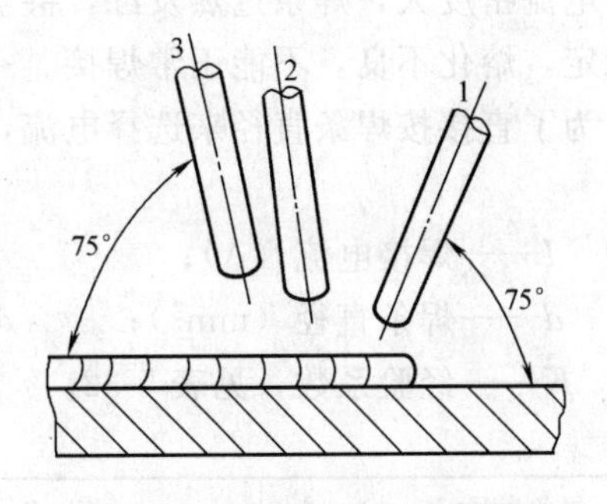

图 5-43　回焊收尾法示意图

4.1.5　*焊接工艺参数及选择*

焊接工艺参数（焊接规范），就是为保证焊接质量而选定的各物理量（如焊接电流、电弧电压、焊接速度、线能量等）的总称。

手工电弧焊的工艺参数，通常包括焊条牌号、焊条直径、电源种类与极性、焊接电流、电弧电压、焊接速度和焊接层次等内容。

(1) 焊条直径的选择

焊条直径的选择与下列因素有关：

1) 焊件的厚度　一般焊件厚度越大，选择的焊条直径也越大。焊条直径与焊件厚度之间的关系参照表 5-31。

焊条直径与焊件厚度之间的关系　　**表 5-31**

焊件厚度	≤1.5	2	3	4～6	8～12	≥13
焊条直径	1.5	1.5～2	2～3.2	3.2～4	3.2～4	4～5

2) 焊接位置　在板厚相同的条件下，焊接平焊缝用的焊条直径应比其他位置大一些，立焊时最大不超过 5mm，而仰焊、横焊最大直径不超过 4mm。在焊接固定位置的管道环缝时，为适应各种位置的操作，宜选用小直径的焊条。

3) 焊接层次　在进行多层焊时，如果第一层焊缝所采用的焊条直径过大，会造成由于电弧拉长而焊不透。为了防止根部焊不透，所以对多层焊的第一层焊道，应采用直径较小的焊条进行封底层焊接。以后各层可根据焊件厚度等因素，选用较大直径的焊条。

4) 接头形式　搭接接头、T 形接头因不存在全焊透问题，所以可选用较大直径焊条，以提高生产效率。

5) 焊件材料性质　对于某些要求防止过热及控制线能量的焊件，宜选用小直径的焊条。

(2) 焊接电流的选择

焊接时流经焊接回路的电流，称为焊接电流。焊接电流大小，是影响焊接生产率和焊接质量的重要因素之一。

1) 根据焊条直径选择　焊条直径的选择取决于焊件的厚度和焊缝位置，以及母材的材质。焊条的熔化要靠电弧热来实现，焊条直径越大，所需要的焊条熔化热量也越高，焊接电流就要相应增加。这就产生了电流量与焊条芯截面的一定比例关系，我们称它为电流密度。

电流密度大，焊条过热发红，甚至药皮脱落气化，影响焊接质量；电流密度小，电弧不稳定，熔化不良，不能正常焊接。一般适合焊接的电流密度在 15～25A/mm^2 范围内。

为了直接按焊条直径来选择电流，可根据下面经验公式进行计算：

$$I=Kd$$

式中　I——焊接电流（A）；

d——焊条直径（mm^2）；

K——经验系数，见表 5-32。

经验系数　　**表 5-32**

焊条直径 d(mm)	1～2	2～4	4～6
经验系数 K	25～30	30～40	40～60

在实际生产中，焊工要综合考虑其他因素，来选择适当的焊接电流。

2) 判断电流大小的实际经验

(a) 听声响　当焊接电流大时，发出“哗哗”的声响，犹如大河流水一样；当电流较小时，发出“嗞嗞”声响，而且容易断弧。电流适中时，会发出“沙沙”的声响，同时夹着清脆的噼啪声。

(b) 看飞溅　电流过大时，电弧吹力大，可看到较大的铁水颗粒向熔池外飞溅，焊接时爆裂声大；电流过小时，电弧吹力小，熔渣和铁水不容易分清。

(c) 看焊条熔化状况　电流过大时，当焊条熔化到半截以后，剩余焊条出现红热状况，甚至出现药皮脱落现象；如果电流过小，焊条熔化困难，容易粘在焊件上。

(d) 看熔池状况　熔池的形状可以反映出电流的大小（图5-44）。

当电流小时，熔池呈扁形（图5-44*a*）；电流适中时，熔池形状似鸭蛋形（图5-44*b*）；电流较大时，熔池呈长形（图5-44*c*）。

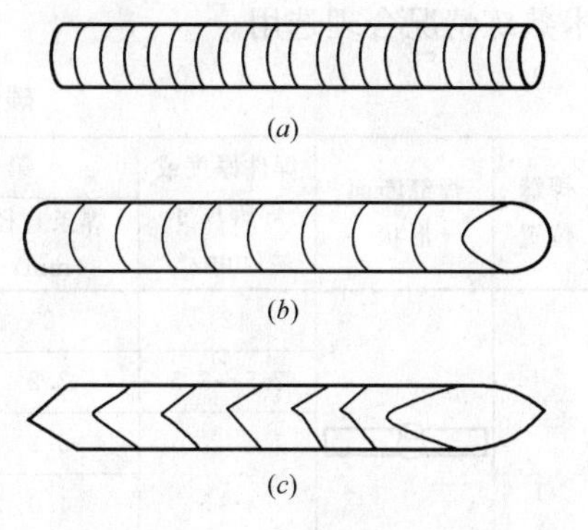

图5-44　熔池形状示意图

(*a*) 扁形；(*b*) 鸭蛋形；(*c*) 长形

(e) 看焊缝成形　电流过大时，熔池大，焊缝宽而低，两侧易产生咬边，焊波粗糙；电流过小时，焊缝窄而高，两侧与母材金属熔合不良；电流适中时，焊缝两侧与母材金属熔合良好，焊波成形美观，高度适中，呈圆滑过渡。

(3) 焊接电压的选择

手工电弧焊的电弧电压主要由电弧长度来决定的。电弧长，电弧电压高；电弧短，电弧电压低。在焊接过程中，电弧不宜过长，电弧过长会出现以下几种不良现象。

1) 电弧不稳定，易跳动，电弧的热能分散，飞溅增多，造成金属和电能的浪费。

2) 熔池小，容易产生咬边、未焊透、焊缝表面高低不平及焊波不均匀等缺陷。

3) 对熔池保护差，空气中氧、氮等有害气体易侵入，使焊缝产生气孔的可能性大，焊缝金属力学性能降低。

焊接时要力求采用短弧焊接。在立、仰焊时，弧长应比平焊时更短一些，以利于熔滴过渡，防止熔池金属下淌。碱性焊条比酸性焊条的弧长短些，以利于电弧稳定和防止出现气孔。

所谓短弧，一般认为应是焊条直径的0.5～1.0倍，其计算式如下：

$$l_{弧}=(0.5\sim1.0)d \quad \text{mm}$$

式中　$l_{弧}$——电弧长度（mm）；

　　　d——焊条直径（mm）。

(4) 焊接速度

单位时间内完成的焊缝长度称为焊接速度。如果焊接速度慢，焊缝高温停留时间长，热影响区增宽、焊接接头晶粒变粗、力学性能降低，同时变形量也会增大；若焊接速度太快，熔池温度不够，容易造成未焊透、未熔合、焊缝成形不良。

(5) 焊接层次

在焊接生产中，有时需要多层焊。对于一般低碳钢，每层焊缝厚度，对力学性能影响不大，但对质量要求高的合金钢、不锈钢等，每层焊缝厚度最好不要大于4～5mm。根据实际经验，每层焊缝厚度约等于焊条直径的0.8～1.2倍时生产效率高，并较容易操作。

焊接工艺参数对热影响区的大小和性能有很大影响。采用小的工艺参数，如降低焊接电流、提高焊接速度等，都可以减小热影响区尺寸。不仅如此，从防止过热组织和晶粒粗化角度看，也是采用小参数比较好。

手工电弧焊碳素钢常用焊接规范列于表 5-33。表中数据仅供参考；焊接时应根据技术熟练情况合理选用。

碳素钢手工电弧焊焊接规范 **表 5-33**

焊缝位置	焊缝断面形状	焊件厚度或焊脚尺寸（mm）	第一层焊缝		其他各层焊缝		封底层焊缝	
			焊条直径（mm）	焊接电流（A）	焊条直径（mm）	焊接电流（A）	焊条直径（mm）	焊接电流（A）
对接平焊缝		2	2	55～60	—	—	2	55～60
		2.5～3.5	3.2	90～120			3.2	90～120
		4～5	3.2	100～130	—	—	3.2	100～130
			4.0	160～200	—	—	4	160～210
			5.0	200～260	—	—	5	220～250
		5～6	4	160～210			3.2 4	100～130 160～210
		≥6	4	160～210	4 5	160～210	4	180～210
		≥12	4	160～210	5	220～280 220～280		
立焊对接焊缝		2	2	50～55	—	—	2	50～55
		2.5～4	3.2	80～110			3.2	80～110
		5～6	3.2	90～120				
		7～10	3.2 4	90～120 120～160	4	20～160	3.2	90～120
		≥11	3.2 4	90～120 120～160	4 5	120～160 160～200	3.2	90～120
		12～18	3.2 4	90～120 120～160	4	20～160	—	—
		≥19	3.2 4	120～160 120～160	4 5	120～160 160～200	—	—
横对接焊缝		2	2	50～55	—	—	2	50～55
		2.5	3.2	80～110	—	—	3.2	80～110
		3～4	3.2	90～120	—	—	3.2	90～120
			4	120～160	—		4	120～160
		5～8	3.2	90～120	3.2 4	90～120 140～160	3.2 4	90～120 120～160
		≥9	3.2 140～160	90～120	4	140～160	3.2 4	90～120 120～160
		14～18	3.2 4	90～120 140～160	4	140～160	—	—
		≥19	4	140～160	4	140～160	—	—

续表

焊缝位置	焊缝断面形状	焊件厚度或焊脚尺寸（mm）	第一层焊缝		其他各层焊缝		封底层焊缝	
			焊条直径（mm）	焊接电流（A）	焊条直径（mm）	焊接电流（A）	焊条直径（mm）	焊接电流（A）
仰对接焊缝		2	—	—	—	—	2	50～65
		2.5					3.2	80～110
		3～5	—	—	—	—	3.2 4	90～110 120～160
		5～8	3.2	90～120	3.2 4	90～120 140～160	— —	— —
		≥9	3.2 4	90～120 140～160	4	140～160	—	—
		12～18	3.2 4	90～120 140～160	4	140～160	—	—
		≥19	4	140～160	4	140～160	—	—

4.1.6　各种位置焊接的基本操作

由于焊缝所处位置不同，焊接时必须选择不同的焊接规范，保持正确的焊条角度和协调的运条方式。

(1) 平焊位置的焊接

平焊位置焊缝有不开坡口对接焊、开坡口对接焊和平角接焊三种。

1) 不开坡口的对接平焊　不开坡口对接焊一般用于板厚 3～6mm 的焊缝，焊件装配时应保证两板对接处平齐，间隙要均匀，定位焊的焊缝长度及间距与板厚关系见表 5-34。定位焊电流一般比正式焊时大 10%～15%。

定位焊的焊缝长度及间距　　表 5-34

焊件厚度	定位焊缝尺寸		焊件厚度	定位焊缝尺寸	
	长　度	间　距		长　度	间　距
＜4	5～10	50～100	＞12	15～30	100～300
4～12	10～20	100～200			

正面焊选用直径 3.2mm 焊条、焊接电流 90～120A，直线形运条，短弧焊接，焊条角度见图 5-45。

为了获得较大的熔深和宽度，运条速度可慢些，使熔深达到板厚的 2/3，焊缝宽度应在 5～8mm，焊缝余高小于 1.5mm 为宜，见图 5-46。

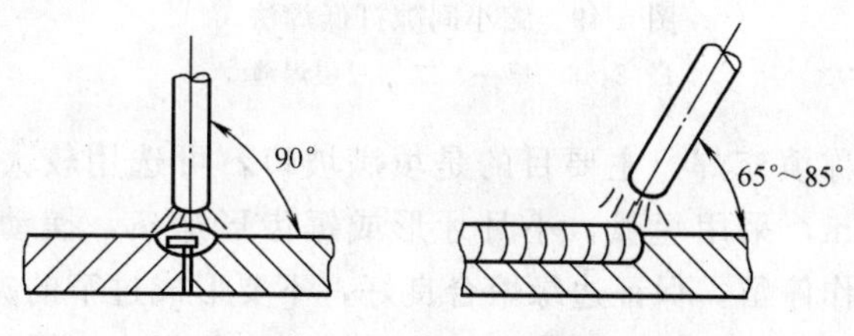

图 5-45　对接平焊焊条角度

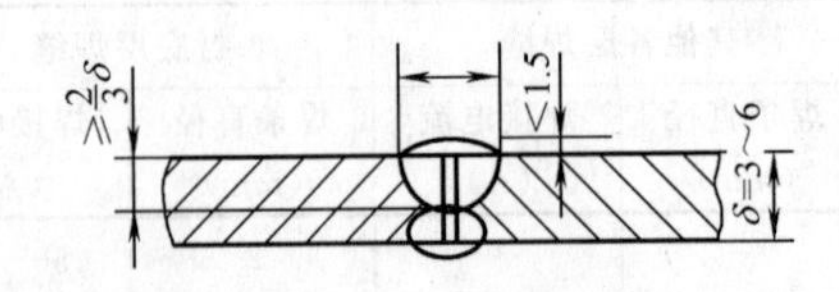
图 5-46　不开坡口对接焊接尺寸

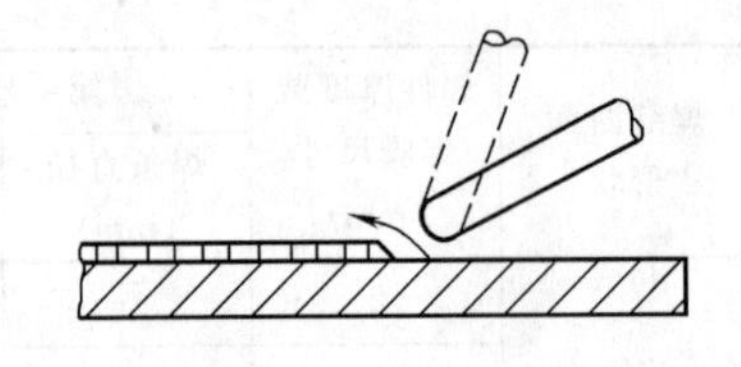
图 5-47　推送熔渣方法

操作中，如发现熔渣与铁水混合不清，即可把电弧稍拉长一些，同时将焊条向焊接方向倾斜，并向熔池后面推送熔渣，使熔渣被电弧吹到溶池后面（图 5-47），维持焊接正常进行。

正面焊完之后，进行反面封底焊；用直径 3.2mm 焊条，电流可比正面稍大，运条速度稍快，以熔透剩余母材金属。

2）开坡口的对接平焊　当焊件板厚大于 4～6mm 时，为使电弧能直接作用到焊缝根部，以保证焊透，焊件端面应开坡口，一般有 V 形、X 形和 U 形等。焊接层次有多层焊、多层多道焊，见图 5-48。

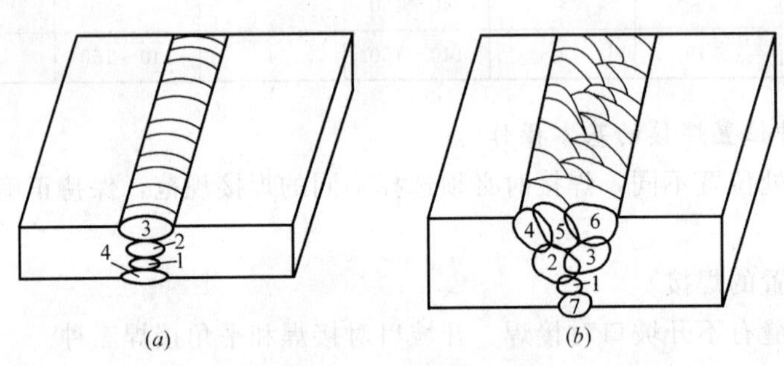

图 5-48　焊接层次示意图
(a) 多层焊；(b) 多层多道焊

多层焊是熔敷两个以上焊层，完成一条焊缝的焊接，而且焊缝每一层由一条焊缝完成。焊接第一层（打底层）时，选用直径较小的焊条（一般为 3.2mm）。运条方法视间隙大小而定，间隙小时，采用直线运条法；间隙大时，用直线往返运条法，以防烧穿。当间隙太大而无法一次焊成时，则可用缩小间隙法来完成打底层的焊接，见图 5-49。即先在坡口两侧各堆敷一条焊道，使间隙缩小，然后再焊中间焊道。

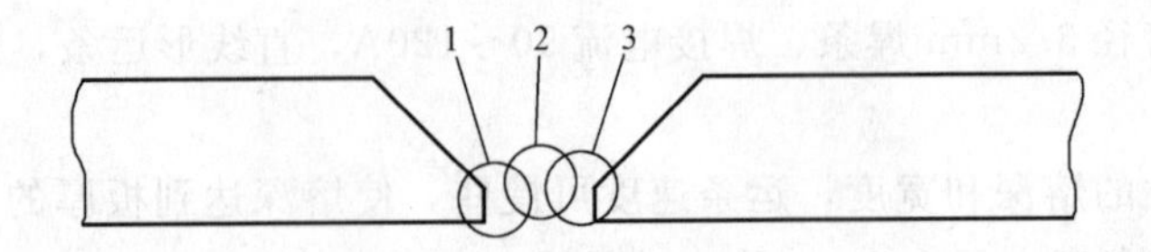

图 5-49　缩小间隙打低焊法
1、2、3—第一、二、三层焊缝

中间层的焊接，也称填充焊，主要目的是填满坡口，可选用较大直径焊条和焊接电流。焊条一般用 4～5mm，采用短弧，小月牙形或锯齿形运条，摆动幅度视坡口宽度而定。但在坡口两侧应稍作停留，保证边缘熔合良好，不要形成过窄的夹角，以防止熔合不良或夹渣。每层的焊接方向应相反，且将层间接头错开。每焊完一层焊道都要把表面的熔渣、飞溅等清理干净后才能焊接下一层。

盖面焊，即多层焊的表面层。此层要求达到一定宽度和高度，符合图纸或规范标准。运条可采用月牙形或圆圈形等方法，焊缝两侧要平滑过渡，不应有棱角或粗糙焊波，以保证焊缝表面美观。

封底焊，也称背面焊。此层应选用较大的电流，以保证背面熔透。运条可视焊缝宽度采用直线法、小月牙法或圆圈法。

3）平角焊　平角焊包括角接接头、T形接头和搭接接头。它们的操作方法相类似，所以仅以搭接接头为例，见图5-50。

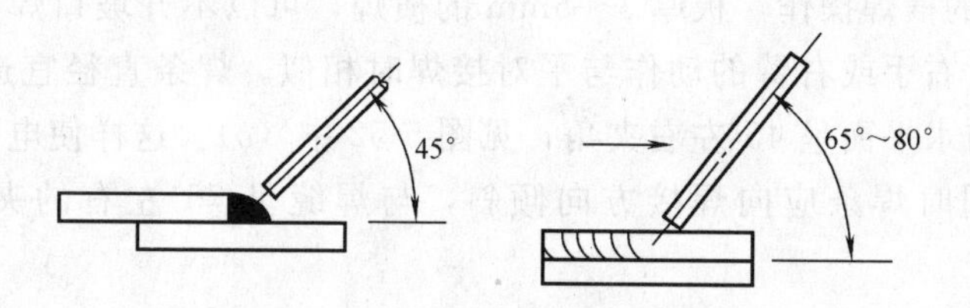

图5-50　平角搭接焊焊法

增大焊脚尺寸，可增加接头的承载能力。一般焊脚尺寸随焊件厚度增大而增加，见表5-35。

焊脚尺寸与钢板厚度的关系　　**表5-35**

钢板厚度	≥2～3	>3～6	>6～9	>9～12	>12～16	>16～23
最小焊脚尺寸	2	3	4	5	6	8

焊脚尺寸决定焊接层次与焊道数。一般当焊脚尺寸在10mm以下时，通常采用单层焊，焊条直径可按板厚选取3～5mm，用斜圆圈或斜三角运条法施焊。但运条必须有规律，不然容易产生咬边、夹渣、边缘熔合不良等缺陷。焊脚尺寸小于5mm的焊缝，可采用直线运条法，短弧焊，焊条与水平板夹角呈45°，与前进方向呈65°～80°的夹角。如果角度太小会造成根部熔合不良；角度过大，熔渣容易流到溶池前面而造成夹渣。焊接时适当调整焊接规范，注意避免咬边、偏肉等缺陷。

对焊脚尺寸大于10mm的角焊缝，由于焊脚表面较宽，熔化金属容易下淌。所以采用多层多道焊较合适，如焊脚在10～12mm，一般用二层三道焊完。焊第一层用直径3.2mm焊条，较大的焊接电流，直线运条，收尾注意填满弧坑，焊完将熔渣清理干净。焊第二层时，对第一条焊道覆盖不小于2/3，焊条与水平焊件的角度应在60°～70°之间（图5-51中的2），以使熔化金属与水平焊件熔合好，焊条与焊接方向夹角仍为60°～70°，运条用斜圆圈法。焊接第三道时，对第二道焊道的覆盖应有1/3～1/2，焊条与平焊件的角度为30°～35°（图5-51中的3），角度太大易产生焊脚下偏现象。运条仍可用直线法，速度保持均匀，但不宜太慢，因为太慢易产生焊瘤，影响焊缝的成形。焊接中如发现第二道焊道覆盖第一道焊道大于2/3时，在焊接第三道时，可采用直线往返运条法，以免第三道焊道过高。若第二道覆盖第一道太少时，第三道焊接可采用斜圆圈运条法，运条时在垂直焊件上要稍作停留，以防止咬边，这样就能弥补由于第二道覆盖过少而产生的焊脚下偏现象。

（2）横焊位置焊缝的焊接

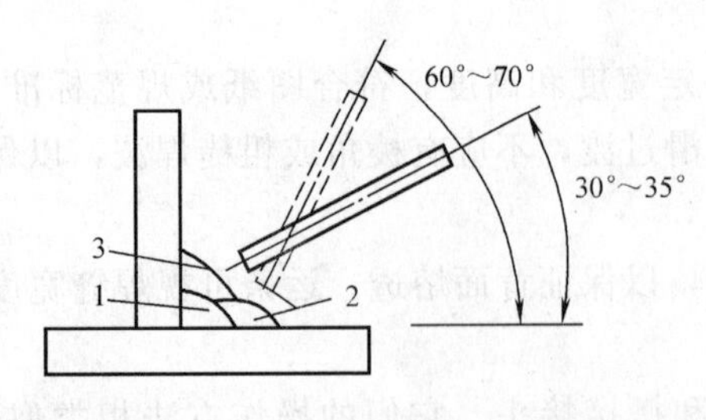

图 5-51　多层多道焊时焊条角度

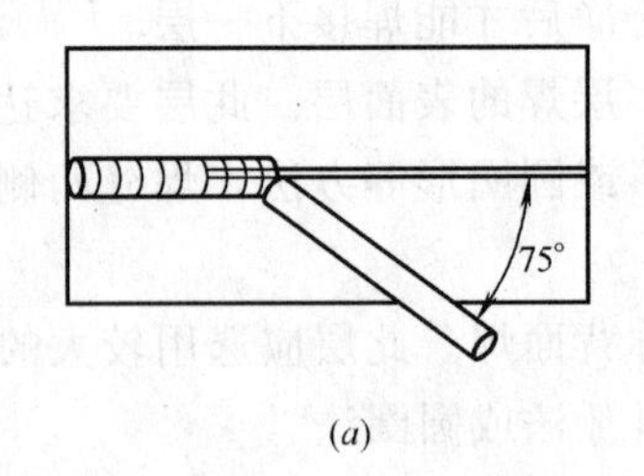

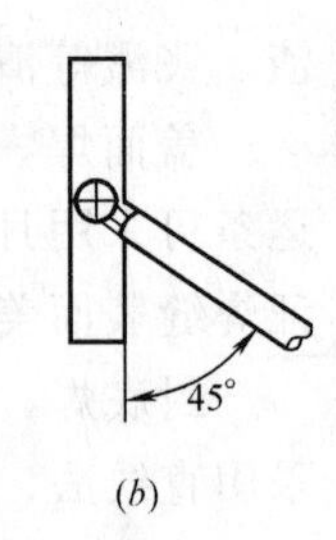

图 5-52　横焊操作示意图

1）不开坡口的横焊操作　板厚 3～5mm 的横焊，可以不开坡口焊接。操作时左手或左臂可以有依托，右手或右臂的动作与平对接焊时相似。焊条直径宜选用 3.2mm，焊条位置应向下倾斜与水平面呈 45°左右夹角，见图 5-52 中（*b*）。这样使电弧吹力托住熔化金属，防止下淌；同时焊条应向焊接方向倾斜，与焊缝呈 75°左右的夹角，见图 5-52 中（*a*）。

选择焊接电流时，可比对接焊时小 10％～15％，否则会使溶池温度升高，金属处于液态的时间长，造成下淌或形成焊瘤。操作时要特别注意，如焊渣超前，要用焊条沿焊缝轻轻拨掉，否则熔化金属也会下淌。焊接较薄板时，运条可作往复直线形，这样可借焊条向前移的机会，使熔池冷却，防止焊穿或下淌；焊接较厚板可采用短弧斜圆圈运条，斜圆圈的斜度与焊缝中心约为 45°角。运条速度要稍快些，且要均匀，以免焊条熔滴金属过多地集中在某一点上，形成焊瘤或咬边。

2）开坡口的横焊操作　当板厚大于 8mm 时，一般可开单 V 形、V 形或 K 形坡口。横焊时的坡口特点是下面焊件不开坡口或坡口角度小于上面的焊件，见图 5-53。这样有助于防止熔滴下淌，有利于焊缝的成形。

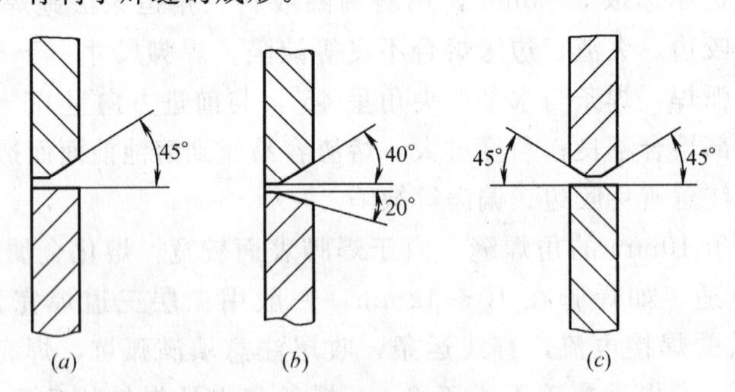

图 5-53　横焊的坡口形式

（*a*）单边 V 形坡口；（*b*）V 形坡口；（*c*）K 形坡口

对于开坡口的焊件，可采用多层焊或多层多道焊，其层道的排列顺序同（图 5-48）相似。在第一层焊时，一般要选用小直径的焊条，间隙小时，用直线运条法，短弧焊接；间隙大时，可用直线往复运条法。焊速要快，以免熔池金属堆积过多，造成夹渣。第二层的焊接采用直径 3.2mm 或 4mm 的焊条，采用斜圆圈运条法。每个斜圆圈形与焊缝中心的斜度在 45°左右。当焊条运动到斜圆圈上面时，电弧要更短些，并稍作停留，使较多的熔化金属过渡到焊道中去，然后缓慢地把电弧引到焊道下边，这样反复循环焊接。

（3）立焊位置的焊接

立焊时焊条熔化所形成的熔滴及熔池中的熔化金属要向下淌，这样就使焊缝成形困难。运条不当，容易产生咬边及背面烧穿形成焊瘤。对此，常采用下列措施：

1）选用较小直径的焊条和较小的焊接电流（比平对接焊时小10%～15%）。

2）正确掌握焊条角度。焊条与焊件成60°～80°的夹角。

3）采用短弧焊接，弧长一般不大于焊条直径。促使形成短路过渡，以减少熔滴散失，使熔滴容易过渡到熔池中去。

4）掌握操作姿势。采取胳臂有依托和无依托两种姿势。就是将胳臂轻贴在上体的肋部或大腿、膝盖位置，焊接时比较平稳省力。

（4）仰焊位置焊缝的焊接

仰焊操作，视线要选择最佳位置，两脚成半开步站立，上身要稳，由远而近的运条。为了减轻臂腕的负担，可将焊接电线挂在临时设置的钩子上。在仰焊时，熔滴过渡主要靠电弧吹力和电磁力以及熔化金属表面张力，所以一般都选用较小直径的焊条，较小的焊接电流，采用短弧焊接，短路过渡，否则会造成严重咬边及焊瘤。

1）开坡口的对接仰焊　对板厚大于6mm的焊件，均应开坡口焊接。一般开V形坡口，坡口角度要比平焊时大一些，钝边厚度却应小一些（1mm以下），组对间隙也要大些，其目的是便于运条和变换焊条位置，从而克服仰焊时熔深不足和焊不透现象，以保证焊接质量。

2）不开坡口的对接仰焊　板厚不超过4mm时，可以不开坡口进行对接仰焊。用角向磨光机打磨待焊处后，进行组装定位焊。焊接时选用直径3.2mm的焊条，焊接电流比平焊时小15%～20%，焊条与焊接方向呈70°～80°；与焊缝两侧呈90°，见图5-54。

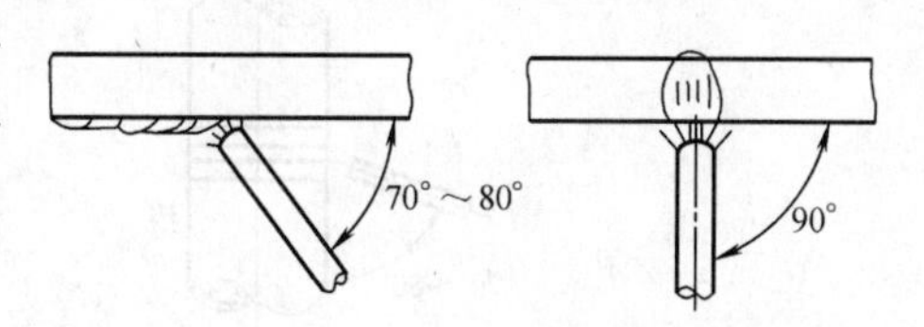

图5-54　不开坡口的对接仰焊

（5）管子的焊接

1）水平固定管的焊接（吊焊）由于焊缝是环形的，在焊接过程中需要经过仰焊、立焊、平焊等几种位置，焊条角度变化很大，操作比较困难，所以应注意每个环节的操作要领。

对管壁厚在16mm以下时可开V形坡口。对壁厚大于16mm时，为克服V形坡口张角大，造成填充金属较多，焊接残余应力大的缺点，可采用U形坡口形式。

组对时，管子轴线中心必须对正，内外壁要平齐，避免产生错口现象。焊接时，由于管子处于吊焊位置，一般先从底部起焊，考虑到焊缝的冷收缩不均，对大直径管子，平焊位置的接口间隙应大于仰焊位置间隙0.5～2mm。选择接口间隙也与焊条有一定关系，当使用酸性焊条时，接口上部间隙约等于所用焊条的直径；如选用碱性焊条，接口间隙一般为1.5～2.5mm，这样底层焊缝双面成形良好。间隙过大，焊接时易烧穿，产生焊瘤；间隙过小，则不能焊透。

定位焊一般以管径大小来确定焊点数，对小于ϕ51mm的小管，一般定位焊一处即可，其位置在斜平焊处；ϕ33mm以下的管子定位焊两处为宜；对大于ϕ133mm的大管，可定位焊3～4处，定位焊缝长度一般为15～30mm，余高约为3～5mm，焊肉太小易开裂，太大会给焊接时带来困难。定位焊用ϕ3.2mm的焊条，焊接电流90～130A。定位焊缝的两端，要用角向磨光机打磨出缓坡，以保证接头时焊透。

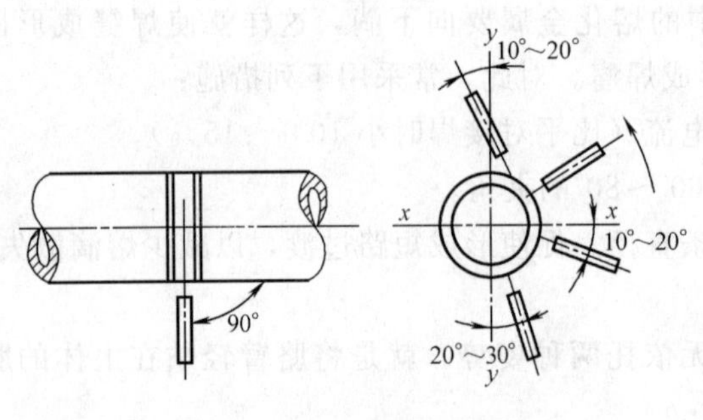

图 5-55　水平固定焊接

正式焊接时，焊条与管子对接口中心应始终保持垂直成 90°角的状态，见图 5-55。

仰焊起始部分焊条与管子中心线 y 轴的倾角一般为 20°～30°。焊至立焊部位时，焊条与管子中心线 x 轴的倾角为10°～20°。当施焊到上爬坡（即进入平焊）位置时，焊条须转个方向向左倾，即与管子中心线 y 轴的倾角为 10°～20°。从管子底部的仰焊位置开始，分两半施焊，先焊的一半称前半部，后焊的一半称后半部。两半部焊接都按照仰—立—平的顺序进行。底层用 ϕ3.2mm 焊条，先在前半部的仰焊处坡口边上用直击法引弧，引燃后将电弧移至坡口间隙中，用长弧烤热起焊处，约经 2～3s，坡口两侧接近熔化状态，立即压低电弧，当坡口内形成熔池，随即抬起焊条，熔池温度下降且变小，再压低电弧往上顶，形成第二个熔池。如此反复一直向前移动焊条。当发现熔池温度过高，熔化金属有下淌趋势时，应采取灭弧方法，待溶池稍变暗，再重新引弧，引弧部位应在熔池稍前。

2）垂直固定管的焊接（横焊）焊接垂直固定管的操作位置见图 5-56。

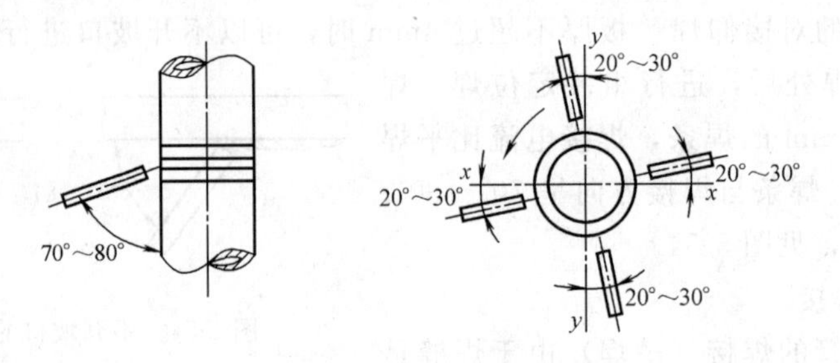

图 5-56　垂直固定焊

焊接时，焊条与对接口的垂直方向下垂 10°～20°（或与管子中心线倾斜 70°～80°），而沿施焊方向与管子中心线 y 轴均倾斜 20°～30°角。由于焊缝与地面处于水平位置，故焊条倾角基本不变。打底焊时，先选定始焊处，用直击法引弧，拉长电弧烤热坡口，待坡口处接近熔化状态，压低电弧，形成熔池，随后采取直线或斜齿形运条向前移动。运条的角度见图 5-56。换焊条时动作要快，当焊缝尚未冷却时，即再次引燃电弧，便于接头。焊完一圈回到始焊处，听到有击穿声后，焊条略加摆动，填满弧坑后收弧。打底层焊道位置应在坡口中略偏下，焊道上部不要有尖角，下部不能有粘合现象。中间层焊道可采用斜锯齿形或斜圆圈形运条。这种操作方法焊道少，出现缺陷机会少，生产效率高，焊波均匀但操作难度较大。如用多道焊，可略增大焊接电流，直线运条，使焊道充分熔化，焊接速度不要太快，使焊道自下而上的整齐而紧密的排列。焊条的垂直倾角随焊道位置改变，下部倾角要大，上部倾角要小。焊接过程中要保持熔池清晰，当熔渣与熔化金属混淆不清时，可采用拉长电弧并向后甩一下，将熔渣与铁水分清。中间层不应把坡口边缘盖住、焊道中间部位稍微凸出，为盖面焊道做好准备。盖面焊道从下而上，上下焊道焊速要快，中间焊速慢些，使焊道呈凸形。焊道间可不清除渣壳，以使温度下降缓慢，道间易于熔合。最后一道焊条倾角要小，以消除咬边现象。

3）固定三通管的焊接　在管道施工中，三通是常见的，而且大都处于固定位置焊接。按空间位置也可分为平位、立位、横位和仰位四种形式，见图 5-57。

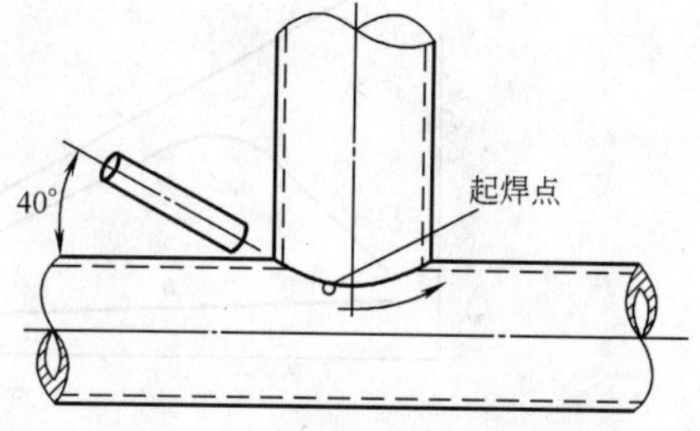

图 5-57　三通管平位焊示意图

4.2　埋弧自动焊

埋弧自动焊是一种电弧在颗粒状焊剂下燃烧的熔焊的工艺。

4.2.1　埋弧自动焊的工艺参数

埋弧焊工艺参数主要有焊接电流、电弧电压、焊接速度、焊丝直径。

（1）焊接电流　焊接电流对焊缝形状的影响见图 5-58。

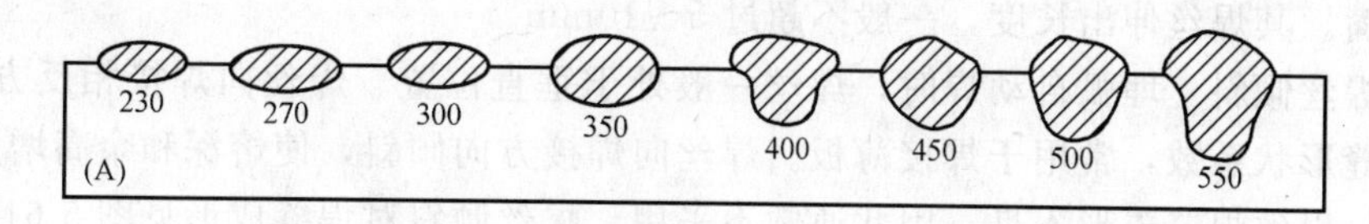

图 5-58　焊接电流对焊缝形状的影响

它表明当焊接电流增大时，熔深和加强高明显增加，而熔宽却变化不大。当熔深加深，熔宽变化小时，熔池中气体和夹杂物不易上浮和逸出，结晶方向不利，容易产生气孔和裂纹。为此，在增加电流的同时，必须提高电弧电压，以得到合理的焊缝形状。

（2）电弧电压

电弧电压对焊缝形状的影响见图 5-59。

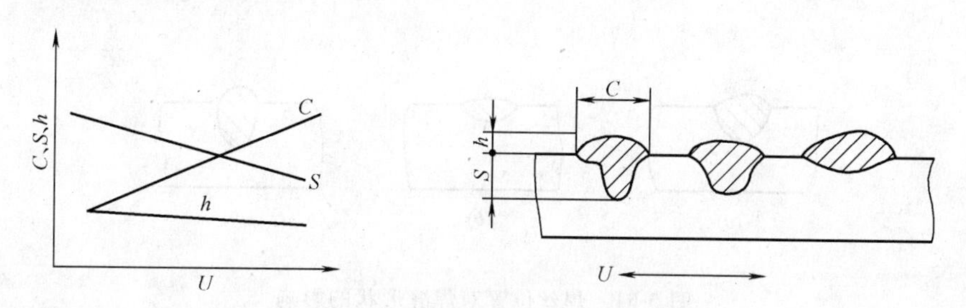

图 5-59　电弧电压对焊缝形状的影响

电弧电压增大（即电弧增长），使熔宽显著增加，但熔深和余高相应减小。电弧电压过高时，会使焊剂熔化量增加，电弧不稳定，严重时焊缝产生咬边、气孔等缺陷。

（3）焊接速度　当焊接电流和电弧电压不变时，焊接速度对焊缝形状的影响见图 5-60。

随着焊接速度的增加，熔深由增大到减小，熔宽减小。焊接速度太快时，焊件与填充金属容易产生未熔合的缺陷。

（4）焊丝直径　当焊接电流不变时，随着焊丝直径的增大，电流密度越小，电弧的摆动作用加强，使焊缝的熔宽增加而熔深稍减小。焊丝直径减小时，电流密度增大，电弧吹力加强，熔深增大，且容易引弧。

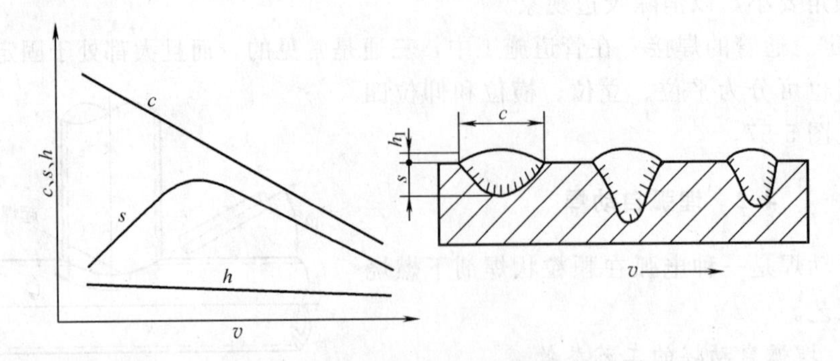

图 5-60　焊接速度对焊缝形状的影响

(5) 焊丝伸出长度　焊丝伸出长度是从导电嘴端算起，伸出导电嘴外的焊丝长度。焊丝伸出越长，电阻增大，焊丝熔化速度加快，使焊缝的余高增加；伸出长度太短，则可能烧坏导电嘴。其焊丝伸出长度，一般不超过 5～10mm。

(6) 焊丝倾斜　埋弧自动焊时，焊丝一般处于垂直位置。焊丝向焊接相反方向倾斜，可增大焊缝形状系数，常用于焊接薄板。焊丝向焊接方向倾斜，使熔深和余高增大，熔宽明显减小，以致焊缝成形不良，因此通常不采用。焊丝倾斜对焊缝成形见图 5-61。

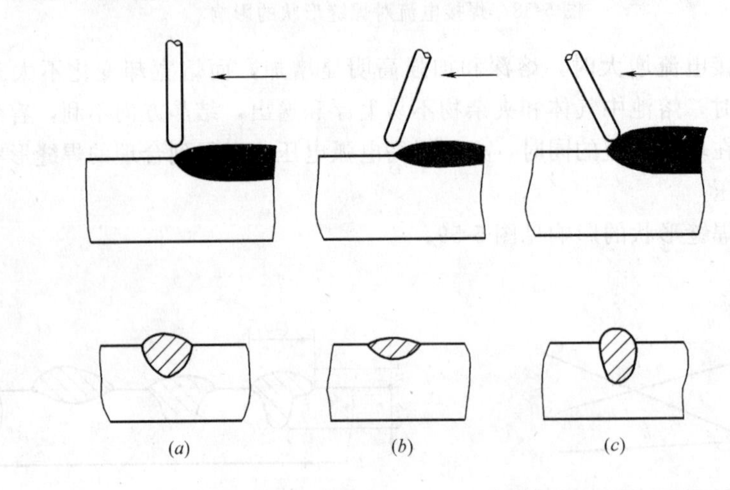

图 5-61　焊丝位置对焊缝形状的影响

(a) 垂直位置；(b) 前倾位置；(c) 后倾位置

(7) 焊件倾斜　焊件倾斜时，在焊接方向上有上坡焊或下坡焊之分，见图 5-62。上坡焊时，熔深增大，熔宽减小，它的影响与焊丝后倾相似；当下坡焊时，熔宽增大，熔深减小，它的影响与焊丝前倾相似。无论是上坡焊还是下坡焊，α 倾角都不宜大于 6°～8°。

4.2.2　埋弧自动焊的操作技术

(1) 对接直焊缝的焊接

对接直焊缝有单面焊和双面焊两种基本类型。

1) 单面焊　单面焊常用于 14mm 以下的中、薄板对接。为防止熔渣和熔池金属泄漏，背面常采用焊剂垫进行焊接。焊剂垫的焊剂与焊接用的焊剂相同，焊剂要与焊件紧贴，能承受一定的均匀托力。

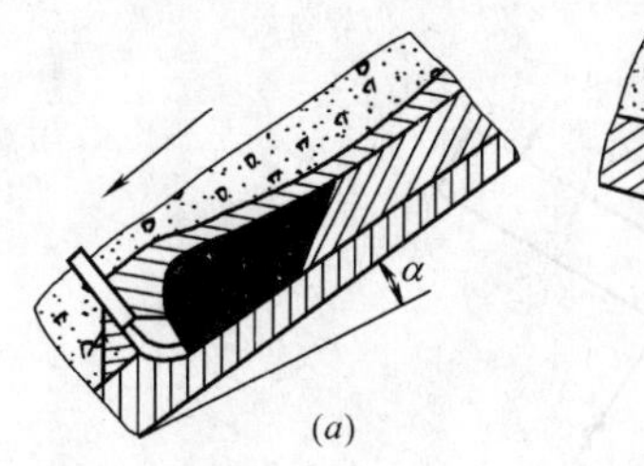

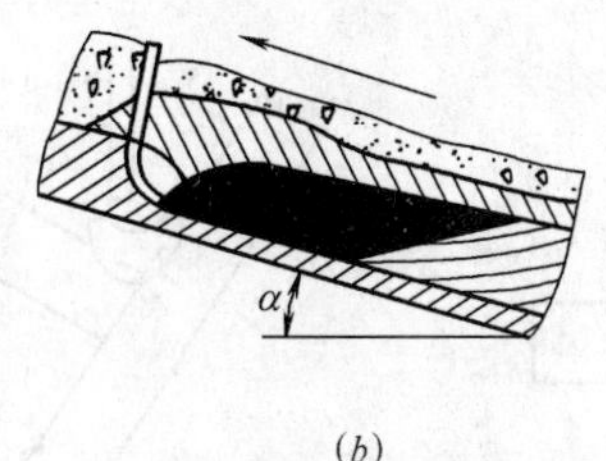

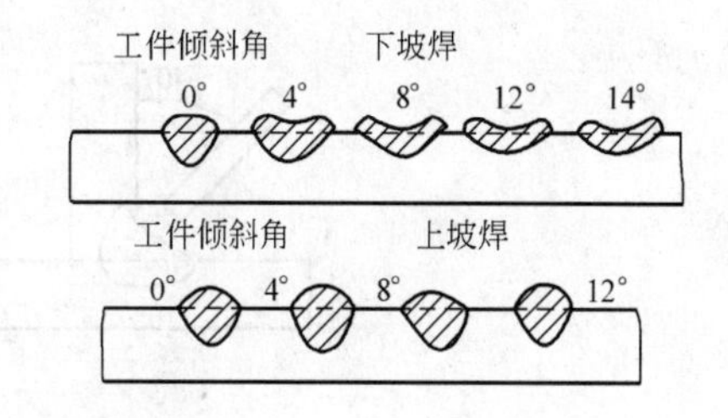

图 5-62　焊件倾斜对焊缝形状的影响

(a) 下坡焊；(b) 上坡焊

2) 双面焊　双面焊常见于悬空焊法。一般对厚度 14mm 以下的对接焊缝，可不开坡口，不留间隙。焊接工艺参数要选小一些，一般熔透深度达到焊件厚度的 40%～50%即可。焊接电流 450～520A，焊丝直径 4mm、焊接速度 35～42m/h。正面焊完后，利用碳弧气刨清除焊根，并刨出一定深度与宽度的坡口，如图 5-63。

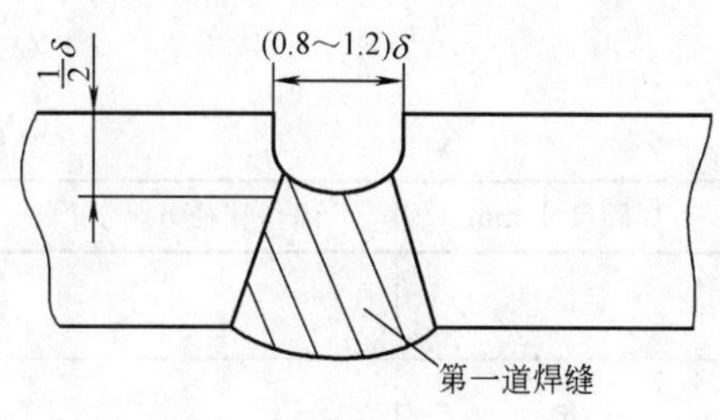

图 5-63　碳弧气刨坡口形状尺寸

对厚度较大的焊件，可采用开坡口焊接，开坡口双面焊的主要焊接工艺参数见表 5-36。

开坡口双面焊焊接工艺参数　　　　**表 5-36**

焊件厚度 (mm)	坡口形式	焊丝直径 (mm)	层次	焊接电流 (A)	电弧电压 (V)	焊接速度 (m/h)
14	(65°±5°; 3; 3)	5	1 2	830～850 600～620	36～38	25 45
16		5	1 2	830～850 600～620	36～38	20 45
18		5	1 2	830～850 600～620	36～38	20 45
22		6 5	1 2	1050～1150 600～620	38～40 36～38	18 45
24	(65°±5°; 3; 65°±5°)	6 5	1 2	1050～1150 800～840	38～40 36～38	24 26
30		6	1 2	1000～1100 900～1000	38～40	18 20

(2) 角接焊缝的焊接

角接焊缝埋弧自动焊分为船形位置焊和平角位置焊，如图 5-64。

船形焊是将焊件翻转一个角度，焊丝处于垂直位置焊接。其优点是熔深对称、焊缝成形美观。但装配间隙一般不宜大于 1～1.5mm，焊接的主要工艺参数见表 5-37。

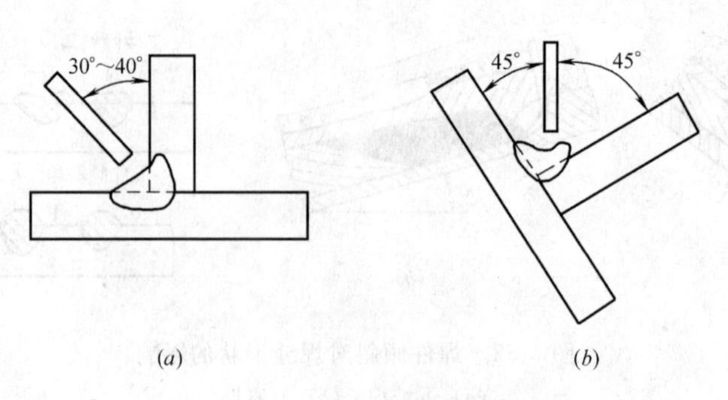

图 5-64 角焊缝施焊形式

(a) 平角焊；(b) 船形焊

船形角焊工艺参数 表 5-37

焊脚尺寸 mm	焊丝直径 mm	焊接电流 A	电弧电压 V	焊接速度 m/h
6	3	500～520	34～36	45～47
	4	570～600		52～54
8	4	570～620	33～35	30～32
	5	670～720	32～34	30～32
10	4	650～700	34～36	23～25
	5	720～770		
12	4	700～750	34～36	16～18
	5	770～820	36～38	18～20

平脚焊的主要工艺参数，见表 5-38。

平脚焊工艺参数 表 5-38

焊脚尺寸 mm	焊丝直径 mm	焊接电流 A	电弧电压 V	焊接速度 m/h
4	3	350～370	28～30	53～55
6	3	450～470	28～30	54～58
	4	480～500	28～30	58～60
8	3	500～530	30～32	44～47
	4	650～700	32～34	48～50

4.3 气体保护电弧焊

4.3.1 气体保护焊概述

气体保护电弧焊是利用外加气体作为电弧介质并保护电弧和焊接区的一种电弧熔焊方法，简称气体保护焊，也称“气电焊”。气体保护焊按所用的电极材料有两类不同的方式，见图 5-65。一是采用一根不熔化电极（钨极）的电弧焊，称为不熔化极气体保护焊；二是采用一根或多根熔化电极（焊丝）的电弧焊，称为熔化极气体保护焊。

与其他焊接方法相比，具有以下特点：

(1) 明弧焊接，便于观察，操作简便，有利于实现机械化和自动化。

(2) 焊接质量高，由于电弧热量集中，热影响区小，焊缝含氢量少，抗裂性能好，不易产生气孔。

(3) 不宜在野外或有风的地方施焊，而且焊接设备较复杂。

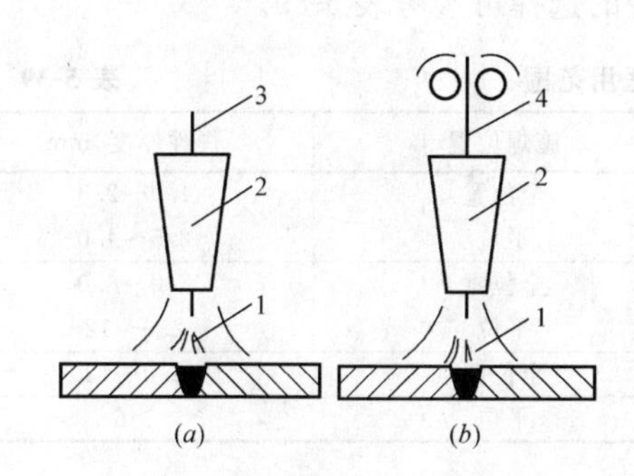

图 5-65　气体保护焊方式示意图

(a) 不熔化极气体保护焊；

(b) 熔化极气体保护焊

1—电弧；2—喷嘴；3—钨极；4—焊丝

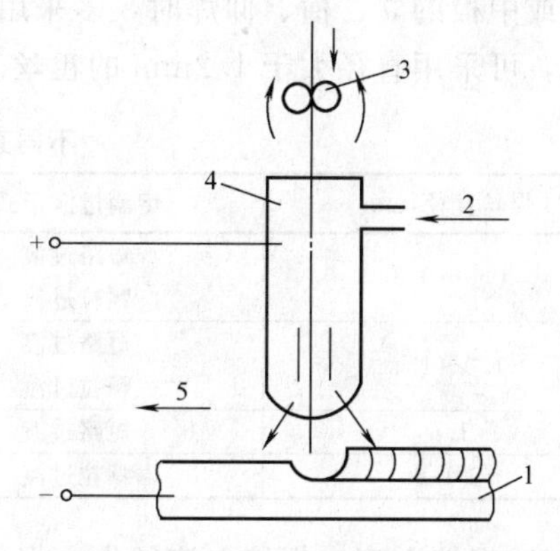

图 5-66　二氧化碳气体保护焊接过程示意图

1—焊件；2—二氧化碳气体；3—送丝机构；4—焊枪；5—焊接方向

气体保护焊的常用保护气体种类主要有氩气和二氧化碳气，此外还有氮气、氢气、氦气、水蒸气及混合气等。

按保护气体种类可分为氩弧焊、氮弧焊、氢原子焊、二氧化碳气体保护焊等。按电极形式分熔化极和非熔化极两种；按操作方法分为手工、半自动和自动气体保护焊。

4.3.2　二氧化碳气体保护焊

二氧化碳气体保护焊简称"CO_2 焊"，它是利用 CO_2 气体作为保护的一种电弧焊方法。CO_2 焊有细丝（焊丝直径＜1.6mm）和粗丝（焊丝直径≥1.6mm）两种，其焊接过程如图 5-66。

(1) CO_2 气体保护焊的特点及应用

CO_2 气体保护焊与手工电弧焊、埋弧自动焊等电弧焊方法比较，具有如下特点：

1) 生产效率高　由于 CO_2 焊的电流密度大，电弧热量利用率较高，以及焊后不需清渣，因此比手工电弧焊生产效率高；

2) 成本低　CO_2 气体价格便宜，且电能消耗少，降低了成本；

3) 焊接变形小　CO_2 焊电弧热量集中，焊件受热面积小，因此减少了焊件变形；

4) 焊接质量好　CO_2 焊的焊缝含氢量少，抗裂性好，焊缝力学性能良好；

5) 操作简便　焊接时可观察到电弧和熔池情况，不易焊偏，适宜全位置焊接，易掌握。

6) 适应能力强　CO_2 焊常用于碳钢及低合金钢，可进行全位置焊接。除用于焊接结构外，还适用于修理和磨损零件的堆焊。

CO_2 焊也有一些不足之处，如采用大电流焊接时，焊缝表面成形不如埋弧焊，飞溅较多，不能焊接易氧化的有色金属等。

(2) CO_2 气体保护焊工艺参数

CO_2 气体保护焊的工艺参数，主要包括焊丝直径、焊接电流、电弧电压、焊丝伸出长度、焊接速度、气体流量、电源极性及回路电感等。选择焊接工艺参数的原则如下。

1) 焊丝直径　焊丝直径根据焊件厚度、焊缝空间位置及生产率等条件来选择。焊接薄板或中板的立、横、仰焊时，多采用直径1.6mm以下的细焊丝。当平焊位置焊接中厚板时，可采用直径大于1.2mm的粗丝。焊丝直径的选择可参考表5-39。

不同直径焊丝的适用范围 **表5-39**

焊丝直径,mm	熔滴过渡形式	施焊位置	焊件厚度,mm
0.5～0.8	短路过渡	全位置	1.0～2.5
	颗粒过渡	平位	2.5～4.0
1.0～1.4	短路过渡	全位置	2.0～8.0
	颗粒过渡	平位	2.0～12
1.6	短路过渡	全位置	3.0～12
≥1.6	颗粒过渡	平位	>6

2）焊接电流　焊接电流的大小根据焊件的厚度、焊丝的直径、焊接位置及熔滴过渡形式来决定。不同直径焊丝的焊接电流选择范围见表5-40。

不同直径焊丝的焊接电流选择范围 **表5-40**

焊丝直径（mm）	焊接电流,A		焊丝直径（mm）	焊接电流,A	
	颗粒过渡（30～45V）	短路过渡（16～22V）		颗粒过渡（30～45V）	短路过渡（16～22V）
0.8	160～250	60～160	1.6	350～500	100～180
1.2	200～300	100～175	2.4	500～750	150～200

3）电弧电压　电弧电压必须与焊接电流配合恰当。通常细丝焊接时电弧电压为16～24V，对于直径为1.2～3.0mm焊丝，电弧电压为25～36V。采用短路过渡形式时，其电弧电压与焊接电流的最佳配合范围。见表5-41。

CO_2短路过渡时电弧电压最佳范围 **表5-41**

焊接电流（A）	电弧电压（V）		焊接电流（A）	电弧电压（V）	
	平　焊	立焊和仰焊		平　焊	立焊和仰焊
75～120	18～21.5	18～19	180～210	20～24	18～22
130～170	19.5～23.0	18～21	220～260	21～25	—

4）焊接速度　在一定的焊丝直径、焊接电流和电弧电压的工艺条件下，焊接速度快，焊缝熔深及熔宽都有所减小。如果焊速太快，则可能产生咬边或未熔合缺陷，同时，气体保护效果变坏，还会出现气孔；焊接速度太慢，效率低，焊接变形大。通常，CO_2半自动焊的焊接速度在15～30m/h范围内；自动焊时，焊接速度稍快些，但一般不超过40m/h。

5）焊丝伸出长度　它是指从导电嘴到焊丝端头的距离，以“*Lsn*”表示，可按下式选定：

$$Lsn=10d\ (\mathrm{mm})$$

式中　d——焊丝直径（mm）。

如果焊接电流取上限数值，焊丝的伸出长度也可选稍大一些。

6）CO_2气体流量　CO_2气体流量的大小，应根据接头形式、焊接电流、焊接速度、喷嘴直径等工艺参数来选定。通常，当采用细焊丝焊接时，CO_2气体流量约为5～15L/min；粗丝焊时，CO_2气体流量约为15～25L/min。

7）电源极性　CO_2 气体保护焊时，主要采用直流反极性连接，这种焊接过程电弧稳定，飞溅少、熔深大；而正极接时，因为焊丝为阴极，焊件为阳极，焊丝熔化速度快，而熔深较浅，余高增大，飞溅也较多。

8）回路电感　焊接回路中的电感量应根据焊丝直径、焊接电流和电弧电压来选择。不同直径焊丝的电感量可参见表 5-42。

焊接回路电感量的选择　　**表 5-42**

焊丝直径(mm)	焊接电流(A)	电弧电压(V)	电感量(mH)
0.8	100	18	0.01～0.08
1.2	130	19	0.01～0.16
1.6	160	20	0.30～0.70

通常，可以采取试焊的方法，来调整电感量，当达到焊接过程电弧稳定，短路频率较高，飞溅最小时，说明电感量是合适的。

(3) CO_2 气体保护焊操作技术

1）焊前清理与装配定位　CO_2 半自动焊时，对焊件与焊丝表面的清洁度要比手工电弧焊时严格。为了能获得稳定的焊接质量，焊前应对焊件、焊丝表面的油、锈、水及污物进行认真清理。

定位焊可使用优质焊条进行手工电弧焊或者直接采用 CO_2 半自动焊进行。定位焊的长度和间距，要根据焊件厚度和构造型式而定，一般定位焊缝长度约为 30～250mm，间距以 100～300mm。

2）引弧与熄弧　在 CO_2 半自动焊中，引弧和熄弧比较频繁，操作不当时易产生焊接缺陷。由于 CO_2 焊机的空载电压较低、引弧比较困难，往往造成焊丝成段爆断，所以引弧时要把焊丝长度调整好，焊丝与焊件保持 2～3mm 的距离。如果焊丝端部有球状头，应当剪掉。为了消除未焊透、气孔等引弧的缺陷，对接焊缝应采用引弧板，或在距焊缝端部 2～4mm 处引弧，然后再缓慢将电弧引向焊缝起始端，待焊缝金属熔合后，再以正常焊接速度前进。焊缝结尾熄弧时应填满弧坑。采用细丝短路过渡焊时，其电弧长度短，弧坑较小，不需作专门处理；若采用粗丝大电流并使用长弧时（直径大于 1.6mm），由于电流大、电弧吹力也大，熄弧过快会产生弧坑。因此在熄弧时要在弧坑处停留片刻，然后缓慢抬起焊枪，在熔池凝固前仍要继续送气。

3）左焊法和右焊法　CO_2 半自动焊根据焊丝的运动方向有左焊法和右焊法两种。左焊法电弧对焊件有预热作用，能得到较大的熔深，焊缝成形较美观，能清楚的掌握焊道方向，不易焊偏。一般半自动焊时，都采用带有前倾角的左焊法，前倾角为 10°～15°，见图 5-67。

右焊法气体对溶池的保护效果较好，由于电弧的吹力作用，把熔池的熔化金属推向后方，使焊缝成形饱满。但右焊法不易掌握准确焊道方向，容易焊偏，操作不当，会影响焊缝成形。

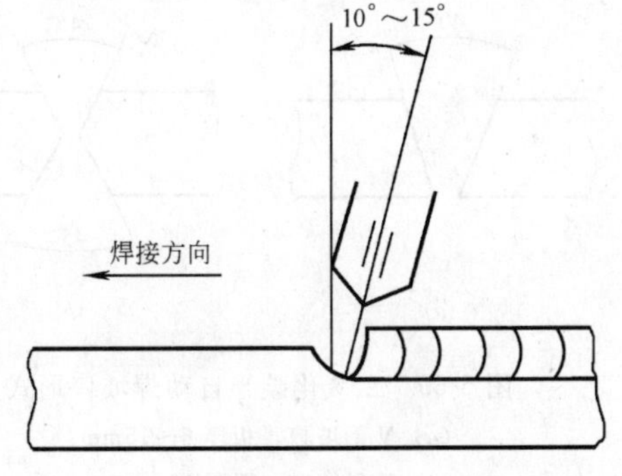

图 5-67　带有前倾角度的左焊法

(4) CO_2 半自动焊操作技术

1）不开坡口平对接焊　平焊时操作姿势应根据焊件高度，身体站立或下蹲，上半身稍向前倾，脚要站稳，肩部用力使臂膀抬起保持水平，右手握住焊枪，但不要握得太死，应自然，并用手指控制枪柄上的开关，左手持面罩准备施焊。起始端一般焊道较高，熔深浅，因焊件正处于温度低时，这样会影响焊缝质量。为克服这一点，可采用特别的移动法，即在引弧后，先将电弧稍拉长一些，以此达到对焊道预热的目的。然后再压低电弧进行起端的焊接。这样就可以获得有一定熔深和成形比较整齐的焊道。采用直线移动焊丝的焊接法见图 5-68。焊道的接头一般采用退焊法，其操作要领与手工电弧焊基本相似。不开坡口对接焊缝常用细丝，CO_2 半自动焊工艺参数见表 5-43。

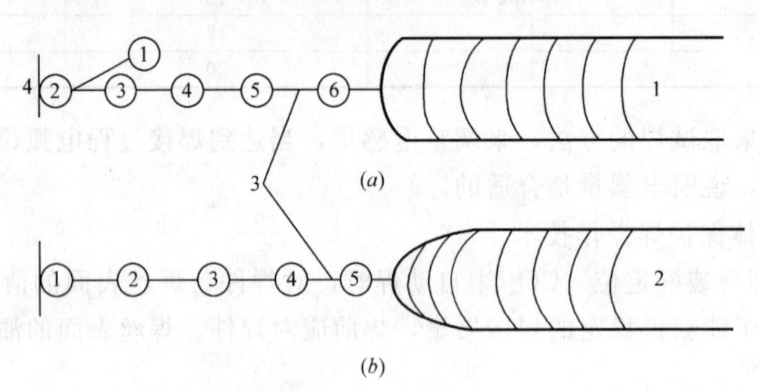

图 5-68　起始端运丝法对接焊道形成的影响

(a) 较长的电弧预热；(b) 电弧短，过早形成起头焊道
1—焊接好；2—焊接不好；3—焊丝移动线；4—起焊点

不开坡口对接接头 CO_2 半自动焊规范　　表 5-43

板厚 (mm)	焊丝直径 (mm)	焊接电流 (A)	电弧电压 (V)	焊接速度 (m/min)	CO_2 气流量 (L/min)
1.2	0.8	70	18	0.45	10～15
1.6	1.0	100	19	0.50	10～15
2.3	1.2	120	20	0.55	10～15
3.2	1.2	140	20	0.50	10～15
4.5	1.2	220	23	0.50	10～15

2）开坡口平对接焊　对板厚大于 8mm 的对接焊缝，可采用开坡口焊接，其坡口形式见图 5-69。

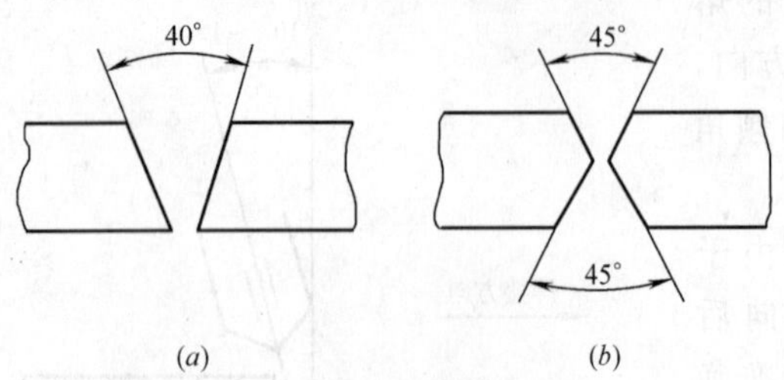

图 5-69　二氧化碳半自动焊坡口形式

(a) V形坡口，板厚 8～15mm；
(b) X形坡口，板厚 16～25mm

焊接采用左焊法，焊丝中心线前倾 10°～15°角。第一层采用直线运丝法进行焊接。以后各层可采用横向摆动的月牙法或锯齿形法运丝。

横向摆动运丝有以下基本要求：

(a) 运丝时以手腕作辅助，以手臂操作为主来控制和掌握运丝角度；

(b) 左右摆动幅度要一致。CO_2 半自动焊摆动的幅度应比手工电弧焊时小一些；

（c）月牙形和锯齿形摆动时，为避免焊缝中心过热，运丝到中心时，要加快速度，而到两侧，则应稍作停顿。

（d）为了降低熔池温度，避免铁水漫流，有时焊丝可作小幅度的前后摆动。作这种摆动时，也要注意摆动均匀，并控制向前移动焊丝的速度也应均匀。

多层焊时应注意防止未熔合、夹渣、气孔等缺陷。焊至最后一层的前一层时，焊道应比焊件金属表面低0.5～1.0mm，以免坡口边缘熔化，导致盖面焊道产生咬边或焊偏现象。开坡口对接焊的焊接规范见表5-44。

开坡口对接 CO_2 半自动焊焊接规范 **表5-44**

板厚（mm）	坡口形式	层数	焊丝直径（mm）	焊接电流（A）	电弧电压（V）	焊接速度（m/min）	CO_2 气流量（L/min）
8～10	V	2	1.2	120～130 280～300	26～28 30～33	0.3～0.5 0.4～0.5	20
16	V	3	1.2	120～140 300～340 300～340	25～27 33～35 35～37	0.4～0.5 0.3～0.4 0.2～0.3	20
18～20	X	4	1.2	140～160 260～280 300～320 300～320	24～26 31～33 35～37 35～37	0.26～0.3 0.35～0.45 0.4～0.5 0.35～0.45	20
20 25	X	2 4	2.0～2.5	440～460 420～440	30～32	0.27～0.33	18～20

3）丁字接头和搭接接头的焊接　在操作时，要正确执行焊接工艺参数，根据焊件厚度和焊脚尺寸来控制焊丝的角度。不等厚的丁字焊件，平角焊时要使电弧偏向厚板，以使两板受热均匀。焊丝与平板夹角为55°～65°。对等厚板焊接时，一般焊丝与平板夹角为40°～45°，见图5-70。

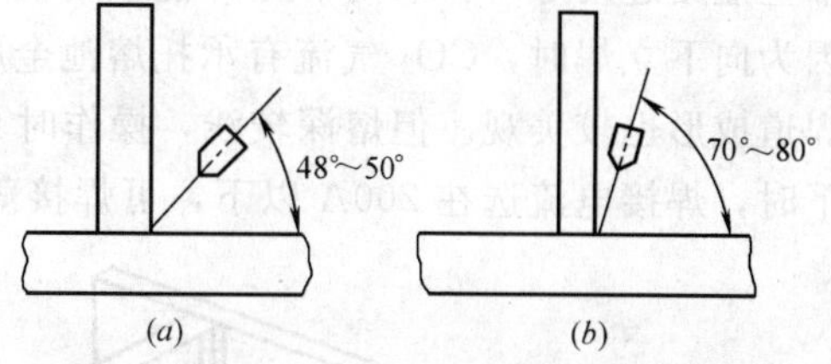

图5-70　丁字接头焊接时焊丝的角度
（a）两板等厚时角度；（b）不等厚时角度

当焊脚尺寸为5mm以下时，可按图5-71中1位，将焊丝指向夹角处；如焊脚在5mm以上时，可将焊丝水平移开，离夹角1～2mm。此时可得到等脚的焊缝，如图5-72中2位。焊丝的前倾角为10°～25°，焊脚尺寸小于8mm时，都可以单层焊。焊脚尺寸小于5mm时，可用直线运丝法短路过渡形式、均匀焊速焊接。焊脚尺寸在6～8mm时，采用斜圆圈运丝法，运丝要领可参照手工电弧焊丁字接头运条法进行。焊脚尺寸大于8mm时，要采用多层多道焊法，其层道数与手工电弧焊相似。

在焊接搭接角焊缝时，如果上下板的厚度不相同，焊丝对准焊道的位置也要有区别。当上板厚度薄时，应对准A点；上板厚时，就应对准3点，见图5-72。常用角焊缝焊接工艺规范见表5-45。

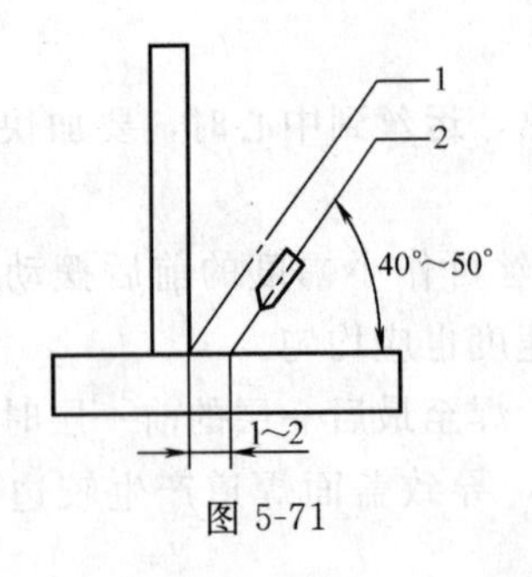

图 5-71

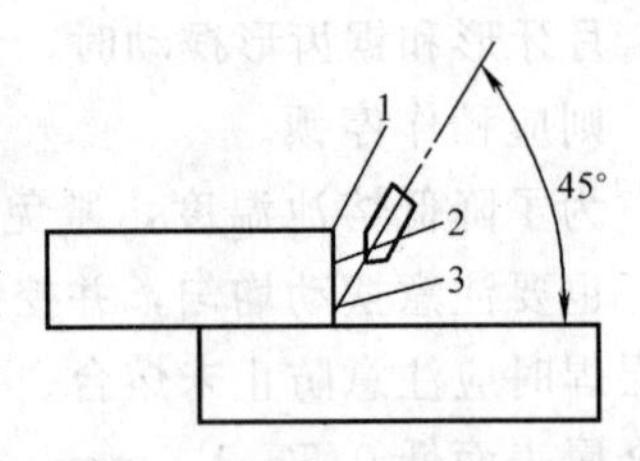

图 5-72　搭接焊缝焊丝位置

角焊缝 CO_2 半自动焊焊接规范　　表 5-45

接头形式	板厚 (mm)	焊丝直径 (mm)	焊接电流 (A)	电弧电压 (V)	焊接速度 (m/min)	CO_2 气流量 (L/min)	焊脚尺寸 (mm)
T形接头	1.6	0.8～1.0	90	19	0.5	10～15	3
	2.3	1.0～1.2	120	20	0.5	10～15	3
	3.2	1.0～1.2	140	20.5	0.45	10～15	3.5
	4.5	1.0～1.2	160	21	0.55	10～15	4
	6.0	1.2	230	23	0.5	10～15	6
	12.0	1.6	290	28	0.45	10～15	7
搭接接头	1.6	1.0～1.2	120	19	0.5	10～15	—
	2.3	1.0～1.2	130	19	0.5	10～15	—
	4.5	1.2	210	22	0.5	10～15	—
	6.0	1.2	270	26	0.5	10～15	—
	8.0	1.2	320	32	0.5	10～15	—

4）立焊　CO_2 保护焊的立焊有两种方式，一种是自上而下的立焊，即向下立焊。手工电弧焊时，向下立焊需要用专门焊条，故通常只采用向上立焊。而 CO_2 保护焊，选用细丝短路过渡焊时，取向下立焊能获得满意的焊缝。此时，焊丝的位置与角度见图5-73。因为向下立焊时，CO_2 气流有承托熔池金属的作用，使它不易下坠。因而操作十分方便，焊道成形也较美观。但熔深较浅，操作时 CO_2 气流要比平焊时大些。当焊丝在 1.6mm 以下时，焊接电流选在 200A 以下，可焊接薄板的立焊。

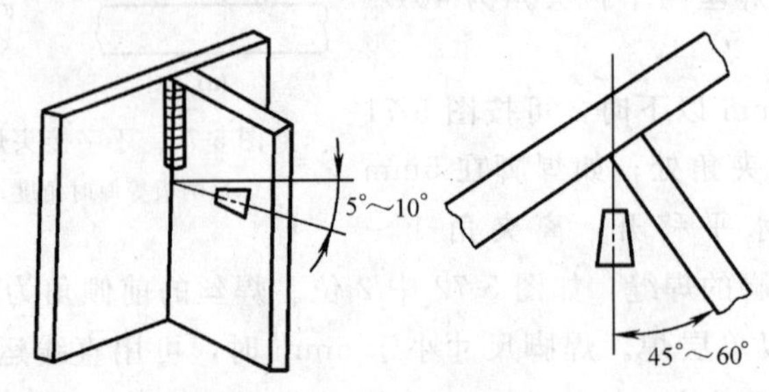

图 5-73　立焊时焊丝的位置

焊接时要注意：薄板单层向下立焊时，采用直线运丝，其焊丝角度与其他立焊相似。多层焊的第一层也采取直线运丝，第二层可采取小月牙运丝法。在每层焊道表面要均匀，注意两侧熔深一致，防止出现咬边现象。向下立焊的工艺参数可参考表 5-46。

5）横焊　CO_2 保护横焊时的焊接规范与立焊相同，焊丝一般为直线运动，也可做小幅度的前后往复摆动，以防止熔池温度过高，铁水下流。焊枪与焊缝水平线的夹角为5°～

直线运丝和横向摆动向下立焊的工艺规范 表 5-46

运丝方法	焊接电流(A)	电弧电压(V)	焊接速度(m/h)	CO_2 气流量(L/min)
直线形	100～120	22～24	20～22	0.5～0.8
小月牙形	130	22～24	20～22	0.4～0.7
正三角形	140～150	26～28	15～20	0.3～0.6

15°，焊枪与焊缝夹角在 75°～85°之间。

6）仰焊 CO_2 保护仰焊时，应适当减小电流值，焊枪可作小幅度的前后往复摆动，以防铁水下淌。CO_2 气流量要略高些，这是由于 CO_2 气体的密度大于空气的密度，容易下沉，所以要比水平焊接时大些。应当说明：CO_2 保护焊仰焊时，比手工电弧焊的仰焊容易得多。仰角焊时，焊枪与竖板间的夹角呈 45°～50°，并向焊接方向倾斜 5°～10°。

4.4 氩 弧 焊

氩弧焊是利用氩气作为保护气体的一种电弧焊接方法。焊接过程见图 5-74。从焊枪喷嘴中喷出的氩气流，在电弧区形成严密的保护气层，将电极和金属熔池与空气隔绝；同时，利用电极与焊件之间产生的电弧热量，来熔化附加的填充焊丝或自动给送的焊丝及基本金属，待液态熔池金属凝固后即形成焊缝。它的突出特点是熔池保护性好，焊接接头质量高，焊接变形小，广泛地用于低合金钢、不锈钢、低温钢及耐热钢的封底和焊接。

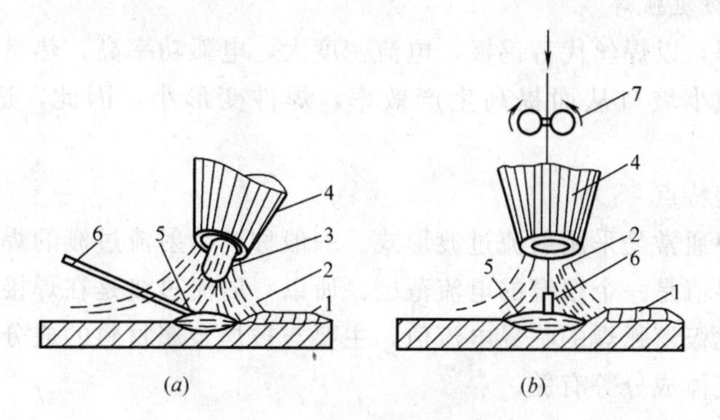

图 5-74 氩弧焊示意图

(a) 钨极氩弧焊；(b) 熔化极氩弧焊

1—焊缝；2—气体；3—钨极；4—喷嘴；5—熔池；

6—焊丝；7—送丝滚轮

氩弧焊还分为钨极氩弧焊、熔化极氩弧焊和脉冲氩弧焊三种。

4.4.1 手工钨极氩弧焊

手工钨极氩弧焊也称非熔化极氩弧焊。它是用钨棒作为电极与焊件产生电弧的一种熔焊方法，其焊接过程见图 5-74。

(1) 钨极氩弧焊的材料与设备 钨极氩弧焊所采用的电极大都为铈钨合金电极，这种电极具有电子发射能力强、容易引弧、不易烧损、许用电流大和电弧稳定等优点。

手工钨极氩弧焊的设备由主电路系统、供气系统、水冷却系统和焊枪等部分组成。

(2) 手工钨极氩弧焊工艺 工艺参数主要有焊接电流、电弧电压、氩气流量、喷嘴直径、电极伸出长度、焊丝直径、坡口形式、焊缝层数及预热温度等。

(a) 焊接电流种类及极性应考虑被焊金属材料，电流的大小要按焊件厚及钨极直径确定，不同极性和钨极直径的许用电流值见表 5-47。

不同极性和钨极直径的许用电流值　　表 5-47

铈钨极直径(mm)		L	1.6	2.4	3.2	4.0
许用电流 A	直流正接	15～80	70～150	150～250	250～400	400～500
	直流反接		10～20	15～30	25～40	40～55
	交流	20～60	60～120	100～180	160～250	200～320

(b) 电弧电压主要受焊接电流、保护气体和钨极形状的影响，在焊接时应控制电弧电压相对稳定。

(c) 氩气流量应适当，以形成稳定的气流。氩气流量通常为 7L/min。

(d) 喷嘴直径与氩气流量综合影响着保护效果，喷嘴直径增大时，保护气体流量应相应增加。

焊接要尽量保持短弧，保持电弧稳定。焊丝端部要始终置于氩气保护区内，以免氧化。熄弧时应填满弧坑，并应滞后停止供气，以防止钨极及焊缝区被氧化。

4.4.2　熔化极氩弧焊

熔化极氩弧焊是以焊丝代替钨极，电流密度大，电弧功率高，热量集中，焊丝熔化速度快，熔深大，减小坡口从而提高生产效率，焊件变形小，因此，适用于焊接较厚的焊件。

(1) 熔滴过渡特点

熔化极氩弧焊通常是采用射流过渡形式。一般称产生射流过渡的焊接最小电流值为临界电流，这个临界值是一个很窄的电流范围。所以，射流过渡是在焊接电流增加到一定值时才出现的。熔化极氩弧焊的临界电流值，主要与被焊金属材料的成分、焊丝直径、焊丝伸出长度、保护气体成分等有关。

(2) 熔化极氩弧焊设备

熔化极氩弧焊设备主要由主电路系统、供气系统、水路系统、送丝系统、半自动焊枪(或自动焊小车）等部分组成。

(3) 焊接工艺

主要工艺参数是焊丝直径、焊接电流、电弧电压、焊接速度、喷嘴孔径、焊丝伸出长度和氩气流量等。

熔化极氩弧焊对熔池的保护要求较高，喷嘴孔径及气体流量比钨极氩弧焊要大，通常喷嘴孔径为 20mm 以上。氩气流量则在 30～60L/min 范围内。常用纯铝中厚板的焊接，其工艺参数见表 5-48、表 5-49。

4.5 电 渣 焊

电渣焊是利用电流通过液体熔渣产生的电阻热作为热源，使电极（丝极或板极）与焊件熔化形成焊缝的一种焊接方法。

纯铝熔化极半自动氩焊参数 表 5-48

层次	坡口形式	焊接电流 (A)	电弧电压 (V)	氩气流量 (L/min)	焊丝直径 (mm)	喷嘴孔径 (mm)	焊接速度 (cm/min)
打底层	70°；4；14~18；0.5~0	250~280	27~30	≥25	2.5	20~24	420~450
中间层		300~320	27~30	≥25	2.5	20~24	280~310
盖面层		300~350	27~30	≥30	2.5	20~24	250~280

纯铝熔化极自动氩焊参数 表 5-49

层次	坡口形式	焊接电流 (A)	电弧电压 (V)	氩气流量 (L/min)	焊丝直径 (mm)	喷嘴孔径 (mm)	焊接速度 (cm/min)
正面	90°；4；14~18；0.5~0	360~410	28~32	≥35	4	22~26	240~280
背面		400~430	28~32	35~40	4	22~26	250~300

注：背面焊前清根深度 4~5mm。

4.5.1 电渣焊的特点

电渣焊的热源是熔渣的电阻热，它具有热量均匀，热容量和体积大，加热和冷却速度慢，高温停留时间长，热影响区较大等特点。

在电渣焊过程中，渣池温度较低且分布均匀，焊剂消耗只为埋弧自动焊的 1/10，所以难以向焊缝中过渡合金元素。通过调节规范可以比较容易的控制熔合比，有利于通过焊丝或板极控制焊缝化学成分。另外，电渣焊时熔池存在时间长，渣池保护好，有利于气体和杂质析出，焊缝质量好。

4.5.2 电渣焊的焊接材料

(1) 焊剂 焊剂熔化后形成渣池起着热源作用，用以熔化电极、焊件和新加入的焊剂。此外，还能保护金属熔池，避免空气与液态金属相互反应。对焊剂工艺性能，要求能迅速建立电渣过程；当渣池深度有变化时，仍可维持电渣过程稳定；使焊件边缘熔化良好，不产生未焊透、夹渣、咬边等缺陷，得到致密的焊缝。

(2) 电极材料 电渣焊时，为保证焊缝力学性能，多采用低合金结构钢作为电极，常用的焊丝有 H08Mn2Si、H10Mn2 等，板极为 08MnA、09Mn2 等钢种。常用金属材料的电渣焊，所配用的焊丝与焊剂见表 5-50。

常用金属材料电渣焊的焊材 表 5-50

焊接母材	焊 丝	焊 剂	焊接母材	焊 丝	焊 剂
20Z	H08MnMoA	焊剂 431	15MnVR	H10Mn2MoVA	焊剂 360
16MnR	H10Mn2	焊剂 431	18MnMoNbR	H10Mn2MoVA	焊剂 360

4.5.3 电渣焊设备

电渣焊时，采用直流或交流电源均可，对电源来讲，电渣焊是电阻性负载。在焊接过程中，渣池的电阻系数基本不变。开始焊接时，需要很短时间的电弧过程，当熔池达到一定深度，即由电弧过程转为电渣过程。因此，不要求电源有很高的空载电压，一般都采用平特性的焊接电源。

4.5.4　电渣焊工艺

（1）电渣焊的焊前准备

1）焊件的清理。

2）焊件装配、定位。

3）焊缝强制成型装置的选择、安装。

4）电极用量，要求准备足够一条焊缝的用量。

5）选择工艺参数。

（2）电渣焊的焊接过程

电渣焊施焊的全过程由三个阶段完成。

1）建立渣池　先使电极与引弧板之间产生电弧，利用电弧热熔化焊剂，并不断添加焊剂，待熔渣积累到一定深度时，电弧熄灭，转入熔渣过程。引弧造渣阶段应比焊接时的电压和电流稍高些。

2）焊接过程　由渣池的热量使焊丝与焊件熔化下沉，在渣池底部形成金属熔池。随着金属熔池的上升，冷却滑块相应上移，形成焊缝。焊接过程要经常测量渣池深度，均匀补充焊剂，保持溶池一定深度，并调整焊丝使之处于中心位置，以保证电渣焊过程顺利进行。

3）收尾引出　收尾必须在引出板上进行，它类似于铸件的浇口。此时应逐渐降低送丝速度和焊接电流，增加电压，使熔池降低温度并填满尾部缩孔，以防止产生裂纹。当收尾结束后，不应将渣池放掉，以减慢熔池冷却速度，防止产生收缩裂纹，使焊缝得到良好的保护。

课题5　常用装饰金属材料焊接

5.1　碳素结构钢钛及钛合金的焊接

5.1.1　低碳钢的焊接

（1）低碳钢的可焊性

低碳钢的含碳量≤0.25%，可焊性良好，一般不需要特殊的措施。低碳钢弧焊工艺应保证接头具有较低的脆性转变温度，避免超标的焊接缺陷，以提高结构工作的可靠性。

低碳钢焊件在焊后一般不需热处理，只有在焊件刚性较大及壁较厚时，焊后做600～650℃的退火即可。

（2）焊接材料的选择

低碳钢焊接材料（焊条）的选用原则是应保证焊接接头与母材强度相等，具体选用的焊接材料见表5-51。

（3）低碳钢在低温下的焊接

在严寒冬天或类似的低温条件下焊接低碳钢时，焊接接头冷却速度较快，从而裂纹倾向增大，特别是焊接大厚度或大刚度结构更是如此。其中，多层焊接的第一道焊缝开裂倾向又比其他为大。为避免裂纹，可以采取以下技术措施：

（1）焊前预热，焊时保持层间温度。

（2）采用低氢或超低氢焊条。

低碳钢焊接的焊条选用 表 5-51

钢 号	焊条选用		施焊条件
	一般结构(包括壁厚不大的中、低压容器)	焊接动载荷、复杂和厚板结构、重要受压容器及低温焊接	
Q235 Q255	E4321、E4313、E4303、E4301、E4320、E4322、E4310、E4311	E4303、E4301、E4320、E4322、E4310、E4311、E4316、E4315、(E5016、E5015①)	一般不预热
Q275	E4316、E4315	E5016、E5015	厚板结构预热 150℃以上
08、10、15、20	E4303、E4301、E4320、E4322	E4316、E4315、(E5016、E5015)①	一般不预热
25、30	E4316、E4315	E5016、E5015	厚板结构预热 150℃以上

注：① 一般情况下不选用。

(3) 点固焊时加大电流，减慢焊速，适当增大点固焊缝截面和长度，必要时进行预热。

(4) 整条焊缝要连续焊完，尽量避免中断。

(5) 不在坡口以外的母材上引弧，熄弧时弧坑要填满。

(6) 弯板、矫正和装配时，尽可能不在低温下进行。

(7) 尽可能改善严寒下劳动条件。

5.1.2 中碳钢的焊接

(1) 中碳钢的可焊性

中碳钢的可焊性较差，易产生淬硬组织和冷裂纹，热裂纹的倾向也较大，特别是硫的杂质控制不当时，这种热裂纹在弧坑处更为敏感。此外，由于含碳量增高，气孔敏感性也增大。

(2) 焊接材料的选用

中碳钢焊接应尽可能选用低氢型焊条或超低氢焊条，它们有一定脱硫能力，熔敷金属塑性和韧性良好，扩散氢量又少，所以无论对热裂纹或氢致冷裂纹来说，抗裂性都较好。在焊缝与母材并不要求等强度时，尽量选用强度等级低的焊条；在不允许预热时，可采用铬镍不锈钢焊条。

部分中碳钢焊接时焊条的选用见表 5-52。

中碳钢焊接时焊条的选用 表 5-52

钢 号		35	ZG35	45	ZG45	55	ZG55
选用的焊条型号	不要求强度或不要求等强度	E4303 E4301 E4316 E4315		E4303 E4301 E5015 E4316 E4317 E5016		E4303、E5016 E4301 E5015 E4316 E4315	
	要求等强度	E5016 E5015		E5516 E5515		E6016 E6015	

(3) 中碳钢的焊接工艺

1) 预热 预热有利于降低焊缝区的硬度，防止产生冷裂纹，改善接头的塑性，同时还能减少焊后残余应力。对于 35 钢和 45 钢的预热温度为 150～250℃。含碳量增高或焊件厚度、刚度很大，预热温度也应提高，一般提高到 250～400℃，根据具体条件可采取整体预热或局部预热。预热范围至少在焊口两侧 150～200mm。

2) 热处理 热处理一般采用 450～650℃去应力退火；如焊接厚壁焊件时，当焊缝焊至 1/3 或 1/2 的焊缝厚度时，可马上入炉进行中间热处理，以降低焊接内应力。

3) 坡口形式 最好选用 U 形坡口，其外形应圆滑过渡，以减少熔合比，有利于防止裂纹的产生。

4）焊接程序　在焊第一层焊缝时，采用小电流，速度要慢。如出现裂纹，应及时排除，重新焊接。收尾时，电弧慢慢拉长，将熔池填满，防止收尾处裂纹。焊后注意保温，缓慢冷却焊件。如焊件几何形状复杂或焊缝较长，可分成若干小段，分段跳焊，保持热量分布均匀。

5.2　低合金高强度钢的焊接

焊接中常用的低合金钢，可分为高强钢、低温用钢、耐蚀钢及珠光体耐热钢4种。

5.2.1　低合金高强度钢的种类　按钢材屈服强度及热处理状态可分为3类。

（1）热轧、正火钢　屈服强度在294～490MPa的低合金高强度钢（又称普低钢），都是在热轧或正火状态下使用，属于非热处理强化钢。在低合金高强钢中，它的应用最为广泛。

（2）低碳调质钢　这种钢的屈服强度为490～980MPa，在调质状态下供货使用，属于热处理强化钢，它既有高的强度，又有较好的塑性和韧性。

（3）中碳调质钢　这种钢的屈服强度一般在880～1176MPa，钢中的含碳量较高(0.25%～0.5%)，常用于制作强度要求很高的产品或部件。

5.2.2　低合金高强度钢焊接材料的选择

首先考虑是否要求焊接接头与母材等强度。对于要求等强度的，在选择焊条及焊丝(及其与焊剂的配合）强度等级时，还应考虑板厚、起头形式、坡口形状及焊接线能量等因素对焊缝力学性能的影响。

热轧和正火高强度钢常用焊接材料见表5-53。

热轧和正火高强度钢常用焊接材料　　**表5-53**

强度等级 σ_s(N/mm^2)	钢　号	手弧焊焊条	埋弧焊 焊丝	埋弧焊 焊剂	电渣焊 焊丝	电渣焊 焊剂	CO_2保护焊焊丝
294	09Mn2 09Mn2Si 09MnV	E4303 E4301 E4316 E4315	H08A H08MnA	HJ431			H08Mn-2SiA
343	16Mn 14MnNb	E5003 E5001 E5016 E5015	I形坡口对接 H08A 中板开坡口对接 H08MnA H10Mn2 H10MnSi	HJ431	H08MnMoA	HJ431 HJ360	H08Mn-2SiA
			厚板深坡口 H10Mn2	HJ350			
393	15MnV 15MnTi 16MnNb	E5003 E5001 E5016 E5015 E5516-G E5515-G	I型坡口对接 H08MnA 中板开坡口对接 H10Mn2 H10MnSi H08Mn2Si 厚板深坡口 H08MnMoA	HJ431 HJ350 HJ250	H08Mn2Mo-VA	HJ431 HJ360	H08Mn-2SiA
42	15MnVN 15MnVTiRe	E5516-G E5515-G E6016-D1 E6015-D1	H08MnMoA H04MnVTiA	HJ431 HJ350	H10Mn2-MoVA	HJ431 HJ360	
491	14MnMoV 18MnMoNb	E6016-D1 E6015-D1 E7015-D2 E7015-G	H08Mn2MoA H08Mn2MoVA	HJ250 HJ350	H10Mn2MoA H10Mn2-MoVA	HJ431 HJ360 HJ350 HJ250	

低碳调质钢常用焊接材料见表 5-54。

低碳调质钢常用焊接材料　　表 5-54

钢　号	焊　条	埋　弧　焊	气体保护焊	电　渣　焊
14MnMoVN	E701-D2(J707) E8515-G(J857)	H08Mn2MoA H08Mn2NiMoVA HJ350 H08Mn2NiMoA HJ250	H08Mn2SiA H08Mn2Mo CO_2 保护气体	H10Mn2NiMoA HJ360 H10Mn2NiMoVA HJ431
14MnMoNbB	H14(Mn-Mo) E8515-G(J857)	H08Mn2MoA H08Mn2NiCrMoA HJ350		H10Mn2MoA H08Mn2Ni2CrMoA H10Mn2NiMoVA HJ360,HJ431
Welten-80℃	L-80C E8515-G(J857)	Y-80M 焊丝 YF-200 焊剂		
T-1	E11018(J857-铁) E12018(J857-铁)	Mn-N1C-Mn 焊丝,中性焊剂	Mn-N1Cr-Mo 焊丝,Ar+O_2 保护气体	
HY-80	E11018(J857-铁) E9018(J707-铁)	专用焊丝 中性焊剂	专用焊丝 Mn-N1Cr-Mo, AK-90, A632Ar+O_2 保护气体	
HY-130	E14018(n07-铁)	研制中	Mn-Ni-Cr-Mo 丝, AX-140, L140, Ar+O_2 保护气体	
HP-9-4-20	不推荐	不推荐	专用 MnNiCrMo 焊丝,钨极氧弧焊	

中碳调质钢常用焊接材料见表 5-55。

中碳调质钢常用焊接材料　　表 5-55

钢　号	手弧焊焊条牌号或型号	气体保护焊		埋　弧　焊		备　注
		CO_2	Ar	焊　丝	焊　剂	
30CrMnSiA	E8515-G J107Cr HT-1(H08A 焊芯) HT-1(H08CrMoA 焊芯) HT-3(H08A 焊芯) HT-3(H18CrMoA 焊芯) HT-4(HGH41 焊芯) HT-4(HGH30 焊芯)	H08Mn2Si MoA H08Mn2SiA	H18CrMoA	H20CrMoA H18CrMoA	HJ431 HJ431 HJ260	HT 型焊条为航空用牌号 HT-4(HGH41)和 HT-4(HGH30)为用于调质状态下焊接的镍基合金焊条
30CrMnSiNi2A	HT-3(H18CrMoA 焊芯) HT-4(HGH41 焊芯) HT-4(HGH30 焊芯)		H18CrMoA	H18CrMoA	HJ350-1 HJ260	HJ350-为 HJ350, 80%～82%和 1 号陶质焊剂 18%～20%的混合物
40CrMnSi MoVA	J107Cr HT-3(H18CrMoA 焊芯) HT-2(H18CrMoA 焊芯)					
35CrMoA	J107Cr		H20CrMoA	H20CrMoA	HJ260	
35CrMoVA	E5515-B2-VN6 E8515-G		H20CrMoA			
34CrNi3MoA	E2-11MoVNiW-15 E8515-G		H20Cr3 MoNiA			
4340			H25MnNiCr MoA			
H-11	E1-5MoV-15		HCr5MoA			

焊条、焊剂使用前必须严格烘干，以减少氢的来源，防止冷裂纹。

5.2.3　低合金高强度钢的焊接工艺

(1) 焊前准备

1) 坡口加工　一般用火焰切割或碳弧气刨，要求精度高时，可采用机械加工。火焰切割时需注意母材的过热软化（对调质钢）和淬硬脆化（对淬硬倾向高的钢）；坡口边用冷刨切时，应注意加工硬化。

2) 坡口清理　坡口两侧 50mm 范围内应去除水、油、锈及脏物等。

3) 焊接材料准备　焊条、焊剂应按照表 5-56 烘干，焊丝应严格除油，有的保护气体需脱水处理。

焊接材料的吸湿临界值和标准烘干规范　　**表 5-56**

钢　　种	焊条药皮类型	临界吸湿量(%)	烘干温度(℃)	烘干时间(min)
低碳钢和 500N/mm² 级高强度钢	钛铁矿型	3	70～100	30～60
	钛钙型	2	70～100	30～60
	高氧化钛型	3	70～100	30～60
	铁粉氧化铁型	2	70～100	30～60
	低氢型	0.5	300～350	30～60
	超低氢型	0.5	350～400	60
600N/mm² 级高强度钢	超低氢型	0.4	350～400	60
800N/mm² 级高强度钢	超低氢型	0.3	350～400	60
低合金钢	钛铁矿型	3	70～100	30～60
	高氧化钛型	3	70～100	30～60
	低氢型	0.5	325～375	30～60
铁素体不锈钢	低氢型	0.5	300～350	30～60
奥氏体不锈钢		1	150～200	30～60
镍基合金		1	150～200	30～60
埋弧焊用焊剂	熔炼	0.05	150 以上	60
	烧结	0.5	200～300	60
	不锈钢用烧结	1	200～300	60

4) 装配　装配间隙不能过大，要尽量避免强力装配，定位焊缝要有足够的厚度和长度（不小于 50mm，对较薄的板材不小于 4 倍板厚），必须采用与正式焊缝同一类型的焊条（强度等级可稍低），定位焊时预热与否同正式焊缝。

(2) 线能量的选择

对 C_E＜0.4%的普通低合金钢，焊接线能量一般不限制。

对 C_E＝0.4%～0.6%的低淬硬倾向的钢，线能量下限按热影响区最高硬度不超过临界值的条件确定，上限由满足热影响区韧性的条件确定。

对 C_E＞0.6%的低碳调质钢，应与其他参数（如焊件厚度、预热和层间温度）和关联地确定一个可用的线能量范围：上限从保证热影响区能得到低碳马氏体或贝氏体组织的条件确定，下限由热影响区塑性和抗裂性能确定。

(3) 预热、层间保温及后热

预热有防止冷裂纹、降低冷却速度、减小焊接应力作用，与适当的焊接线能量配合还可控制接头的组织和性能。不同强度等级钢的预热温度见表 5-57 和表 5-58。

几种热轧及正火钢的预热和焊后热处理工艺参数　　表 5-57

强度等级 σ_s(N/mm²)	钢　号	预热温度℃	焊后热处理工艺参数	
			手工电弧焊	电渣焊
294	09Mn2 09Mn2Si 09MnV	不预热 (一般供应的板厚 $\delta \leqslant 16$mm)	不热处理	
343	16Mn 14MnNb	100~150℃ ($\delta \geqslant 30$mm)	600~650℃回火	900~930℃正火 600~650℃回火
393	15MnV 15MnTi 16MnNb	100~150℃ ($\delta \geqslant 28$mm)	550℃或650℃回火	950℃~980℃正火 550℃或650℃回火
442	15MnVN 15MnVTiRe	100~150℃ ($\delta \geqslant 25$mm)		950℃回火 650℃回火
191	14MnMoV 18MnMoNb	≥200℃	600~650℃回火	950~980℃正火 600~650℃回火

几种低碳调质钢的最低预热与层间温度　　表 5-58

板厚(mm)	T—1	HY—80	HY—130①	14MnMoVN	14MnMoNbB
<13	10	24	24		
13~16	10	52	24		
16~19	10	52	52		
19~22	10	52	52	50~100	100~150
22~25	10	52	93	100~150	150~200
25~35	66	93	93	100~150	150~200
35~38	66	93	107	150~200	200~250
38~51	66	93	107	150~200	200~250
>51	93	93	107		

注：①HY—130 的最高预热温度建议：板厚 16mm 时 65℃，16~22mm 时 93℃，22~35mm 时 135℃，>35mm 时 149℃。

预热、层间温度及后热的加热，应在坡口两侧 75~100mm 范围内保持一个均热带。测温点在距坡口 75~100mm 处。

(4) 焊后热处理

1) 焊后热处理的种类

(a) 消除应力退火　用于焊件厚度较大，焊接残余应力较大的构件，低温下工作的结构，承受的载荷的构件，有应力腐蚀性能要求或尺寸稳定性要求的构件。

(b) 正火+回火（或正火）　用于电渣焊构件，改善接头组织及性能。

(c) 淬火+高温回火（调质处理）　用于调质钢或其他要求焊后进行调质处理的构件。

低合金高强度钢，特别是强度等级较低的多数情况下焊后不热处理。

2) 焊后热处理应注意的问题

(a) 对于含有一定数量的 V、Ti 或 Nb 的低合金钢，在 600℃左右保温，易造成韧性明显下降，同时强度升高塑性降低，此类钢应尽量避免在此温度下保温；

(b) 焊后消除应力退火，一般应比母材的回火温度低 30~60℃；

(c) 对于含有一定数量的 Cr、Mo、V、Ti、Nb 等元素的一些低合金钢焊接构件，消除应力退火时应防止再热裂纹；

(d) 热处理过程中要注意防止构件产生变形。

(5) 奥氏体焊条的使用

在焊接不允许预热的部位，焊后又无法进行热处理时，在不要求焊缝与母材等强度的条件下，通常采用奥 407 和奥 507 焊条。焊接时要使母材的熔合比尽量小。

5.3 不锈钢的焊接

5.3.1 不锈钢分类

不锈钢按成分和组织的不同大体分类如下：

不锈钢
- 铬镍奥氏体不锈钢
- 铬不锈钢
  - 铁素体不锈钢
  - 马氏体不锈钢

(1) 奥氏体不锈钢　当钢中含铬量在 18%左右，含镍 8%～10%时，便有稳定的奥氏体组织产生，称为奥氏体不锈钢。属于这类钢的牌号有：0Cr18Ni9、1Cr18Ni9Ti、Cr18Ni11Ti、Cr18Ni12Mo2Ti、Cr25Ni20 等。

(2) 铁素体不锈钢　这类钢以铬为主要合金元素，铬含量一般是 13%～30%。含碳量较低，均在 0.25%以下。这类钢具有良好的热加工性和一定的冷加工性，经淬火也不会硬化，在 400～600℃温度区间停留时，易出现脆化现象。属于这类钢的牌号有：Cr17、Cr17Ti、Cr17Mo2Ti、Cr25、Cr25Mo3Ti、Cr28 等。

(3) 马氏体不锈钢　这类钢主要特点是含有较高的铬和较高的碳，所以具有淬硬性。当温度不超过 30℃时，在弱腐蚀介质中，有良好的耐腐蚀性（如盐水溶液、硝酸及某些浓度不高的有机酸等）；在热处理与抛光后，具有良好的机械性能。这类钢的牌号有 2Cr13、3Cr13、9Cr18 等。

5.3.2 不锈钢的焊接

(1) 马氏体不锈钢的焊接　马氏体不锈钢焊接时在热影响区容易产生粗大的马氏体组织。这种钢导热性差，焊后残余应力大，因此，很容易产生冷裂纹。其含碳量越高（如 2Cr13、3Cr13），冷裂纹倾向越大，特别当接头中含氢量高时，在连续冷却到温度低于 100～120℃以下时，冷裂纹倾向更为严重。

焊接马氏体不锈钢时，应注意以下几点：

1) 焊前预热　预热温度可根据焊件厚度和刚性的大小确定，为防止脆化，一般预热温度不宜超过 400℃。

2) 焊接应选用大电流，以减缓冷却速度。

3) 焊后缓冷和热处理　一般应缓冷到 150～200℃。焊后热处理采用高温回火。

4) 焊接材料可选用与母材成分相近的不锈钢焊条、焊丝。马氏体不锈钢手工电弧焊时，焊条的选用可参见表 5-59。

(2) 铁素体不锈钢的焊接　其焊接特点如下。

1) 铁素体不锈钢的可焊性　铁素体不锈钢无论在高温还是低温状态下，都是铁素体组织，没有相变过程。在加热到高温后，晶粒有显著长大倾向，会使钢的脆性增大，塑性韧性降低。而且含铬量越高，高温停留时间越长，则脆性越严重。

马氏体不锈钢焊接材料的选用　　　　表 5-59

钢种	钢号	焊条		氩弧焊焊丝	预热及层间温度℃	焊后热处理	选择原则
		国际	统一牌号				
	1Cr13 2Cr13	E1-13-16	G202	H0Cr14	300～350	700～750℃空冷	耐蚀、耐热
		E1-13-15	G207				
		E1-23-13-15	A302	H1Cr25Nd3	200～300		高塑、韧性
			A307				
马氏体不锈钢		E2-26-21-15	A402	H1Cr25Ni20	200～300		
		E2-26-21-16	A407				
	1Cr17Ni2	E1-13-16	G302		300～350	700～750℃空冷	耐蚀、耐热
		E1-13-15	G307				
	1Cr17Ni2	E1-23-13-15	A302	H1Cr25Nd3	200～300		高塑、韧性
			A307				
		E2-26-21-16	A402		200～300		
		E2-26-21-15	A407	H1Cr25Ni13			
		E0-19-10-16	A102				
		E0-19-10-15	A107	H0Cr19Ni9	200～300		

2）焊接工艺　铁素体不锈钢一般只用手工电弧焊进行焊接。焊前做 200℃以下的预热。为防止过热，应采用小电流、快焊速、焊条最好不摆动。多层焊时控制层间温度在 70～100℃之间，待前一道焊缝冷却到预热温度以下时再焊下一道。为减小收缩应力，每道焊缝焊完后，可用小锤轻轻敲击。焊接铁素体不锈钢时的焊接材料选用见表 5-60。

铁素体不锈钢的焊接材料　　　　表 5-60

钢种	钢号	焊条		氩弧焊焊丝	预热及层间温度	焊后热处理	选择原则
		国际	统一牌号				
	0Cr13	E0-17-16	G302	H0Cr14		700～760℃空冷	耐蚀、耐热
		E0-17-15	G307				
		E1-13-16	A302	H1Cr25Nd3			高塑、韧性
		E1-13-15	A307				
		E2-26-21-16	A402	H1Cr25Ni20			
		E2-26-21-15	A407				
		E0-19-10-16	A102	H0Cr19Ni9			
铁素体不锈钢		E0-19-10-15	A107				
	1Cr17 0Cr17Ti 1Cr17Ti	E0-17-16	G302		70～150℃	700～760℃空冷	耐蚀、耐热
		E0-17-15	G307				
		E1-23-13-15	A302	H1Cr25Nd3	70～150℃		高塑、韧性
			A307				
		E0-19-10-16	A102	H1Cr19Ni9			
		E0-19-10-15	A107				
	1Cr17 Mo2Ti	—	G311	—	70～150℃	700～760℃空冷	耐蚀、耐热
		E1-23-13-15	A302	H1Cr25Ni13			
		E0-19-10-16	A307	H1Cr19Ni9			高塑、韧性
		E0-19-10-15	A102				
			A107				

（3）奥氏体不锈钢的焊接　铬镍奥氏体不锈钢的焊接性良好，一般不需要特殊的工艺措施，但焊条选用不当或焊接工艺不正确时，也会出现热裂纹和晶间腐蚀开裂等问题。所

以应注意选择适当的焊接工艺。

1）合理选用焊条　应根据不锈钢种类及使用条件的不同，选用不同的焊条。例如，为改善抗裂性可选用低氢性焊条；为了提高抗晶间腐蚀和热裂纹，则往往选用超低碳型或含铌稳定剂的焊条。以减少焊缝的含碳量，稳定焊缝。

2）为防止在450～850℃范围内停留时间过长而产生晶间腐蚀，焊前不预热，并选用尽可能小的线能量和快速焊、窄焊道，焊接电流应比碳钢小20%左右，焊后可强制冷却，不会产生淬硬组织。多层焊时要控制层间温度，待前道焊缝冷却后再焊下一道。

3）注意填满弧坑，不得随意在焊件上引弧等。

4）有条件时可采用氩弧焊或等离子弧焊。

奥氏体不锈钢的焊接材料选用见表5-61。

奥氏体不锈钢焊接材料的选用　　**表5-61**

钢种	钢　号	焊　条		焊　丝	埋　弧　焊	
		国标	牌号		焊丝②	焊剂
奥氏体不锈钢	00Cr18Ni10	E00-19-10-16	A002	H00Cr19Ni9	H00Cr22Ni10	HJ260 HJ772
					H00Cr19Ni9	GZ-1①
	1Cr18Ni9		A112 A117	H0Cr19Ni9	H0Cr19Ni9	GZ-5①
	0Cr18Ni9Ti 1Cr18Ni9Ti	E0-19-10Nb-16 E0－19－10Nb－15	A132 A137	H0Cr19Ni9Ti	H0Cr19Ni9Si2 H0Cr19Ni9V3Si2 H0Cr18Ni9TiAl	HJ260 HJ772 HJ260
					H0Cr19Ni9Ti	GZ-1①
奥氏体 ↓ 铁素体不锈钢	0Cr18Ni12-Mo2Ti 1Cr18Nd2-Mo2Ti	E0-18-12Mo 2Nb-16	A212	H0Cr19Ni10Mo3Ti	H00Cr19Ni11Mo3	HJ260 HJ772
					H0Cr19Ni10Mo3Ti	GZ-1①
					H0Cr19Ni9Ti	GZ-2①
	0Cr18Ni12Mo3Ti 1Cr18Ni12Mo3Ti	E0-19-13Mo 3-16	A242	H0Cr19Ni10Mo3Ti	H0Cr19Ni9Ti	GZ-2①
	00Cr17-Ni14Mo24Mo2 00Cr17-Ni14Mo3	E00－18－12Mo2－16	A022	H00Cr19-Ni11Mo3	H00Cr19-Ni11Mo3	HJ260 HJ722
	0Cr18Ni18-Mo2Cu2Ti		A802			
	0Cr17Mn13-Mo2N		A707			
	0Cr25Ni20	E2-26-21-16 E2-26-21-15 E1-26-21Mo2-16	A402 A407 A412			

注：① GZ-1、GZ-2、GZ-5为陶质焊剂；

② 当选用熔炼焊剂时，因Cr烧损，应注意焊丝成分选配。

5.4　铜及铜合金的焊接

5.4.1　铜及铜合金的可焊性

铜及铜合金的可焊性较差，在焊接时容易出现以下问题：

（1）母材难以局部熔化，因此必须采用功率大、热量集中的热源，并在焊前对焊件预热才能进行焊接。

(2) 流动性大　熔化了的铜液，具有很好的流动性，一般只能在平焊位置施焊。若要在空间位置单侧对焊，必须加垫板，才能保证焊透和获得良好的成型。

(3) 易变形　由于铜的热膨胀系数大，冷却下来时，焊缝要产生很大的收缩，必然要产生很大的变形。当采用强制防变形措施时，造成了很大的焊接应力，容易出现裂纹。

(4) 易氧化　铜在液态时易氧化生成氧化亚铜，溶解在铜液中。结晶时，生成熔点较低的共晶体，存在于铜的晶粒边界上，使塑性降低，并使接头的强度、导电性、耐腐蚀性低于母材。

(5) 易开裂　铜和铜合金在焊接时，由于很大的焊接应力，氧化生成低熔点的共晶体存在于晶粒边界，容易开裂，若含有铅、铋、硫等有害杂质时，形成裂纹的可能性则更大。

(6) 易产生气孔　在液态铜中氢的溶解度很大，在凝固后，溶解度又降低。焊接时，焊缝冷却很快，过剩的氢来不及逸出，则形成氢气孔。另外，在高温时的氧化亚铜与氢、一氧化碳反应生成的水蒸气和二氧化碳，若凝固前不能全部逸出，则要形成气孔。

5.4.2　*铜及铜合金的焊接方法*

铜及铜合金的焊接方法有气焊、碳弧焊、手工电弧焊和手工钨极氩弧焊等。

(1) 手工电弧焊

手工电弧焊铜及铜合金应按焊件的成分选择相应焊芯的电焊条。对于黄铜，一般选择青铜焊芯的焊条，如 T207 和 T227。焊条使用前要经 200～250℃，2h 的烘干，较彻底地去除药皮中的水分。

当焊件厚度不超过 4mm 时，可不开坡口；焊件厚度为 5～10mm，可开单面 V 形或 U 形坡口，清除两侧的油污和氧化物，并预热。如采用垫板，可获得单面焊，双面成形的焊缝，若焊件厚度大于 10mm，应开双面坡口，并提高预热温度。焊接时，应采用直流反接，大规范，短弧焊。焊条一般不作横向摆动，焊接中断或更换焊条时动作要快。较长的焊缝可用分段退焊法，以减少应力和变形。多层焊时应彻底清除层间熔渣，避免夹渣产生。焊接结束后采取锤击和热处理的方法，消除焊接应力，改善接头的组织和性能。具体工艺参照表 5-62。

铜及铜合金手工电弧焊工艺要点　　**表 5-62**

材料	焊条牌号	工 艺 要 点
紫铜	铜 107 铜 227 铜 237	母材厚 3mm 预热 400～500℃
黄铜	铜 227 铜 237	预热 250～350℃(重要件不推荐用手工电弧焊)
锡青铜	铜 227	预热 150～200℃;层间温度<200℃、焊后加热至 480℃,并快速冷却
铝青铜	铜 237	母材含 Al<7%厚件预热<200℃、焊后不热处理,母材含 Al>7%厚件预热 620℃,焊后有时 620℃退火消除应力
硅青铜		不预热;层间温度<100℃,以防热应力裂缝
白铜	铜 307	不预热;层间温度<70℃,以防脆性倾向

(2) 手工钨极氩弧焊

1) 焊接材料的选择　用不含脱氧元素的紫铜焊丝焊接含氧铜时，焊缝力学性能较低，容易产生气孔。此时在焊接时还应配用铜焊粉（粉 301）。

氩弧焊焊接紫铜时，宜用丝 201 作填充材料，工艺性能优良，焊缝成形良好，力学性能高。青铜焊接时，一般采用与母材同材质或合金元素高于母材的焊丝，有利于补充在焊接时合金元素的烧损和防止焊缝产生裂纹。黄铜焊接时采用丝 221、丝 222、丝 224，也可采用与母材成分相同的材料作焊丝。

2) 紫铜手工钨极氩弧焊的焊接方法　通常采用直流正接（焊件接正极、钨极接负极）；焊前应采取预热措施，用较高的焊接速度，以减少氩气的消耗量，消除气孔和保证焊缝根部可靠的熔合和焊透。焊件的预热温度由焊件厚决定，一般焊件厚小于 3mm 时，预热温度为 150～300℃；焊件厚大于 3mm 时，预热温度为 350～500℃。紫铜的手工钨极氩弧焊焊接规范见表 5-63。

紫铜的手工钨极氩弧焊焊接规范　　**表 5-63**

板厚(mm)	钨极直径(mm)	填充焊丝直径(mm)	焊接电流(A)	氩气流量(L/min)
1.5	2.5	2	140～180	3～4
2.0	3	3	150～220	4～5
3.0	3	3	200～280	6～7
4.0	4	4	220～320	7～8
5.0	4	4	250～350	8～9
6.0	5	5	300～400	9～11
10.0	6	5	350～500	10～14

3) 铜合金的手工钨极氩弧焊的焊接规范选择　由于氩弧焊时电弧温度较高，在焊接时，合金元素锌、锡、铝等极易蒸发和烧损，应选用交流电源或直流反接。为防止烧损合金元素和减少气孔和裂纹，尽量采用较快的焊接速度，较粗的喷嘴和较大的氩气流量，对于较长的焊缝，应采用分段或逆向焊接法，并在焊后对焊件进行缓冷或适当退火，以消除焊接应力。锡青铜的手工钨极氩弧焊焊接规范见表 5-64；黄铜的手工钨极氩弧焊及熔化极氩弧焊焊接规范见表 5-65 和表 5-66。

锡青铜的手工钨极氩弧焊焊接规范　　**表 5-64**

母材厚度(mm)	钨极直径(mm)	焊丝直径(mm)	焊接层数	氩气流量(L/min)	焊接电流(A)
3	3	3	1	12～14	100～150
5	4	4	1	14～16	160～200
7	4	4	2	16～20	210～250
8	5	5	2	20～24	260～300
9	5	6	3～4	22～26	310～380
10	6	6	4～6	26～30	400～450

黄铜手工钨极氩弧焊焊接规范　　**表 5-65**

材料	板厚(mm)	坡口	钨极直径(mm)	电流(A)		氩气流量(L/min)	预热温度(℃)
普通黄铜	1.2	端接	3.2	直流正接	185	7	不预热
锡黄铜	2	V形	2.2	直流正接	180	7	不预热

黄铜熔化极氩弧焊焊接规范 表 5-66

材料	板厚(mm)	坡口			焊丝		电流(直流反接)(A)	电压(V)	氩气流量(L/min)	预热温度(℃)
		形式	钝边(mm)	间隙(mm)	名称	直径(mm)				
低锌黄生铜	3.2～12.7	V形		0	硅青铜	1.6	275～285	25～28	12～13	不预热
高锌黄铜(锡黄铜、镍黄铜等)	3.2 9.5～12.7	I形 V形	0	0 3.2	锡青铜 锡青铜	1.6 1.6	275～285 275～285	25～28 25～28	14 14	不预热 不预热

5.5 铝及铝合金的焊接

5.5.1 铝及铝合金

铝及铝合金的可焊性较差，焊接时容易出现以下问题：

(1) 极易氧化

铝极易氧化生成三氧化二铝（Al_2O_3）薄膜，厚度 0.1～0.2μm，熔点高约为 2025℃（而铝的熔点为 658℃），组织致密，它保护着母体金属表面，在 680～720℃之间仍有良好的保护性能，焊接时如不将其清除，将会阻碍母体金属熔化和熔合，而且氧化膜密度大（约为铝的 1.4 倍），不易浮出熔池而形成焊缝夹杂。

(2) 熔化时无颜色变化

铝从固体到液体的升温过程中，没有颜色变化，温度稍高就会造成金属塌陷和熔池烧穿。再者，由于高熔点的氧化膜覆盖在熔池表面，给观察母材的熔化、熔合情况带来困难。这样就增加了焊接工艺上控制温度难度，稍不注意，整个接头就会塌落，所以铝的焊接，比钢材的焊接要困难得多。

(3) 易变形

由于铝的导热系数是铁的 2 倍，凝固时的收缩率比铁大 2 倍，所以铝焊件变形大，如果控制不当就会产生裂纹，并且在焊接时，因导热性好，需要较大的焊接热量，才能熔化接头。因此，一般要求对焊件预热，并采用强的焊接规范，因而恶化了焊接工艺。

(4) 易产生气孔

铝及铝合金在焊接时，焊丝表面和母材表面氧化膜及空气中的水分等，在电弧作用下分解出来的氢，被液态金属铝吸收，液态铝能溶解大量氢，而固态铝则几乎不溶解。氢在焊接熔池快速冷却和凝固过程中，易在焊缝中聚集形成气孔。铝的纯度愈高，产生气孔的倾向就愈大。

(5) 易开裂

铝合金的凝固不是在某一温度下进行，而是在一温度区间进行。在开始凝固时，温度较高，焊缝呈液—固状态，液态比较多，此时的收缩量可由未凝固的液态金属补充；在最后凝固之前，焊缝呈固—液状态，这时液态金属已很少，以间层状存在，由于此时温度处于凝固温度区间的下限，已产生很大的收缩，这样就会在液态的层间处拉开，若无液体补充，便形成了裂纹。一般来说，纯铝不易产生凝固裂纹，防锈铝合金裂纹倾向也很小，但硬铝、超硬铝和经热处理强化的铝合金热裂纹倾向较大。

5.5.2 铝及铝合金的焊接方法

铝的焊接方法，通常采用的有气焊、碳弧焊、氩弧焊等，手工电弧焊焊接接头质量较低，仅用来焊接一些质量要求不高的产品及铸件的补焊等，而氩弧焊是铝及铝合金的主要焊接方法。

(1) 焊接材料的选择

各种牌号铝或铝合金的焊接，通常可选用若干牌号的填充焊接材料。填充材料选用不当，往往是产生热裂纹和接头强度、塑性低以及耐腐蚀性不良的重要原因。焊接材料的选择可参照表 5-67 和表 5-68。

同种牌号的铝及铝合金焊接用焊丝　　表 5-67

母材		填充焊丝	备注
工业纯铝	L1	L1、L01	① LF6 中增加钛 0.5%～0.4%提高抗裂性能 ② 试用焊丝成分：Cu6%～7%，Mg2%～3%，Ti～0.2%，余量为 Al ③ 试用焊丝成分：Cu6%～7%，Ni2%～2.5%，Mg1.6%～1.7%，Mn0.4%～0.6%，Ti0.25%～0.3%，余量为 Al ④ 试用焊丝成分：Mg6%，Zn3%，Cu1.5%，Mn0.2%，Ti0.2%，Cr0.25%，余量 Al
	L2	L2 或 L1、丝 301	
	L3	L2、丝 301 或 L3、丝 302	
	L4	丝 301、丝 302 或 L3、L4	
	L5	丝 301、丝 302 或 L3～L5	
	L6	丝 301、丝 302 或 L3～L6	
铝镁合金	LF2	LF3	
	LF3	LF3、LF5、丝 331	
	LF5	LF5、LF6、丝 331	
	LF11	LF11	
	LF6	LF6①	
铝锰合金	LF21	LF21、丝 321、丝 311	
铸铝	ZL104	ZL104	
	Z1101	ZL101	
锻铝	LD2	LT1	
硬铝	LY12	②	
	LY16	③	
	LY17	③	
超硬铝	LC4	④	

异种牌号的铝及铝合金焊接用焊丝　　表 5-68

母材	ZL101	ZL104	LF6	LF5 LF11	LF3	LF2	LF21	L6	L3～L5
焊丝									
L2	ZL101 丝 311	ZL104 丝 311	LF6	LF5	LF5	LF3 LF2	LF21 丝 311	L2	L2
L3～L5	ZL101 丝 311	ZL104 丝 311	LF6	LF5	LF5 丝 311	LF3 LF2	LF21 丝 311	L2	
L6	ZL101 丝 311	ZL104 丝 311	LF6	LF5	LF5 丝 311	LF3 LF2	LF21 丝 311		
LF21	ZL101 丝 311	ZL104 丝 311	LF21 LF6	LF5	LF5 丝 331	LF3 LF2			
LF2	ZL101 丝 311	ZL104 丝 311	LF6	LF5	LF5 丝 331				
LF3			LF6	LF5					
LF5、LF11			LF6						

氩弧焊用氩气纯度一般应大于99.9%，氩中加入少量氧气（0.2%～0.5%）作保护气体，在大规范焊接时有助于消除纯铝焊缝中的气孔。

气焊、碳弧焊需用焊粉以除去氧化膜及其他杂质，焊粉一般是含钾、钠、锂等元素的氯化物和氟化物，如粉401。

（2）焊接接头形式

当采用大电流密度熔化极氩弧焊时，对接接头钝边可增大，坡口可减小。对接不等厚度铝板，厚板待焊边缘需加工削薄，平缓过渡到与薄板等厚。搭接或T形接头最好不用单边焊缝，而采用焊角稍小的双边连续焊缝。

焊薄板所用的临时垫板可用碳钢，如需导热性低些可用不锈钢，反之用铝、铜。磁性材料做垫板，有时会造成电弧飘移。铜垫板镀铬、铝垫板阳极氧化硬膜，使用效果均好。

（3）焊件和焊丝清理

应除去表面油污、脏物、氧化膜及有碍焊接质量的杂质。焊丝应整件浸洗。熔焊焊件应清洗或清理坡口及其两侧不小于20mm处，可采用化学法或机械法。铝锰合金气焊后1h内需经热水，铬酸水溶液清洗，然后热水洗净、烘干，以免被残留焊剂腐蚀。

铝及铝合金焊件焊前清理方法：

1）机械清理方法：用丙酮擦拭待清理部位，再用不锈钢丝轮或刮刀进行清理

2）化学清理方法：对于纯铝首先用6%～10%碱溶液（NaOH）洗，时间不超过20min，温度在40～50℃。接着用清水冲洗。用30%的HNO_3中和，温度保持为室温，时间为1～3min。再用清水冲洗后，风干或低温干燥；

铝镁、铝锰合金首先用汽油或煤油除油，用先用6%～10%碱溶液（NaOH）洗，时间不超过7min，温度在40～50℃。接着用清水冲洗。用30%的HNO_3中和，温度保持为室温，时间为1～3min。再用清水冲洗后，风干或低温干燥。

清理后到焊接的间隔时间一般不超过24h。

（4）焊接工艺及参数的选择

钨极氩弧焊焊件厚大于5mm，熔化极氩弧焊焊厚大于25mm，或焊件温度低于－10℃时，应考虑预热，一般预热100℃以保证起始时熔透，而不必在焊接时另调整电流。变形铝合金一般预热不超过150～200℃。大型或形状复杂的铸件需预热至420℃左右，焊后缓冷。含镁4%～5.5%的铝镁合金不得预热至100～230℃，因经此温度处理后，其抗应力、腐蚀、裂纹的能力下降。

1）氩弧焊　焊接质量好，不存在残留焊剂腐蚀问题。采用手工钨极氩弧焊焊接铝及铝合金，一般采用交流电源，具有陡降外特性，并具有引弧、稳弧和消除直流分量的装置，氩气纯度要不低于99.9%；焊接时，焊丝倾角愈小愈好，一般约10°左右，不大于15°。焊接规范可参照表5-69。中等厚度、大厚度铝及铝合金板材的焊接，已广泛地应用熔化极氩弧焊。熔化极氩弧焊分自动和半自动两种。焊接通常用直流反极性方法进行。熔化极氩弧焊采用射流过渡时，电弧挺度好，便于全位置焊且熔深大。焊接规范参照表5-70、表5-71。

2）气焊　焊接时，宜采用中性焰或轻微碳化焰，避免氧化和产生气孔。焊嘴大小一般根据焊件厚度选择，可参照表5-72。焊接过程中，焊嘴的倾角为30°～50°，焊丝倾角为40°～50°，起焊时，焊件从冷态开始，焊嘴倾角要大些，终焊时倾角要小些。为减少变形，焊前必须定位焊。

铝及铝合金手工钨极氩弧焊焊接规范　　表 5-69

板厚 (mm)	坡口形式			焊丝直径 (mm)	钨极直径 (mm)	喷嘴直径 (mm)	焊接电流 (A)	氩气流量 (L/rain)	焊接层数 (正/反)
	形式	间隙 (mm)	钝边 (mm)						
1	I	0.5～2		1.5～2	1.5	5～7	30～60	4～6	1
1.5	I	0.5～2		2	1.5	5～7	40～70	4～6	1
2	I	0.5～2		2～3	2	6～7	60～80	4～6	1
3	I	0.5～2		3	3	7～12	120～140	6～10	1
4	I	0.5～2		3～4	3	7～12	120～140	6～10	1～2/1
5	V70°	1～3		4	3～4	12～14	120～140	9～12	1～2/1
6	V70°	1～3	2	4	4	12～14	180～240	9～12	2/1
8	V70°	2～4	2	4～5	4～5	12～14	220～300	9～12	2～3/1
10	V70°	2～4	2	4～5	4～5	12～14	260～320	12～15	3～4/1～2
12	V70°	2～4	2	4～5	5～6	14～16	280～340	12～15	3～4/1～2

铝及铝合金对接接头熔化极半自动氩弧焊焊接规范　　表 5-70

板厚(mm)	坡口形式			焊丝直径 (mm)	氩气流量 (L/min)	焊接电流 (直流反接) (A)	电压(V)	焊道数
	形式	钝边(mm)	间隙(mm)					
3.2	I	—	0～3	1.2	14	110	20	1
4.8	60°V	1.6	0～1.6	1.2	14	170	20	1
6.4	60°V	1.6	0～3	1.6	19	200	25	1
9.5	60°V	1.6	0～4	1.6	24	290	25	2
12.7	60°V	1.6	0～3	2.4	24	320	25～31	2
19	60°V	1.6	0～4.8	2.4	28	350	25～29	4
25.4	90°V	3.2	0～4.8	2.4	28	380	25～31	6

铝及铝合金熔化极自动氩弧焊焊接规范　　表 5-71

板厚 (mm)	焊丝直径 (mm)	喷嘴直径 (mm)	焊接电流 (A)	电弧电压 (V)	氩气流量 (L/min)	焊接速度 (m/h)	焊接层数 (正/反)
8	2.5	22	300～320	28～30	30～33	25～28	
10	3	22	300～330	25～27	30～33	15～18	
12	3	28/17	310～330	26～28	30～33	15～18	
16	4	28/17	380～420	28～32	35～40	15～20	1/1
20	4	28/17	480～520	28～32	35～40	15～20	
25	4	28/17	490～550	29～32	40～60	15～20	
28	4	28～30	550～580	30～32	40～60	13～15	

铝气焊时，喷嘴号数和填充焊丝直径的选择　　表 5-72

板厚(mm)	1	1.5	2	3	4	5	6	7	8	9	10	11	12
气焊喷嘴号数	1		2			3		4			5		
填充焊丝直径(mm)	1.5～2	2.5～3			3～4	4～4.5			4.5～5.5			5.5 以上	

注：1. 表列数值适于纯铝，焊铝镁、铝锰合金时，可降低电流 20～40A，氩气流量增大 10～15L/min。

2. 喷嘴直径一项中的分母系指分流套直径。

3. 接头形式：板厚小于 16mm 用 I 形接头，大于 16mm 用大钝边 90°X 形接头。钝边高约等于 1/2 板厚。

5.6 镍及镍合金的焊接

5.6.1 镍及镍合金的焊接方法

镍和镍合金的焊接方法常用的有手工电弧焊、埋弧自动焊、钨极氩弧焊和等离子焊等。

(1) 手工电弧焊　手工电弧焊焊接纯镍时，用镍 112 焊条；焊接镍—铬合金时用镍 307 焊条，在焊缝金属中含有 2%～6%的钼，用来防止裂纹的产生。

焊前必须对焊件及焊丝进行清理，去除表面油污和氧化膜。

手工电弧焊焊接镍和镍合金，焊接电源采用直流反接，选用小电流，短弧和尽可能快的焊接速度，焊接电流可参照表 5-73。运条时焊条不作横向摆动或横向摆动范围不超过焊条直径的 2 倍。多层焊时要严格控制层间温度，一般应控制在 100℃以下。每一段焊缝接头应回焊一小段，然后沿焊接方向前进。为防止弧坑裂纹，断弧时要进行弧坑处理（将弧坑铲除或采用钩形收弧）。最终断弧时，一定要将弧坑填满或把弧坑引出。必要时加引弧板和收弧板。

镍和镍合金焊接电流　　表 5-73

焊条直径(mm)	2.5	3.2	4.0	5
焊接电流(A)	50～70	80～120	105～140	140～170

(2) 钨极氩弧焊　在当前焊接镍和镍合金的主要焊接方法是采用钨极氩弧焊。镍和镍合金的导热系数和熔融后的流动性均比碳钢差，钨极氩弧焊在相同的规范下，其熔透深度约为碳钢的 50%左右。若增大电流将会导致过热，因而只能加大坡口角度和减小钝边来达到熔透。镍和镍合金钨极氩弧焊时的接头形式及坡口尺寸与前面介绍的相类似。

钨极氩弧焊焊接镍和镍合金采用直流正接，高频非接触引弧，氩气的纯度大于 99.95%。接缝首尾应分别加引弧板和收弧板，以避免引弧和熄弧处的缺陷。焊接线能量尽可能采用下限。镍和镍合金钨板氩弧焊的焊接规范见表 5-74。

镍及镍合金钨极氩弧焊焊接规范　　表 5-74

板厚(mm)	焊丝直径(mm)	钨极直径(mm)	喷嘴直径(mm)	焊接电流(A)	氩气流量(L/min)
2	1.6	2	7～12	80～120	6～10
4	2.5	3	7～12	120～160	9～12
6	2.5	4	10～14	150～200	9～12
8	3	4	12～16	220～280	12～15
10	3～4	4	12～16	260～300	12～15
12	3～4	4	12～16	280～300	12～15

5.7 钛及钛合金的焊接

钛及钛合金的焊接多采用钨极氩弧焊，等离子焊及电子束焊。钨极氩弧焊焊接钛和钛合金：

(1) 填充金属　一般选用与母材牌号相同的焊丝，为了提高焊缝的塑性和韧性，可以采用工业纯钛焊丝或精选的填加焊丝（如 Ti6Al-4V）。钛和钛合金氩弧焊时填加焊丝的选择参照表 5-75。

钛和钛合金氩弧焊焊丝的选择　　**表 5-75**

基体材料牌号	填加焊丝牌号	基体材料牌号	填加焊丝牌号
TA1～TA3	同于基体	TC1	同于基体
TA6	同于基体	TC2	TA3
TA7	TA7 或 TA3	TC4	TC4 或 TA3
TA8	同于基体	TC10	同于基体

(2) 焊接工艺

1) 焊前清理焊件和焊丝的氧化层、油污及水分等杂质，清理后放置的时间不宜过长，还应用丙酮或酒精擦拭工件接头、焊丝和钨极表面。

接头形式与不锈钢的相似。焊接时，用纯度≥99.99%氩气，加强焊缝的正、反面保护，以防止接头背面在高温时氧化或烧穿，氩气流量要适当。

焊接电源采用直流正接法，与焊接不锈钢时相同。熔化极氩弧焊时，因有飞溅易使焊缝污染，宜慎用。尽量采用高频引弧。

2) 钛及钛合金手工钨极氩弧焊时，一般均采用左焊法，焊枪尽量与焊件垂直，钨极伸出长度和喷嘴距离焊件表面应尽量小。施焊时，焊枪要平稳，焊速要均匀，以获得良好的氩气保护效果。焊丝沿着熔池的前沿断续点滴送给，并注意不要离开氩气保护区。焊接时应提前送氩气，焊接中断或焊接结束时，焊枪不要马上离开，应延时 10～20s 继续送氩气，以防焊件氧化。钛及钛合金手工钨极氩弧焊焊接规范见表 5-76。

钛及钛合金手工钨极氩弧焊焊接规范　　**表 5-76**

板厚 (mm)	接头形式	钨极直径 (mm)	焊丝直径 (mm)	焊道数	焊接电流 (A)	氩气流量(L/min)		
						喷嘴	保护罩	背面
0.5	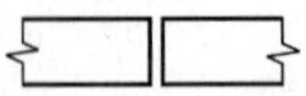	1	1	1	20～30	6～8	14～18	4～10
1		1	1	1	30～40	8～10	16～20	4～10
2		2	1.6	1	60～80	10～14	20～25	6～12
3		3	1.6～3.0	2	80～110	11～15	25～30	8～15
5		3	3	3	100～130	12～16	25～30	8～15
10	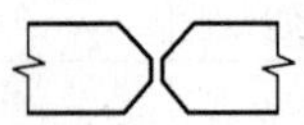	3	3	6	120～150	12～16	25～30	8～15

5.7 异种金属材料的焊接

5.7.1 异种钢的焊接

异种钢的焊接通常是指高合金钢（铬镍奥氏体钢）与中、低合金钢（如珠光体耐热钢）或普通碳素钢的焊接。

异种钢的焊接时，由于两种钢的成分差别较大，其熔敷金属合金成分会产生含量降低现象，称做稀释。稀释能改变焊缝的组织和性能，这对焊接接头是不利的。因此，应尽量减小熔合比，采用含合金元素较高的焊条。

（1）低碳钢与普通低合金钢的焊接

这两类钢都具有优良的可焊性，因此，它们之间的焊接仅决定于普通低合金钢自身的可焊性，其焊接材料的选用原则一般是，强度、塑性和冲击韧性，都不能低于被焊钢种中的最低值。焊接时基本上可采用与低合金钢相同的焊接工艺。

（2）珠光体耐热钢与奥氏体不锈钢的焊接

1）焊接特点　珠光体耐热钢与奥氏体不锈钢焊接时，由于稀释使焊缝中奥氏体的元素含量不足，因而焊缝易出现马氏体组织和裂纹。在焊接过程中，由于碳通过熔合线从珠光体耐热钢一侧，向奥氏体不锈钢焊缝扩散，结果在靠近耐热钢侧形成铁素体脱碳层而软化；在奥氏体焊缝一侧，则形成高硬度的黑色增碳层，因而降低焊接接头的力学性能。提高珠光体耐热钢碳化物形成元素 Cr、Mo、V、Ti 等，可抑制碳扩散，防止产生扩散层。

2）焊接　珠光体耐热钢与奥氏体不锈钢焊接时，要尽量减小熔合比，以降低焊缝的稀释。采用带极堆焊和非熔化极气体保护焊时，可获得较小的熔合比。当选用高合金焊条手工弧焊时，熔合比较小，且应用广泛。

焊接材料的选择要注意缓解稀释作用，并抑制碳等合金的扩散。通常，珠光体耐热钢与 12％铬钢焊接时，原则上选用珠光体钢焊条，也可以用奥氏体钢焊条；珠光体耐热钢与 17％铬钢焊接，必须选用奥氏体不锈钢焊条；珠光体耐热钢与奥氏体不锈钢焊接时，原则上选用镍含量大于 12％的奥氏体不锈钢焊条（如 E1-23-13Mo2-XX 等），重要构件焊接，应采用镍基合金型焊条。

当用奥氏体不锈钢焊条焊接珠光体耐热钢时，还应考虑焊缝稀释和热应力破坏等问题，采取过渡层或选用含镍量高的焊条。

珠光体耐热钢与奥氏体不锈钢的焊接工艺，要点如下：

(a) 应尽量降低熔合比，以降低稀释率，为此，可选用小直径焊条，小电流快焊速；

(b) 一般焊接时不预热，焊后不热处理。如珠光体耐热钢淬火倾向大时，为防止裂纹预热时，其温度可比焊接同类珠光体耐热钢时低 100～150℃；

(c) 在焊接大型构件时，在珠光体耐热钢一侧，采用预堆焊隔离层（过渡层）的方法，见图 5-75。以避免稀释焊缝和易淬火珠光体耐热钢，因淬火而形成接头裂纹。

（3）不锈复合钢板的焊接

不锈钢复合板是由基层（碳钢或低合金钢）与复层（不锈钢）组成的。焊接时，基层间主要应满足构件强度要求；复层间则要满足耐腐蚀要求；而基层与复层的焊接，则属于异种钢的焊接，要注意防止产生脆硬的马氏体组织。其焊接工艺要点如下：

1）焊条选择　基层之间选用与基层材质相应的焊条；复层之间选用与复层材质相适应的焊条；基层与复层交界处，可采用铬镍含量高的不锈钢焊条，如 E1-23-13Mo2—16 等。

2）焊接顺序　先焊碳钢或低合金钢基层。焊缝检查合格后，再从不锈钢复层侧清除焊根，焊接过渡层，最后焊不锈钢复层，见图 5-76。

3）焊不锈钢焊缝　焊接时为减小热影响区，宜采用小电流、直流反接和多道焊、焊条不宜横向摆动。

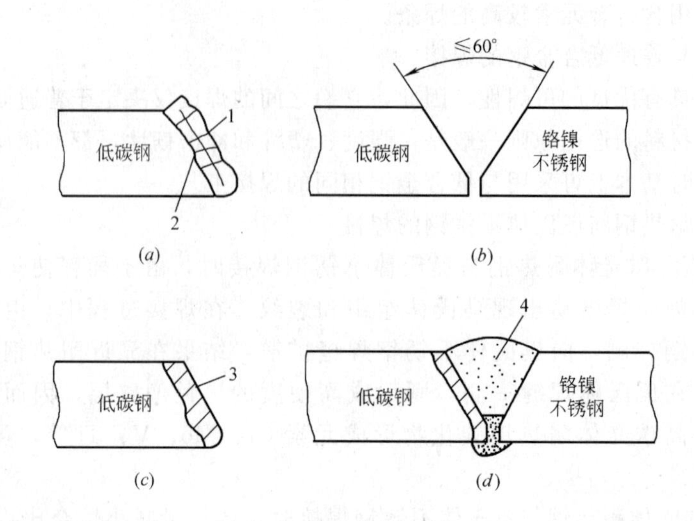

图 5-75 堆焊隔离层过程示意图

(a) 熔深要浅；(b) 堆焊二层过渡层；(c) 表面用砂轮磨光洁；(d) 异种钢焊缝金属

4) 坡口和组装 选择坡口形式应尽量减少复层一侧的焊接量，并避免复层焊缝重复加热。组对时，要以复层为基准对齐，保证复层没有错边现象。

5) 基层焊接前，应对复层坡口两侧刷涂白垩粉溶液，防止飞溅粘附，影响复层焊缝质量。

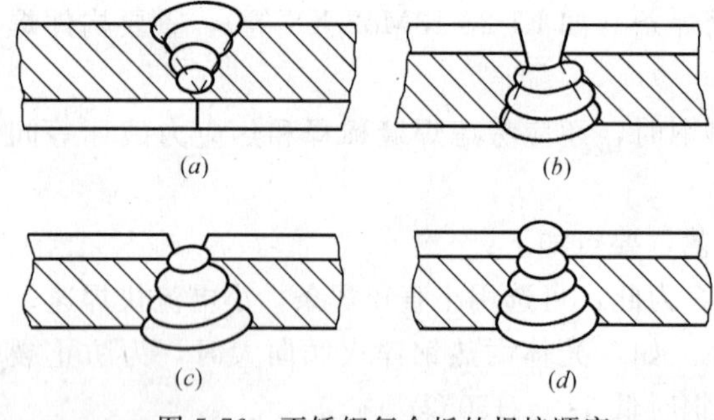

图 5-76 不锈钢复合板的焊接顺序

(a) 焊基层；(b) 清焊根；(c) 焊过渡层；(d) 焊复层

5.7.2 异种金属的焊接

异种金属的可焊性好坏，取决于异种金属的成分、热物理性质及焊缝组织。异种金属之间彼此形成固熔体的，熔焊可焊性良好；形成机械混合物或其他复杂组织的，可焊性尚可；形成金属间化合物的，可焊性不好，几乎不可能用熔焊方法获得满意的接头。异种金属焊接一般熔合区塑性较差，接头残余应力较大，易产生裂纹，甚至使焊缝金属剥离。

(1) 钢与铜及其合金的焊接

铜与钢异种金属可焊性尚好。常采用铜或铜合金作为焊接材料，对规范的敏感性较大。靠近铜侧熔合区易产生气孔和粗大晶粒，具有较大的裂纹倾向；靠钢侧熔合区，易产生铜在铁中过饱和固熔体的硬脆合金层，会导致裂纹。因此，要求这一合金层尽量薄，当焊缝金属中含铁量为0.2%～1.1%时，焊缝金属呈粗大的单相组织，此时抗热裂纹性能提高。焊缝金属的塑性随含铁量的增加而降低，一般要求铁的含量要小于20%。焊前应预热。

手弧焊、埋弧焊及气体保护焊等焊接方法，都可用来焊接钢与紫铜的异种金属材料接头。

1) 钢与紫铜的手弧焊 钢与紫铜电弧焊时，为保证焊缝金属的抗裂性能，应使焊缝中含铁量控制在10%～43%左右。例如Q235钢与T2紫铜焊接，选用铜107焊条，直流正接法，焊缝金属成分为：55.4%Cu、0.08%C、1.16%Si、0.035%P和43%Fe，这种成分的焊缝不易产生裂纹。其焊接规范见表5-77。

碳钢与紫铜手工电弧焊规范　　表5-77

金属牌号	接头形式	板厚(mm)	焊条牌号	焊条直径(mm)	焊接电流(A)	电弧电压(V)
Q235＋T2	对接	10＋3	铜107	ϕ3.2	140～160	24～26
Q235＋T2	对接	10＋4	铜107	ϕ4	180～220	27～29

焊前预热750～800℃，操作时焊条偏向紫铜一侧，层间温度不应低于650℃。

2）钢与紫铜的埋弧焊　当紫铜板厚度大于10mm时，可开V形坡口进行埋弧焊接。由于钢与铜的导热性差异较大，坡口可开成不对称形，见图5-77。

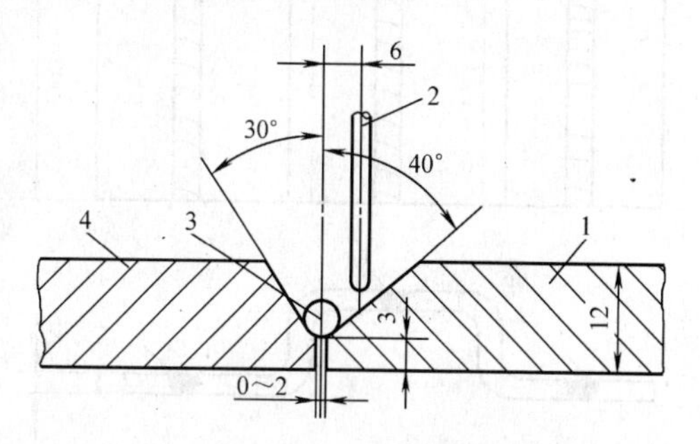

图5-77　钢与紫铜埋弧焊接头形式
1—紫铜板；2—焊丝；3—铝丝；4—碳钢板

为使铜熔化充分，并减少熔化量，焊丝需偏向紫铜一侧，距焊缝中心约5～8mm。这样可控制焊缝中含铁量。焊丝偏离过小，焊缝含铁量增高；偏离过大，则钢侧不能熔化。在坡口中加入铝丝，熔化后可形成微小的$FeAl_3$，以减小Fe的有害作用。$FeAl_3$还能使铜的晶粒细化，提高塑性，延伸率可达20%，冷弯角180°，而且抗裂性能也有明显提高。但铝丝添加过多，则接头性能反而下降。由此说明，埋弧焊选用T2焊丝，添加适量铝丝和选择合理的焊接规范，可获得满意的异种钢接头。其规范见表5-78。

低碳钢与紫铜埋弧焊规范　　表5-78

异种材料牌号	板厚(mm)	焊丝牌号	焊丝直径(mm)	焊接电流(A)	电弧电压(V)	焊接速度(m/min)
Q235＋T2	10＋10	T2	4	600～650	38～40	0.2
Q235＋T2	12＋12	T2	4	650～700	40～42	0.2

（2）钢与铝的焊接

钢与铝可焊性较差，铝表面容易形成氧化膜（Al_2O_3），阻碍液态金属的结合。钢的熔点1350℃，铝660℃，当铝熔化时，钢还处于固态。同时由于两种材料的密度（钢7.87、铝2.69）相差很大，当钢熔化后，液态铝浮于钢水表面，加之氧化膜的阻碍，很难结合。因此，钢与铝的熔化焊难度很大。

钢与铝的钎—熔焊应用较多。这种方法是，在焊前钢件边缘的30mm范围内电镀35～40μm厚的锌层，然后采用钨极氩弧焊，按焊接铝的要求进行焊接，焊时只熔化铝和填充金属。接头强度一般只为90～100MPa以下，沿锌层断裂，常伴有气孔。

（3）铜与铝的焊接

铜在铝中的最大熔解度 548℃时为 5.7%，小于此含量时形成固溶体，大于此值时，在晶界上存在固溶体和 $CuAl_2$ 的脆性共晶体。铝在铜中的含量超过 9.5%时，形成 Cu_9Al_4，变脆，因此不宜熔焊。可采用钎—熔焊法及压力焊等。

实训课题 1

一、实训内容和课时安排

1. 内容：有厚度 5mm 大型钢板，材料为 20 钢，弯曲成形后用手工电弧焊对接，焊后要求进行煤油渗漏试验，以检查焊缝的致密性。焊件形状见图 5-78。

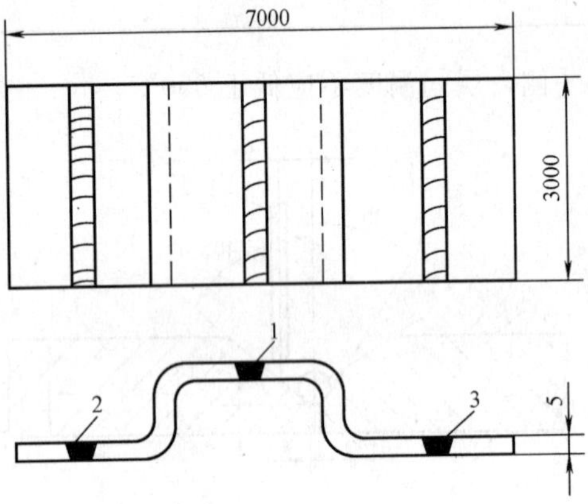

图 5-78 大型钢板的对接焊

2. 课时：4 学时。

二、实训步骤及要求

1. 操作准备

(1) 焊机 交流或直流型。

(2) 焊条 E4303（结 422）。

(3) 焊接电流 160～200A。

2. 操作要领

(1) 用砂纸或钢丝刷打磨焊件的待焊处，直至露出金属光泽。

(2) 装配定位焊时，不可留间隙，当接口处齐平时，每隔 100～200mm 进行定位焊，定位焊缝长度为 10～20mm，每处应焊透。

(3) 焊接前应检查焊件接口处是否因定位焊而变形，如变形已影响接口处齐平应进行校正。焊接时用 4mm 直径焊条，为减小变形，应考虑合适的焊接顺序和运条方法。因为焊件上有三条较长的焊缝，为使焊缝能自由收缩，首先焊接焊缝 1，然后焊接焊缝 2 和焊缝 3。在每条长焊缝焊接时，可采用分段逐步退焊法、跳焊法或交替焊法（图 5-79）。

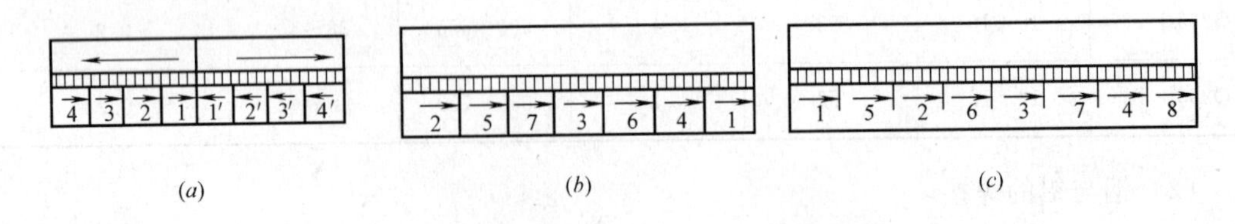

图 5-79 焊缝的焊接顺序

(a) 分段逐步退焊法；(b) 交替焊法；(c) 跳焊法

这些方法均适用于 1m 以上的长焊缝，每段焊缝的长度 100～350mm 为宜。每次起头都要焊透，收尾要填满弧坑，焊道接头要圆滑。三条焊缝都焊接完，随后进行煤油渗漏试验。合格后，校正焊件的变形。

3. 焊缝质量检查

焊后对焊件进行目视检查，其要求见表 5-79。

焊缝检查内容及要求 **表 5-79**

检 查 内 容	技术要求(mm)
焊缝宽度	8～14
焊缝宽度全长均匀度	全长不均匀度不大于 2.5
焊缝正面余高	1～3
焊缝背面余高	≤2
咬边深度和长度	<0.5,累计长<20
裂纹	不允许
烧穿	不允许
其他	起头收尾无弧坑,焊道接头不脱节,焊件母材上不允许有引弧痕迹

实训课题 2

一、实训内容和课时安排

1. 内容：有三块钢板，材料 20 钢，用手工电弧焊连接成图 5-80 的形状。

2. 课时：4 学时。

二、实训步骤及要求

1. 操作准备

(1) 焊机　交流或直流型，额定电流 300A 以上。

(2) 焊条 E4303 (结 422)，直径 5mm。

(3) 焊接电流：220～280A。

2. 操作要领

(1) 用砂纸、钢丝刷打磨待焊处，直至露出金属光泽。

(2) 确定焊接顺序，主要考虑减小焊接应力与变形。先将钢板 2 焊到钢板 3 上，然后将钢板 1 焊到钢板 2 上。因钢板 2 和钢板 3 焊接后增加了厚度，所以当钢板 1 焊到钢板 2 上时，产生的总变形可能要小，但存在较大的焊接应力。如果先将钢板 1 焊到钢板 2 上，然后再将钢板 2 焊到钢板 3 上，则总变形量可能较大，但比前面焊接顺序产生的焊接应力要小。由于焊件是低碳钢材料，有较好的塑性，当减小变形和减小焊接应力不能同时兼顾时，应首先考虑减小焊接变形。

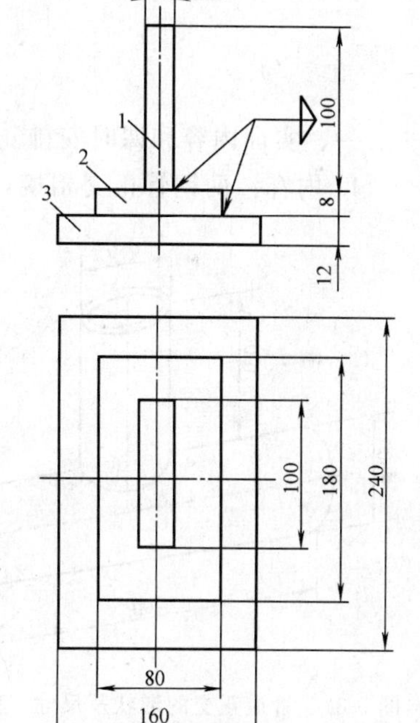

图 5-80　三块钢板的焊接（单位：mm）

(3) 焊接方法

1) 钢板 2 与钢板 3 的定位焊和焊接　将两钢板不留间隙进行装配，定位焊后，从头到尾将焊缝施焊完毕。由于钢板厚度不同，为保证焊缝与钢板 3 的熔合，焊条与钢板 3 成 55°～65°夹角。

2) 钢板 1 与钢板 2 的定位焊和焊接　两钢板不留间隙进行装配后，定位焊固定，然后从头到尾施焊完毕。因钢板厚度相同，焊条角度与钢板应成45°夹角。

对焊接后的变形，应进行校正。

3. 焊接质量检查

焊后进行目视检查，检查内容及要求见表5-80。

焊缝检查内容及要求　　表5-80

检查内容	技术要求(mm)
焊脚尺寸	7～10
焊脚全长均匀度	不均匀度不大于2.5
焊透深度(%)	15
背面余高	不允许
咬边深度和长度	<0.5，累计长<20
裂纹	不允许
焊瘤	不允许
烧穿	不允许
其他	起头和收尾无弧坑，焊件母材上不允许有引弧痕迹

实训课题　3

一、实训内容和课时安排

1. 内容：两钢管正交相接，钢管材料为A3，壁厚4mm，形状和尺寸如图5-81所示钢管交接处用手工电弧焊完成全部操作。

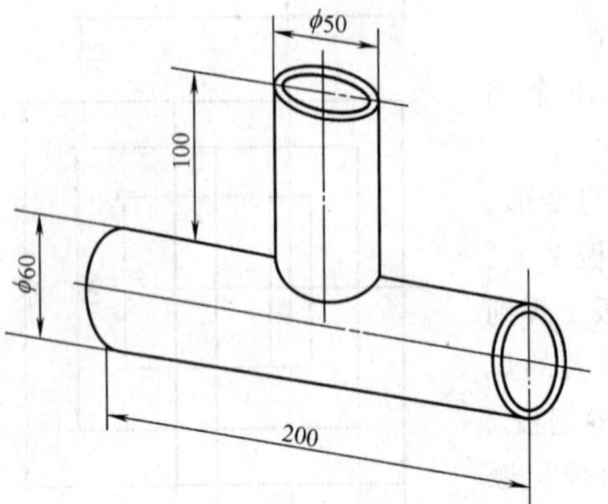

图5-81　管道正交的形状及尺寸（单位：mm）

2. 课时：4学时。

二、实训步骤及要求

1. 操作准备

(1) 电弧焊机　直流电弧焊机或交流电弧焊机均可。

(2) 焊条　E4303（结422）或E5015（结507），直径3.2mm。

(3) 焊接电流：90～120A。

2. 操作要领

(1) 焊前清理　用钢丝刷打磨待焊处，至露出金属光泽。

(2) 装配及定位焊　由于钢管正交时的交线是空间曲线，组装较困难组装后不应有大的缝隙。当修锉使接头处间隙基本均匀后，在3处定位焊固定。

(3) 焊接方法　可分为两半圆完成焊接。首先进行焊缝1的操作（图5-82），在平焊位置起弧，其焊条角度如图5-82所示。起焊处应注意拉长电弧，稍有预热后再压低电弧焊接，使起焊处熔合良好。焊接过程中，焊缝位置不断变化，焊条角度也要相应变化。为避免焊件烧穿，可采用跳弧焊法。结尾时也接近平焊位置，由于钢管的温度增高，收尾动作要快。当焊接焊缝 2 时，操作方法相同。在焊缝连接时，应重叠 10～15mm，但要使接头处平整圆滑。

3. 注意事项

(1) 操作姿势正确。

(2) 焊脚尺寸为 7～10mm。

(3) 咬边深度小于 0.5mm，且咬边累计长不应超过焊缝总长的 20%。

(4) 焊缝不允许有裂纹、烧穿和焊瘤。

(5) 焊件上不允许有引弧痕迹。

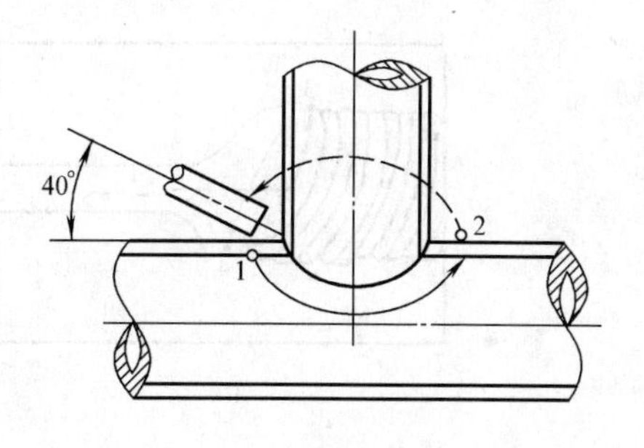

图 5-82　管道正交时的焊接方法

实训课题　4

一、实训内容和课时安排

1. 内容：焊接 1Cr18Ni9 钢板，厚 12mm，长 300m，宽 150mm，对接，用手工电弧焊进行横焊和立焊操作。要求采用熔透焊道法进行焊接。

2. 课时安排：4 学时。

二、实训步骤及要求

1. 操作准备

(1) 电弧焊机　选用直流电弧焊机，如 AX-320 型。

(2) 焊条　选用奥 132，直径 3.2 和 4mm。

2. 操作要领

(1) 横焊操作

1) 焊前准备　依据板材厚度开 V 形坡口，坡口角为 70°，钝边 2mm。用机械切削或砂轮加工坡口。将两板材待焊处打光后组装，留 3mm 间隙，进行定位焊固定。

2) 焊接　共分三层完成。

(a) 打底层焊道　用直径 3.2mm 的焊条，电流为 85～90A，直流反接，采用倒 8 字运条法，可以达到焊缝背面余高约 1mm，正面余高约 5mm 运条方法是由 1 点起（图 5-83*a*），焊条垂直于焊件并移至 2 点熔池中心，约 1s 后向上移至 3 点，此时将焊条头部朝向熔池上沿（图 5-83*b*），同时向焊件方向推压约 2mm（这样可避免背面成形时上部低凹），然后拉出焊条移向 4 点（停约 0.5s），再折回熔池中心，移向 5 点。采用倒 8 字运条时，焊条角度也要随之相应变化（图 5-83*b*）。如此循环上述动作，便可焊出正反面光滑均匀的第一层焊道。

(b) 第二层焊道　用直径 4mm 的焊条，焊接电流 125～130A，横焊两道（图 5-84）。焊第一条焊道时，要将底层焊道熔化 1/2 以上，焊条向前倾角为 70°同时焊条向下倾斜，与焊件平面夹角为 65°～70° [图 5-84 (*a*)]。第二条焊道用斜圆圈运条，以达到与第一条焊道和底层焊道充分熔合。第二层焊完后，要求焊层表面与焊件表面的距离控制在 2mm 左右，便于盖面焊道成形符合要求。

(c) 盖面焊道　仍采用直径 4mm 的焊条，分 4 条焊道完成（图 5-85）。1～3 条焊道

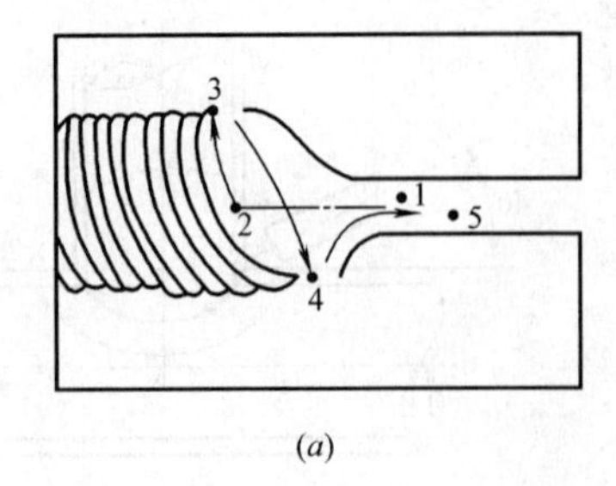

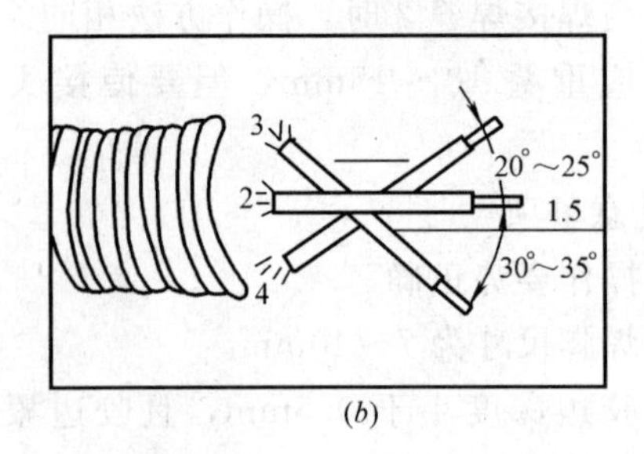

图 5-83　1Cr18Ni9 钢的对界横焊

(a) 运条路线；(b) 焊条在各个位置角度

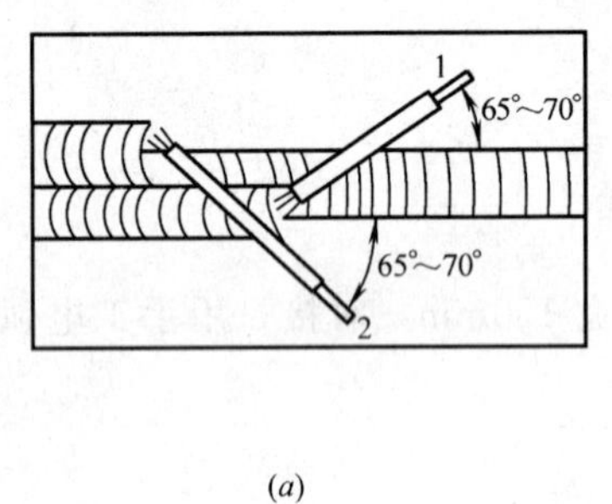

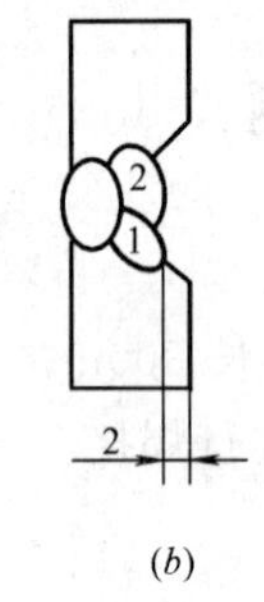

图 5-84　横焊第二层焊道操作

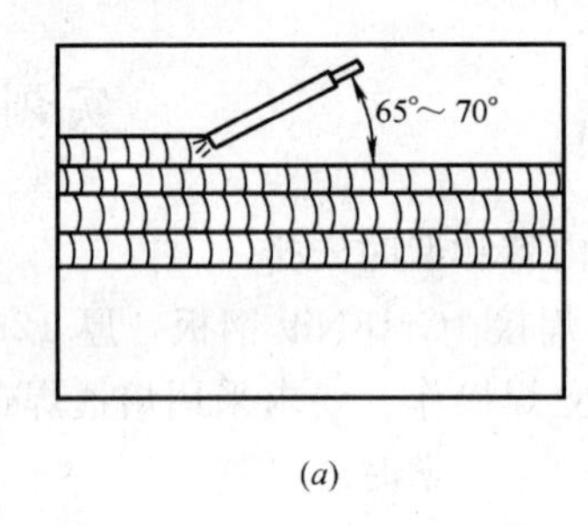

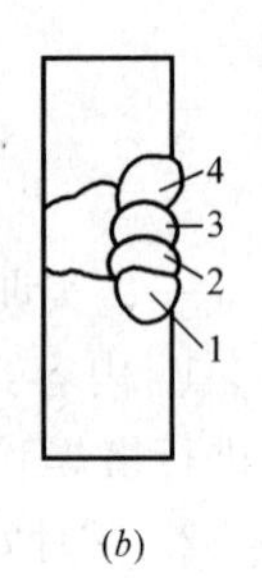

图 5-85　横焊盖面焊道顺序

的焊接，焊条倾角为 90°；第 4 条焊道的焊接，焊接电流为 115A，以防止咬边，焊条角度类似角焊，即焊条向上倾斜 60°～70° [图 5-85 (a)]，同时电弧要压低，使焊条下端距熔池边沿约 1mm 左右，以防止夹渣。第 1～3 条焊道的宽度、外沿形状如能保持一样，第 4 条焊道焊完之后，便可获得光滑、均匀的焊缝。

3) 横焊接弧法　换好焊条后，按图 5-86 所示，先在位置 1 起弧并拉长电弧烘烤，然后压低电弧移向位置 2，随后移向位置 3，听到“噗噗”声后拉出焊条，转入正常焊接。

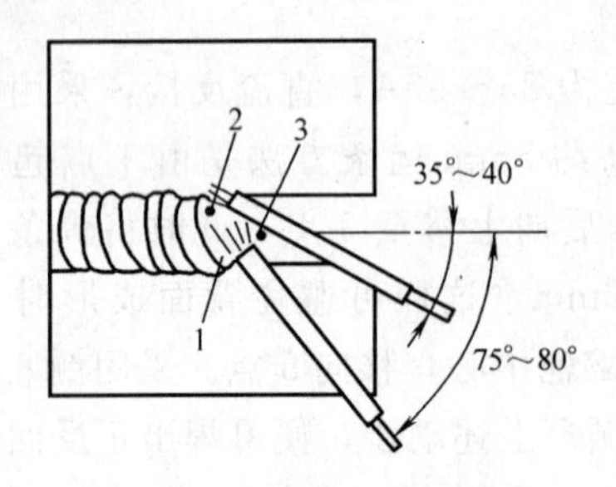

图 5-86　横焊接弧动作

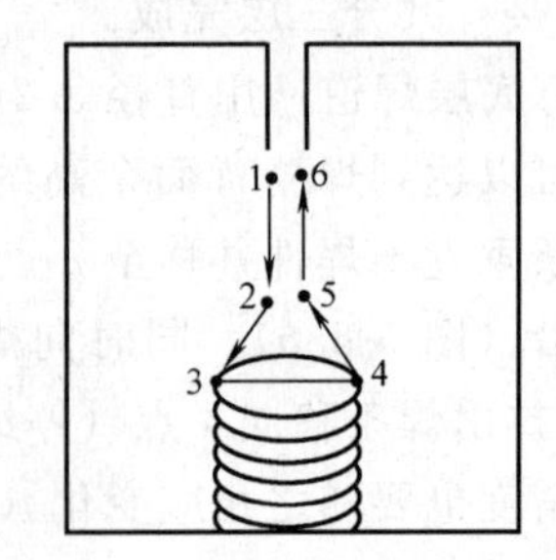

图 5-87　1Cr18Ni9 钢立焊操作

(2) 立焊操作

1) 焊前准备　依据板材厚度采用 V 形 70°坡口，钝边 2mm。组装时打光待焊处，预留间隙 3mm，然后定位焊。

2) 焊接分 3 层完成。

(a) 打底层焊道　用直径 3.2mm 的焊条，焊接电流 80～85A。采用“倒漏斗”运条法，见图 5-87。从 1 点起弧自上而下运条至 2 点，随后移向 3 点，再横向运条至 4 点，稍停片刻，提起焊条向 5 点移动，再至 6 点。如此连续动作，便可焊出正反两面光滑均匀的底层焊道。操作时，5～6 点间的距离约等于焊条直径的两倍。从 1～6 点共 5 个动作，运条路线类似一个倒置的漏斗。操作要连续进行，一次完成。

(b) 第二层焊道　用直径 4mm 的焊条，焊接电流 120～125A，采用扁三角形运条，所形成的焊道形状应尽量平整（图 5-88）。这层焊道的形状对盖面焊道形状影响很大，焊道边沿不能过高，以距离焊件表面 2mm 左右为宜。应注意的是，运条至两侧时，立即将焊条朝向坡口面，焊条与焊件平面成 70°角（图 5-89），稍停留后再恢复正常角度。这可避免焊道边缘与坡口面形成夹渣。当运条至中间时，电弧要压低，切忌药皮贴上熔池边沿，以防止形成表面夹渣。

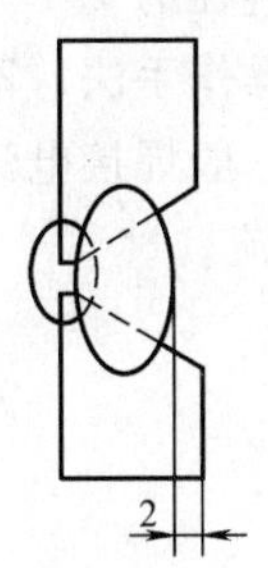

图 5-88　立焊第二层焊道形状

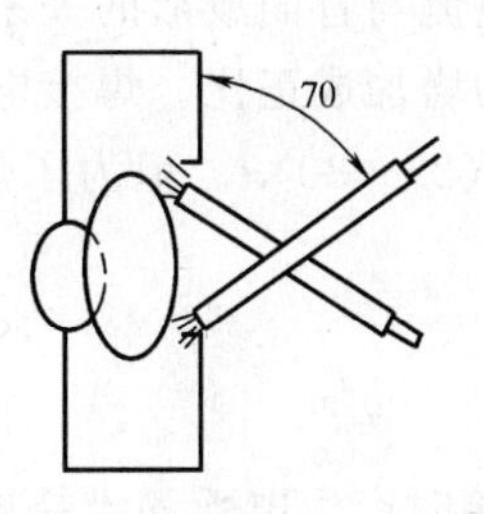

图 5-89　立焊第二层焊道的运条

(c) 盖面层焊道　用直径 4mm 的焊条，焊接电流 115～120A 为宜，以便控制表面成形。采用大月牙形运条，但焊条从一侧向另一侧移动时走直线，速度稍快，以熔化良好、熔渣跟上为宜。这种运条能有效地控制对第一二层焊道的重复加热，防止过烧和晶粒长大，特别是对防止晶间腐蚀有良好作用。但应注意从一侧向另一侧运条时，发现熔池中间外沿鼓出时，应立即灭弧。盖面层焊道要连续施焊，切忌焊条下沿贴上熔池边沿拖后运条，以防止夹渣。焊接中可提起焊条观察熔池形成情况。整个焊接过程要平稳。

(d) 立焊接弧法　在位置 1 起弧并用长弧烘烤后移至位置 2，再压低电弧移向位置 3（图 5-90），听到"噗噗"声后再左右轻微摆动，然后拉出焊条进行正常焊接。

(e) 熄弧方法　当快要换焊条时，从最后一个熔池开始，由 1 点（熔池的任一侧都可以）移向 2 点，压低电弧旋转 1 周后（旋转直径约等于焊条半径）移向 3 点，稍作停顿后向中心部位挑灭弧，随后再从 4 点起弧，移向 5 点，电弧压低旋转 1 周后向下挑果，断灭弧（图 5-91）。4～5 点实际上与 1～2 点是在同一位置重叠。4～5 点是辅助熄弧动作，操

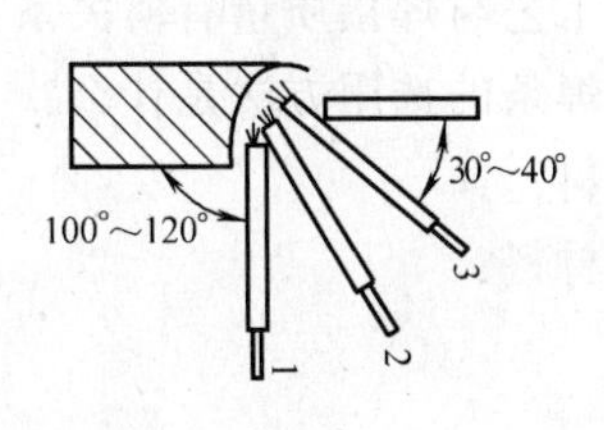

图 5-90　立焊接弧动作

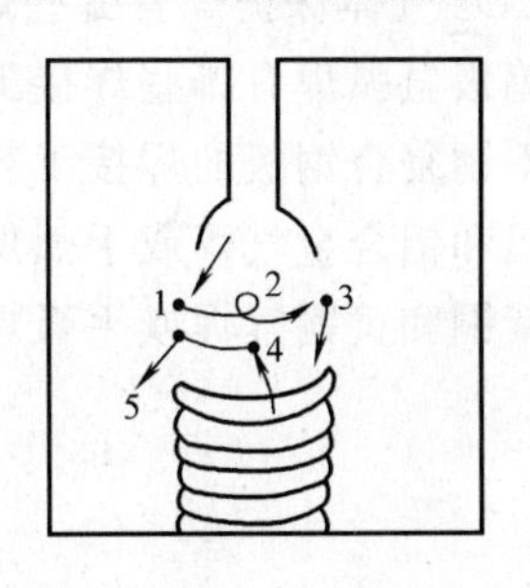

图 5-91　立焊熄弧方法

作要快，不等熔池中心冷却就及时接上弧。这种熄弧方法可使熔池冷却基本一致，避免产生缺陷。

3. 注意事项　由于1Cr18Ni9钢手工电弧横焊、立焊的熔透焊道法比平对接焊困难要大，易出现焊瘤、凹陷、表面夹渣及成形不良等缺陷。评定焊缝质量时应以此作为重点。焊好打底层是关键。影响焊缝背面成形的因素有：

（1）钝边与背面成形的关系　当其他条件（间隙、电流、操作手法）不变时，坡口钝边越大，背面成形越差。当钝边尺寸大于2.5mm时，背面易产生低凹和未焊透缺陷。

（2）间隙与背面成形的关系　当其他条件（钝边、电流、操作手法）不变时，随着坡口间隙的增大，背面余高增加，而且操作也比较容易掌握。但随着间隙的增大，熔池变大，填充金属量增加，致使生产率降低。合适的间隙应为焊条直径的1.1～1.2倍。

（3）电流与背面成形的关系　当其他条件（间隙、钝边、操作手法）不变时，电流与背面余高的增加成正比。焊接电流越大，使成形越不易控制。一般焊接电流与焊条直径的关系为 $I=(25\sim30)d$。但为了焊透，打底层宜用稍大的焊接电流。

思考题与习题

1. 焊接时产生电弧和维持电弧燃烧的必要条件是什么？
2. 焊接电弧由哪几部分组成？
3. 什么叫焊接接头？焊接接头包括哪几部分？焊接接头的基本形式有几种？
4. 开坡口的目的是什么？选择坡口形式时应考虑哪些因素？
5. 焊缝按分类方法不同可分为哪几种？
6. 什么叫焊接工艺参数？手工电弧焊焊接工艺参数包括哪些？
7. 手工电弧焊时怎样选择焊条直径？手工电弧焊时怎样选择焊接电流？
8. 焊件预热的作用是什么？有哪些预热的方法。
9. 手工堆焊时应注意哪些工艺要点？
10. 焊条的焊芯有什么作用？药皮的作用是什么？
11. 焊条的选用原则是什么？
12. 防止焊缝中产生气孔的措施有哪些？
13. 埋弧自动焊有哪些焊接工艺参数？主要焊接工艺参数对焊缝形状产生什么影响？
14. 什么是 CO_2 气体保护焊？有哪些主要特点？
15. CO_2 气体保护焊有哪些焊接工艺参数？如何选择焊接电流？
16. 钨极氩弧焊有哪些焊接工艺参数？钨极氩弧焊工艺与焊接质量有何关系？
17. 不锈复合钢板的焊接工艺要遵循哪两条原则？焊条的选用方法是什么？
18. 铝和铝合金气焊或手弧焊时应选用什么焊接材料？
19. 紫铜和黄铜气焊或手弧焊时，应选用什么焊接材料？

单元6 不锈钢装饰制作与安装

知 识 点：不锈钢包柱、不锈钢栏杆和扶手、不锈钢门及门套的施工工序和安全操作规范。

教学目标：掌握不锈钢包柱、不锈钢栏杆和扶手、不锈钢门及门套的施工制作方法。

随着建筑装饰行业的日益发展，不锈钢装饰材料已被越来越多的装饰工程所采用，成为近年来流行的一种装饰新形式。这是因为不锈钢装饰主要具有五个特点：第一，不锈钢装饰件具有华丽的金属光泽和明快的质感；第二，不锈钢装饰产品比铝合金等金属产品的耐腐蚀性强，可较长时间的保持初始装饰效果；第三，不锈钢装饰产品具有较高的强度和硬度，在施工和使用过程中不易发生变形；第四，由于不锈钢经抛光后具有如同镜面的效果，尤其通过不锈钢镜面的反射作用，可取得与周围环境中的各种色彩、景物交相辉映的效果；第五，利用不锈钢镜面具有很强的反射光线的能力，在灯光的配合下，可形成晶莹明亮的高光部分，从而有助于形成空间环境中的艺术中心点。

不锈钢装饰主要用于宾馆、商场、候机厅、车站等公共场所的大厅柱面装饰、栏杆扶手、门及门套等部位，近几年来，一些小型商店及酒店的店面装饰也在应用不锈钢。

课题1 不锈钢工程中常用材料、施工机具及施工准备

1.1 常用材料

不锈钢工程中常用材料有不锈钢板及不锈钢管。不锈钢具有良好的耐腐蚀性、加工性和可焊性。目前用于建筑装饰方面的不锈钢主要有0Cr13、0Cr17Ti、0Cr18/0Cr18Ni9、Cr18Ni18、1Cr18Ni9Ti、Cr18Mn8Ni5、1Cr17Mo2Ti。其中应用较多的是Cr18Ni8、0Cr17Ti和1Cr17Mo2Ti。产品的型式为板材和管材。不锈钢包柱主要用厚度2mm以下的板材。常用薄钢板的规格见表6-1。

不锈钢管按其截面形状主要制成圆管、矩形管和方管三种。常用不锈钢管的壁厚有10种规格：0.5，0.6，0.8，1.0，1.2，1.5，2.0，2.5，3.0，4.0mm；外径一般为12～150mm；长度一般为1000～6000mm。

1.2 胶 粘 剂

常用于金属装饰中的胶粘剂有914室温快速胶粘剂、KH-50胶、502胶、XH-502瞬间胶、铁锚301胶、KD-504A万能强力胶粘剂、XH-25冷粘强力胶和迅达万能胶等。

(1) 914室温快速胶粘剂

该胶系双组分环氧胶。该胶的优点是粘结强度高，耐热、耐水、耐油、耐冷热冲击，

2mm 以下不锈钢板规格 **表 6-1**

钢板厚度(mm)	钢板宽度(mm)									备注
	500	600	710	750	800	850	900	950	1000	
	钢板长度(mm)									
0.35,0.4,0.45,		1200		1000						热轧钢板
0.5	1000	1500	1000	1500	1500		1500	1500		
0.55,0.6,	1500	1800	1420	1800	1600	1700	1800	1900	1500	
0.7,0.75	2000	2000	2000	2000	2000	2000	2000	2000	2000	
0.8				1500	1500	1500	1500	1500		
0.9	1000	1200	1400	1800	1600	1700	1800	1900	1500	
	1500	1420	2000	2000	2000	2000	2000	2000	2000	
1.0,1.1				1000			1000			
1.2,1.25,1.4,1.5	1000	1200	1000	1500	1500	1500	1500	1500		
1.6,1.8	1500	1420	1420	1800	1600	1700	1800	1900	1500	
	2000	2000	2000	2000	2000	2000	2000	2000	2000	
0.2,0.25		1200	1420	1500	1500	1500				冷轧钢板
0.3,0.4	1000	1800	1800	1800	1800	1800	1500		1500	
	1500	2000	2000	2000	2000	2000	1800		2000	
0.5,0.55		1200	1420	1500	1500	1500				
0.6	1000	1800	1800	1800	1800	1800	1500		1500	
	1500	2000	2000	2000	2000	2000	1800		2000	
0.7		1200	1420	1500	1500	1500				
0.75	1000	1800	1800	1800	1800	1800	1500		1500	
	1500	2000	2000	2000	2000	2000	1800		2000	
0.8		1200	1420	1500	1500	1500	1500			
0.9	1000	1800	1800	1800	1800	1800	1800		1500	
	1500	2000	2000	2000	2000	2000	2000		2000	
1.0,1.1,1.2,1.4	1000	1200	1420	1500	1500	1500				
1.5,1.6	1500	1800	1800	1800	1800	1800	1800			
1.8,2.0	2000	2000	2000	2000	2000	2000	2000		2000	

而且固化速度快（粘结后室温 3～5h），使用方便。它用于金属、陶瓷、玻璃、木材、橡胶等材料的粘结，也可用于 60℃条件下金属和非金属部件的小面积快速粘结。两组分配合比：6∶1（重量比），5∶1（体积比）。粘结最佳条件是在 20℃以上。它的缺点是每次配胶须在 5min 内用完，且不宜做大面积粘结。

(2) KH-50 胶

该胶的优点是不需加压、加热、不加固化剂，且固化速度快，粘结好后抗拉强度＞25MPa。适用于常温下快速粘结钢、铜、铝、橡胶、工程塑料、陶瓷、木材和水泥等。室温下静放 10～30min 即可粘牢，一般在 24～48h 可达到最大粘结强度。

(3) 502 胶

胶的性能和用途与 501 胶基本相同，但耐介质性比 501 胶好，固化速度比 501 胶稍慢，储存期比 501 胶更短，主要缺点是性脆、不耐水、不耐湿热（耐热≤100℃）。它适用于常温下快速粘结钢、铜、铝、橡胶、工程塑料、陶瓷、木材、水泥等。涂抹时用胶不宜过多，以表面湿润为准。粘结时要迅速定位，用物施压，经几秒钟至几分钟即可粘牢。

(4) XH-502 瞬间胶

该胶系以2-氰基丙烯酸乙酯为主要成分。它的优点是固化速度快、适用范围广、使用方便、粘结力强，室温下几秒至几分钟即可交付使用。它适用于常温下快速粘结钢、铜、铝、橡胶、工程塑料、陶瓷、木材、水泥等。但它不适用于聚四氟乙烯塑料，且粘结物不宜在酸、碱和水中长期使用。适用温度－50～70℃。

(5) 铁锚301胶

此胶的优点是具有良好的耐水、耐油性能，可在室温或低温固化。它适用于钢、铝、聚氯乙烯、有机玻璃等材料的粘结。粘结时要注意：涂胶两次，每次晾干2～3min，再加0.05MPa的压力，室温下一天固化，施胶量约120g/cm^2。粘结物使用温度为－60～60℃。

(6) KD-504A万能强力胶粘剂

本胶的优点是粘结强度高、耐水、防腐、耐油、耐暴晒、耐沸水煮、耐稀酸碱，又能耐高压电绝缘，使用方便，并可调配成红、黄、绿、黑、紫等各种颜色。它用于粘结钢、铝、铜、生铁、铅、锡、不锈钢、有机玻璃、陶瓷、玻璃、胶木、塑料、水泥等，也可粘补高压阀门、水龙头及各种油气酸开关，及堵补地下室、化工管及自来水管裂缝的渗漏。粘接钢筋混凝土电杆。粘接时注意：两组分分别为大小管，其配合比为2∶1，如不调和，可存放4年。粘结物适应温度－50～240℃。

(7) XH-25冷粘强力胶

此胶为日本产氯丁橡胶改性的单组分非结构胶。它的优点是具有粘结强度高、固化速度快、耐水、耐腐蚀、使用方便、价格低廉。它用于粘合橡胶、木材、装饰板、帆布、混凝土、硬塑料、金属、陶瓷、玻璃等。此胶的缺点是易燃，勿接触明火。

(8) 迅达万能胶

迅达万能胶系单组分室温固化胶。它的优点是粘结力强，初粘结力好，并具有良好的耐老化性和贮存性。它适用于木材、胶合板、防火板、家具、橡胶、皮革、地板、墙布、顶棚、金属、陶瓷、玻璃等材料的粘结。粘结时要在被粘物两面涂胶，涂胶后放置3～8min，粘结后要加压使之粘牢。

1.3 不锈钢焊接材料

不锈钢焊接材料即不锈钢焊条，其种类很多，选用时要考虑三个因素：一是按所用钢材的强度选择相应强度等级的电焊条；二是按金属的化学成分应尽可能地接近母材；三是由于氢含量的增高是产生冷裂纹的因素之一，所以对于含碳量比较高，具有淬硬和冷裂纹倾向的钢材，宜选用碱性低氢型的焊条。

1.4 不锈钢工程辅助材料

在不锈钢工程的施工中，还需使用辅助材料，如做衬板用的木方、木夹板、角钢和槽钢；固定用的膨胀螺栓、钢（铁）片、自攻螺钉等。对辅助材料的要求，如木材的含水率不能大于15%；钢材的表面要平整等。

1.5 不锈钢工程常用施工机具

不锈钢工程常用施工机具有：电剪刀、冲击电钻、电动抛光机、电圆锯、曲线锯、电钻、电焊机等，以及其他手工工具，如木锯、斧子、锤子、钢锯等。

1.6 不锈钢工程的施工准备

在新建工程中，不锈钢工程的施工要做好如下准备：

(1) 不锈钢工程安装部位的土建工程必须经有关部门质量验收合格后，方可进行施工；

(2) 不锈钢工程所使用的材料应运至现场；

(3) 不锈钢制品在运输及存放过程中，要防止碰撞、刮、压；

(4) 工程中所用的胶粘剂按要求存放在库房中，严禁随意堆放。

课题2 不锈钢表面处理与粘结施工工艺

2.1 不锈钢装饰材料的表面预处理技术与工艺

2.1.1 研磨

研磨的目的是除去材料表面的毛刺、砂眼、气泡、焊疤、划痕、腐蚀痕、氧化皮以及各种宏观缺陷，以提高表面的平整度，保证金属装饰工程质量。研磨是在粘有磨料的磨轮上进行（磨轮上以骨胶或皮胶为粘结剂，粘结各种磨料）。

2.1.2 抛光

抛光的方法包括机械抛光、化学抛光和电化学抛光三种方式。

(1) 机械抛光

机械抛光是在涂有抛光膏的抛光轮上进行。它的效果和质量主要由所用磨轮的轮子的钢性及轮子的圆周线速度两个因素决定。抛光膏是由微细颗粒组成的磨料，各种油脂及辅助材料制成，有白、红、绿三种。白抛光膏中的主要磨料是呈圆形，无锐利棱面的氧化钙细粉末，适用于镍、铝、铜及其合金等软质金属的抛光以及要求低粗糙度的材料表面的精抛光；红抛光膏中的主要磨料是具有中等硬度的氧化铁和长石细微粉末，适用于钢铁制品的抛光；绿抛光膏中的主要磨料是硬而锐利的氧化铬绿色细微粉末，适用于铬、不锈钢、硬质合金等材料的抛光。

(2) 化学抛光

化学抛光是在特定条件下金属制品表面所进行的化学浸蚀过程。由于金属表面上在特定溶液中的微凸起处的溶解速度比微凹下处大得多，结果逐渐被平整而获得平滑光亮的表面。它适用于钢、铁、铜、铝、镍、锌、镉及其合金等金属制品的表面抛光。

(3) 电化学抛光

金属制品表面进行阳极电化学浸蚀的过程叫电化学抛光。在特定条件下，金属制品表面微观凸出处的阳极溶解速度会逐渐减小，最后可以获得镜面般光亮平滑的表面。此法还经常用于金属表面精加工。

2.1.3 除油

除油方法分为有机溶剂除油、化学除油、低温除油、电化学除油、超声波除油等。

(1) 有机溶剂除油　有机溶剂除油对皂化与非皂化油迹都有溶解作用，不浸蚀金属，但除油不十分彻底。

（2）化学除油　化学除油是利用碱溶液对皂化油脂的皂化作用和表面油性物质同对非皂化性油脂的乳化作用，除去构件表面上的各种油污。

（3）低温除油　低温除油即利用表面活性剂除油。

（4）电化学除油　电化学除油是在碱性电解液中，金属构件受直流电的作用而发生极化作用，使金属溶液界面张力降低，溶液易于湿润并渗入油膜下的工作表面，同时析出大量的氢或氧离子，对油膜猛烈的撞击和撕裂，使溶液产生强烈的搅拌作用，加强油膜表面的更新，因而油膜被分散成无数细小油珠脱离构件表面，进入溶液中而形成乳浊液。

（5）超声波除油　在碱溶液化学除油和电化学除油过程中引入超声波场，这样可以强化除油过程，缩短除油时间，提高工艺质量，还可以使微孔、盲孔中的油污得到彻底清除。

2.1.4　除锈

除锈有机械法除锈、化学法除锈和电化学法除锈三种方法。

（1）机械法除锈　是对金属表面锈层进行喷砂、研磨、滚光或擦光等机械处理，在制品表面得到整平的同时除去表面的锈层。

（2）化学法除锈　是用酸或碱溶液对金属制品进行强浸蚀的处理，制品表面的锈层通过化学作用，并利用在浸蚀过程中所产生的氢气泡的机械剥离作用而被清除。

（3）电化学除锈　在酸或碱的溶液中，对金属制品进行阴极或阳极处理，以除去锈层的过程。阳极除锈是利用化学溶解、电化学溶解和电极反应中阴极析出的氧气泡的机械剥离作用完成的；阴极除锈则是利用从阴极析出的氢气泡的机械剥离作用完成的。

2.2　粘合操作技术

各种胶粘剂虽然性能各异，但施工工艺基本相同。为了达到最佳效果，施工时，一定要严格按照施工工艺要求进行操作。

2.2.1　粘合操作施工工序

粘合操作施工工序：粘前技术准备→表面处理→胶粘剂配制→涂胶→装配贴合→压紧固化。

2.2.2　被粘物表面处理

为了得到最好的粘结效果，减少各种不利因素的影响，通常要求粘接面必须清洁、平整光洁、接缝密合、干燥等，以保证粘接面浸润性良好，粘接层厚度均匀。

（1）木材的表面处理

木材的表面处理应注意以下8个方面：

1）木材的含水率控制在8%～12%；

2）被粘表面必须平整光洁，一般精刨削的表面，具有良好的粘结性；

3）被粘表面必须清洁新鲜，陈旧和不洁净的表面必须用刨削和砂纸打磨等方法处理；

4）除掉表面的木屑，可用刷子刷，压缩空气吹或用干净的布擦等；

5）对于木材端面、斜面或对疏松多孔的材质要预先涂以防渗剂或底层胶；

6）为保护已加工完毕的表面不被弄脏，应尽可能减少操作次数，或将粘结面的加工放在其他工序之后；

7）对油脂、糖分和蜡等含量多的木材，为改善其湿润性和粘结性，可用10%的苛性钠（NaOH）水溶液或用丙酮、甲苯等溶液刷洗粘接面，或用浸过上述溶液的棉布擦粘接面，进行脱脂、脱粘、脱蜡处理；

8）处理后的表面，待洗液挥发干燥后，即可进行涂胶粘接。处理完的表面不宜存放过久。

（2）混凝土表面的处理

混凝土表面的处理工序是：钢丝刷子刷→除尘→用洗涤水溶液清洗→热水洗→干燥。也可酸洗，即用15%的HCl溶液，约按0.9L/m^{2}的用量，用硬毛刷子刷约15min，至无气泡时为止，然后用细的喷嘴喷高压水，最后干燥。

（3）低碳钢表面的处理

低碳钢表面的处理的工序是：用浸过三氯乙烯等有机溶剂的棉布擦→干燥→用砂布、砂纸打磨粘结面→除尘；或者用浸过三氯乙烯等有机溶剂的棉布擦→干燥→酸洗。其中酸洗液配比：5∶9的正磷酸（88%）与工业甲醇混合；酸洗方法是：在60℃洗液中浸渍10min→在冷水流下用硬毛刷子除掉黑皮→120℃加热1h。

（4）铝和铝合金表面的处理

铝和铝合金表面的处理工序是：用洗涤水溶液清洗→热水洗→干燥→表面喷砂→除尘；或用浸过三氯乙烯等有机溶剂的棉布擦→干燥→酸洗。其中酸洗配比及方法：用容量为50L的容器，一边搅拌一边徐徐加入下述物质：水170份、密度1.82的浓硫酸50份、重铬酸钠30份。洗涤液温度60～65℃，处理5～15min，再水洗→干燥。

（5）聚氯乙烯的表面处理

聚氯乙烯的表面处理工序：用浸过三氯乙烯等有机溶剂棉布擦→干燥→用砂布、砂纸打磨粘结面→除尘→用浸过三氯乙烯等有机溶剂的棉布擦拭→干燥。

（6）玻璃钢表面的处理

玻璃钢表面的处理工序：用洗涤剂水溶液清洗→热水洗→干燥→用砂布、砂纸打磨粘结面→除尘。

2.2.3 涂胶

涂胶有很多方法，常用以下几种：

（1）刷涂法

刷涂法是用毛刷把胶粘剂刷在粘结面上。这是最简单易行也是最常用的办法。它适用于小面积施工。

（2）喷涂法

对于低粘度的胶粘剂，可以采用普通油漆喷枪进行喷涂。对于活性期短，清洗困难的高粘度胶粘剂，可以采用增强塑料工业中的特制喷枪。喷涂法的优点是涂胶均匀，效率高；缺点是胶液损失大，溶剂散失在空气中污染环境。

（3）刮涂法

对于高粘度的胶体状和膏状胶粘剂，可利用刮胶板进行刮胶。刮胶板用1～1.5mm厚弹性硬聚氯乙烯等板材制作。

2.2.4 晾置和陈放

涂胶完毕，直到两个粘结面贴合时为止的这段静置过程叫晾置。晾置是为使胶粘剂易于扩散、浸润、渗透和使溶剂挥发，所以要在空气中暴露、静置一段时间。

两个粘结面在经涂胶、晾置以后，将其互相贴合，但不加压力，而令其静止存放一段时间。从粘结面互相贴合直至人为的加上预定压力为止的这段静止存放的过程叫做陈放。在陈放时间内胶粘剂的水分基本停止挥发，但是扩散、浸润、渗透过程还在缓慢进行。

晾置和陈放的时间根据胶粘剂的种类而定，一般有以下三种情况：

（1）不需要晾置和陈放　涂胶后立即粘合和压紧。属于这一类的胶粘剂有皮胶、骨胶和热熔剂。

（2）涂胶后需要晾置和陈放　属于这一类的有溶剂型、乳胶型和含有溶剂的化学反应型胶粘剂。

（3）需要晾置无需陈放　两面涂胶晾置达到用指尖接触涂膜时似粘非粘程度，贴合后立即压紧，不需要陈放。属于这一类的是溶液型橡胶类胶粘剂。

2.2.5　压紧

在胶粘剂开始固化之前，向粘结面施加压力的过程叫压紧。它的作用是为了在胶粘剂的固化过程中，确保粘结面之间密合。如果在固化过程中，粘结面之间不能保持密合，就必然要在粘结层中产生空隙，影响粘结质量。适当施加压紧力，可以改善胶粘剂的浸润性和向表面不规则处的渗透性，有助于形成完整的薄而均匀的粘结层。

压紧力大小与胶粘剂的种类和被粘材料的种类有关，一般在0.2～1.5MPa之间。压紧时间由胶粘剂种类和固化温度决定，一般是以贴合或陈放之后开始，直至胶粘剂完全固化或基本固化之后才解除压力。

压紧操作的技术要求：压紧力大小适当，压力分布均匀，压紧时间足够，不可使被粘体受压变形等。

加压方法有多种形式，要根据被粘体的种类、形状特点和粘结特点进行选择。一般常用的压紧方法有杠杆重锤压紧、弹簧夹压紧、多块重物压紧、砂袋压紧、气袋垫、弹簧垫、热压釜、钉压紧、螺旋夹压紧和板材类叠层压紧等，见图6-1。

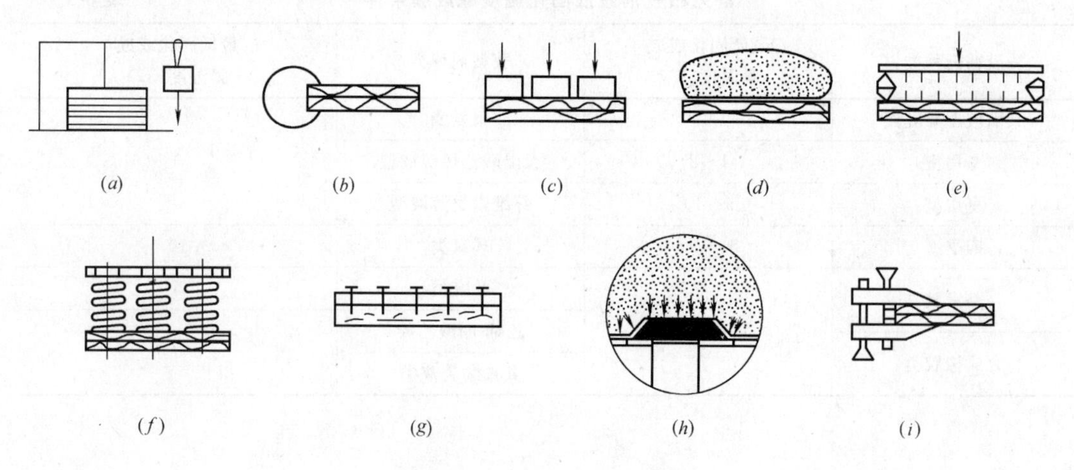

图6-1　粘结常用压紧方法

(a) 杠杆重锤；(b) 弹簧夹；(c) 多块重物；(d) 沙袋压紧；(e) 气袋垫；(f) 弹簧垫；(g) 钉压紧；(h) 热压釜；(i) 螺旋夹

2.2.6　固化

固化是胶粘剂通过溶剂挥发或化学反应由胶态转化为固态粘结层，同时产生粘结作用的物理化学过程。影响固化质量主要有固化温度、时间和压紧力等。常用胶粘剂的固化条件见表 6-2。

常用粘结剂的固化条件 **表 6-2**

胶粘剂名称	压紧力 (MPa)	固化温度 (℃)	固化时间 (h)	备　注
脲醛类	0.5～1.5	20～30	4～12	冷预压 30～60min
	0.5～1.5	100～110	每 1mm 厚 40～60s	
	0.5～1.5	20～30	12～24	
酚醛类	0.5～1.5	120～130	每 1mm 厚 60～120s	冷预压 12～30min
间苯二酚甲醛类	0.2～1.5	20～30	4～12	
三聚氰胺甲醛类	0.5～1.5	20～30	6～12	
环氧类	0.1～0.2	20～30	12～24	
	0.1～0.2	80～100	0.5～1	
聚醋酸乙烯类	0.2～0.5	20～30	3～4	
氯丁橡胶	接触压	20～30	瞬间	两面涂胶
皮胶、骨胶	0.2～0.5	20～30	6～12	
酪素胶	0.5～1.5	20～30	6～12	

固化时，必须满足各胶粘剂所要求的固化条件，这是保证粘结质量重要的一环。

固化温度对固化速度和固化质量起决定性作用。即使是常温固化的胶粘剂，提高固化温度（在 100℃以内）也是有利的。表 6-3 是常用胶粘剂的最低固化温度和乳液型胶粘剂的最低成膜温度。当温度低于表中数值时，固化过程便不能完成。

常见粘胶剂最低固化温度或成膜条件 **表 6-3**

胶粘剂种类	最低固化或成膜温度(℃)	胶粘剂种类	最低固化或成膜温度(℃)
聚醋酸乙烯乳液		聚氨酯	0
冬用型	1～2	聚醋酸乙烯溶液型	
夏用型	9～10	纤维素类溶液型	
四季型	1～2	环氧类	10
酪素胶	0	酚醛类	5
合成橡胶类		乙烯-醋酸乙烯共聚物乳液类	0

课题 3　不锈钢包柱

不锈钢包柱对空间环境的装饰效果起到强化、点缀和烘托作用。它广泛应用于大型商场、餐馆和宾馆的入口、门厅、中庭等处柱面的装饰。

不锈钢包柱有圆柱和方柱两种。方柱的施工工艺较简单，圆柱施工工艺按不锈钢板的安装方法不同，分为非焊接法和焊接法两种。

3.1 非焊接法

非焊接法的施工步骤是：弹线→制作骨架→不锈钢板滚圆→不锈钢板安装→抛光。

3.1.1 弹线

下面以方柱装饰成圆柱为例，介绍柱体弹线的方法。

通常，圆柱的中心在已有建筑的方柱上，无法直接得到圆心，所以，要画出底圆就必须采用不用圆心而画出圆的方法。常用的一种方法叫弦切法，见图 6-2。

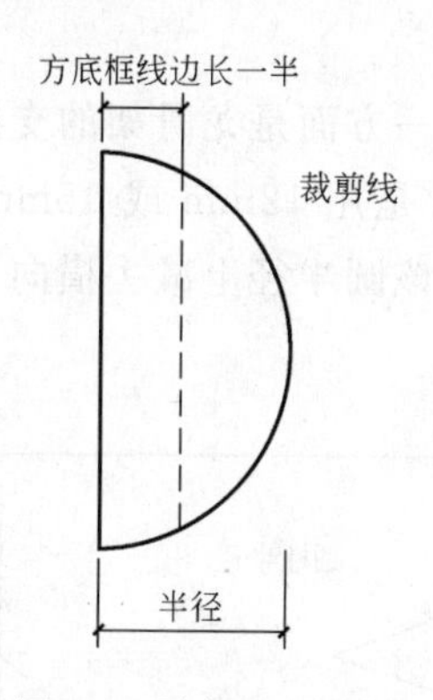

图 6-2 弦切法画底圆

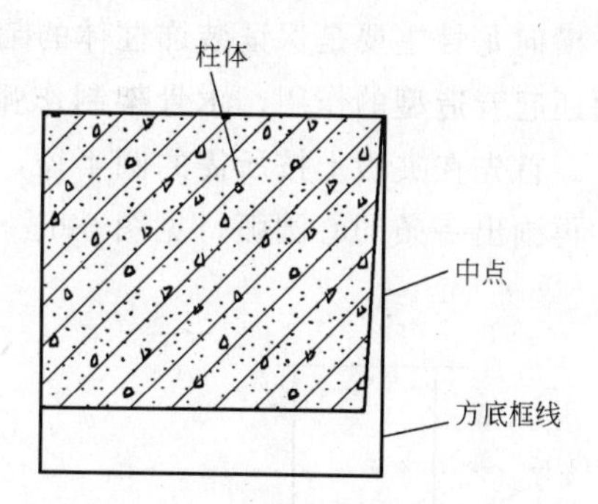

图 6-3 柱体基准方框线画法

弦切法的施工方法是：

(1) 确立基准方柱低框

测量方柱的尺寸，找出最长的一条边。以该边为边长，用直角尺在方柱底画出一个正方形，该正方形就是基准方框，见图 6-3，并将该方框每边的中点标出。

(2) 制作样板

在一张胶合板上，以装饰圆柱的半径画一个半圆，在这个半圆上，以标准底框边长的一半尺寸为宽度，作一条与该半圆形直径相平行的直线，然后从平行处剪裁所得到的这块圆弧板，就是该柱的弦切弧样板，见图 6-4。

(3) 画线

以该样板的直边靠住基准底框的四个边，将样板的中心线对准基准底框边长的中心，然后按样板的圆弧边画线，这样就得到了装饰柱的底圆，见图 6-4。

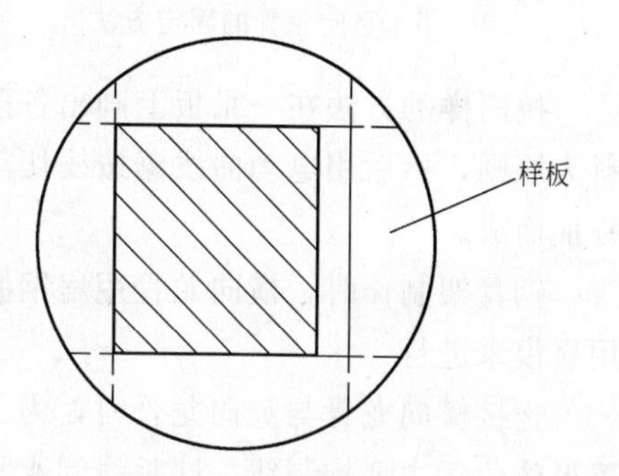

图 6-4 装饰柱的底圆画法

顶面的画线方法与此基本相同，但基准顶框画线，必须通过顶边框吊垂直线的方法来校对位置，以保证地面与顶面的一致性和垂直度。

3.1.2 制作骨架

制作不锈钢装饰柱体的骨架可用木骨架或钢骨架。不管哪种骨架的制作精度均要符合设计要求。为了保证不锈钢包柱的施工质量，要做到两点：首先要保证不锈钢包柱的圆柱体几何形状要精确；其次要保证柱体骨架结构的垂直度，即每个框架从上到下要保证在同一个同心圆上。

柱体骨架结构的制作工序为：竖向龙骨的固定→横向龙骨与竖向龙骨连接组框→骨架与柱体的连接固定→骨架校正。

(1) 竖向龙骨的固定

竖向龙骨的固定先从画出的装饰柱顶面线向底面线吊垂线，并以垂直线为基准，在顶面与地面之间竖起龙骨，校正好位置以后，分别在顶面和地面将竖向龙骨固定。固定方法是：连接脚件用射钉或螺栓与顶面、地面固定，竖向龙骨再与连接脚件用焊点（钢骨架时）或螺钉固定，见图 6-5。

(2) 横向龙骨制作与竖向龙骨连接

横向龙骨主要是保证装饰柱体的圆度，所以横向龙骨一方面是龙骨架的支撑件，另一方面还起着造型的作用。木骨架制作弧面横向龙骨，通常是用 12mm 或 15mm 木夹板来加工。首先在夹板上按所需的圆半径，画出一条圆弧，在该圆半径上减去横向龙骨的宽度后，再画出一条同心圆弧，见图 6-6。

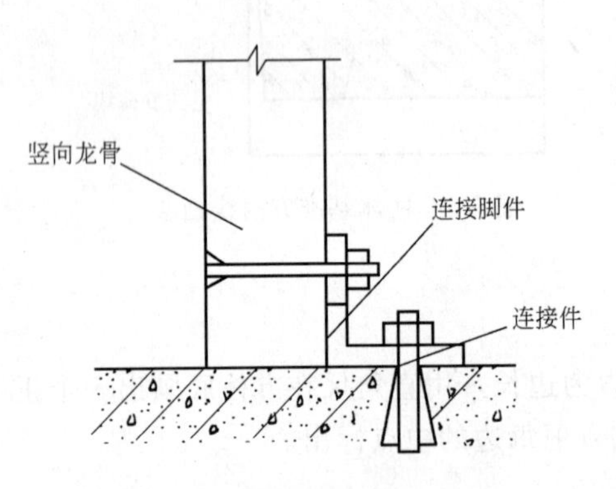

图 6-5 竖向龙骨的固定方法

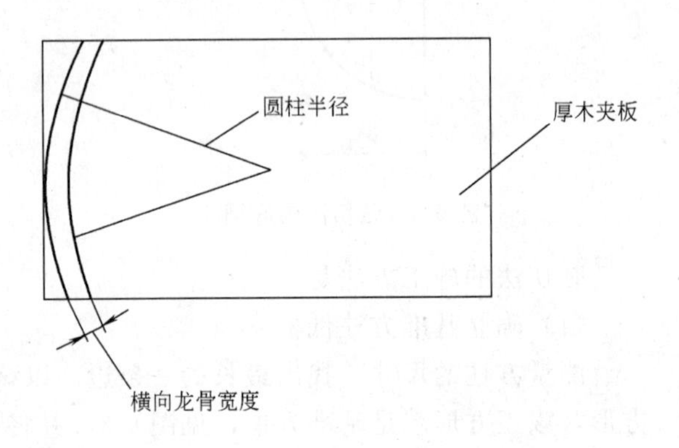

图 6-6 横向圆弧龙骨制作

按同样的方法在一张板上画出各条横向龙骨，但在木夹板上的画线排列，应以节省材料为原则，然后用电动曲线锯按线切割出横向龙骨。横向龙骨所需的厚度可由若干个夹板叠加而成。

钢骨架制作时，横向龙骨用扁钢制作，为了曲面半径的准确性，扁钢的弯曲弧度必须用靠模来进行。

连接横向龙骨与竖向龙骨时，为了保证施工的准确性，连接前必须在柱顶与地面间设置形体位置主要控制线，即垂线和水平线控制线。

木龙骨的连接可用槽接法和加胶钉接法。一般情况下，圆柱和其他弧面柱体用槽接法，而方柱和多角柱可用加胶钉接法，见图 6-7。槽接法（图 6-7*a*），是在横向与竖向龙骨上分别开出半槽，两龙骨在槽口处对接，这种方法也是在槽口处加胶钉固定，因而稳固性较好；加胶钉接法（图 6-7*b*）是在横向龙骨的两端头面加胶，将其置于两竖向龙骨之间，再用铁钉将斜向与竖向龙骨固定。横向龙骨之间的间隔距离，一般为 300～400mm。

钢骨架的竖向龙骨与横向龙骨的连接，均采用焊接法，但其焊点与焊缝不得在柱体框架的外表面，否则将影响柱体表面安装的平整性。

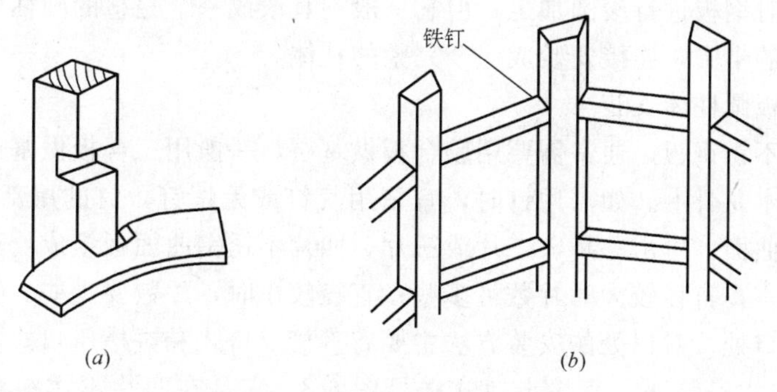

图 6-7 柱体木龙骨连接方法

(a) 槽接法；(b) 加胶钉接法

(3) 骨架与柱体的连接固定

骨架与柱体的连接是通过支撑杆件来完成的。支撑杆可用木方或角钢来制作：一端用膨胀螺栓或射钉等与柱体连接，另一端与柱体骨架钉接或焊接；支撑杆应分层设置，在柱体高度方向上，分层的间隔应在 800mm 左右。

(4) 骨架形状检查校正

柱体骨架连接固定时，为了保证形体准确性，在施工过程中应不断地对框架进行检查。检查的主要项目是：柱体框架的歪斜度、不圆度、不方度和各条横向龙骨与竖向龙骨连接的平整度。

1) 歪斜度检查　在连接好的柱体龙骨架顶端边框线上，设置吊垂线，如果吊垂线的下端与柱体的边框平行，说明柱体没有歪斜；如果垂线与骨架不平行，说明柱体有歪斜度。

2) 不圆度检查　柱体骨架的不圆度——表现为凸起和凹陷，这将对饰面板的安装带来不便，进而影响装饰效果。其检查方法也用垂线法。将圆上、下边用垂线相连接，如果中间骨架顶线说明柱体凸起，如果垂线与中间骨架有间隙，说明柱体凹陷。

3) 平整度的修整　柱体龙骨架连接，校正固定以后，要对其连接部位和龙骨本身的不平整处进行修整。尤其是曲面柱体中竖向龙骨要进行修边，使之成为圆柱曲面的一部分，满足设计要求。

3.1.3 不锈钢板的安装

(1) 不锈钢板滚圆

将不锈钢板加工成所需的圆柱体，即滚圆，是不锈钢包柱制作中的关键环节。常用的方法有两种，即手工滚圆和用卷板机进行滚圆。用卷板机滚圆，通常采用的设备是三轴式卷板机。它的优点是各种厚度的钢板按所需的直径均可滚成非常规则的圆柱体。缺点是施工单位的施工现场不易具备这种条件。因此，手工滚圆仍是目前用得较多的加工方式。手工滚圆的工具有木榔头、钢管和一些米字形、星形、鼠笼形的支撑架。这种滚圆方法虽然难以像使用卷板机那样获得规则的圆柱体，但若操作人员钣金技术熟练，质量也能保证。手工滚圆的最大缺点就是要在钢板上留下一些凸凹不平的痕迹（使用卷板机滚圆加工可避免）。

厚度不同的钢板，在圆柱体的加工方法上稍有些差异。当板厚小于等于 0.75mm 时，可以采用手工方法进行滚圆，将板滚成一个完整的圆柱体。板厚大于 0.75mm 时，宜采用三轴式卷板机对钢板进行滚圆加工，但它一般不宜滚成一个完整的圆柱体，而是将钢板控制成两个标准的半圆，连接安装成一个完整的柱体。

(2) 不锈钢板圆柱体安装

圆柱体安装不锈钢板，通常需要用胶合板做基层，一般用三合板做基层弧面，并将它用胶粘剂粘结在木龙骨上。如需用钉时，宜采用气钉或无帽钉，钉的尾部不应凸出板面。圆柱面不锈钢的曲面，可由一片、二片或三片、四片不锈钢曲面板组成，这由圆柱体的直径而定。比较而言，直径较大时片数可多些；直径较小时，片数要少些。安装的关键在于片与片之间的对口处。对口处的安装方法主要有直接卡口式和嵌槽压口式两种。

1) 直接卡口式安装法　直接卡口式法见图 6-8。它是在两片不锈钢对口处，安装一个不锈钢卡口槽，卡口槽用螺钉固定于柱体骨架的凹部。安装柱面不锈钢板时，先在木夹板（三合板）上涂刷胶粘剂，然后将不锈钢板一端的弯曲部钩入卡口槽内，再用力推按不锈钢板的另一端，利用不锈钢板本身的弹性，使其卡入另一个卡口槽内，最后，将不锈钢板用手轻轻压向木夹板，使其紧紧贴在基层上。不锈钢板包柱通常采用粘接胶带法施压，胶带的间隔距离应控制在 800～1000mm 之间。安装时，严禁用铁锤敲打不锈钢板的面层，否则会造成饰面的凹痕，影响装饰效果。

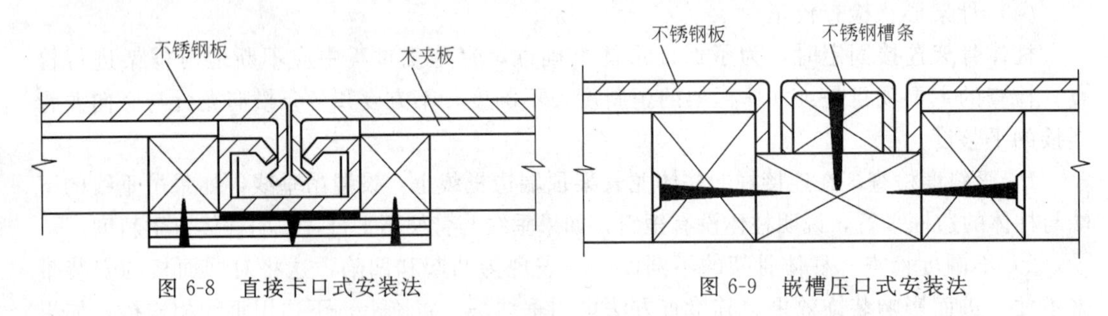

图 6-8　直接卡口式安装法　　图 6-9　嵌槽压口式安装法

2) 嵌槽压口式安装法　嵌槽压口式安装方式见图 6-9。它是先把不锈钢板在对口处凹部用螺钉固定，再把一条宽度小于凹槽的木条固定在凹槽之间，两边空出的间隙相等，其间隙宽为 1mm 左右，在木条上涂刷胶粘剂，然后向木条上嵌入不锈钢槽条（涂胶工艺按前面介绍进行）。

安装嵌槽压口的关键是木条尺寸要准确（保证木条与不锈钢槽的配合松紧程度下恰当），形状符合要求（形状准确可使不锈钢槽嵌入木条后胶结面均匀，粘结牢固，防止槽面的侧歪现象）。安装时严禁用铁锤敲击，用橡胶锤敲击避免用力过大，防止损伤不锈钢槽面。在木条安装前，应先与不锈钢槽条试配，一般木条的高度不大于不锈钢槽的深度 0.5mm。

为了防止在安装中划伤和污染，不锈钢饰面板均有保护薄膜。在非焊接法施工中，待全部安装完毕后，再将保护层去掉，并用绒轮抛光机，将饰面精心地抛光，直至光彩照人为止。

3.2 焊　接　法

3.2.1　焊接法画线和骨架制作

焊接法的画线及骨架制作与非焊接法基本相同，只是在骨架制作时，钢板接缝处要设置铜质或钢质冷却垫板。垫板以粘结或插接的方法固定到龙骨骨架上（采用木质骨架时）。

垫板与整个衬板要基本保证在统一的弧面上。垫板可采用中部有浅沟槽的专用垫板，也可直接使用平钢板。当所用不锈钢板的板厚在 1.2mm 以下时，垫板宽度可取为 20～25mm，厚度为 1～1.2mm；当不锈钢板的板厚在 1.2～6mm 之间时，垫板的宽度仍取为 20～25mm，厚度为 1.2～5.0mm。在设计和施工中，应结合周围环境特点，将垫板位置尽量放在次要视线上，以使不锈钢包柱的接缝不很显眼。

3.2.2 焊接法包柱施工时的注意事项

在焊接法中，将不锈钢板包覆到柱子的基体上，应注意三个方面的问题：

(1) 不锈钢板的接缝位置应与柱子基体上预埋的冷却垫板的位置相对应；

(2) 焊缝两侧的不锈钢板不应有高低差；

(3) 焊缝间隙尺寸大小应符合焊接规范（≤1.0mm），并应保持均匀一致。

为了达到上述要求，除了应对基体进行认真的修整外，在安装时，也应尽一切可能矫正板面的水平，并设法调整焊缝间隙尺寸的大小，保证焊缝处能够有良好的接触。在不锈钢板安装到位，并将焊缝区的板面不平及焊缝间隙大小不一调整完毕后，可用点焊或其他方法先将板的位置固定下来。

3.2.3 焊接技术要求及处理

(1) 焊接工艺要求

厚度在 2mm 以下的不锈钢板的焊接，当焊缝要求不是十分严格时，一般均不开坡口，而采用平开口对接的方式。当要求焊缝开坡口时，应在不锈钢板的安装之前完成。坡口加工一般采用机械切削方式，但也可采用气割、惰性气体保护电弧切割、等离子切割等方法。由于包覆在柱子基体外侧的不锈钢筒体并不承受太大的荷载，因此在焊接层数及焊道安排等方面不必过于严格，单坡口单层焊即可满足使用要求。

(2) 焊接前的焊缝处理

为了保证焊缝金属能够很好的附着，并使焊缝金属的耐腐蚀性不受损失，应避免对碳的吸收和混入杂质。因此，无论是平剖口还是坡口焊缝，都必须进行彻底的脱脂和清洁。脱脂一般采用三氯乙烯、汽油、苯、中性洗涤剂或其他化学药品来完成。焊缝区的清洁通常是用不锈钢丝制成的细毛刷对焊接件的表面进行刷洗，必要时还应采用砂轮机进行打磨，以使金属的表面暴露出来。这样做对保证焊接质量极为重要。

(3) 焊接方法选择

从不锈钢的焊接性能来看，适于焊接不锈钢材料的是接触焊，其次是熔化焊、钎焊和气压焊。目前不锈钢的焊接方法主要是手工电弧焊、钨极惰性气体保护焊、金属板惰性气体保护焊和埋弧自动焊等。氧炔焰气焊由于被认为不适于马氏体系和铁素体系不锈钢，而且不适于焊接较厚的钢板，一般很少采用。无论采用哪一种手工焊接方式，都不可能获得质量非常好的焊缝。要想获得光洁、平直、均匀的焊缝，并保证不致因焊缝变成黑色而影响美观，只有在氩气等惰性气体保护下用机器进行自动焊接才能达到。

(4) 焊缝抛光处理

在焊接法中，由于焊缝的表面不很平整，而且粘附一定量的熔渣，必须采用适当的方法，将残留的溶渣及飞溅物清除干净，并将焊缝表面加工得较为光滑平整。当焊缝表面没有太大的凹痕及凸出于表面的粗大焊珠时，可直接进行抛光；当表面有凸出的焊珠时，可先用砂轮机磨光，磨光时要对焊缝两侧的板面采取保护措施，如粘贴胶带等，防止磨光时损伤板面。然后再换用抛光轮进行抛光，以便将焊缝区加工成光滑洁净的表面，使焊接接缝的痕迹不显眼。抛光时应选用适当的抛光膏。

课题4 其他不锈钢工程施工工艺

4.1 不锈钢栏杆和扶手

不锈钢栏杆、扶手的施工比较简单，主要有以下几个步骤：安装预埋件→放线→安装立柱→扶手与立柱连接→打磨抛光。

4.1.1 安装预埋件

预埋件是在主体结构施工时安装，通常采用钢板作为埋件。钢板要有足够厚度，下端带有锚筋，锚筋与钢板的焊接要符合焊接规范。为防止钢板变位，锚筋宜采用两根以上。

没有预埋件的工程，通常采用膨胀螺栓与钢板来制作后置连接件。具体做法是：先在主体结构上放线，确定立柱固定点的位置，然后在地面上用冲击钻钻孔，安装膨胀螺栓(膨胀螺栓的安装见金属幕墙施工)。螺栓要保证足够的长度，在螺母与螺栓套间加设钢板。立柱的下端通常带有底盘，底盘只起装饰作用，钢板的尺寸要保证底盘能将其扣住为宜。钢板与螺栓定位以后，将螺母拧紧，同时，将螺母与螺杆间焊死，防止螺母及钢板松动。扶手与墙体间的固定也宜采用这种方法做埋件。无论采用哪种方法埋件，钢板都要处于水平位置。

4.1.2 放线

由于结构工程施工中所安装的埋件有可能产生误差，因此，在立柱安装之前要重新放线，以确定埋板位置的准确性。如有偏差，及时修正，以保证不锈钢管底部全部坐落在钢板上，并且四周能够焊牢。

4.1.3 安装立柱

用作立柱的不锈钢管与钢板间采用焊接方式连接。用膨胀螺栓制作的埋件，是将螺栓的探出端正好插入不锈钢管中。焊接时需两人配合，一人扶住钢管使其保持垂直，在焊接时不能晃动。另一个人施焊，要四周施焊，并应符合焊接规范。

4.1.4 扶手与立柱连接

立柱在安装前，通过放线，根据楼梯的倾斜度及所用扶手的圆度，在其上端加工出凹槽。扶手安装时直接放入立柱的凹槽中。扶手钢管的安装都是从一端向另一端顺序安装，相邻扶手钢管的对接要准确，接缝要严密。相邻钢管对接好后，将接缝及立柱与扶手间接缝用不锈钢焊条进行焊接。

焊接大多数都采用钨极氩弧焊。焊接前，必须将沿焊缝每边30～50mm范围内的油污、毛刺、锈斑等污物清除干净。采用钨极氩弧焊时，宜采用直流氩弧焊机施焊，直流正接。氩弧焊机的引弧及稳弧性能必须良好，电弧中断不超过4s时能自动重复引燃，且有可靠的预先通气和延时断气的装置。手工钨极氩弧焊工艺技术参数见表6-4。

4.1.5 打磨抛光

焊接后用手提砂轮机对焊缝进行打磨，直到不显焊缝。抛光时采用绒布砂轮或毛毡轮进行，同时涂上相应的抛光膏，直到与相邻的母材基本一致，不显焊缝为止。在施工结束

手工钨极氩弧焊接工艺参数　　表 6-4

工件厚度（mm）	钨棒直径（mm）	喷嘴直径（mm）	填充金属直径（mm）	直流正接电流（A）	氩气流量（L/m）
0.5	1	7～8	1.5	25～30	3
0.8～1	1.5	7～8	1.5	30～40	4
1.2～1.5	1.5	8～9	2	40～60	6

时，不要忘记对埋板进行防锈处理。

不锈钢栏杆、扶手还可采用一种叫完全组装法的安装方法。这种安装方法较简单，而且组装后的成品非常美观。其立柱与扶手间，扶手的接长及扶手转角部位，均采用连接件及插件进行连接，其中立柱与埋板间的连接与前面所介绍的施工方法相同。组装法所采用的主要零件有球塔、膨胀销、上帽、套管支撑杆、钢管和钢管接头等。

4.2 不锈钢门及门套

不锈钢门及门套的施工工艺比较简单，在施工过程中主要应着重注意以下几点：

（1）由于不锈钢板的煨弯工作通常都是由机械来完成，精确度很高。因此，衬板框在制作过程中一定要精确，尤其是转角处。

（2）在粘结前，衬板（框）的表面一定要进行处理，尤其是钢骨架，要进行打磨，保证粘结质量及装饰效果。

（3）不锈钢门及门框的安装，板间接缝通常采用对接粘牢，一般不进行焊接。为了保证装饰效果，板材剪裁要精细，对缝要严密。

课题5　不锈钢工程安全施工与成品保护要求

为了安全和保证施工质量，不锈钢工程在施工中要注意如下事项：

（1）搭设的脚手架必须牢固可靠，不得松动，施工中应戴好安全帽；

（2）施工现场禁止吸烟及明火作业，尤其在使用万能胶进行饰面粘结时，更应注意烟火；

（3）使用电动工具前，应检查电源、接线板、电缆和开关等是否符合要求，经检查合格后方可使用；

（4）每班完工后，应切断电源，并将使用的工具等妥善保管好；

（5）不锈钢饰面的保护层在施工中一定要保护好，不得随意撕掉，待施工完毕才准撕掉。

实训课题

一、实训内容和课时安排

1. 不锈钢包柱

掌握焊接法和非焊接法不锈钢包柱制作与安装。

对有条件的，由实训教师组织在学校实施；无条件的，安排学生到施工现场实习。

2. 课时

学校自行组织不锈钢包柱实习的，课时为 3 天（18 节）；施工现场实习的，课时 5 天（40 节）。

二、实训要求

1. 熟悉不锈钢工程施工用材料并学会相关工具机具的使用；

2. 掌握焊接法和非焊接法不锈钢包柱的施工步骤；

3. 严格遵守不锈钢工程安全施工规范。

思考题与习题

1. 不锈钢装饰有哪些显著的特点？主要用于哪些场合？

2. 不锈钢装饰主要使用哪两种材料？

3. 试述不锈钢粘结操作施工工序？

4. 影响粘结质量的主要因素是什么？与固化质量有密切关系的固化条件是什么？

5. 涂胶方法有哪三种？各有什么特点？

6. 不锈钢包柱的安装连接方法有哪几种？简述各自的施工步骤。

7. 不锈钢包柱工程施工中，柱体框架检查与校正的项目内容是什么？怎样进行？

8. 不锈钢包柱工程施工中，厚度不同的不锈钢板，其圆柱体加工方法上有什么不同？

9. 不锈钢包柱工程施工中，应用焊接安装法时，选取的钢垫板如何确定尺寸？

10. 不锈钢包柱工程施工中，应用焊接安装法时，在将不锈钢板包覆到柱体上时要注意哪些问题？怎样来达到这些要求？

11. 不锈钢栏杆、扶手施工按什么步骤进行？怎样进行其最后工序？

12. 不锈钢工程施工中，为了施工方便，可以拆除其饰面的保护层吗？为什么？

13. 不锈钢工程施工中，为确保安全，应注意哪些事项？

单元7　金属幕墙制作与安装

知 识 点：金属幕墙的优点；金属幕墙的常用材料及构成；金属幕墙常用施工工具及作业条件；金属幕墙制作要求与施工工艺；金属幕墙特殊部位处理。

教学目标：选用金属幕墙的组成及材料；制作金属构件，金属幕墙制作要求与施工工艺；会处理金属幕墙特殊部位。

课题1　概　述

1.1　金属幕墙的优点

金属幕墙一般用于高层建筑或裙楼四周以及局部店面用以围护墙体等装饰。金属幕墙主要具有以下几个特点：①强度高、重量轻；②板面平整无瑕；③优良的成形性；④加工容易，生产周期短，质量好；⑤防火性能好。

1.2　金属幕墙常用材料及组成

1.2.1　埋件

埋件是金属幕墙与主体结构连接的承接件。分为预埋件和后置埋件。预埋件通常用钢板或型钢制成，主体结构施工时埋入墙体。有的主体结构无预埋件，金属幕墙施工时，重新制作，称为后置埋件。

1.2.2　连接件

连接件是连接主体结构与幕墙骨架之间的配件。常用角钢、槽钢、方钢及钢板制成。

1.2.3　金属幕墙框架体系

(1) 型钢框架

型钢框架的强度高，造价低，锚固点之间间距大。在低层建筑，简易或精确度不高的金属幕墙中经常使用。但要注意的是，钢材框架经过一定时间后会生锈，在钢铝接触处的电化腐蚀速度会大大加快，因而铝板幕墙不能采用型钢骨架，只能采用铝型材骨架。

(2) 铝型框架

铝型框架有立柱（竖向杆件）和横挡（横向杆件）。幕墙的立柱与主体结构间采用连接件进行固定，连接件有二肢（角钢或钢板制成角钢形状），一条肢与结构固定，另一条肢与立柱固定。金属幕墙所使用的铝合金型材应符合现行国家标准《铝合金建筑型材》(GB/T 5237—2000）中规定的高精级和《铝及铝合金阳极氧化、阳极氧化膜总规范》(GB 8013）的规定。作金属幕墙的铝型材断面尺寸有多种规格，根据使用部位进行选择。常见的断面高度有115、130、160mm和180mm等，型材的壁厚不宜小于3mm。

1.2.4　金属饰面板

(1) 彩色压型钢板复合墙板

彩色压型钢板以波形彩色压型钢板为面层，以轻质保温材料为心层，经复合而成的外墙挂板，适用于各种工业与民用建筑外墙装饰。

(2) 单层幕墙铝板

单层幕墙铝板多采用LF21铝合金板，板厚度为2.5mm，厚度比纯铝板减薄，强度高于纯铝板强度，且板的重量轻。

单层铝板在制作过程中，按设计要求四边折弯成直角，在弯角的四周边一般不开槽直接弯转90°，如果在厚2.5mm板的四周边开槽，则减薄了铝板的弯角厚度，影响牢固度。因此在使用铝板时应选用半硬状态的铝板，而不要选用硬状态的铝板，以防止弯折后弯角处出现裂纹。

单层铝板在弯成90°以后，被弯的四个邻边均应把它们焊在一起或注密封胶密实接缝，否则，当铝板之间耐候密封胶缝低于铝板表面强度时，雨水会从缝隙渗入，造成幕墙漏水。

为了加强铝板板面强度，在铝板背面，常安装加强筋，加强筋一般用同样的铝合金带或角铝制成，铝带宽度一般为10～25mm，厚度一般为2～2.5mm。装上加强筋后，可使较大块的铝板仍能保持足够的刚度和平整性，铝板在外界正负压力的情况下，不会凹陷和鼓出，影响美观。同时也避免了单层铝板在风力作用下发生里外反复振动而出现振动噪声。由于单层铝板容易折弯加工成各种复杂形状，适应如今变化无穷的外墙装饰的需要，单层铝板幕墙在加工成形、构造成形和安装方面都较容易进行。

单层铝板的表面处理，一般采用静电喷涂，静电喷涂分为粉末喷涂和氟碳喷涂。粉末喷涂原料为聚氨酯、环氧树脂等配以高性颜料，可得到几十种不同颜色，粉末喷涂层厚度一般为20～30μm，用粉末喷涂料喷涂的铝板表面，耐碰撞，耐摩擦，在500kN撞击下，铝板变形，但喷涂层无裂纹，惟一缺点是在长期阳光中紫外线照射下会逐渐褪色；氟碳喷涂是用氟碳聚合物树脂，做金属罩面漆，一般为三涂或四涂。常用牌号为KANAR500。漆在铝板表面厚度为40～60μm。经得起腐蚀，能抗酸雨和各种空气污染物，不怕强烈紫外线照射，耐极热极冷性能好，可以长期保持颜色均匀，使用寿命长。不足之处是漆层硬度、耐碰撞性、耐摩擦性能比粉末喷涂差。

由于单层铝板具有上述特点，正规建筑的铝板幕墙绝大部分采用单层铝板，尤其在高层建筑上，它的使用寿命可超过50年。

(3) 蜂巢铝复合板

蜂巢铝复合板是在两块铝板中间加不同材料制成的各种蜂窝形状夹层，简称蜂窝铝板。两层铝板各有不同，用于墙外侧铝板一般略厚，这是为了抵抗风压，一般为1.0～1.5mm，内侧板厚0.8～1.0mm。蜂窝板总厚度为10～25mm，中间蜂巢夹层材料是：铝箔巢芯、玻璃钢巢芯、混合纸巢芯等。蜂巢形状一般有：波纹条形、正六角形、长方形、十字形、双曲度形等。夹芯材料要经特殊处理，否则其强度低，寿命短。

蜂巢铝板以夹铝箔芯为好，铝板背面不用装加强筋，其强度和刚度也可达到所需要的要求。在使用时要根据不同建筑、不同地区、幕墙的高低、风压的大小进行设计计算，选用铝板厚薄和蜂巢的厚度。铝板表面一般用氟碳喷涂或粉末喷涂，喷涂膜厚为

$40\sim60\mu m$。

蜂巢铝板的外层铝单板要比内层铝单板四周宽出蜂巢厚度，四周向内弯90°角，全面覆盖蜂巢胶合或焊接，防止雨水流入蜂巢，使巢芯受到破坏并造成幕墙漏水。这种板的缺点是不易再加工。

(4) 铝合金复合板

铝合金复合板也称铝塑板，是以铝合金板（或纯铝板）为面层，以聚乙烯（PE)、聚氯乙烯（PVC）或其他热塑性材料为芯层复合而成，其主要特点：

1) 经久耐用，表面涂层华丽美观。这种复合板的表面涂有氟化碳涂料(KANAR500)，具有光亮度好、附着力强、耐冷热、耐腐蚀、耐衰变、耐紫外线照射和不褪色等特点。

2) 色彩多样。这种板可根据客户要求，提供各种所需颜色。

3) 板体强度高、重量轻。由于这种板是由薄铝板和热塑性塑料复合而成，所以重量轻，抗弯曲、抗挠曲等性能都较好，可以保持其平整度长久不变，并有效地消除凹陷和波折。

4) 容易加工成形。这种板材可以准确无误地完成装饰设计要求的各种弧形、反弧形、圆弧拐角、小半径圆角等，使建筑物的外观更加美观。

5) 安装方便。可用传统的方法进行安装，开槽、反折，用铆钉、螺钉紧固，可用结构胶加固。室内预制与室外安装可同步进行，从而提高功效，缩短施工周期。

6) 防火性能好。这种复合板的面板及芯层材料都为难燃性物质，防火性能较好。另外，加工生产时也可将薄铝板通过连续生产线用滚压设备粘合在耐火芯材上，形成良好的防火型板材。

由于具有以上优点，使得这种板材成为近几年来金属幕墙所采用的主要饰面板。

但是需要提出的问题是：铝复合板的加工非常严格，难度也比较大。铝复合板在折弯时，要在板的四周开槽，切去一面铝板和大部分芯层，只留下0.5mm左右厚度的单层铝板和薄薄的芯层，况且现在大部分施工队伍在刨沟时，芯层一点不留，只留下外层铝板，再把0.5mm厚的铝板弯成90°。如用手工开槽很难不划伤铝板，0.5mm厚铝板再划一刀能留下0.4mm或0.3mm的厚度，用这个弯角来承受整块铝板的重量，尤其是纯铝板，其强度很低，现在不少地方可以看到铝复合板转角开裂，下雨进水后加速铝板与塑料脱层。为了保证开槽深度不划伤复合板的外面板，必须采用数控开槽机，而不要采用普通的木工工具去开槽。

铝复合板的主要尺寸、规格如下：厚度3～8mm；宽度1000～1600mm；长度1000～8000mm。金属幕墙所采用的铝复合板的厚度通常为4mm左右，其中每面铝板厚为0.5mm，芯层厚度为3mm。

(5) 附属材料

1) 填充材料　金属幕墙多采用聚乙烯泡沫材料作为填充材料，其密度不应大于$37kg/m^3$。

2) 保温、防火、防水和防潮材料　金属幕墙宜采用岩棉、矿棉、玻璃棉、防火板等不燃性或难燃性材料作隔热保温材料。同时应采用铝箔或塑料薄膜包装的复合材料，作为防水和防潮材料。

3）密封胶　金属幕墙宜采用中性的耐候硅酮胶，其性能应符合表 7-1 的规定，不得使用过期的耐候硅酮密封胶。

耐候硅酮密封胶的性能　　**表 7-1**

项　　目	技术指标	项　　目	技术指标
表干时间	1～1.5h	极限拉伸强度	0.11～0.14MPa
流淌性	无流淌	撕裂强度	3.8MPa
初步固化时间(25℃)	3d	固化后的变位承受能力	25%≤δ≤50%
完全固化时间	7～14d	有效期	9～12 个月
邵氏硬度	20～30 度	施工温度	5～48℃

4）双面胶带　当金属幕墙的风荷载大于 1.8kN/m² 时，宜选用中等硬度的聚胺基甲酸乙酯低发泡间隔双面胶带。当金属幕墙的风荷载小于或等于 1.8kN/m² 时，宜选用聚乙烯低发泡间隔双面胶带。

5）结构硅酮密封胶　结构硅酮密封胶应采用高模数中性胶，结构硅酮密封胶分单组分和双组分，其性能应符合表 7-2 的规定。结构胶应在有效期内使用，过期的结构硅酮密封胶不得使用。

结构硅酮密封胶性能　　**表 7-2**

项　目	技术指标		项　目	技术指标	
	中性双组分	中性单组分		中性双组分	中性单组分
有效期	9 月	9～12 月	内聚力(母材)破坏力	100%	
施工温度	10～30℃	5～48℃	剥离强度(与玻璃、铝)	5.6～8.7MPa	
使用温度	-48～88℃		撕裂强度(B 模)	4.7MPa	
操作时间	≤30min		抗臭氧及紫外线拉伸强度	不变	
表干时间	≤3h		污染和变色	无污染、不变色	
初步固化时间(25℃)	7d		耐热性	150℃	
完全固化时间	14～21d		热失重	≤10%	
邵氏硬度	35～45 度		流淌性	≤2.5mm	
粘结拉伸强度(H 型试件)	≥0.7MPa		冷变形	不明显	
延伸率(哑铃型)	≥100%		外观	无龟裂、不变色	
粘结破坏(H 型试件)	不允许		完全固化后的变位承受能力	12.5%≤δ≤50%	

1.3　常用施工机具及作业条件

金属幕墙施工常用机具有：数控裁割刨沟机、手提式刨沟机、无齿锯、铆钉枪、经纬仪、电焊机、钻床、铣床、滚轮机、手电钻、电锤、冲击钻、测力扳手、氧割设备、钢丝钳、吸盘、电动吊篮、曲线锯、注胶枪、锉刀等。

金属幕墙一般用于高层建筑或裙楼四周以及局部店面用以围护墙体，施工前应按设计要求准确提出所需材料的规格及各种配件的数量，以便于加工订做。施工人员与技术人员要密切配合，熟悉本工程金属幕墙的特点，研究具体的施工方案。

施工前，对照金属幕墙的骨架设计，复检主体结构的质量。因为主体结构质量的好坏，对幕墙骨架的排列影响较大。特别是墙面垂直度、平整度的偏差，将会影响整个幕墙的水平位置。此外对主体结构的预留孔洞及表面的缺陷，应做好检查记录，及时提醒有关方面解决。

现场要注意妥善保管，设立专用库房，防止进场材料受到损伤。构件入库时应按品种和规格堆放在特种架子或垫木上。在室外堆放时，要采取保护措施。构件安装前均应进行检验和校正，确保平直，不得有变形和刮痕。不合格的构件不得安装。

金属幕墙一般都要搭设脚手架进行施工，根据幕墙骨架设计图纸规定的高度和宽度，搭设施工双排脚手架。如果利用建筑物结构施工时的脚手架，则应进行检查和修整，符合高空作业安全规程的要求。大风、低温及下雨等气候条件下不得进行施工。

课题2　金属幕墙构件制作技术及施工工艺

2.1　制作前要求

金属幕墙在制作前应对建筑设计施工图进行核对，并对已建建筑物进行复测，按实测结果调整幕墙并经设计单位同意后，方可加工组装。金属幕墙所采用的材料、零附件应符合前面所介绍的规定，并应有出厂合格证。金属板表面应平整、洁净、色泽一致；金属幕墙的压条应平直、洁净、接口严密、安装牢固；金属幕墙的密封胶缝应横平竖直、深浅一致、宽窄均匀、光滑顺直；金属幕墙上的滴水线、流水坡向应正确、顺直。加工幕墙构件所采用的设备、机具应能达到幕墙构件加工精度的要求，其量具应定期进行计量检定。不得使用过期的材料。

2.2　金属幕墙构件的加工精度

金属幕墙金属构件的加工精度应符合下列要求：金属幕墙结构杆件截料之前应进行校直调整；幕墙横框的允许偏差为±0.5mm，立柱的允许偏差为±1.0mm，端头斜度的允许偏差为−15mm；截料端头不应有加工变形，毛刺不应大于0.2mm；孔位的允许偏差为±0.5mm，孔距的允许偏差为±0.5mm，累计偏差不应大于±1.0mm；铆钉的通孔尺寸偏差应符合现行国家标准《铆钉用通孔》(GB 1521—1988) 的规定；沉头螺钉的沉孔尺寸偏差应符合现行国家标准《沉头螺钉用沉孔》(GB 1522—1988) 的规定；圆柱头、螺栓的沉孔尺寸应符合现行国家标准《圆柱头、螺栓用沉孔》(GB 1523—1988) 的规定；螺栓孔的加工应符合设计要求。金属幕墙构件中槽、豁、榫的加工尺寸允许偏差应符合表7-3要求。

金属幕墙构件装配尺寸偏差应符合表7-4的要求；各相邻构件装配间隙及同一平面度的允许偏差应符合表7-5的要求；构件的连接要牢固，各构件连接处的缝隙应进行密封处

金属幕墙构件中槽、豁、榫的加工尺寸允许偏差　　　　表 7-3

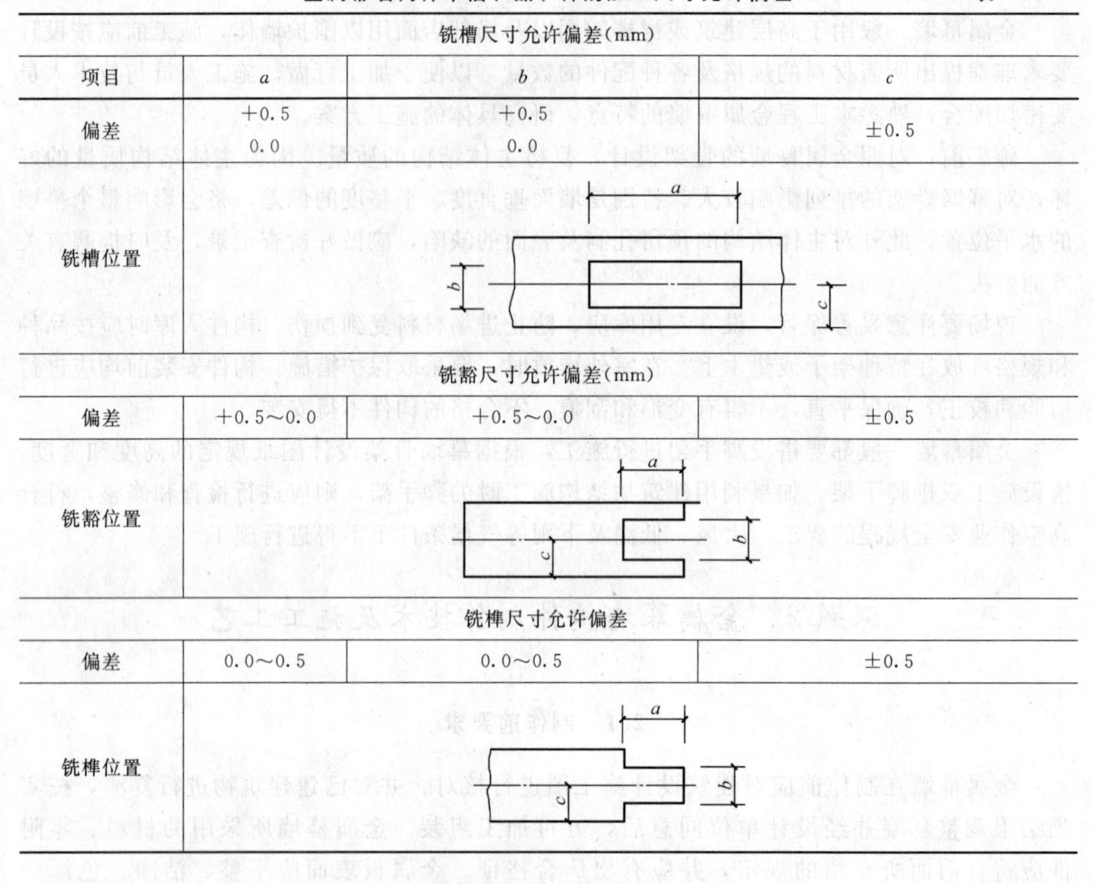

铣槽尺寸允许偏差(mm)			
项目	*a*	*b*	*c*
偏差	+0.5 0.0	+0.5 0.0	±0.5
铣槽位置			
铣豁尺寸允许偏差(mm)			
偏差	+0.5～0.0	+0.5～0.0	±0.5
铣豁位置			
铣榫尺寸允许偏差			
偏差	0.0～0.5	0.0～0.5	±0.5
铣榫位置			

构件装配尺寸允许偏差　　　　表 7-4

项　目	构件长度(mm)	允许偏差(mm)
槽口尺寸	≤2000	±2.0
	>2000	±2.5
构件对边尺寸差	≤2000	≤2.0
	>2000	≤3.0
构件对角线尺寸差	≤2000	≤3.0
	>2000	≤3.5

相邻构件装配间隙及同一平面度的允许偏差　　　　表 7-5

项　　目	允　许　偏　差(mm)
装配间隙	≤0.5
同一平面度差	≤0.5

理。金属幕墙与建筑主体结构连接的固定支座材料宜选用铝合金、不锈钢或表面热镀锌处理的碳素结构钢，并应具备调整范围，其调整尺寸不应小于40mm。

非金属材料的加工如幕墙所使用的垫块、垫条的材质应符合《建筑橡胶密封垫预制成型实芯硫化的结构密封垫用材料》(GB 10711) 的规定。金属幕墙施工中对所需注胶部位及其他支撑物的清洁工作应按下列步骤进行：把溶剂倒在一块干净布上，用该布将被粘结物表面的尘埃、油渍和其他脏物清除，然后用第二块干净布将表面擦干；清洗后的构件，应在1h内进行密封，若再被污染时，应重新清洗；清洗一个构件或一段槽口，应更换清洁的干布。清洁中使用溶剂时，不应将擦布放在溶剂里，应将溶剂倾倒在擦布上；使用和贮存溶剂，应用干净的容器；存放和应用场所严禁烟火；应遵守所用溶剂标签上的注意事项。

2.3 定位放线

放线是将骨架的位置弹线到主体结构上，以保证骨架安装的准确性。只有准确地将设计图纸的要求反映到结构的表面上，才能实现设计意图。所以放线前，现场施工技术人员必须与设计人员互相沟通，研究好设计图纸。技术人员应重点注意以下几个问题：

(1) 对照金属幕墙的框架设计，检查主体结构质量，特别是墙面的垂直度、平整度的偏差。另外，对主体结构的预留孔洞及表面缺陷应做好检查记录，及时与有关单位协商解决。主体结构与金属幕墙之间，一般要留出一定尺寸的空隙，一方面因为主体结构施工，现场浇注混凝土存在一定误差，为了解决安装金属幕墙精度尺寸允许偏差很小的情况，让幕墙骨架离开主体结构一段距离，以有利于骨架的偏差调整，保证安装工作的顺利进行。另一方面，金属幕墙与主体结构间需加设保温层，因此要留出一定的空间。距离大小通过连接件进行调整。

(2) 放线工作是根据土建图纸提供的中心线及标高进行。因为金属幕墙的设计一般是以建筑物的轴线为依据的，幕墙骨架的布置应与轴线取得一定的关系。所以，放线应首先弄清楚建筑物的轴线，对于标高控制点，应进行复核。

(3) 熟悉金属幕墙的特点，其中包括骨架的设计特点。

对由横竖杆件组成的幕墙，一般先弹出竖向杆件的位置，然后确定竖向杆件的锚固点。横向杆件一般固定在竖向杆件上，与主体结构不直接发生关系，待竖向杆件通长布置完毕，横向杆件再弹到竖向杆件上。

放线的具体做法是：根据建筑物的轴线，在适当位置，用经纬仪测定一根竖框基准线，弹出一根纵向通长线来，在基准线位置，从底层到顶层，逐层在主体结构上弹出此竖框骨架的锚固点。然后按建筑物的标高，用水平仪先测定一个楼层的标高点，弹出一根横向水平通线，从而得出竖框基准线与水平线相交的锚固点。再按水平通线以纵向基准线做起点，量出每根竖框的间隔点，通过仪器和尺量，就能依次在主体结构上弹出各层楼所有锚固点的十字中心线，即竖框连接件的位置。

在确定竖框锚固点时，应充分考虑主体结构施工时，所预埋的锚固件应恰好在纵、横线的交叉点上。如果个别预埋件不在弹线的位置上，亦应弹好锚固点的位置，以便设置后补埋件。如果预埋件埋置在各层楼板上，仍应将纵横线相交的锚固点位置线弹到楼板的预埋件上。

放线是金属幕墙施工中技术难度较大的一项工作，除了要充分掌握设计要求外，还要具备丰富的施工经验。因为有些细部构造处理，设计图纸并不十分明确，而是留给现场技术人员结合现场情况具体处理，特别是面积较大，层数较多的高层建筑的金属幕墙，其放线的难度就更大一些。

2.4 预埋件的制作安装

金属幕墙的立柱与混凝土结构宜通过预埋件连接，预埋件应在主体结构混凝土施工时埋入。当主体结构施工时，金属幕墙的施工单位应派出专业技术人员和施工人员进驻施工现场，与土建施工单位配合，按照设计图纸，通过放线确定埋件的位置，然后进行埋件施工。预埋件通常是由锚板和对称配置的直锚筋组成，见图 7-1。

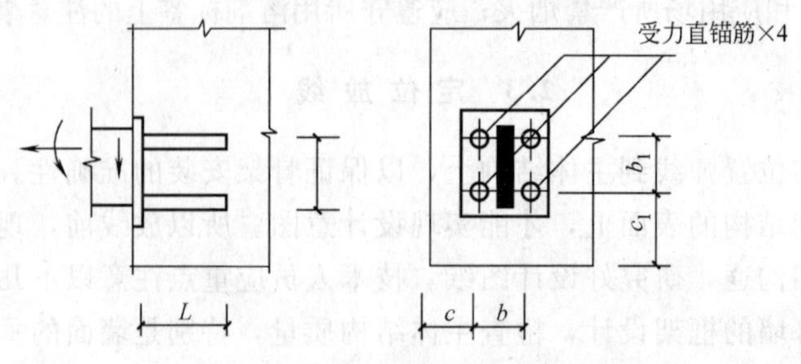

图 7-1 锚板和直锚筋组成的预埋件

受力预埋件的锚板宜采用 HPB 235 或 HRB 335 级钢筋，不得采用冷加工钢筋。预埋件的受力直锚筋不宜少于 4 根，直径不宜小于 8mm。受剪预埋件的直锚筋可用 2 根。预埋件的锚筋应放在外排主筋的内侧，锚板应与混凝土墙平行且埋板的外表面不应凸出墙的外表面。直锚筋与锚板应采用丁字形焊接，锚筋直径不大于 20mm 时宜采用压力埋弧焊。手工焊缝高度不宜小于 6mm 及 $0.5d$（HPB 235）或 $0.6d$（HRB 335）。充分利用锚筋的受拉强度时，锚固强度应符合表 7-6 的要求；锚筋的最小锚固长度在任何情况下不应小于 250mm。锚筋按构造配置，未充分利用其受拉强度时，锚固长度可适当减少，但不应小于 180mm。光圆钢筋端部应做成弯钩。

锚固钢筋的锚固长度 L（mm） **表 7-6**

钢筋类型	混凝土强度等级	
	C25	≥C30
HPB 235	$30d$	$25d$
HRB 335	$40d$	$35d$

注：1. 当 HRB 335 钢筋 $d \leqslant 25$mm 时，L_a 可以减少 $5d$；

2. 锚固长度不应小于 250mm。

锚板的厚度应大于锚筋直径的 0.6 倍。受拉和受弯预埋件的锚板的厚度尚应大于 $b/8$（b 为锚筋间距）。锚筋中心至锚板边缘的距离不应小于 $2d$（d 为锚筋直径）及 20mm。对于受拉和受弯预埋件，其钢筋间距和锚筋至构件边缘的距离均不应小于 $3d$ 及 45mm。对受剪预埋件，其锚筋的间距 b 及 b_1 不应大于 300mm，其中 b_1 不应小于 $6d$ 及 70mm，锚筋至构件边缘的距离 c_1 不应小于 $6d$ 及 70mm，b、c 不应小于 $3d$ 及 45mm。

主体结构为混凝土结构时，如果没有条件采取预埋件，应采取其他可靠的连接措施，并应通过试验决定其承载力，如采用膨胀螺栓。膨胀螺栓是后置连接件，工作可靠性较差，只是不得已时的辅助、补救措施，不作为连接的常规手段。旧建筑改造后加金属幕墙，不得已采用膨胀螺栓时，必须确保安全，留有充分余地。有些旧建筑改造，按计算只需一个膨胀螺栓，实际常设置 2～4 个。无论是新建筑还是旧建筑，当主体为实心砖墙时，不允许采用膨胀螺栓来固定后置埋板，必须用钢筋穿透墙体，将钢筋的两端分别焊接到墙内和墙外两块钢板上，做成夹墙板的形式，然后再将外墙板用膨胀螺栓固定到墙体上。钢筋与钢板的焊接，要符合相应焊接施工规范。

当主体结构为轻体墙时，如空心砖、加气混凝土砖，不但不能采用膨胀螺栓来固定后置埋件，也不能简单的采用夹墙板形式，要根据实际情况，采取其他加固措施。

2.5 骨架安装

骨架的安装，依据放线的具体位置进行。安装工作一般是从底层开始，逐层向上推进。

安装前，首先要清理预埋件。由于在实际施工中，结构上的预埋件，有的位置偏差过大，有的钢板被混凝土淹没，有的甚至漏设，影响连接件的安装。因此，测量放线前，应逐个检查预埋件的位置，并把预埋件上的残灰渣剔除，所有锚固点件，凡不能满足锚固要求的位置，应该把混凝土剔平，以便增设埋件。

清理工作完成后，开始安装连接件。金属幕墙所有骨架外立面，要求同在一个垂直平整的立面上。施工时所有连接件与主体结构钢板焊接或膨胀螺栓锚定后，其外伸端面也必须处在同一个垂直平整的立面上才能得到保证。具体做法：以一个平整立面为单元，从单元的顶层和底层两侧竖框锚固点附近，定出主体结构与竖框的适当间距，上下各设置一根悬挑钢桩，用线锤吊垂线，找出同一立面的垂面、平整度，经调整合格后，各拴一根钢丝绷紧，定出立面单元两侧垂直，平整基准线。根据基准线，在各楼层立面两侧，各设置悬挑钢桩，并在钢桩上按垂线找出各楼层垂直平整点。见图 7-2。各层设置钢桩时，应在同一水平线上。然后，在各楼层两侧悬挑钢桩所刻垂直点上，拴钢丝绷紧，按线焊接或锚定各条竖框的连接件，使其外伸端面做到垂直平整。连接件与埋板焊接时要符合焊接规范，对于电焊所采用的焊条型号，焊缝的高度及长度，均应符合设计要求，并应做好检查记录。现场焊接或螺栓紧固的构件固定后，应及时进行防锈处理。

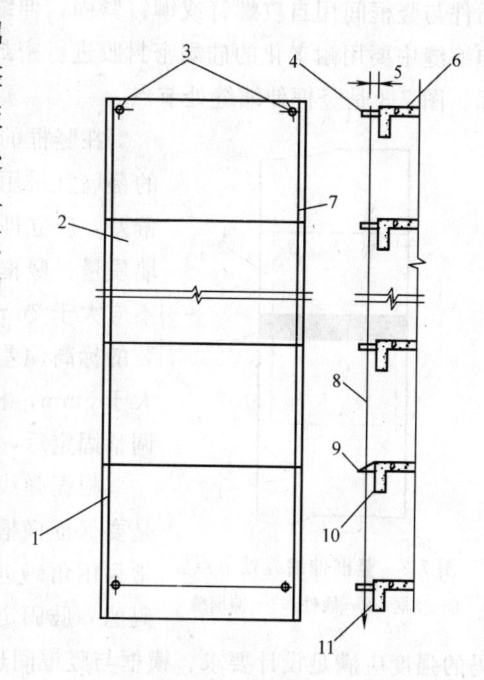

图 7-2 骨架安装图

1—垂直平整基准线；2—立面单元；3—锚固点；4—悬挑钢桩；5—间距；6—主体楼板；7—基准线；8—吊线；9—钢桩；10—梁；11—线坠

连接件固定好以后，开始安装竖框。竖框安装的准确和质量，影响整个金属幕墙的安装质量，因此，竖框的安装是金属幕墙安装施工的关键。金属幕墙的平面轴线与建筑物外平面轴线距离的允许偏差应控制在 2mm 以内，特别是建筑物平面呈弧形，圆形和四周封闭的金属幕墙，其内外轴线距离影响到幕墙的周长，应认真对待。

竖框与连接件间要用螺栓连接，螺栓要采用不锈钢的，同时要保证足够长度，螺母紧固后，螺栓要长出螺母 3mm 以上。螺母与连接件间要加设足够强度的不锈钢或镀锌垫片和弹簧垫圈。垫片的强度和尺寸一定要满足设计要求，垫片的宽度要大于连接件螺栓孔竖向直径的 1/2，连接件的竖向孔径要小于螺母直径。连接件上的螺栓孔都应是长孔，以利于竖框的前后调整。竖框调整完后，将螺母拧紧，垫片与连接件间要进行几点点焊，以防止竖框的前后移动，同时螺栓与螺母间也要点焊。连接件与竖框接触处要加设尼龙衬垫隔离，防止电位差腐蚀。尼龙垫片的面积不能小于连接件与竖框接触的面积。第一层竖框安装完后，进行上一层竖框的安装。

一般情况下，都以建筑物的一层高为一根竖框。金属幕墙随着温度的变化，材料在不停的伸缩。由于铝、铝复合板等材料的热胀冷缩的系数不同，这些伸缩如被抑制，材料内部将产生很大应力，轻则会使整幅幕墙悉悉作响，重则会导致幕墙变形，因此，框与框及板与板之间都要留有伸缩缝。伸缩缝处要采用特制插件进行连接，即套筒连接法，可适应和消除建筑挠度变形及温度变形的影响。插件的长度要保证塞入竖框每端 200mm 以上，插件与竖框间用自攻螺钉或铆钉紧固。伸缩缝的尺寸要按设计而定，待竖框调整完毕后，伸缩缝中要用耐老化的硅酮密封胶进行密封，以防潮气及雨水等腐蚀铝合金框的断面及内部。图 7-3 是竖框伸缩缝处节点。

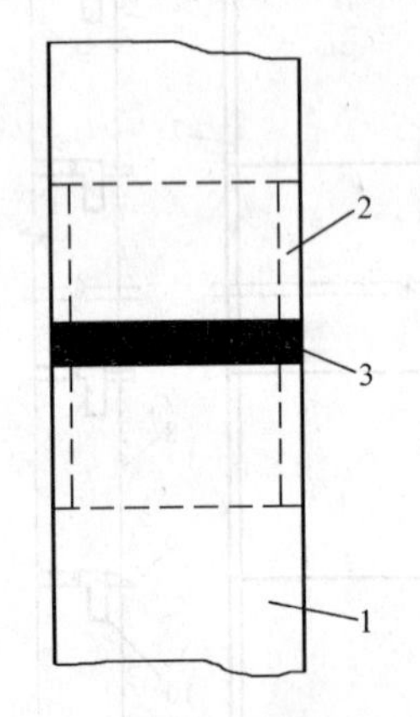

图 7-3　竖框伸缩缝处节点
1—竖框；2—插件；3—伸缩缝

在竖框的安装过程中，应随时检查竖框的中心线。较高的幕墙宜采用经纬仪测定，低幕墙可随时用线坠检查，如有偏差，应立即纠正。竖框的尺寸准确与否，将直接关系到幕墙质量。竖框安装的标高偏差不应大于 3mm；轴线前后偏差不应大于 2mm，左右偏差不应大于 3mm；相邻两根竖框安装的标高偏差不应大于 3mm；同层竖框的最大标高偏差不应大于 5mm；相邻两根竖框的距离偏差不应大于 2mm。竖框调整固定后，就可以进行横框的安装了。

根据弹线所确定的位置安装横框。安装横框时最重要的是要保证横框与竖框的外表面处于同一立面上。横竖框间通常采用角码进行连接，角码一般用角铝或镀锌钢件制成。角码的一肢固定在横框上，另一肢固定在竖框上，固定件及角码的强度应满足设计要求。横框与竖框间也应设有伸缩缝，待横框固定后，用硅酮密封胶将伸缩缝密封。用电钻在铝型材框架上钻孔时，钻头的直径要稍小于自攻螺钉的直径，以保证自攻螺钉连接的牢固性。横框安装时，相邻两根横框的水平标高偏差不应大 1mm。同层标高偏差：当一幅金属幕墙的宽度小于或等于 35m 时，不应大于 5mm；当一幅幕墙的宽度大于 35m 时，不应大于 7mm。横框的安装应自下向上进行。每安装完一层高度时，应进行检查、调整、校正、固定，使其符合质量标准。

2.6　保温隔潮层安装

如果在金属幕墙的设计中，既有保温层又有防潮层，那么应先在墙体上安装防潮层，然后在防潮层上安装保温层。如果设计中只有保温层的，则将保温层直接安装到墙体上。大多数金属幕墙的设计通常只有保温层而不设置防潮层。保温材料通常采用丙板、矿棉等，重量很轻，在墙体上安装的方法也很简单。将带有底盘的钉用建筑胶粘结到墙体上，钉间距应保证在 400mm 左右，板接缝处应保证有钉，板边缘的钉间距也不应大于 400mm。保温板间及板与金属幕墙构件间的接缝要严密。

2.7 金属板安装

2.7.1 铝塑板的加工

铝塑板的加工应在洁净的专门车间中进行。板材储存时应以10°内倾斜放置，底板需用厚木板垫底，避免产生弯曲。搬运时需两人取放，将板面朝上，切勿推拉，以防擦伤。板材上切勿放置重物或践踏，以防产生弯曲或凹陷。如果手工裁切，在裁切前先将工作台清理干净，以免板材受损。

铝塑板加工的第一道工序是板材的裁切。板材的裁切可用剪床、电锯、刨锯、圆盘锯、手提电锯等工具按照设计要求加工出所需尺寸。

第二道工序是刨沟。铝塑板的刨沟有两种机具：一种是带有机体的数控刨沟机，一种是手提电动刨沟机。数控刨沟机带有床身，将需要刨沟的板材放到床身上，调好刨刀的距离，就可以准确无误地完成刨沟任务。当使用手动刨沟机时，要使用平整的工作台，操作人员要熟练掌握工具的使用技巧。通常情况下要尽量少采用手动刨沟机，因为铝塑板的刨沟工艺精确度要求很高，手工操作易穿透铝塑板的塑性材料层而损伤面层，这是铝塑板加工所不允许的。

刨沟机上带有不同的刨刀，通过更换刨刀，可在铝塑板上刨出不同形状的沟槽。图7-4（*a*）、（*b*）、（*c*）是厚度为4mm（0.5mm铝板＋3mm塑性材料＋0.5mm铝板）的铝塑板常见刨沟形状。铝塑板的刨沟深度应根据不同板的厚度而定。一般情况下塑性材料层保留的厚度应在1/4左右。不能将塑性材料层全部刨开，以防止面层铝板的内表面长期裸露而受到腐蚀。而且如果只剩下外表一层铝板，弯折后，弯折处板材强度会降低，导致板材使用寿命缩短。

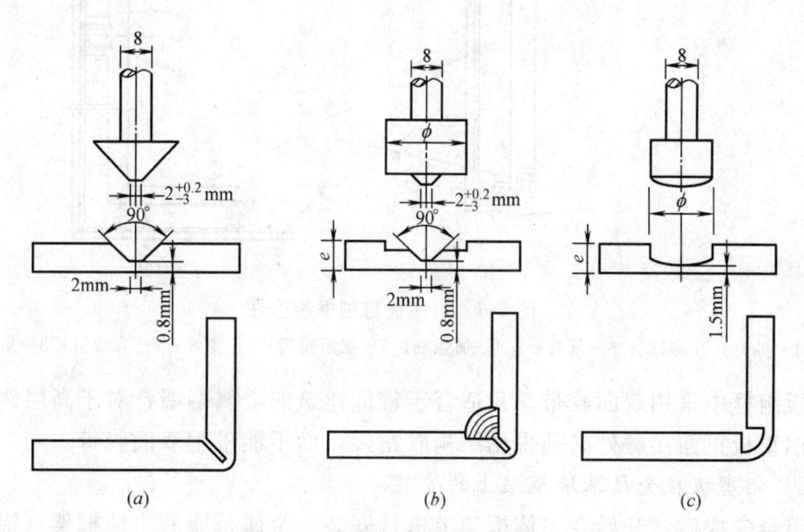

图7-4 铝塑板常见刨沟形状

板材刨沟以后，再按设计对边角进行剪裁后，就可将板弯折成所需要的形状。板材在刨沟处进行弯折时，要将碎屑清理干净。弯折时切勿多次反复地弯折和急速弯折，防止铝板受到破损，强度降低。弯折后，板材四角对接处要用密封胶进行密封。对有毛刺的边部可用锉刀修边，修边时，切勿损伤板面。需要钻孔时，可用电钻、线锯等在铝塑板上钻出各种圆形、曲线形等多种孔径。

铝塑板加工的第三道工序是铝塑板与副框及加强筋的固定。板材边缘弯折以后，就要同副框固定成形，同时根据板材的性质及具体分格尺寸的要求，在板材背面适当的位置设置加强筋。通常采用铝合金方管作为加强筋。加强筋的数量要根据设计而定，一般情况下，当板材的长度小于1m时可设置一根加强筋；当板材的长度小于2m时可设置2根加强筋；当板材的长度大于2m时，应按设计要求增加加强筋的数量。副框与板材的侧面可用抽芯铝铆钉紧固，抽钉间距应在200mm左右。板的正面与副框的接触面间由于不能用铆钉紧固，所以要在副框与板材间用结构胶粘接，转角处要用角码将两根副框连接牢固。加强筋与副框间也要用角码连接紧固，加强筋与板材间要用结构胶粘接牢固。副框的形状见图7-5。铝塑板与副框的组合见图7-6、图7-7、图7-8（以图7-7*a*副框为例）。组装后，应将每块板的对角接缝处用密封胶密封，防止渗水。

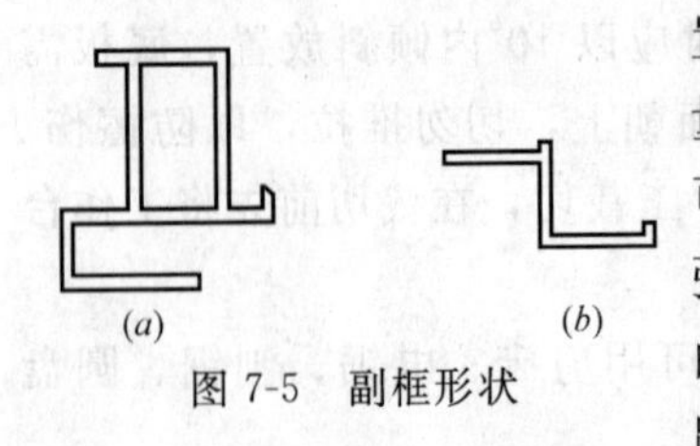

图7-5　副框形状

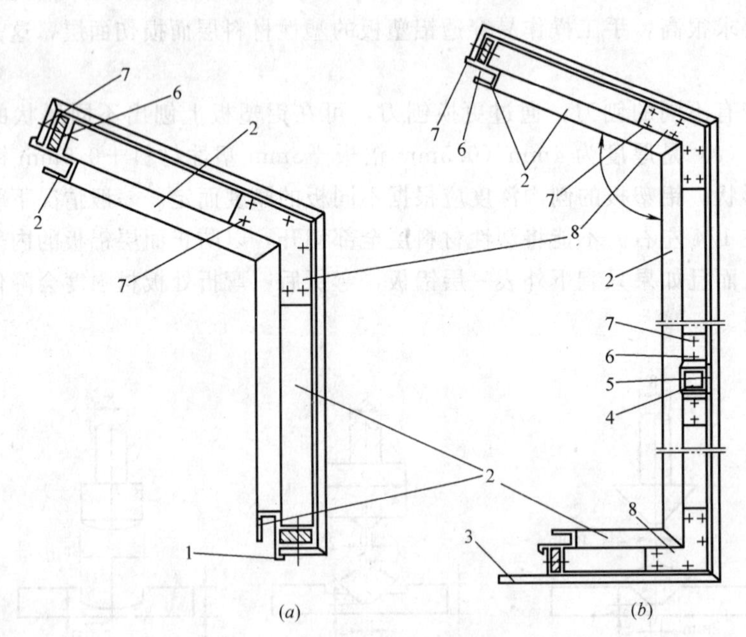

图7-6　铝塑板与副框组合图

1—抽钉；2—副框；3—复合板；4—加强筋；5—双面胶带；6—角片；7—自攻钉；8—角板

铝塑板组框中采用双面胶带，只适合于较低建筑的金属幕墙；对于高层建筑，副框及加强筋与铝塑板正面接触处必须采用结构胶粘接，而不能采用双面胶带。

2.7.2　铝塑板在金属幕墙框架上的安装

副框组合完成后，开始在主体框架上进行安装。金属幕墙的主体框架（铝框）通常有两种形状，见图7-9。其中第一种副框与第二种主框都可搭配使用，但第二种副框只能与第二种主框配合使用。板间接缝宽度按设计而定，安装板前要在竖框上拉出两根通线，定好板间接缝的位置，按线的位置安装板材。拉线时要使用弹性小的线，以保证板缝整齐。副框与主框接触处应加设一层胶垫，不允许刚性连接。如果采用第二种主框是将胶条安装在两边的凹槽内，如果采用方管做主框，则应将胶条粘接到主框上。当采用第二种主框，在安装时就应将压片及螺栓安装到主框上了。螺栓的螺母端在主框中间的凹槽里。板材定位以后，将压片的两脚插到板上副框的凹槽里，将压片上的螺栓紧固就可以了。压片的个数及间距要根据设计而定。当第二种副框与方管配合使用时，铝塑板定位以后，用自攻螺钉将压片固定到主框上。

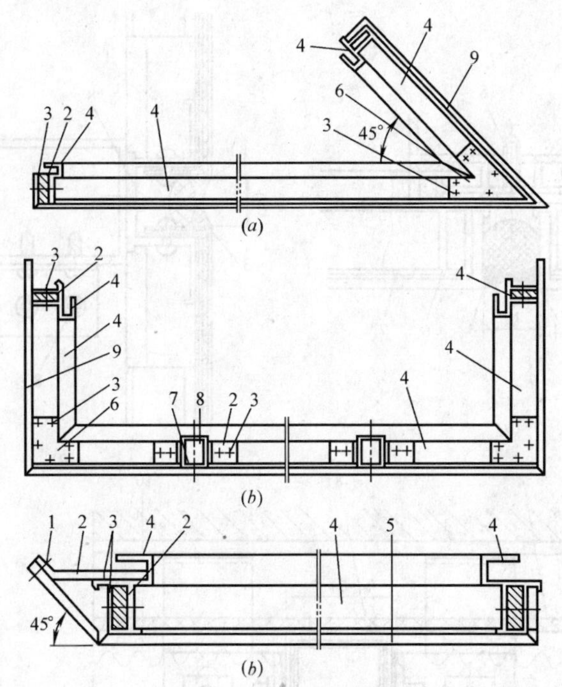

图 7-7 铝塑板与副框组合图

1—抽钉；2—角片；3 自攻钉；4—副框；5—复合板；6—角板；7—双面胶带；8—加强筋；9—铝复合板

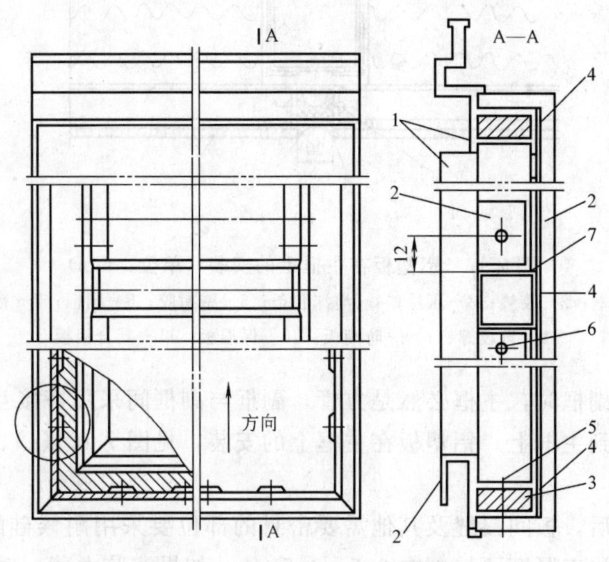

图 7-8 铝塑板与副框组合图

1—副框；2—加强筋角片；3—副框角片；4—双面胶带；5—铆钉；6—自攻钉；7—加强筋方管

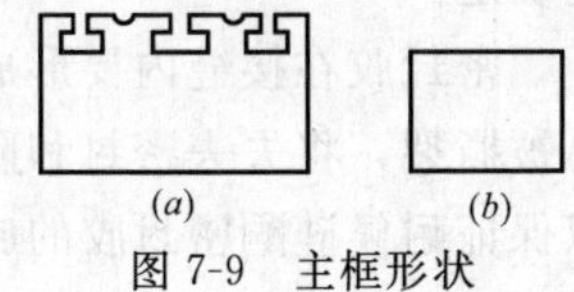

图 7-9 主框形状

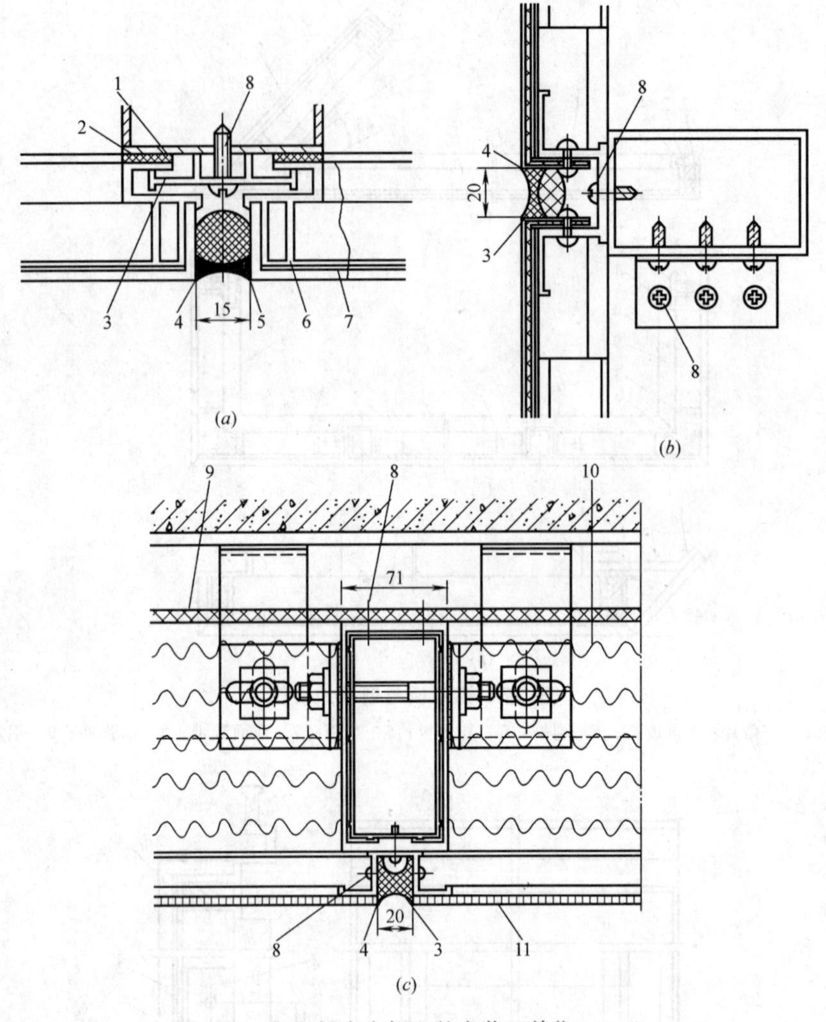

图 7-10　铝塑板在主框上的安装（单位：mm）

1—主框；2—胶垫；3—压片；4—泡沫胶条；5—密封胶；6—副框；7—铝塑板；
8—自攻螺钉；9—防潮板；10—保温板；11—复合铝板

当采用第一种副框时，主框必然是方管，副框与副框间采用搭接互压的方式，用自攻螺钉。将副框固定到主框上。铝塑板在主框上的安装，见图 7-10（*a*）、（*b*）、（*c*）。

2.7.3　注胶

铝塑板固定以后，板间接缝及其他需要密封的部位要采用耐候硅酮密封胶进行密封。耐候硅酮密封胶的施工厚度要控制在 3.5～4.5mm，如果注胶太薄，对保证密封质量及防止雨水渗漏不利。但也不能注胶太厚，当胶受拉力时，太厚的胶也容易被拉断，导致密封受到破坏，防渗漏失效。耐候硅酮密封胶的施工宽度不小于厚度的二倍或根据实际接缝宽度确定。

密封胶在接缝内要形成两面粘结，不要三面粘接（图 7-11），否则，胶在受拉时，容易被撕裂，将失去密封和防渗漏作用。因此，对于较深的板缝要采用聚乙烯泡沫条填塞，以保证耐候硅酮密封胶的施工位置和防止形成三面粘结。对于较浅的板缝，在耐候硅酮胶

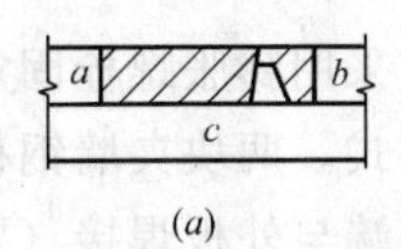

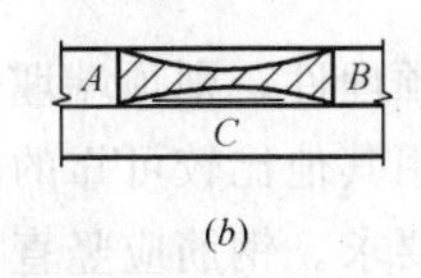

图 7-11 耐候密封胶施工方法

(a) 不正确；(b) 正确

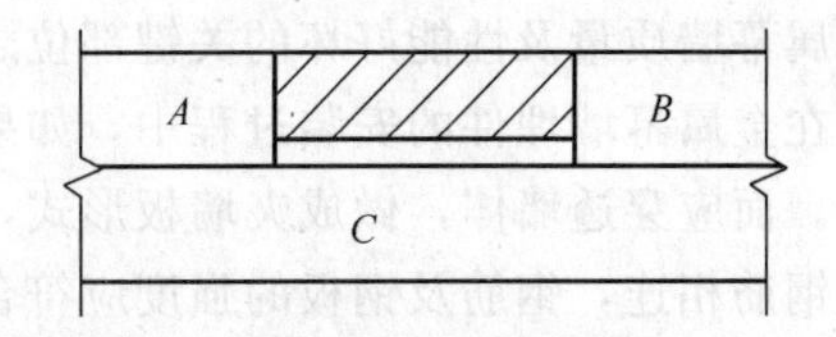

图 7-12 较浅板缝耐候密封胶施工方法

施工前，用无粘结胶带施于缝隙底部，将缝底与胶分开（图 7-12 所示）。

注胶前，要将需注胶的部位用丙酮、甲苯等清洁剂清理干净。使用清洁剂时应准备两块抹布，用第一块抹布蘸清洁剂轻抹将污物发泡，再用第二块抹布用力拭去污物。

注胶工人一定要熟练掌握注胶技巧。注胶时，应从一面向另一面单向注，不能两面同时注胶。垂直注胶时，应自下而上注。注胶后，在胶固化以前，要将节点胶层压平，不能有气泡和空洞，以免影响胶和基材的粘结。注胶要连续，胶缝应均匀饱满，不能断断续续。

注胶时，周围环境的湿度及温度等条件要符合耐候胶的施工条件，一般在 20℃左右时，耐候密封胶完全固化需要 14～21 天的时间。待密封胶完全固化后，将铝塑板表面的保护膜撕下，完成金属幕墙的安装。

课题 3 金属幕墙特殊部位的处理

3.1 防 雷 系 统

金属幕墙的防雷设计应符合现行国家标准《建筑防雷设计规范》GB 50303—2002 的有关规定。金属幕墙应形成自身的防雷体系，并应与主体结构的防雷体系可靠的连接。

具体做法是：金属幕墙的横向每隔 10m 左右在立柱的腹腔内设镀锌扁钢，与结构防雷系统相连。外测电阻不能大于 10Ω，如金属幕墙延伸到建筑物顶部，还应考虑顶部防雷。

3.2 防 火 系 统

防火性能是衡量幕墙功能优良与否的一个重要指标。高耐火度的结构件和结构设计是保证建筑在强烈的火灾荷载作用下不受严重损坏的关键。金属幕墙与主体结构的墙体间有一间隙，这一间隙的存在，当发生火灾时，很容易产生热对流，使得热烟上串到顶层，造成火灾的蔓延。因此，在设计施工中要中断这一间隙。具体做法是：在每一层窗台外侧的间隙中，将 L 形镀锌钢板固定到幕墙的框体上，在其上设置不少于二层的防火棉，防火棉的具体厚度与层数应根据防火等级而定。每层防火棉的接缝应错开，并与四周接触严密。面层要采用 1.2mm 以上厚度的镀锌钢板封闭，钢板间连接要采用搭接的方式。钢板与四周及钢板间接缝要用管道防火密封胶进行密封。注胶要均匀、饱满，不能留有气泡和间隙。

3.3 金属幕墙的上、下封修

3.3.1 金属幕墙的上封修

金属幕墙的顶部是雨水易渗漏及风荷载较大的部位。因此，上封修质量的好坏，是整个金属幕墙质量及性能好坏的关键部位之一。

在金属幕墙埋件的安装过程中，如果没有预埋件，则顶端埋件不应采用膨胀螺栓固定埋板。而应穿透墙体，做成夹墙板形式，或采用其他比较可靠的固定方式。两块夹墙钢板通过钢筋相连，钢筋及钢板的强度应符合设计要求。钢筋应竖直，其一端与外板焊接（要撼弯成90°直角搭接焊并符合国家焊接规范），在钢筋的另一端上加工出阳螺纹，使其穿过内板上的孔，再用螺母将其紧固。紧固后，将螺母与钢筋间焊死。每对钢板，应采用两根以上的连接筋，同时，钢板、连接筋及焊缝均应做防锈处理。

对封修板的横向板间接缝及其他接缝处，注胶时要认真仔细，保证注胶质量。图7-13是金属幕墙上封修的节点图。

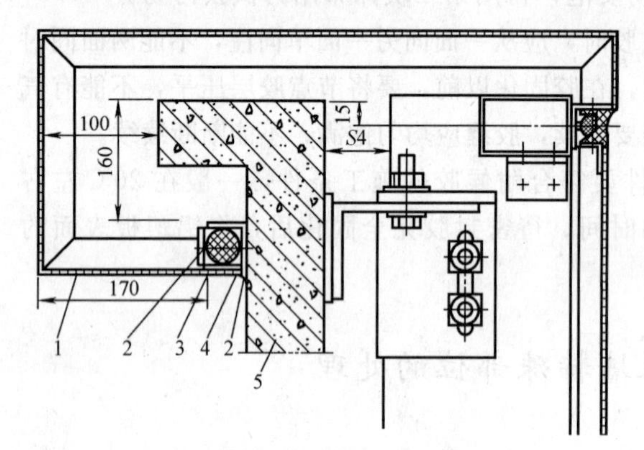

图 7-13　金属幕墙上封修节点

1—复合板；2—角码；3—泡沫条；4—密封胶；5—女儿墙

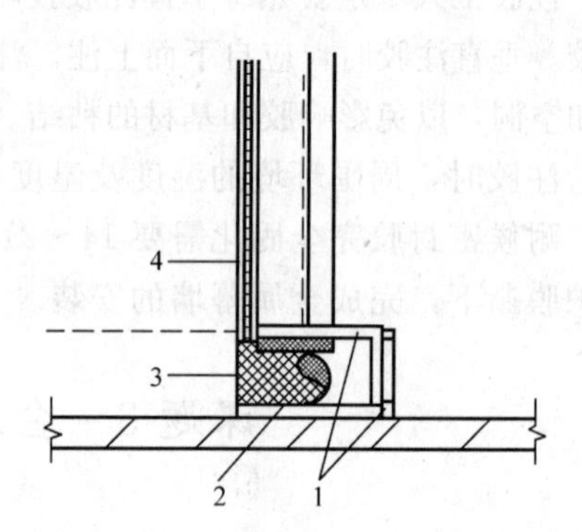

图 7-14　金属幕墙下封修节点

1—角码；2—沫泡条；3—密封胶；4—复合板

3.3.2　金属幕墙的下封修

金属幕墙的下封修也很重要，这里是雨水及潮气等易侵入部位，如果封修不严密，会使幕墙受到腐蚀，缩短幕墙的使用寿命。图7-14是金属幕墙下封修的节点图。金属幕墙的下端在安装时，框架及铝板不能直接接触地面，更不能直接插入泥土中。

3.4　金属幕墙的内外转角

金属幕墙的内转角通常在转角处立一根竖框即可，将两块铝复合板在此对接，而不应在板的内侧刨沟，将板向外弯折，内转角的节点见图7-15。

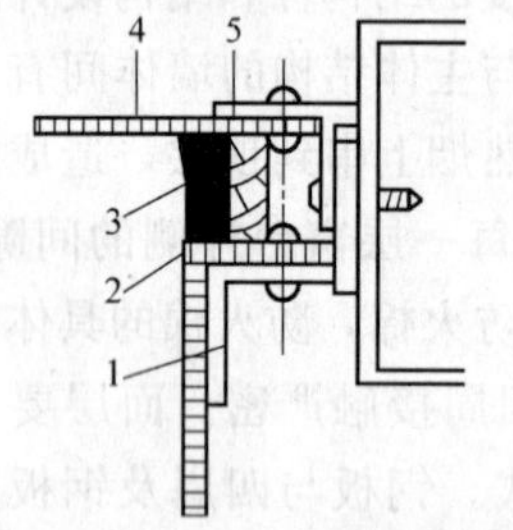

图 7-15　金属幕墙内转角节点

1—副框；2—密封胶；3—泡沫条；4—复合板；5—自攻螺钉

金属幕墙的外转角比较简单，在转角两侧分别立两根竖框，在复合板内侧刨沟，向内弯折，两端分别固定到竖框上。

3.5　铝塑板的圆弧及圆柱施工

在铝塑板幕墙的施工中，可能会设计有圆弧和圆柱，圆弧的施工较简单，直径较小，可通过刨沟的宽度和深度来调节圆弧的大小。对于较大直径的圆弧可用三轴式弯曲机，将其直接弯曲成弧形。

铝塑板圆柱施工程序：

(1) 使用一般木工用美工刀，将铝塑板的背面40～80mm间距，切割至铝片的深度，并于产品两侧（板正面）用电动刨沟机（平口型刀刃）刨预留间距表面1.5mm左右厚度，以利于施工时之接合。

(2) 再用尖嘴形钳子将铝片一片片的撕下，背面铝片撕下后，产品会徐徐弯曲。

(3) 将铝塑板的背面与圆柱衬板（通常是胶合板，衬板的制作参考不锈钢包柱施工）刷涂万能胶并粘结牢固。

(4) 接头处可先用气钉枪打U形钉子于接头沟缝处，以利于固定，然后用耐候胶填平沟缝，达到弯曲效果。

3.6 铝塑板与幕墙框架的其他连接方式

铝塑板在加工组装时，其副框还可以采取其他形式，不同形式的副框配以不同形式的压片与主框进行连接，图7-16～图7-18是几种其他形式的副框与主框连接的节点。

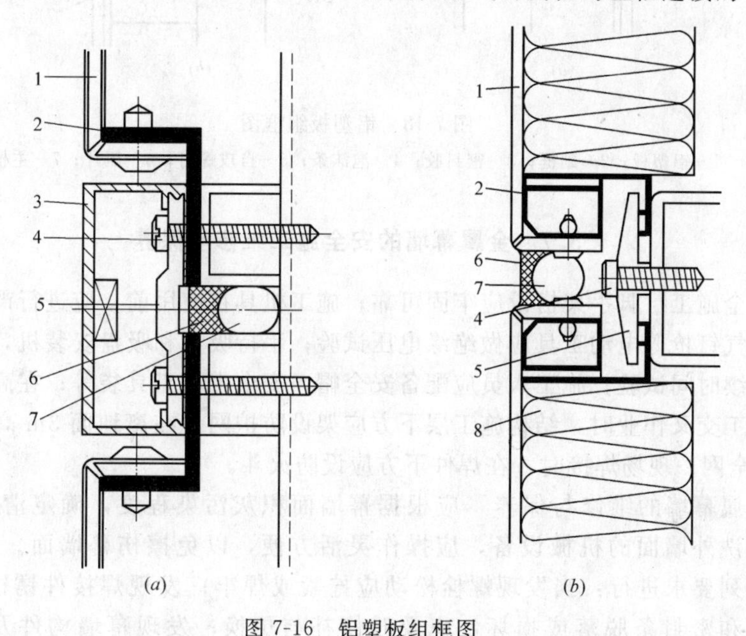

图7-16 铝塑板组框图

1—铝塑板；2—副框；3—嵌条；4—自攻钉；5—压片；6—密封胶；7—泡沫条；8—保温板

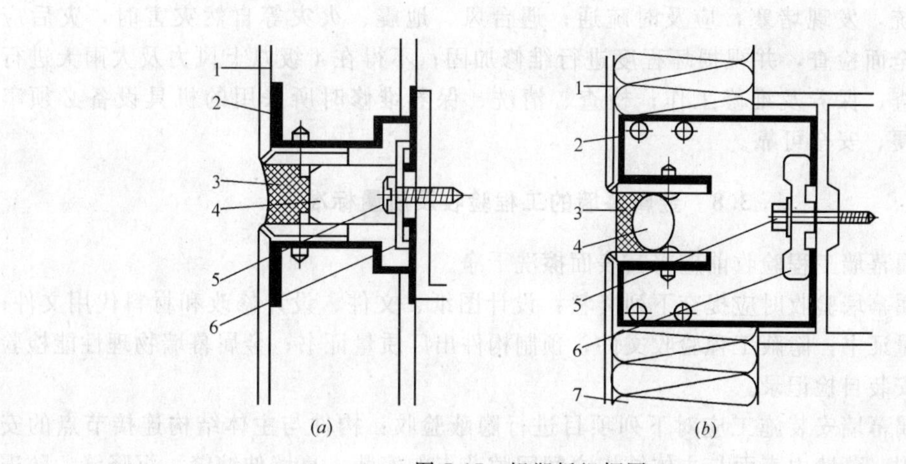

图7-17 铝塑板组框图

1—铝塑板；2—副框；3—密封胶；4—泡沫条；5—自攻螺钉；6—压片；7—保温板

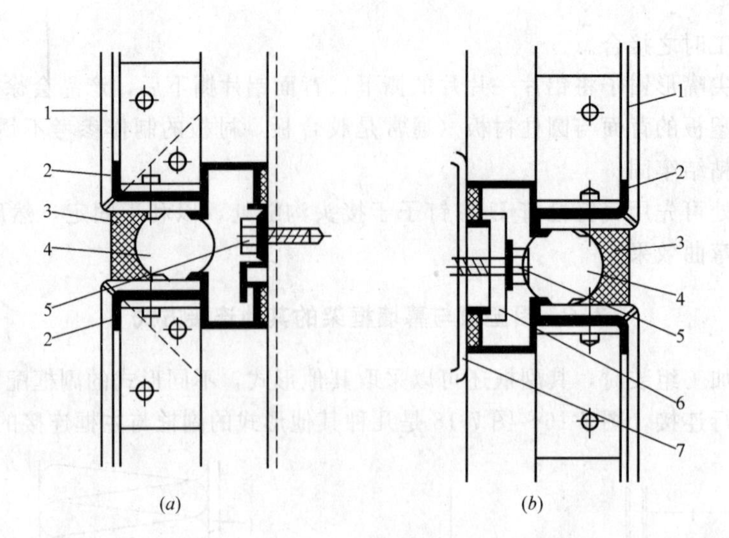

图 7-18　铝塑板组框图

1—铝塑板；2—副框；3—密封胶；4—泡沫条；5—自攻螺钉；6—压片；7—主框

3.7　金属幕墙的安全施工维修与保养

（1）安全施工　脚手架搭设应牢固可靠；施工机具在使用前，应进行严格检验，手电钻、电锤、气钉枪等电动工具应做绝缘电压试验；手持吸盘和吸盘安装机，应进行吸附重量和吸附持续时间试验；施工人员应配备安全帽、安全带、工具袋等；在高层幕墙安装与上部结构施工交叉作业时，结构施工层下方应架设防护网，在离地面 3m 高处，应搭设挑出 6m 的安全网；现场焊接时，在焊件下方应设防火斗。

（2）金属幕墙的维修与保养　应根据幕墙面积灰污染程度，确定清洗幕墙的次数与周期；清洗外墙面的机械设备，应操作灵活方便，以免擦伤幕墙面。幕墙的检查与维修应按下列要求进行：当发现螺栓松动应拧紧或焊牢；发现焊接件锈蚀应除锈补漆；发现密封胶和密封条脱落或损坏，应及时修补与更换；发现幕墙构件及连接件损坏，或连接件与主体结构的锚固松动或脱落，应及时更换或采取措施加固修复；定期检查幕墙排水系统，发现堵塞，应及时疏通；遇台风、地震、火灾等自然灾害时，灾后应对幕墙进行全面检查，并视损坏程度进行维修加固；不得在 4 级以上风力及大雨天进行幕墙外侧检查、保养及维修工作；检查、清洗、保养维修时所采用的机具设备必须牢固、操作方便、安全可靠。

3.8　金属幕墙的工程验收及质量标准

（1）金属幕墙工程验收前应将其表面擦洗干净。

（2）金属幕墙验收时应提交下列资料：设计图纸、文件、设计修改和材料代用文件；材料出厂质量证书；隐蔽工程验收文件；预制构件出厂质量证书；金属幕墙物理性能检验报告；施工安装自检记录。

（3）金属幕墙安装施工应对下列项目进行隐蔽验收：构件与主体结构连接节点的安装；幕墙四周、幕墙内表面与主体结构之间间隙节点的安装；幕墙伸缩缝、沉降缝、防震缝及墙面转角节点的安装和幕墙防雷接地节点的安装。

(4) 金属幕墙观感检验应符合下列要求：板间缝宽应均匀，并符合设计要求；整幅幕墙饰面板色泽应均匀；铝合金料不应有脱膜现象；饰面板表面应平整，不应有变形、波纹或局部压砸等缺陷；幕墙的上下边及侧边封口、沉降缝、伸缩缝、防震缝的处理及防雷体系应符合设计要求；幕墙隐蔽节点的遮封装修应整齐美观；幕墙不得渗漏。

(5) 金属幕墙工程抽样检验应符合下列要求：铝合金料及饰面板表面不应有铝屑、毛刺、油斑和其他污垢；饰面板安装牢固，橡胶条和密封胶应镶嵌密实、填充平整。

(6) 金属板的表面质量和检验方法见表 7-7 的规定（据 GB 5210—2001）。

每平方米金属板的表面质量和检验方法　　表 7-7

项　次	项　　目	质量要求	检验方法
1	明显划伤和长度＞100m 的轻微划伤	不允许	观察
2	长度≤100m 的轻微划伤	≤8 条	用钢尺检查
3	擦伤总面积	≤500mm^2	用钢尺检查

(7) 金属幕墙安装的允许偏差和检验方法见表 7-8 的规定（据 GB 5210—2001）。

金属幕墙安装的允许偏差和检验方法　　表 7-8

项次	项　目		允许偏差(mm)	检验方法
1	幕墙垂直度	幕墙高度≤30m	10	用经纬仪检查
		30m＜幕墙高度≤60m	15	
		60m＜幕墙高度≤90m	20	
		幕墙高度＞90m	25	
2	幕墙水平度	层高≤3m	3	用水平仪检查
		层高＞3m	5	
3	幕墙表面平整度		2	用 2m 靠尺和塞尺检查
4	板材立面垂直度		3	用垂直检测尺检查
5	板材上沿水平度		2	用 1m 水平尺和钢直尺检查
6	相邻板材板角错位		1	用钢直尺检查
7	阳角方正		2	用直角检测尺检查
8	接缝直线度		3	拉 5m 线，不足 5m 拉通线，用钢直尺检查
9	接缝高低差		1	用钢直尺和塞尺检查
10	接缝宽度		1	用钢直尺检查

课题 4　防锈和防腐

4.1 金属腐蚀

金属腐蚀指金属和它所处的环境之间，由于发生化学或电化学作用引起的破坏和变质，其中也包括在力学因素作用下的腐蚀。

(1) 金属腐蚀分类

按机理分为化学腐蚀、电化学腐蚀。

化学腐蚀：金属表面与环境发生化学作用而引起的，如金属在高温干燥气体中或非电解质溶液中的腐蚀。

电化学腐蚀：金属表面与环境发生电化学作用而引起的，如金属在大气、土壤、电解质中的腐蚀。

按环境分为自然环境腐蚀和工业环境腐蚀。

自然环境腐蚀：金属表面与环境发生电化学作用而引起的，如金属在大气、土壤、电解质中的腐蚀。

工业环境腐蚀：通常包括金属在酸、碱、盐溶液中的腐蚀和各类工业水中的腐蚀。

按腐蚀形态分局部腐蚀和在力学与环境共同作用下的腐蚀。

局部腐蚀：腐蚀分布在局部区域内，即有选择的破坏现象，常见有电偶腐蚀、点腐蚀、缝隙腐蚀、晶间腐蚀、选择性腐蚀、丝状腐蚀等。

在力学和环境共同作用下的腐蚀：这类腐蚀包括应力腐蚀断裂、氢损伤、腐蚀疲劳、磨损腐蚀。

(2) 金属的生锈

钢铁在干燥的大气中，由于与氧气发生化学作用，表面渐渐生成一层氧化膜，这种自然生成的氧化膜是较疏松的；而大气中还有水蒸气，水蒸气和氧与钢铁接触，便发生电化学作用，电化学作用的速度比化学作用快得多，所生成的产物是氢氧化铁和氢氧化亚铁以及剩余的氧化物的混合物，即我们常见到的铁锈。铁锈的组织疏松、多孔、能吸水，生成层不均匀，不但不能阻止氧和水的侵入，反而成为钢铁继续生锈的良好条件。

影响生锈的因素

(1) 金属材料的成分和金相组织

1) 有些金属，如铬、镍、铝等，其氧化物具有致密的结构，覆盖在金属表面，阻止继续腐蚀，因此耐蚀性好，而钢铁较差。钢中含有耐蚀的合金元素，耐蚀性好，如不锈钢耐蚀性最好，低合金钢次之，最差的是碳素钢。

2) 微观组织均匀的金属耐蚀性好。如单相的奥氏体和铁素体钢耐蚀性好。

(2) 大气层的影响

1) 湿度高，金属易生锈。

2) 污染如 SO_2、CO_2、H_2S、NO、Cl_2 等都会加速金属生锈。烟雾和工业灰尘落在金属表面，成为水分凝聚中心，灰尘本身具有吸水腐蚀性，会加速金属腐蚀；

(3) 金属中有残余内应力会加速腐蚀，如冷加工硬化会使腐蚀加剧。

4.2 除　　锈

(1) 手工除锈

手工除锈，由于构件材质不同，形状大小各异，锈蚀的种类和锈蚀程度差别很大，常常需要多种工具互相配合使用，才能达到除锈的目的。对于平面件，如果只存在铁锈，采用刮铲和砂布就能够除掉。当既有氧化皮又有焊渣时，就要用铁锤、铲刀将其除掉。构件表面的凸起和锐边，可采用粗纹钢锉修整。对于构件复杂工作的凹陷部位的锈蚀，可采用钢丝刷来清除。

除锈时，先用锉刀锉掉构件边缘的锐利毛刺，避免操作不慎划伤。腐蚀严重的构件表面既有氧化皮又有铁锈，要先除去氧化皮然后再除铁锈。清除氧化皮时，可用铁锤轻轻敲打氧化皮表面，用力要适中，力量太小起不到震动作用；力量太大易使较薄构件产生变形。经过敲打后的氧化皮，周围边缘处会翘起，再用铲刀铲掉。对于附着牢固、厚硬的氧化皮，要用铁锤直接敲打铲刀除掉。铲掉氧化皮后的构件表面会出现尖锐的毛刺，要用钢锉修整。对于腐蚀严重的铁锈，可先用刮铲刮掉一层，然后再用砂布打磨。刮铲的前端要锋利平齐，以防清除铁锈时造成构件表面产生新的划伤。

除锈用的砂布以60～120号为宜。要先粗磨后细磨。粗磨用60～80号砂布，细磨用100～120号砂布。当除锈质量要求较高时，细磨用150～180号砂布。使用砂布操作时，应将砂布对折起来。砂粒露在外面，大拇指放在砂布下面微微向上翘起，不要接触构件表面，其余四指稍稍叉开压在砂布的上面使砂布和构件表面充分接触。对于较大平面的构件，可以把砂布固定在底面平整的长方体木块上进行除锈。打磨时，要顺着上下或左右方向往复运动，切不可同时纵横方向交叉打磨。粗磨要适度，如果粗磨过度，工件表面磨痕较深，细磨时就很难磨平，将会影响涂膜表面的装饰性。铸件表面粗糙时不宜用砂布除锈，可以使用钢丝刷刷除。面积很大的锈蚀，可采用风磨机与手工打磨配合除掉。

（2）甩砂机除锈操作

甩砂机是应用较为普遍的除锈设备，其操作简便，除锈效果好。操作时，利用滚筒的旋转，使被除锈构件与叶片和磨料之间产生摩擦、冲击和剪切作用，以除掉铁锈、氧化皮和铸件型砂等。使用的磨料，要求耐摩擦，不易粉化，便于清理。一般是使用铁砂，粒度在2～3mm较为适宜。甩砂机除锈适用于小型铸铁件和厚板件。

除锈时，先起动通风装置，保持工作环境空气流通，再打开滚筒的门，装入除锈件，然后在构件上均匀地撒上适量的铁砂，装入量不得超过滚筒容积的2/3，除锈件表面不能过于潮湿，否则会影响除锈效果。过于潮湿的构件，必须先经过干燥处理，将水分全部蒸发后，再进行除锈处理。除锈件装入滚筒后，将滚筒门关闭好，并用连锁杆锁住。启动电动机，使滚筒保持适当的旋转速度。旋转速度过慢，构件上的氧化皮、锈蚀物不易除掉；旋转速度过快，构件表面磨损厉害。滚筒的转速一般是控制在30～50r/min。除锈时间一般是根据构件表面的锈蚀程度，由操作者适当掌握。正常情况下，除锈时间为20～30min。到达除锈时间后，按下停止开关，待滚筒停止旋转后打开滚筒门，取出构件交检。除锈合格的构件，用压缩空气清理后，及时浸涂底漆，以防产生新的锈蚀。除锈不合格的构件，应重新进行除锈。

操作结束后，先关闭甩砂机和通风装置开关，再切断电源，并将铁砂收集在一起过筛后备用。

（3）干喷砂除锈

干喷砂的磨料有硅砂、河沙、铁砂、氧化铝砂等。硅砂有很高的硬度，在高速冲击下易粉碎，却不易粉化，可以反复使用多次，但价格较贵。河沙的硬度低，很容易粉化，硅尘较大，但来源充足，价格较低。铁砂和氧化铝砂的价格要高于硅砂和河沙，使用的设备也较复杂，应用范围不如硅砂或河沙普遍。

喷砂时，需要两人互相配合，喷砂操作者应穿戴好防护服，带好头盔，进入喷砂操作现场；另一名操作者将输砂管与喷砂室下部的储砂斗连接好，将除锈件正确摆放在有条格的工作台上。如果构件局部位置不需要喷砂处理，可用适当的工装夹具进行遮蔽。喷砂者进入喷砂操作现场后，打开照明灯，双手一前一后握住喷枪，通过操作手孔进行喷砂，操作者可通过喷砂室上部的观察窗，观察构件表面的除锈情况。砂料的喷出与停止，由脚踏开关控制，手脚的配合要协调一致，起枪和收枪时要超出工件的边缘。根据构件的材质和锈蚀程度，控制好喷砂距离和喷枪移动速度。操作中不宜经常调整空气压力，当氧化皮锈蚀严重时，可以缩短喷砂距离，但要注意构件表面不得磨损过度。喷砂的顺序是从里往外，从下往上，一枪压一枪，不能在一处停留，也不能多次反复重喷，喷枪的喷射角度为45°～80°。如果一次喷砂没有将锈蚀全部除净，可将喷砂距离拉远些，重复操作一次。当构件的一面锈蚀除净后，再将构件旋转处理另一面。喷砂过程中，如果砂料喷出不顺利，可对引射喷嘴沿轴线方向前后调整，使之得到较好的引射效果。喷砂后的构件，从工作台上卸下，摘掉遮蔽夹具，把凹陷部位的砂料倒出，用压缩空气和擦布将构件表面的砂尘清理干净，构件表面应达到均匀、细致、无光泽的灰白色，并有适当的粗糙度。喷砂后的构件表面活性很大，为了防止重新生锈，应在短时间内涂防锈底漆。喷砂结束后，将喷枪内残存的砂料清理干净，把喷枪吊挂在吊钩上，清扫喷砂室和施工场地，依次关闭照明灯和空压机。

(4) 湿喷砂除锈

湿喷砂由两人互相配合进行。操作前，先将橡胶管分别连接在储砂缸和储水缸底部出口上，将砂料过筛后装入储砂缸中，分别启动空压机和泥砂泵，使储砂缸和储水缸分别达到各自的工作压力，然后选择适宜的喷嘴拧紧在喷头上，喷嘴口径为8～10mm。待设备调整正常后，即可进行喷砂。

湿喷砂由2人配合进行，其中1人为喷砂操作者，要穿戴好防护服和防护帽，另外一名操作者将构件摆放在可以旋转的工作台上，构件不允许喷砂的部位要用工装夹具保护起来。喷砂者要双手握住喷头，与构件保持平行，另一名操作者控制调节喷砂量，并使储水缸保持一定的水位。喷砂的运行方式与干喷砂相同。湿喷砂后，将构件从工作台上卸下，先取下用于保护的工装夹具，再用干净的擦布擦干构件表面水分，然后用压缩空气将构件表面吹干。湿喷砂设备构造见图7-19。

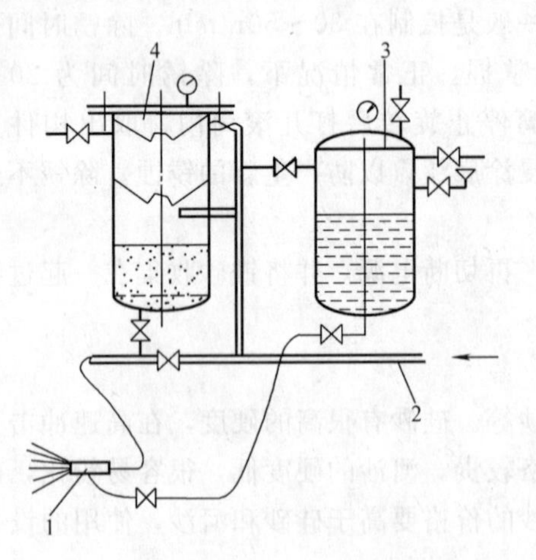

图7-19 湿喷砂设备结构示意图

1—喷头；2—压缩空气管；3—储水缸；4—储砂缸

(5) 化学除锈

化学除锈就是采用化学药品将锈层溶解掉。除锈前应将表面的油脂和污物去除。

操作前的准备工作，操作者要穿戴好耐酸的劳保用品。先打开加热器阀门，按使用酸的种类和配方，分别将酸洗槽、中和槽和热水槽加热至工艺规定的温度，接着启动通风装置，排除酸洗槽加热时产生的酸雾，然后检查所使用的设备工具，桥式起重机应运行正常，铁管、挂钩等应无严重腐蚀部件。构件的除锈处理，要根据构件表面的状况，采用不同的处理工序。当油污严重时，要经过化学脱脂后才能进入酸洗槽。

除锈处理主要有连续式和间歇式两种方式。连续式是在自动生产线上进行，大多采用喷射法，或者是采用喷射与浸渍相结合的方法，除锈效率高，质量好，但设备投资大，故应用较少。间歇式大多是采用浸渍法，设备简单，便于操作，但除锈效率较低，目前使用较多。

浸渍法除锈时，先将构件正确摆放在铁筐内，构件之间要保持适当的间隙。有封闭内腔的构件，应开口朝下，摆放时应稍有倾斜，可防止产生兜液和空气袋。大、中型构件，可以直接吊挂在桥式起重机上，吊挂前要考虑桥式起重机的承载能力，做到安全可靠。然后启动桥式起重机，将铁筐升起一定的高度，缓慢平稳地移入酸洗槽中，浸渍时间约为10～20min，根据构件表面的锈蚀程度，适当掌握酸洗时间，要防止产生过腐蚀。浸渍过程中，最好能使酸液产生振动，以增强除锈效果。构件表面锈蚀除净后，启动桥式起重机，把铁筐升起，移入温水槽中，上下移动浸洗数次，保持1min，将构件表面的酸液大部分洗掉，再移入冷水槽中，按照温水槽的水洗方法，重复操作一次。冷水槽的水要洁净，一般应采用流动冷水。

经过水洗后的构件表面仍会有少量残酸，如果直接进入磷化槽，容易使磷化槽溶液酸度发生变化，影响磷化质量。为此，应进行中和处理。中和处理是将酸洗后的构件，放在质量分数为5%的碳酸钠溶液中，浸泡3～5min，取出后再进入冷水槽，将铁筐上下移动1min，洗掉构件表面没有全部中和的有害离子，然后再进入磷化槽。

4.3 防止金属生锈和腐蚀

4.3.1 防止金属生锈和腐蚀的方法

(1) 合金化法：加入适量合金元素改变金属内部组织；

(2) 热处理法：使金属组织均匀并消除内应力或用化学热处理法渗铬、渗硼、渗硅等改变组织成分，均可提高耐蚀性。

(3) 表面覆盖法：用搪铅或搪瓷法搪上一层或用电镀或喷镀法镀上一层耐蚀的金属层或非金属层；用油漆、涂料等覆盖一层非金属保护层；用衬橡胶、衬铅、衬不锈钢、衬塑料、衬玻璃钢等金属和非金属衬里等方法与介质隔开。

4.3.2 防止大气腐蚀的方法

(1) 提高金属的抗蚀性：改变金属内部的组成，如制成合金钢、不锈钢，即在炼钢时加入铬、镍、锰、硅、矾、钨、钛、钼、硼等合金元素，增强钢的抗蚀能力；适当提高金属表面的光洁度；通过适当的热处理工艺，表面加工方式和改变金属表面形态来提高抗蚀性能力。

(2) 使金属表面形成“转化层”和保护层：化学及电化学转化层，如氧化、磷化、铬酸化、氟化等；表面合金化如氮化、渗金属（渗铝、渗铬、渗氮等）；金属镀层，如单金属和合金电镀、复合镀、喷镀、化学镀、离子镀、气相镀、包镀、渗镀；非金属镀层。有机涂层如橡胶、塑料、有机涂料涂层等，无机涂层如搪瓷、陶瓷等。这些方法都是通过使被保护金属与外界介质隔离来防止金属生锈。

(3) 应用防锈材料：主要指防锈材料可以除去的短期封存方法，防锈期可以从几个月到几年甚至十几年。主要有以下几种方法：防锈水；防锈油脂；气相缓蚀剂；可剥性塑料；包装用纸类，包括涂蜡纸、气相防锈纸等。

4.3.3 采用耐腐蚀的金属材料，建筑装饰常用的耐腐蚀性金属材料有

(1) 钢

1) 碳钢在潮湿工业大气、酸性介质中会产生缝隙腐蚀、电偶腐蚀、晶间腐蚀。合金钢耐蚀性优于碳钢，但在没有保护措施的情况下，仍具有碳钢的各种腐蚀倾向。高强度钢还有严重的氢脆、应力腐蚀倾向。

2) 碳、合金元素与钢的耐蚀性关系是在酸性溶液中，碳含量高腐蚀加剧，在大气中影响不大；铜含量在0.08%，已能明显提高钢的耐大气腐蚀性，有磷存在时更明显，微量的铜（0.03%～0.06%）可提高钢在水中的耐蚀性；镍能提高钢对酸、碱、海水的耐蚀性，添加量为0.5%～2.0%已明显提高了耐海洋大气腐蚀性能。此外，镍还能提高钢的抗腐蚀疲劳性；3%以上的铬能明显提高低碳钢的耐大气腐蚀性，同时提高了耐 H_2S 的腐蚀性，但不能增加耐碱、硝酸盐的腐蚀性；在低合金高强度钢中，加硅可以提高钢的抗应力腐蚀性能。在钢中硅含量大于1.5%，在3.5%NaCl水溶液中应力腐蚀开裂速度减慢。

(2) 不锈钢

1) 在大气条件下，一般含铬在13%以上铬钢可自发钝化，有良好的耐蚀性。在氧化性的酸和碱等化学介质中，铬含量需在17%以上才可能钝化。

2) 氯化物溶液中，不锈钢会产生点蚀。

3) 奥氏体不锈钢会产生晶间腐蚀。降低碳含量（0.3%以下），可防止晶间腐蚀。

4) 奥氏体不锈钢会产生应力腐蚀。选用高铬铁素体不锈钢、铁素体—奥氏体双相钢、超低碳含 Mo 不锈钢、高镍不锈钢等可减少应力腐蚀倾向。细化晶粒、控制残余应力、高温回火消除内应力、提高表面光洁度、清洁表面都可减缓应力腐蚀倾向。

5) 马氏体不锈钢有 Cr13、Cr17。总的说来，马氏体不锈钢可获得较高强度的同时有一定耐蚀性，热处理工艺要合理，否则会产生晶间腐蚀和应力腐蚀。

(3) 铜合金

铜合金在大气中是耐蚀的，表面生成 CuzO $CuCO_3$ $Cu(OH)_2$ 保护膜，在 pH6～12 范围内铜在淡水、盐水中是耐蚀的。铜合金容易变色，可采取钝化、化学转换膜等方法减缓。

(4) 铝合金

铝合金在干燥大气中，表面生成一层非晶状态的保护膜。在中性介质中耐蚀性好，但不耐卤素离子破坏。在潮湿大气、工业大气、酸和碱性介质中，由于氧化膜破坏而不耐蚀，在一定条件下，铝合金有应力腐蚀与晶间腐蚀的倾向。提高合金纯度，降低杂质含量，在高强度铝合金中添加微量 Mo、Zr、V、Cu、Cr、Mn 高纯度的铝合金对抗应力腐蚀有一定的改善；采用过时效热处理能提高铝合金抗应力腐蚀性能；采用喷丸或高温过时效热处理，可提高铝合金的耐应力腐蚀性。

(5) 钛合金

钛合金容易生成稳定的氧化膜，并能很快自行修复。在潮湿工业大气、海洋大气中耐蚀性也很好。钛合金在氧化性酸中耐蚀性好，在非氧化性酸中耐蚀性差，也即与钝化膜的生成与溶解有关。钛合金不会产生点蚀、晶间腐蚀，但有应力腐蚀倾向。几乎所有的 Mo、V 钛合金都具有抗应力腐蚀开裂能力。T1-A1 合金在氯化钠溶液中，应力腐蚀敏

感；钛合金不允许镀镉，加工、装配中也不允许与镀镉件接触，钛合金在焊接后，应作热处理消除应力，热处理后的氧化皮也应全部去掉，钛合金银铜焊件应避免在高温下使用，防止产生应力腐蚀裂纹。

(6) 镍

易受硫化物腐蚀。与银、铜及铜合金相比，受大气影响变暗较轻。

实训课题

一、实训内容和课时安排

1. 内容：

在长4000mm、高1500mm的墙面上制作金属幕墙。

2. 课时：12学时。

二、实训步骤及要求

1. 操作准备

(1) 施工机具　数控裁割刨沟机、手提式刨沟机、无齿锯、铆钉枪、经纬仪、电焊机、钻床、铣床、滚轮机、手电钻、电锤、冲击钻、测力扳手、气割设备、钢丝钳、吸盘、电动吊篮、曲线锯、注胶枪、锉刀等。

(2) 金属幕墙的附件及材料

预埋件、连接件、铝型材骨架、铝复合饰面板等。

2. 操作要点

(1) 预埋件的制作与安装　受力预埋件的锚板宜采用HPB235或HRB335级钢筋，并不得采用冷加工钢筋。预埋件的受力直锚筋不宜少于4根，直径不宜小于8mm。直锚筋与锚板应采用丁字形焊接，锚筋直径不大于20mm时宜采用压力埋弧焊。手工焊缝高度不宜小于6mm及0.5d（HPB235钢筋）或0.6d（HRB335钢筋）。

(2) 定位放线　根据建筑物的轴线，在适当位置，用经纬仪测定一根竖框基准线，弹出一根纵向通长线来，在基准线位置，从底层到顶层，逐层在主体结构上弹出此竖框骨架的锚固点。然后按建筑物的标高，用水平仪先测定一个楼层的标高点，弹出一根横向水平通线，得出竖框基准线与水平线相交的锚固点，再按水平通线以纵向基准线做起点，量出每根竖框的间隔点，通过仪器和尺量，就能依次在主体结构上弹出各楼层所有锚固点的十字中心线，即竖框连接件的位置。

(3) 骨架安装　骨架外立面要求同在一个垂直平整的立面上。以一个平整立面为单元，从单元的顶点和底点两侧竖框锚固点附近，定出主体结构与竖框的适当间距，上下各设置一根悬挑钢桩，用线坠吊垂线，找出同一立面的垂面，平整度，经调整合格后，各拴一根钢丝绷紧，定出立面单元两侧垂直，平整基准线。根据基准线，在各单元立面两侧，各设置悬挑钢桩，并在钢桩上按垂线找出各单元垂直平整点。竖框与连接件间要用螺栓连接。横框安装要保证横框与竖框的外表面处于同一立面上。横竖框间通常采用角码进行连接，角码一般用角铝或镀锌钢件制成。

(4) 铝塑板的加工　铝塑板加工的第一道工序是板材的裁切，按照设计要求加工出所需尺寸。第二道工序是刨沟，见图7-4（*a*）、（*b*）、（*c*）。第三道工序是铝塑板与副框及加强筋的固定。

(5) 金属幕墙框架上的安装　安装前要在竖框上拉出两根通线，定好板间接缝的位置，按线的位置安装板材，根据框架形式采取固定方式。见图 7-10。

(6) 注胶　注胶前要将需注胶的部位用丙酮、甲苯等清洁剂清理干净。使用清洁剂时应准备两块抹布，用第一块抹布蘸清洁剂轻抹将污物发泡，用第二块抹布用力拭去污物和溶物。注胶时应从一面向另一面单向注，不能两面同时注胶。垂直注胶时，应自下而上注。注胶后，在胶固化以前，要将节点胶层压平，不能有气泡和空洞，以影响胶和基材的粘结。注胶要连续，胶缝应均匀饱满，不能断断续续。

3. 构件加工技术要求

金属幕墙结构杆件截料之前应进行校直；金属幕墙横框的允许偏差为±0.5mm，立柱的允许偏差为±1.0mm，端头斜度的允许偏差为－15mm，截料端头不应有加工变形，毛刺不应大于 0.2mm；孔位的允许偏差为±0.5mm，孔距的允许偏差为±0.5mm，累计偏差不应大于±1.0mm。

思考题与习题

1. 金属幕墙的主要特点有哪些？
2. 金属幕墙主要由哪几部分构成？
3. 金属幕墙常用的材料有哪些？
4. 金属幕墙加工精度要求是什么？
5. 金属幕墙预埋件制作要求有哪些？
6. 简述铝塑板的加工步骤？
7. 金属幕墙安全施工要求有哪些？
8. 建筑装饰常用的耐腐蚀性金属材料有哪些？
9. 防止金属生锈和腐蚀的方法有哪些？

单元8 铝合金门窗的制作与安装

知 识 点：铝合金门窗的种类、特点和性能要求；铝合金门窗的质量缺陷与防止方法；铝合金门窗施工安全措施。

教学目标：掌握铝合金门窗的施工工艺，学会其制作方法。

在现代建筑装饰工程中，铝合金门窗作为建筑物的重要装饰构件已被广泛采用。经过数十年的迅速发展，已形成了铝合金门窗系列化产品。它广泛应用于商厦、宾馆、火车站、机场以及民用住宅工程中。在多台风、多暴雨、多风沙地区的建筑中更适宜采用铝合金门窗。这是因为，同普通木门窗、钢门窗相比，铝合金门窗主要具有如下优点：

(1) 轻质高强

铝合金的密度是钢材的1/3，尤其采用了门窗框的空腹薄壁形式，减轻了它的重量，且又节省了材料用量，每平方米耗用铝型材质量仅为8～12kg，而钢门窗每平方米耗钢量为17～20kg，其重量约为钢门窗的50%。另外，其断面尺寸较大，在重量较轻的情况下，其截面能有较高的刚度（接近普通碳素钢，可以达到300MPa以上）。

(2) 物理化学性能好

密闭性作为门窗重要性能指标，它直接影响到门窗的使用功能和室内能源的消耗。由于它的加工精度高，装配极其严密并且采用了毛条、橡胶、压条及其他性能优异的密封材料封缝，铝合金门窗较之钢门窗其气密性、水密性和隔声性能都好。它特别适用于装有空调设备的房间及对防尘、隔声、保温、隔热等有特殊要求的房间。

铝合金型材产品质量尤其是表面镀膜的质量如达不到设计要求，在加工成铝门窗及安装和使用过程中，其表面镀膜层如受到损伤，会导致保温性能差，而铝及其合金的导热系数又很大，因此，在北方寒冷地区，则不适宜采用铝合金门窗。

(3) 耐腐蚀性较好，使用维修方便

铝合金型材表面有一层保护膜，安装后不需要涂漆，长期使用不褪色、不脱落，表面也不需要维修，其耐腐蚀性要比钢木门窗好。由于它重量较轻，加工装配精密、准确，因而开启灵活无噪声。但使用要注意避免与铁、铁锈等接触，如果长期与其接触，就会产生电位差腐蚀，而且腐蚀速度较快，会大大缩短铝合金门窗的使用寿命。

(4) 使用中变形较小

质量合格的铝合金型材，本身刚度较好，因为在制作铝合金门窗的过程中，均采用五金配件和专门配件冷连接成一个整体。这种冷连接同钢门窗的电焊连接相比，可以避免在焊接过程中因受热不均而产生的变形，因而可保证制作精度，使用中变形也小。

(5) 造型和色彩美观

由于铝合金门窗的分格尺寸较大，使建筑物立面效果简洁明亮并增强了虚实对比，富有层次感。同时，由于铝合金型材的表面经阳极氧化及电解着色处理，可加工成银白色、咖啡色、古铜色、金黄色、黑色等多种色彩，而且表面光泽度极高，增添了建筑物立面和内部的美观。如果大面积铝合金门窗再配以适当色彩的吸热、热反射玻璃，会使得建筑物更显得挺拔而幽雅。

(6) 便于工业化生产

铝合金门窗从框料型材加工、配套零件及密封件的制作，到门窗装配成型及试验都可以在工厂内进行大批量工业化生产。有利于实现门窗设计标准化，产品系列化及零配件通用化。同时，铝合金门窗的现场安装工作量较小，可提高施工速度。特别是对于高层建筑，高档次的装饰工程，如果从装饰效果、年久维修等方面综合权衡，铝合金门窗的使用价值是优于其他各类门窗的。

课题1 铝合金门窗制作材料、门窗种类与性能

1.1 铝合金门窗制作常用材料

制作铝合金门窗的常用材料可分为铝合金型材和铝合金配件两种。

1.1.1 铝合金型材

铝合金型材是采用铝、镁、硅系合金（LD31）经机械挤压成型。挤压过程中，用空气快速冷却，最后进行人工时效处理，以保证其力学性能。

(1) 铝合金型材的化学成分、性能和代号

铝合金型材的化学成分，见表8-1。

铝合金型材化学成分百分数含量　　表8-1

合金牌号	Cu	S	H	Mn	Mg	Zn	Cr	Ti	Al	其他
LD31	≤0.1	0.2～0.6	≤0.35	≤0.1	0.45～0.9	≤0.1	≤0.1	≤0.1	余量	≤0.15

铝合金型材的力学性能，见表8-2。

铝合金型材的力学性能　　表8-2

合金牌号	状态	抗拉强度(σ_b)(MPa)	屈服强度($\sigma_{0.2}$)(MPa)	伸长率(δ)(%)	硬度(HV)
LD31	RCS	≥157	≥108	≥8	≥58

常用铝合金型材截面尺寸及系列代号见表8-3。

铝合金型材常用截面尺寸及系列代号　　表8-3

代号	型材截面系列	代号	型材截面系列
38	38系列(框料截面宽度38)	70	70系列(框料截面宽度70)
42	42系列(框料截面宽度42)	80	80系列(框料截面宽度80)
50	50系列(框料截面宽度50)	90	90系列(框料截面宽度90)
60	60系列(框料截面宽度60)	100	100系列(框料截面宽度100)

(2) 铝合金型材镀层厚度的选择

常用铝合金型材表面镀膜厚度在6～30μm之间，镀层越厚其造价也越高。

氧化膜厚度应根据装饰设计要求去选购相应镀层的型材，考虑使用的部位、气候环境

和建筑物等级等因素不同其镀层有所区别。室外对氧化膜的要求相应厚一些；沿海地区和较干燥的内陆城市相比，沿海由于受海风侵蚀较内陆严重，因此，沿海地区对氧化膜的要求应厚一些；建筑的等级高，对氧化膜的厚度要求也厚些。总之，既要考虑耐久性，同时也要注意经济性。

(3) 铝合金型材壁厚的选择

铝合金壁在 0.6～5.0mm 之间不等。门、窗料的断面几何尺寸已经系列化，但对断面的板壁厚度还未作标准规定。虽然断面是空腹薄壁组合断面，但板壁的宽度对耐久性及工程造价影响较大。如果板壁太薄，尽管是组合断面，但也因太薄而易使表面受损或变形，相应地影响了门、窗抗风压能力。如果板壁较厚，就经久耐用，可所加工的铝合金门、窗的面积就会减少，投资会增加或效益会降低。所以，门、窗料的板壁厚度应合理，过厚、过薄都是不妥的。一般建筑中所用的窗料板壁厚度不宜小于 1.2mm，门的断面板壁厚度不宜小于 2mm。

铝合金门窗常用铝型材截面形状（以推拉窗为例）见图 8-1。

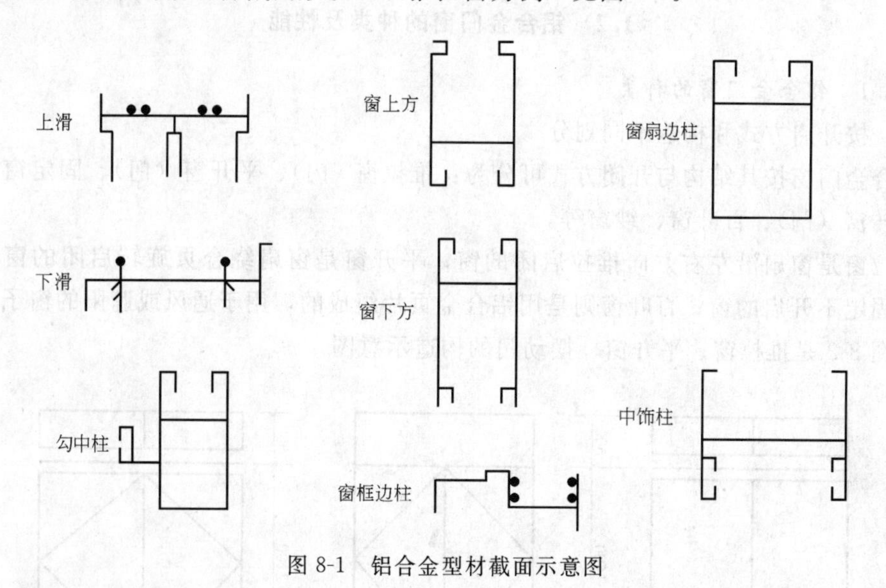

图 8-1　铝合金型材截面示意图

1.1.2　铝合金门窗配件

按设计要求，选用相应种类和规格的铝合金门窗配件。它们有不锈钢制成的滑轮壳体、锁扣、自攻螺钉，铸造锌合金制成的锁、暗插销、窗掣，尼龙制成的滑轮、合页垫圈，软质聚氯乙烯树脂聚合件制成的密封条、玻璃嵌条，聚丙烯毛条做成的推拉窗密封条，高压聚乙烯制成的气密、水密封件，氯丁橡胶密封条，型材连接、玻璃镶嵌用的硅酮胶等。

(1) 地弹簧

门的地弹簧应为不锈钢面或铜面，使用前进行前后左右、开闭速度的调整。液压部分不漏油，暗插为锌合金压铸片，表面镀铬或覆膜。

(2) 门锁

门锁为双面可开启的锁，门的推手可因设计要求不同而有所差异。除了满足推拉使用要求外，还要考虑其装饰效果。所以，弹簧门的推手常用铝合金、不锈钢等材料制成，造型差异较大，有方有圆。

(3) 推拉窗拉锁

推拉窗的拉锁规格应与窗的规格配套使用，常用锌合金压铸制品，表面镀铬或覆膜。也可用铝合金拉锁，表面氧化处理。

(4) 滑轮

滑轮通过滑轮架固定在窗上。其中滑轮架为钢或镀锌制品。

(5) 平开窗窗铰

平开窗的窗铰应为不锈钢制品，钢片厚度不宜小于 1.5mm，并且有松紧调节装置。

(6) 滑块

滑块一般为铜制品，执手为锌合金压铸制品，表面镀铬或覆膜。也可用铝合金制品，表面氧化处理。

1.2 铝合金门窗的种类及性能

1.2.1 铝合金门窗的种类

(1) 按开启方式和构造不同划分

铝合金门窗按其结构与开闭方式可分为：推拉窗（门）、平开窗（门）、固定窗、悬挂窗、回转窗（门）、百叶窗、纱窗等。

推拉窗是窗扇沿左右方向推拉启闭的窗；平开窗是窗扇绕合页旋转启闭的窗；固定窗，是固定不开启的窗；百叶窗则是用铝合金页片组成的，用于通风或遮阳的窗子。门亦如此。图 8-2 是推拉窗、平开窗、摆动门的构造示意图。

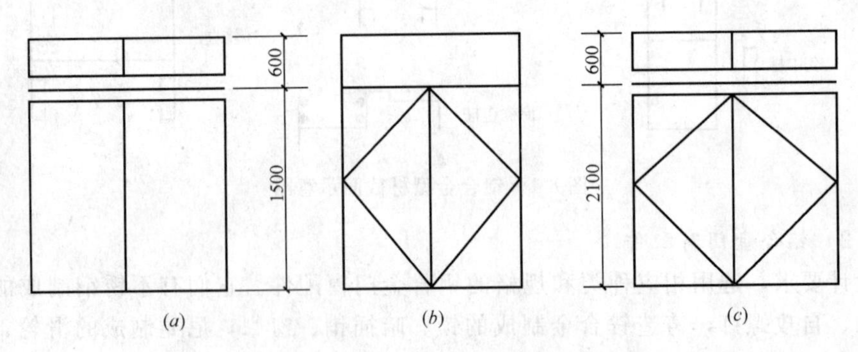

图 8-2 三种窗或门结构示意图

(*a*) 推拉窗；(*b*) 平开窗；(*c*) 摆动门

(2) 按所用型材划分

按所用型材划分，铝合金窗的种类有：38 系列至 60 系列平开窗；55 系列、60 系列、70 系列、90 系列推拉窗；各系列固定窗；各系列旋转窗。铝合金门的种类有：铝合金 90 系列、100 系列地弹簧门；铝合金 100 系列自动门；铝合金 42～90 系列平开门；铝合金 70、90、100 系列推拉门；铝合金 42～90 系列折叠门等。

铝合金门窗类型及代号见表 8-4。

铝合金门窗类型及其代号 **表 8-4**

序号	类　型	代号	序号	类　型	代号
1	平开门	PLM	9	滑轴平开窗	APLC
2	带纱扇平开门	SPLM	10	固定窗	GLC
3	推拉门	TLM	11	上悬窗	SLC
4	带纱扇推拉门	STLM	12	下悬窗	CLC
5	地弹簧门	LDHM	13	立转窗	LLC
6	固定门	GLM	14	推拉窗	TLC
7	平开窗	PLC	15	带纱扇推拉窗	STLC
8	带纱扇平开窗	SPLC			

下面是几种门窗构造图：

90 系列固定窗见图 8-3。

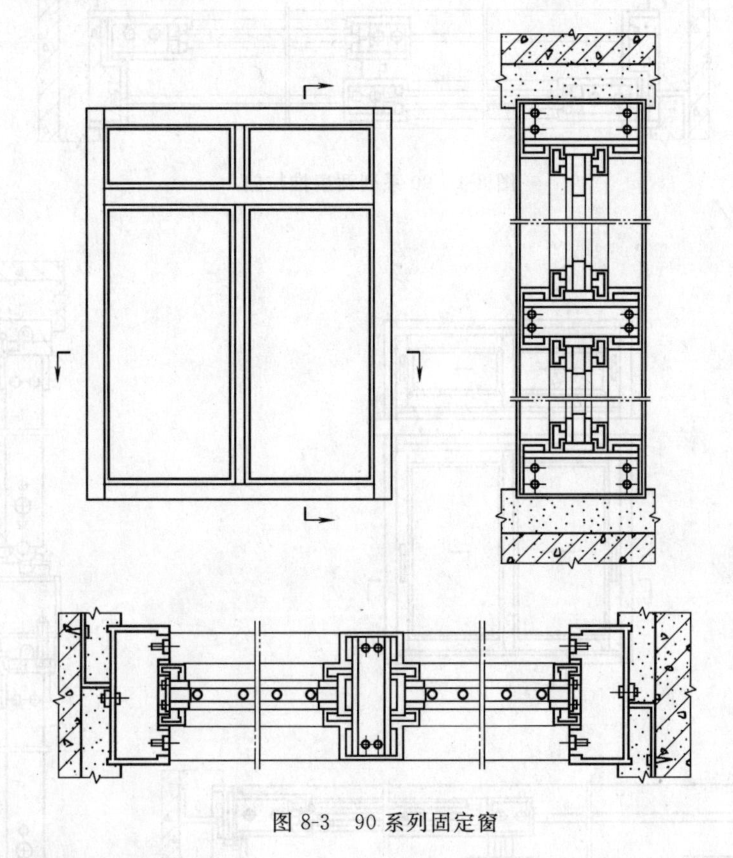

图 8-3　90 系列固定窗

90 系列两扇推拉门见图 8-4。

90 系列两扇推拉窗见图 8-5。

两扇地弹簧门（A 型）见图 8-6。

两扇地弹簧门（B 型）见图 8-7。

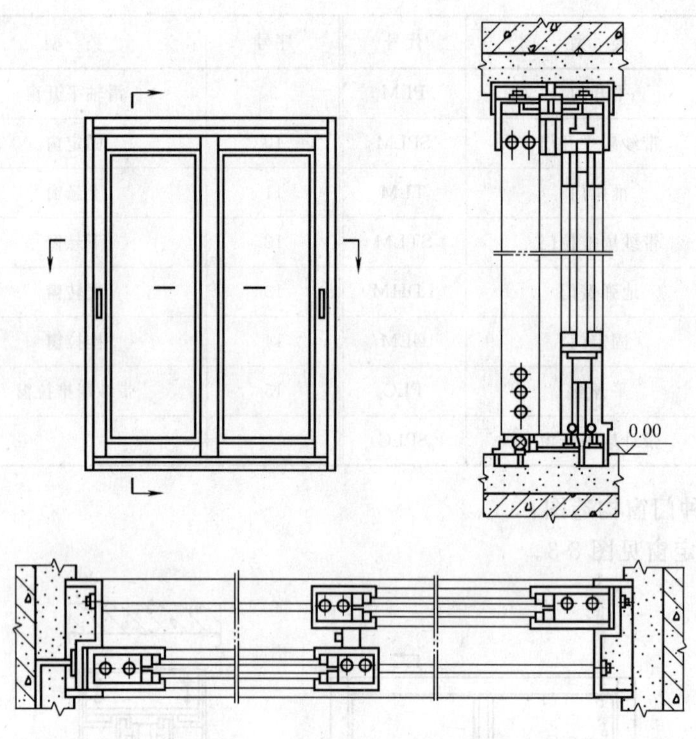

图 8-4　90 系列两扇推拉门

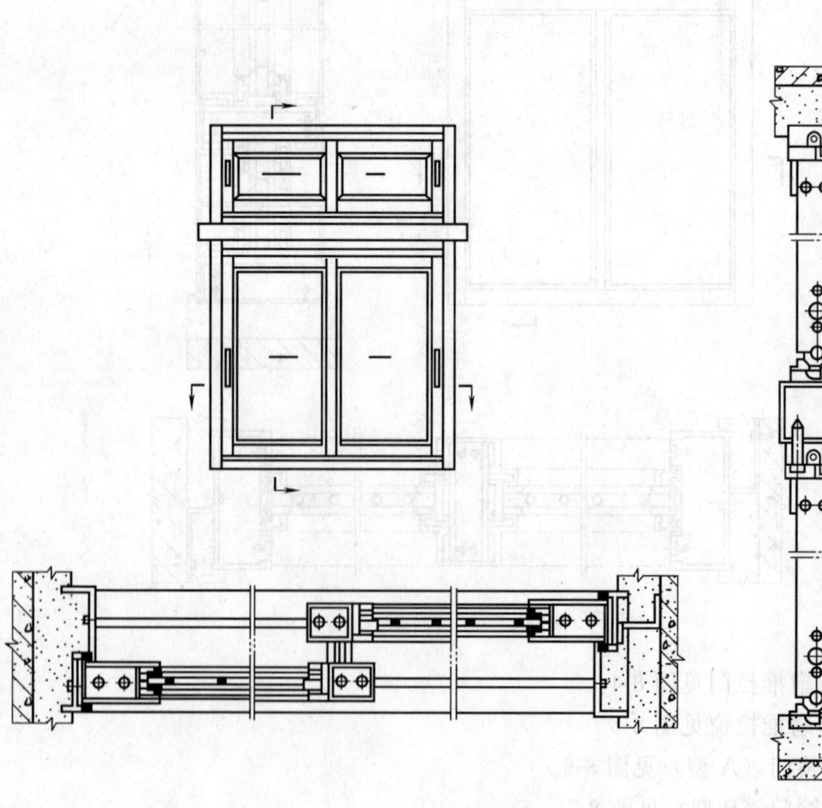

图 8-5　90 系列两扇推拉窗

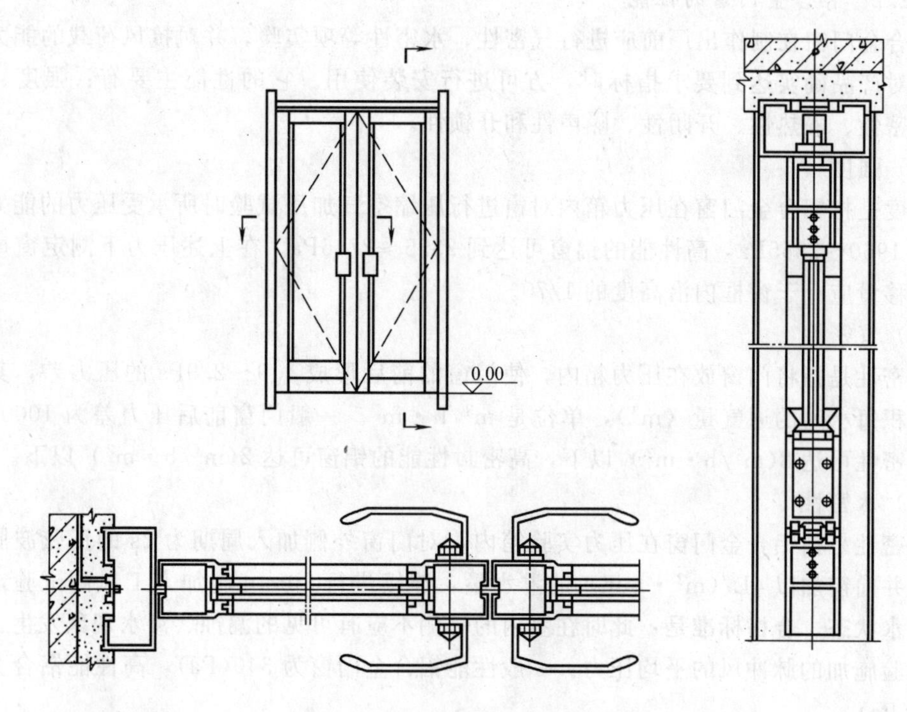

图 8-6　两扇地弹簧门（A 型）

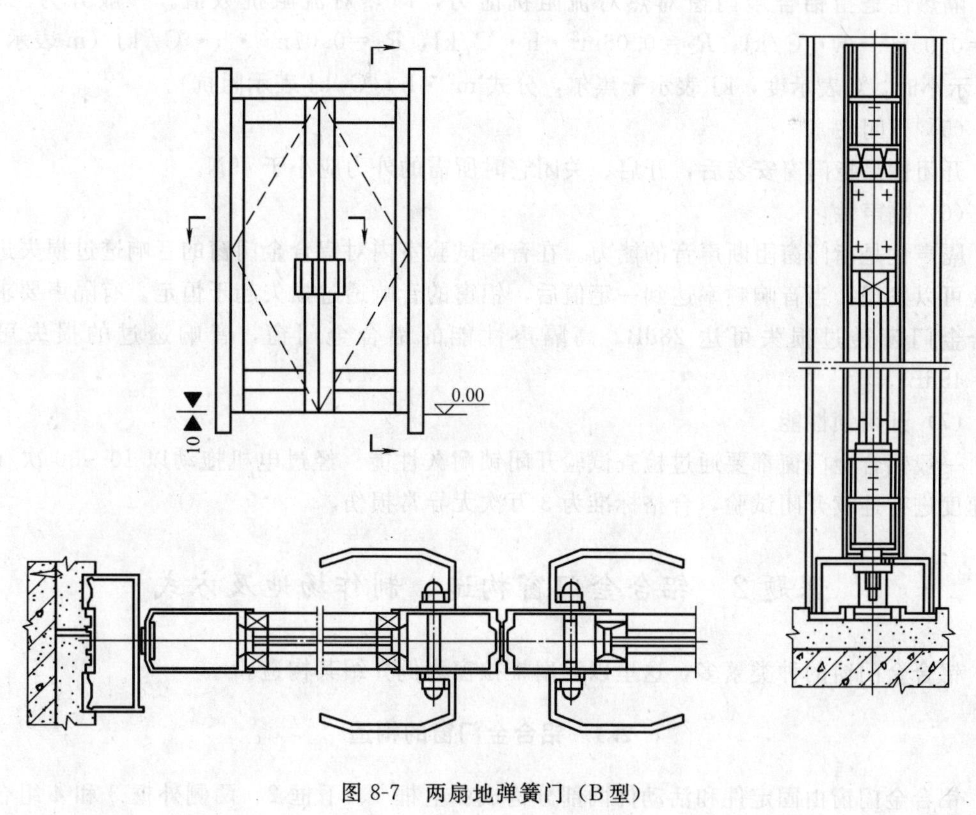

图 8-7　两扇地弹簧门（B 型）

1.2.2 铝合金门窗的性能

铝合金门窗在制作出厂前应进行气密性、水密性等项实验。并对抗风荷载的能力进行测定。对产品确实达到要求指标时，方可进行安装使用。它的性能主要有：强度、气密性、水密性、隔热性、开闭性、隔声性和开锁性。

(1) 强度

强度是指铝合金门窗在压力箱内对窗进行压缩空气加压试验时所承受压力的能力。一般达到1960～2355Pa，高性能的铝窗可达到2355～2746Pa。在上述压力下测定窗扉中央最大位移量应小于窗框内沿高度的1/70。

(2) 气密性

气密性是指将门窗放在压力箱内，使门窗的前后形成4.9～2.9Pa的压力差，其每平方米面积每小时的通气量（m^3），单位是$m^3/h \cdot m^2$。一般门窗前后压力差为1000（Pa）时，气密性可达8($m^3/h \cdot m^2$）以下，高密封性能的铝窗可达2($m^3/h \cdot m^2$）以下。

(3) 水密性

水密性是指铝合金门窗在压力实验箱内，对门窗外侧加入周期为2s的正弦波脉动压力风，并向窗加以4L/($m^2 \cdot min$）的淋水量，连续进行10min施加人工风雨试验，另一面的透水状态。合格标准是：此时在室内的一侧不应有可见的漏蚀、渗水现象发生。水密性用试验施加的脉冲风的平均压力：一般性能铝合金门窗为340(Pa)，高性能铝合金门窗为490(Pa)。

(4) 隔热性

隔热性是指铝合金门窗对热对流阻抗能力，即热对流阻抗数值。一般分为三级：$R_1=0.05m^2 \cdot h \cdot ℃/kJ$，$R_2=0.06m^2 \cdot h \cdot ℃/kJ$，$R_3=0.07m^2 \cdot h \cdot ℃/kJ$（m表示米，h表示小时，℃表示度，kJ表示千焦尔，分式$m^2 \cdot h \cdot ℃/kJ$表示阻抗）。

(5) 开闭性

开闭性是指门窗安装后，开启、关闭它时所需的外力应小于49N。

(6) 隔声性

隔声性是指门窗阻断声音的能力。在音响试验室内对铝合金门窗的音响透过损失进行试验可以发现，当音响频率达到一定值后，铝窗的音响透过损失趋于恒定。有隔声要求的铝合金门窗透过损失可达28dB。高隔声性能的铝合金门窗，音响透过的损失可达30～45dB。

(7) 开闭锁性能

一般铝合金门窗都要通过检查试验开闭锁耐久性能。经过电机拖动以10～30次/min的速度进行连续开闭试验，合格标准为3万次无异常损伤。

课题2 铝合金门窗构造、制作场地及方式

铝合金门窗的种类繁多，这里以双扇推拉窗为例介绍其构造。

2.1 铝合金门窗的构造

铝合金门窗由固定件和活动件两部分构成：上框1、下框2、两侧外框3和4组合成

固定部分与墙体连接。上内框5、下内框6、侧面框7、中框8及16分别组成两个活动窗扇，经滚轮9在下外框轨道上滑动，使窗扇开闭。14为开闭锁。

活动窗扇内用橡胶压条12安装平板玻璃13，窗扇四周都有尼龙密封条10和15与固定框保持密封，并使金属框料之间不直接接触。尼龙圆头钉11用于窗扇导向，塑料垫块17使窗在闭合时定位。

双扇推拉窗的构造见图8-8。

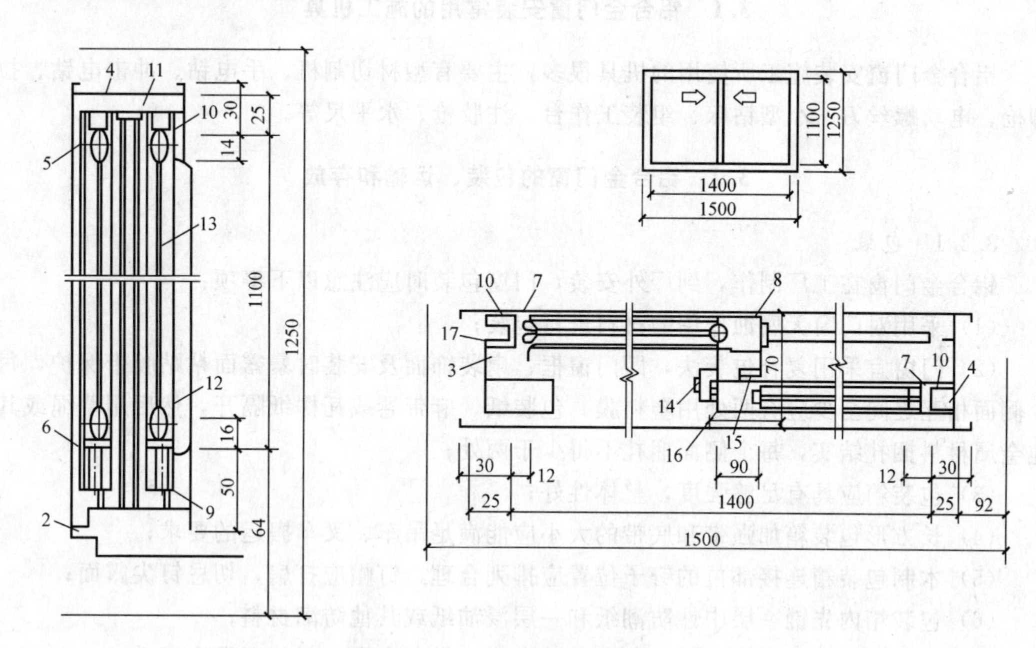

图8-8 两扇推拉窗的构造

1—上框；2—下框；3、4—外框；5—上内框；6—下内框；7—侧面框；8、16—中框；9—滚轮；10、15—尼龙密封条；11—尼龙圆头钉；12—橡胶压条；13—平板玻璃；14—开闭锁；17—蛔料垫块

其他铝合金门窗的构造大同小异，都是由窗框和窗扇两部分组成。铝合金门窗安装的附属构件还有连接件，通常由镀锌钢板制成，其一端与门窗框连接，另一端与墙体连接。有的门窗孔洞的墙体上还设有埋件，由钢板和锚筋组成，主体结构施工时埋入墙体。施工时，将门窗的连接件与预埋件焊接到一起，用以固定门窗框。

2.2 铝合金门窗的制作场地及方式

铝合金门、窗料由于易于切割，组装采用冷连接，所以，对组装设备及组装环境要求不高。可以采用两种制作方式：工厂制作和现场制作。

2.2.1 工厂制作

工厂制作铝合金门窗，可以充分利用机械设备形成固定的流水作业，因而加工精度高，适于大批量生产。

2.2.2 现场制作，其优点是可以减少门、窗的包装与运输工作量。特别是当门、窗加工尺寸较大时，可以避免因堆放不当所产生的变形，也可减少因运输中搬运不当使氧化膜受到磨损。但现场加工，由于有些自动化程度较高的切割设备搬动困难，而改为一般切割设备，相对工效较低。现场加工铝合金门窗，在目前已经是许多铝合金门、窗施工队伍常用的方法。

课题3　铝合金门窗安装的基础工作

3.1　铝合金门窗安装常用的施工机具

铝合金门窗安装施工所使用的机具很多，主要有型材切割机、手电钻、冲击电钻、拉铆枪、电动螺丝刀、小型钻床、组装工作台、注胶枪、水平尺等。

3.2　铝合金门窗的包装、运输和存放

3.2.1　包装

铝合金门窗在工厂制作，到厂外安装，门窗包装时应注意以下事项：

(1) 采用对门窗无腐蚀作用的材料进行包装；

(2) 门窗宜采用复合包装法，即门窗框、扇装饰面及安装时暴露面粘贴胶带保护，每个侧面相互之间至少应有两处用塑料膜、包装纸、麻带卷或瓦楞纸隔开，然后用草绳或其他金属材料捆扎结实，每个侧面捆扎不得少于两处；

(3) 包装箱应具有足够强度，整体性好；

(4) 长方形包装箱加强带和底带的大小应能满足吊车、叉车搬运的要求；

(5) 木制包装箱连接部位的钉子位置应排列合理，钉帽应打扁，切忌钉尖露面；

(6) 包装箱内先铺一层中性防潮纸和一层浸油纸或其他防潮材料；

(7) 产品置于箱内后，应用木条牢固地卡住，保证产品相互间不发生窜动；

(8) 四边的包装材料应向上折叠好再盖一层防潮纸和一层浸油纸，方可加盖钉严；

(9) 包装箱上应有明显的“防潮”、“小心轻放”及“向上”的字样和标志。

3.2.2　运输

门窗运输的要求是：

(1) 门窗运输车的车箱内应清洁无污染物；

(2) 搬运、装卸门窗时应轻抬、轻放；

(3) 严禁将工具穿入框、扇内抬、扛；

(4) 严禁撬、甩、丢、摔等动作；

(5) 采用机械吊装门窗时，用非金属绳索绑扎，并选择平稳牢靠的着力点，严禁构件局部或点受力；

(6) 不用包装箱运输门窗（料）时，各包装件之间应加轻质衬垫，并用木板与车体隔开，绑扎固定牢靠，严禁松动运输。

3.2.3　存放

存放要求是：

(1) 门窗要存放在专门的库房内，库房地面应平整，室内应清洁、通风、干燥，底部用方木垫平，离地不小于100mm；

(2) 铝合金门窗料应按规格、型号存放在货架上，标明型号、规格、数量，排列整

齐，取用方便；

(3) 门窗应竖立排放，设立支撑，防止倾倒；

(4) 铝合金门窗框、扇之间，宜用塑料块、木块或包装纸相互隔开；

(5) 门窗严禁与酸、碱、盐类物质接触。

课题4 铝合金门窗的安装

4.1 铝合金门窗的安装准备

(1) 施工队伍进入施工现场后，首先应对门窗洞口进行检查，对主体结构施工中误差较大的洞口应做好记录，并及时进行修整；

(2) 有预埋件的安装，要对预埋件的数量及质量进行检查，并做好检查记录；

(3) 现场应设置专门库房，存放材料及成品门窗，严禁随意堆放铝型材及成品门窗，以免损伤；

(4) 如是现场加工门窗，应设置专门的操作间和专门的工作台，并在工作台平面上放置不小于3mm厚的橡胶垫，以防拉伤铝合金型材；

(5) 操作间要配备动力电源和有足够的照明设施；

(6) 根据设计要求，复核门窗尺寸与式样，并制定制作方案；

(7) 复核铝合金型材尺寸。

由于生产铝合金型材的厂家较多，虽是同一系列的铝合金型材，但其形状尺寸和壁厚尺寸也会出现不同程度上的误差，因而会给制作带来很大困难。所以，制作同一批门窗，最好购买同一厂家的各种型材和辅料。

4.2 铝合金门窗施工工艺

铝合金门窗的种类和规格较多，但施工工艺基本相同，施工工序如下：

选料→切割下料→门窗上亮、门窗扇及门窗框的制作→门窗框安装→门窗扇安装。

4.2.1 选料

铝合金型材选料时要考虑两个因素：一是色彩一致，二是型材断面厚薄均匀，三是变形不能明显。

在生产中对铝合金型材氧化膜的色彩控制如不理想，往往生产的同一批铝合金型材，色彩也有深浅不一的现象。所以，选料时要注意色彩的选择，以保证整个工程铝合金门窗色彩的一致。同时，有的铝合金型材由于在挤压成型的过程中，工艺不精细，会造成厚薄不均的现象。另外，铝合金型材在运输过程中如受到挤压或碰撞，会造成型材变形。对于这几种情况的铝合金型材，要及时挑选出来，以免影响门窗质量。

4.2.2 切割下料

铝合金型材选好后，就要切割下料。切割前首先要确定各部分构件的尺寸，然后画线，之后切割。

(1) 门窗尺寸的确定

1) 门窗上亮尺寸的确定　门窗的上亮通常由扁方管做成矩形。在推拉门窗中，上下两条扁方管的长度为门窗框外径的宽度，竖向方管的尺寸为上亮高度减去两个扁方管的厚度。在平开门窗中，由于门窗的框料与上亮框料相同，都为方管，所以整个框架是一体的，上亮横向方管的长度等于门窗框的外径尺寸减去两个扁方管的厚度，竖向方管是整个框架的一部分。

2）门窗框尺寸的确定　在推拉门窗中，门窗框通常都是直角对接。门窗框是由两条边封铝合金型材和上、下滑道各一条组成。两条边封的长度等于门窗的高度，带有上亮的，等于全窗的高度减去上亮部分的高度。上、下滑道的尺寸等于窗框宽度减去两个边封铝合金型材的厚度。在平开门窗中，门窗框都是由扁方管组成，当采用45°对接时，上下及左右方管的长度就等于窗的宽度和高度，当采用直角对接时，竖向方管的高度等于窗的高度，横向方管的长度等于窗的宽度减去两个竖向方管的厚度。

3）门窗扇尺寸的确定　在推拉门窗中，门窗扇装配后，既要在上、下滑道内滑动，又要进入边封槽内，通过挂钩把门窗扇锁住。门窗框锁定时，两门窗扇的带钩边框的钩边刚好相碰，同时还能封口。推拉门窗扇的高度等于门窗框内径的高度。由于推拉门窗扇之门采用的是错位相接而不是对接，而各种规格铝合金型材的尺寸又不一样，所以门窗扇的宽度应根据具体铝合金型材的尺寸而定。

(2) 型材上画线

尺寸确定好以后，要在型材上按尺寸画线。画线时画细线，以减小切割后的误差。同时，要用直角尺，不能随意画线。

(3) 切割

线画好后，要进行切割。切割所用设备的规格与型号，可根据加工设备情况而定。无论采用何种设备切割，切割的精度都要保证，以确保组装顺利进行。特别是切割具有一定角度的斜面时，更应注意切割精度。如果在施工现场用小型切割机，宜选用小型台锯。如选用手提式电锯，宜将手提电锯固定，然后配上加工切割的工作台，以便于控制切割尺寸。切割过程中，切割机刀口位置应在画线外缘，同时，要把型材夹紧，并使型材处于水平位置，以保证切割尺寸的精度。

4.2.3　门窗上亮、门窗框及门窗扇的制作

(1) 门窗上亮制作

上亮部分的扁方管型材经加工后，连接组装成矩形框架。其连接方法通常采用铝角码和自攻螺钉进行连接或用铝角码与抽芯铝合金铆钉铆接。其中铆钉铆接的优点是衔接牢固、操作简单。铝角码宜采用厚度大于2mm的直角铝角条，角码的长度应等于扁方管内腔宽，否则对连接质量不利，长时间使用后，易发生接口松动现象。两条扁方管用角码固定连接时，应先用一小段同规格的扁方管做模子，长度宜在10mm左右。先在被连接的方管上要衔接的部位用模子定好位，将角码置入模子内并用手握紧，再用手电钻将两者一同钻孔，最后用自攻螺钉或抽芯铝铆钉固定。按此方法将四角顺次连接到一起。

操作注意：采用自攻螺钉连接用手电钻钻孔时，钻头的直径应稍小于自攻螺钉的外径，以保证连接的牢固性。一般情况下，角码的每肢采用2个自攻螺钉或铝铆钉。

方管安装前的钻孔方法见图8-9。

扁方管的连接见图8-10。

上亮框架组装完后，再用角形铝条作固定玻璃的压条。铝条安装时应先画线，定出一

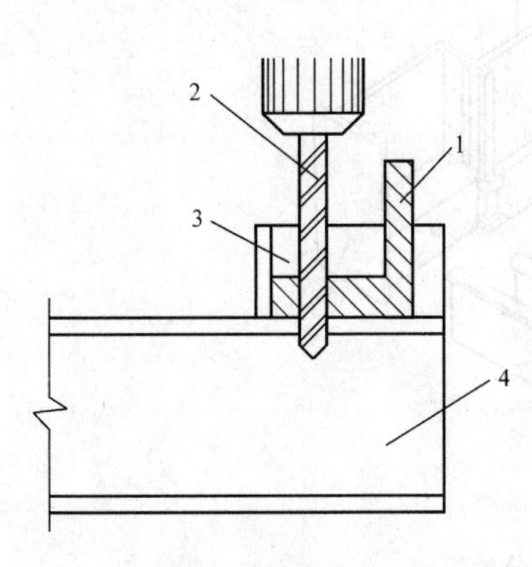

图 8-9　钻孔方法

1—铝角码；2—钻头；3—方管模子；4—扁方管

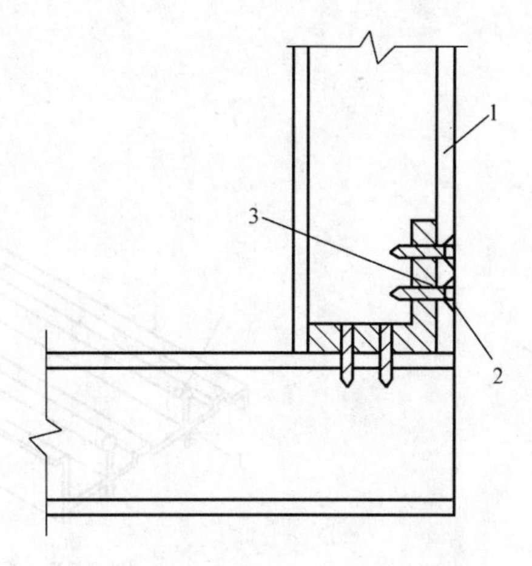

图 8-10　上亮方管的连接方法

1—方管；2—自攻螺钉；3—铝角码

侧铝条的位置，画线的方法是：在方管的一侧向内量出的长度为：（铝方管的宽度－玻璃宽度）÷2，在此位置画线，然后将铝条内侧对准画线的位置，固定到方管上。铝条可用自攻螺钉或铆钉固定也可用胶粘到方管上，采用胶粘剂粘结时，要用丙酮等有机溶剂对粘结面进行清洁处理。外侧铝条固定后，量出玻璃的厚度，安装内侧铝条。内侧铝条应临时固定到方管上，等装上玻璃后再紧固。

(2) 门窗框的制作

平开门、窗框的组装方法与上亮框架组装的方法相同，这里不再介绍。推拉门窗框架的组装方法如下：首先测量出在上滑道上面两条紧固槽孔距侧边的距离和距顶面的高低位置尺寸，然后根据此尺寸在窗框边封上部衔接处画线打孔。钻孔后，用专用的碰口胶垫，放在边封的槽口内，再用自攻螺钉，穿过边封上打出的孔和碰口胶垫上的孔，旋进上滑道的固紧槽孔内。在旋紧螺钉的同时，要保证上滑道与边封对齐，各槽对正，最后再上紧螺钉，并在边封内装好密封毛条。按同样方法连接门窗框下滑部分与边封。

上滑道部分与边封的组装见图 8-11；下滑道与边封的组装见图 8-12。

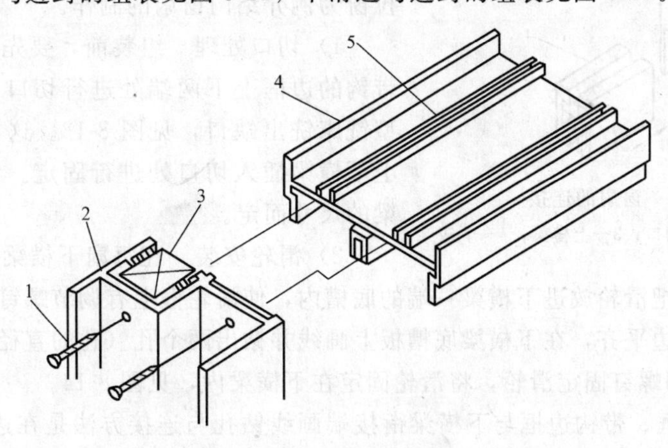

图 8-11　门窗框上滑部分组装

1—自攻螺钉；2—边封；3—碰口胶垫；4—上滑道；5—固定槽

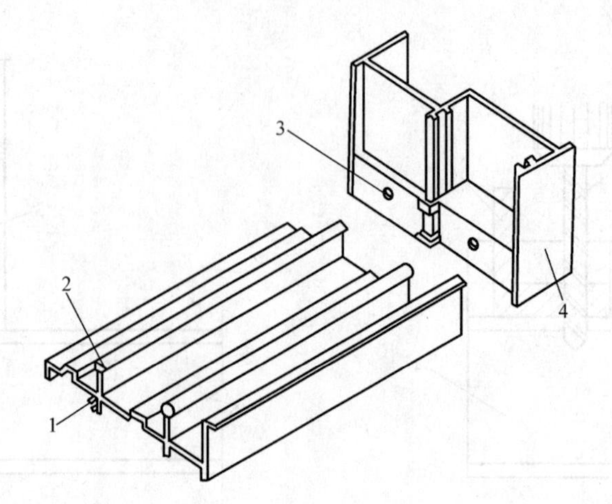

图 8-12　门窗框下滑部分的组装

1—固定槽；2—下滑道滑轨；3—安装孔；4—边封

门窗框组装时，不要将下滑道的位置装反，下滑道的滑轨面要与上滑道相对应才能使窗扇在滑道内推拉自如。

门窗框组装完后，要在其上设置连接件（用于连接门窗框与主体结构）。连接件通常用镀锌钢板或不锈钢板制成。连接件的厚度在1.5mm以上，长度150mm左右，宽度在20mm以上。连接件通常做成π字形，其一端通过抽芯铝铆钉与门窗框连在一起，不宜用自攻螺钉进行连接，防止松动。连接件在框架四周的间距应保持在500mm左右，间距不应过大。铝合金门窗框组装完后，应在封边及轨道的根部钻直径2mm的孔，用以排除门窗框内的积水。

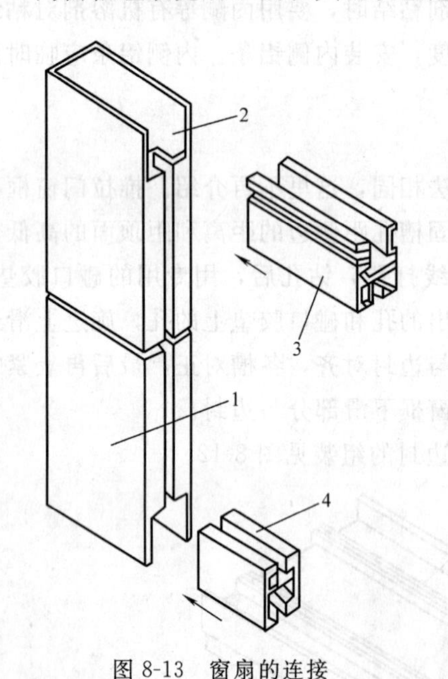

图 8-13　窗扇的连接

1—窗扇边框；2—切口；3—上横梁；4—下横梁

(3) 门窗扇的制作

由于门窗扇的种类和规格较多，这里仅以推拉窗为例介绍门窗扇的制作。

1) 切口处理　组装前，要先在窗扇的边框和带钩的边框上下两端处进行切口处理，一般用小型铣床铣出缺口，见图 8-13。这样以便将窗扇的上下横梁插入切口处进行固定。切口尺寸视其横梁的尺寸而定。

2) 滑轮安装　在每扇下横梁的两端各装一只滑轮，安装时，把滑轮放进下横梁一端的底槽内，使滑轮框上有调节螺钉的一侧向外，该面与下横梁端头边平齐，在下横梁底槽板上画线并钻出两个孔（孔的直径应根据螺钉的直径而定），然后用螺钉固定滑轮，将滑轮固定在下横梁内，见图 8-14。

3) 窗扇边框、带钩边框与下横梁衔接端画线钻孔与连接方法是在边框上钻三个孔，上、下两个孔是连接固定孔，中间一个是留出进行调节滑轮框上调整螺钉的工艺孔，见图 8-15。这三个孔的位置要根据固定在下横梁内的滑轮框上孔位置来画线，然后钻孔，并使其固定后边框下端与下横梁底边平齐。边框下端固定孔的直径一般为 4.5mm，并用直径为 6～8mm 的钻头划窝，以便安装固定螺钉后尽量不露螺钉头。钻孔后，再用圆锉刀在边框和带钩边框固定孔位置下边的中线处，锉出一个直径为 8mm 的半圆凹槽。此半圆凹槽是可防止边框与窗框下滑道上的滑轨相碰撞。旋动滑轮上的螺钉，能改变滑轮从下横槽中外伸的高低尺寸，而且能改变下横梁内两个滑轮之间的距离。

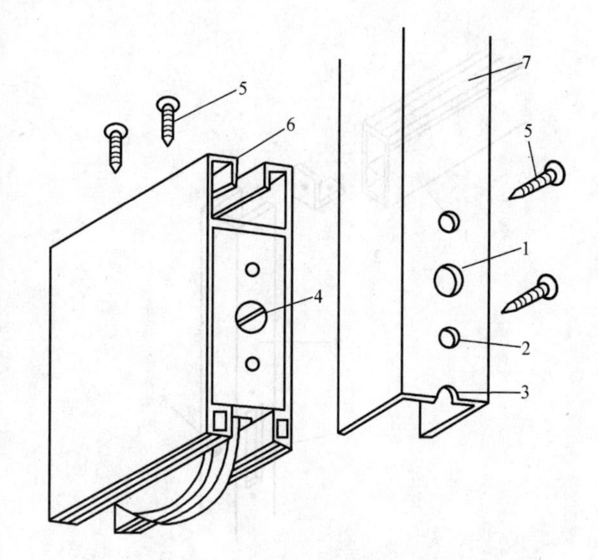

图 8-14　窗扇下横梁及滑轮安装

1—调节滑；2—固定孔；3—半圆槽；4—调节螺钉；5—滑轮固定螺钉；6—下横梁；7—边框

上横梁与窗扇边框之间的连接与上亮方管间的连接方法相同，也是用铝角码通过铝铆钉进行连接。

4）安装窗钩锁与窗扇边框开锁口

安装窗钩锁前，先要在窗扇的边框上开锁口，开口的一面是面向室内的一面。而且窗扇有左右之分，不要开错，否则此扇窗就不能用了。开窗钩锁锁口的尺寸，应根据所用锁的尺寸而定。其做法是先画线，然后用小型铣床铣出开口；也可用电钻钻孔，再把多余部分用平锉修平，使用锉刀时，注意不要损伤型材表面。然后在边框侧面再加工一个锁钩插入孔，孔的位置正对锁内钩之处，最后把锁身放入长形孔内，见图 8-15。通过侧边的锁钩插入孔，检查锁内钩是否正对圆插入孔的中心线。内钩向上提起后，钩尖是否在圆插入孔的中心位置上。如果完全正对后，用手按紧锁身，再用手电钻，通过钩锁上、下两个固定螺钉孔，在窗扇边框的另一面上钻孔，以便用窗锁固定螺杆贯穿边框厚度来固定窗锁钩。

铝合金门窗常用的另一种锁是环形旋转锁，也是由锁钩和锁身组成。锁身和锁钩分别用自攻螺钉固定到内、外窗扇的外边框上。锁定时，扭动锁身的旋转部分使其进入锁钩的凹槽内即可。

5）上密封条及安装窗扇玻璃　窗扇上的密封毛条有长毛条和短毛条两种。长毛条装在上横梁顶边的槽内，以及下横梁底边的槽边；短毛条装于带钩边框的钩部槽内。另外，窗框边封的凹槽两侧也要装短毛条。两种毛条安装时，用中性万能胶进行局部粘贴，以防止出现松散脱落现象。粘贴时，对粘贴面要进行清洁处理。

在安装玻璃时，先从窗扇的一侧将玻璃装入窗扇内侧，然后将边框连接并紧固好，见图 8-16。

当玻璃单块尺寸较小时，可以用双手夹住就位。如果玻璃尺寸较大，为便于操作，可采用玻璃吸盘。玻璃摆放在凹槽中间，内、外两侧的间隙应不少于 2mm。玻璃的下部不能直接坐落在铝合金框上，而用 3mm 左右厚度的橡胶垫块将玻璃垫起。玻璃就位以后，应及时用胶条固定。型材镶嵌玻璃的凹槽内，通常对其有三种处理方法：第一种方法是用橡胶条挤紧，然后在胶条上面注入硅酮系列密封胶；第二种方法是用 10mm 左右长的橡

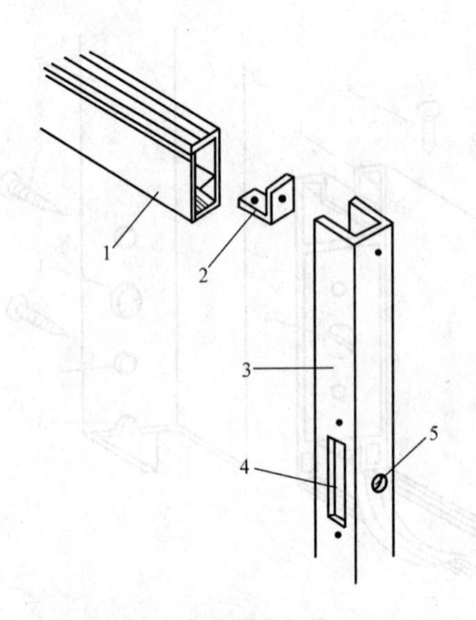

图 8-15　窗框上横梁的安装

1—上横梁；2—角码；3—窗扇边框；
4—窗锁孔；5—锁钩插入孔

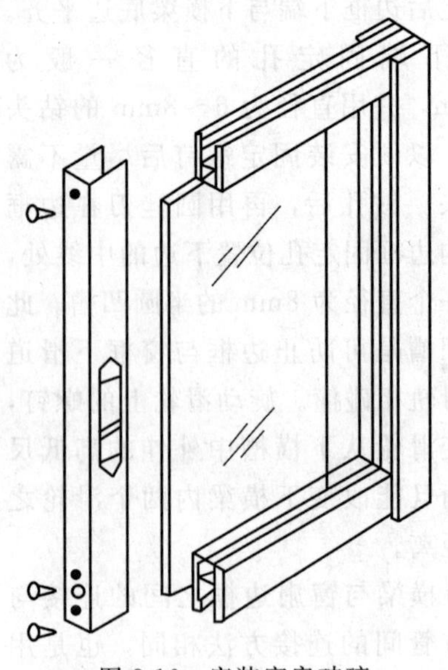

图 8-16　安装窗扇玻璃

胶块，将玻璃挤住，然后再注入硅酮系列密封胶（注胶使用胶枪，要注得均匀、光滑、饱满，注入深度不宜小于5mm）；第三种方法是用橡胶压条封密、挤紧，表面不再注胶（压条接头采用45°角对接，并用中性胶粘剂粘结）。

4.2.4　铝合金门窗的安装

这里仍以推拉窗为例介绍铝合金门窗的安装。铝合金门窗安装的主要内容是两个：一是门窗框安装，二是门窗扇安装。安装工序是：弹安装线→窗框就位固定→填缝→安装窗扇。

（1）弹安装线

根据图纸和洞口中心线和水平标高，在窗户洞口的墙体上弹出窗框安装的位置线。同一层楼标高误差不超过5mm，各洞口中心线从顶层到底层偏差也不要超过±5mm。每个洞口窗框的竖向位置线应垂直（双扇推拉窗一般只弹出两侧的竖向位置线；多扇推拉窗，应将竖向位置线的端部连到一起，即为其横向位置线）。竖向位置线可以弹窗框的内侧线，也可以弹外侧线，窗框在墙体上的具体位置应按设计而定。在弹线时，同一楼层的水平标高线不应撤掉，以备安装窗框时使用。

（2）窗框就位固定

1）窗框就位　安装窗框前，要检查其平整度，如有变形，应及时修整。同时利用同一楼层的水平标高线，每隔500mm做一块水平垫块，以防止窗框搁置变形。垫块的宽度不应小于10mm。窗框的尺寸应比洞口的尺寸小些，其间隙应视不同饰面材料而定。安装要求是：饰面层在与门窗框垂直相交处，其交接处的饰面层与门窗框的边缘正好吻合，不可让饰面层盖住门窗框。如果内外墙均是抹灰，因抹灰层的厚度一般都是2mm左右，故窗框的实际外缘每一侧尺寸要小于2mm；如果饰面层是大理石、花岗石一类的板材，其镶贴构造厚度一般是在5mm左右，所以门窗框的外缘尺寸比洞口每一侧尺寸小5mm左右。窗框就位时，将其下端放到水平垫片上，按照弹线的位置，先将门窗框临时用木楔固定，木楔应垫在边横框受力部位，以防框子被挤压变形。待检查立面垂直、左右间隙、对角线、上下位置等方面符合要求之后，再将窗框上的连接件固定到主体结构上。

2）窗体固定　连接件在主体结构上的固定通常有以下几种方法：①当洞口有预埋件，安装框子时，可将连接件直接焊牢于埋件上。焊接操作时，保证焊接质量，严禁在铝框上接地打火，并应用石棉布保护好铝框。如洞口墙体上预留槽口，可将铝框上的连接件插入槽口内，用C25细石混凝土或1∶2水泥砂浆填筑密实。②当门窗洞口为混凝土墙体但未作预埋件或预留槽口时，其门窗框上的连接件可用射钉枪射入射钉紧固。③如门窗洞口为砖砌（实心砖）结构，应用冲击电钻钻入不小于ϕ10mm的深孔，用膨胀螺栓紧固连接件，不允许采用射钉连接。④组合窗框间立柱上、下端应各嵌入框顶和框底的墙体（或梁）内25mm以上。转角处的立柱其嵌固长度应在35mm以上。⑤当门窗洞口为空心砖、加气混凝土砌块等轻体墙时，不允许采用射钉或膨胀螺栓进行连接，要根据具体情况，采用其他可靠的连接方法。

3）组合窗框安装方法　组合窗框按设计要求进行预拼装，以先安装通长拼樘料，再安装分段拼樘料，最后安装基本窗框的顺序进行。窗框的横向与竖向组合应采用套插。搭接应形成曲面组合，搭接量一般不少于10mm，以避免因门窗冷热缩胀和建筑物变形而引起的门窗之间裂缝。缝隙应用密封胶条或密封膏密封。

组合窗框的构造见图8-17。

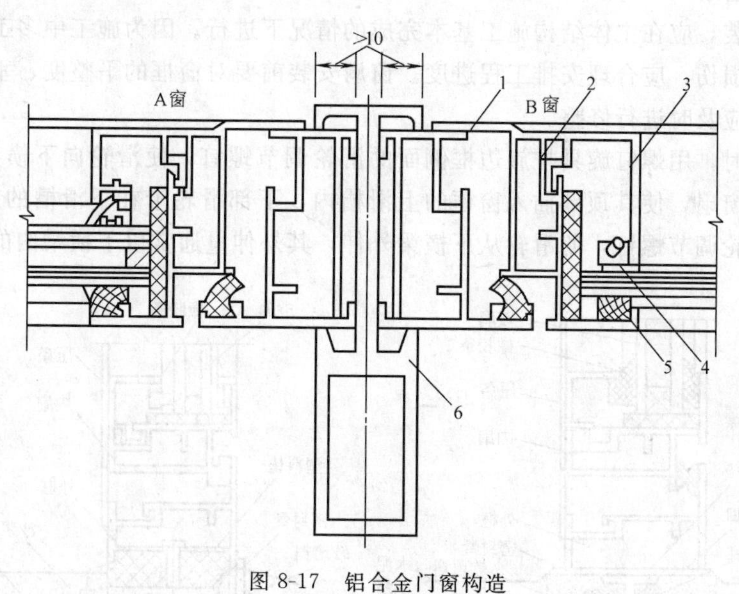

图8-17　铝合金门窗构造

1—外框；2—内扇；3—压条；4—橡胶条；5—玻璃；6—组合杆件

4）安装注意事项　①门窗框连接件采用射钉、膨胀螺栓等紧固时，其紧固件离墙（梁、柱）边缘不得小于50mm，且应错开墙体缝隙，以防紧固失效。②窗框定位后，不得随意撕掉保护胶带或包扎布，以免进行其他施工时造成铝合金表面损伤。在填嵌缝隙需要撕掉时，切不可用刀等硬物刮撕以免划伤铝合金表面。同时还要防止出现对窗框有划、撞、砸等破坏现象。③组合窗框拼樘料如需加强时，其加固型材要经防锈处理。连接部位应采用不锈钢或镀锌螺钉连接，见图8-18。

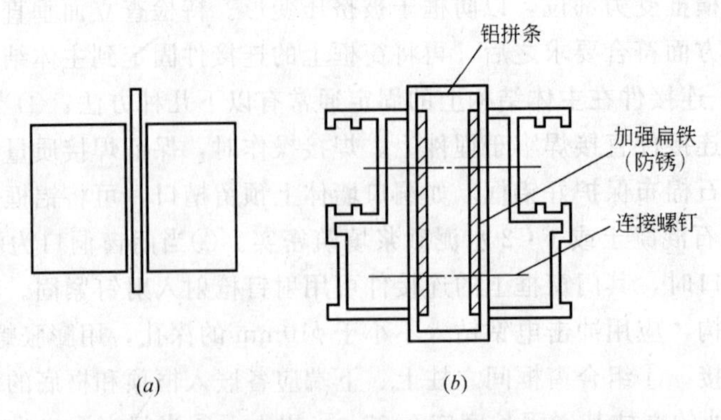

图 8-18　组合铝合金门窗拼樘料加强构造示意图

（a）组合简图；（b）组合门窗拼樘料加强方法

（3）填缝

窗框与墙体间的缝隙，要按设计要求使用软质保温材料进行填嵌，如设计无要求时，则必须选用诸如泡沫型塑料条、泡沫聚氨脂条、矿棉条或玻璃棉毡条等保温材料分层填塞均匀密实，并在外表面留出 5～8mm 深的槽口，再用密封膏填嵌密封，且表面平整。

（4）安装窗扇

窗扇的安装，应在主体结构施工基本完成的情况下进行。因为施工中多工种作业，为保护型材免受损伤，应合理安排工程进度。窗扇安装前要对窗框的平整度、垂直度进行复查，误差大的应及时进行修整。

窗扇安装时，用螺钉旋具拧旋边框侧面的滑轮调节螺钉，使滑轮向下横梁槽内回缩，这样就可托起窗扇，使其顶部插入窗框的上滑槽内，下部滑轮卡在下滑槽的滑轮轨道上，然后再拧旋滑轮调节螺钉，使滑轮从下横梁外伸，其外伸量通常以下横梁内的长毛密封条

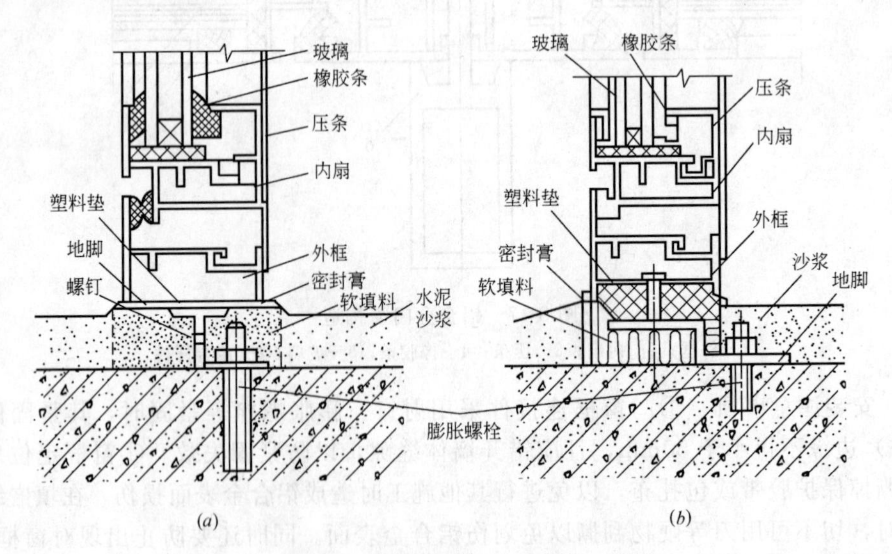

图 8-19　铝合金门窗安装节点示意图

（a）连接件不外突；（b）连接件外突

刚好能与窗框下滑面相接触为准，这样，既能有较好的防尘效果，又能使窗扇在滑轨上移动轻快。

窗钩锁的挂钩安装于窗框的边封凹槽内，挂钩的安装尺寸位置要与窗扇挂钩锁洞的位置相对应，挂钩的钩平面一般可位于锁洞孔中心线处。根据这个对应位置，在窗框边封凹槽内画线打孔即可。铝合金门窗安装节点示意图见图 8-19。

课题 5　铝合金门窗的质量通病与防治措施

铝合金门窗的质量通病有渗水、开启不灵活、密封质量不好、不方正、框扇表面污染等。为了保证安装质量，对此要采取相应的防止措施。

5.1 渗　水

5.1.1　产生原因

渗水产生的原因有三个：

(1) 密封不好，构造处理不妥；

(2) 外窗台泛水坡度反坡，饰面与窗框交接处勾缝不密实；

(3) 窗框四周与结构间有间隙，此处渗水对内墙影响也较大。

5.1.2　防治措施

(1) 横竖框的相交部位，应注上防水密封胶。一般多用硅酮密封胶。注胶时，框的表面务必清理干净。否则，会影响胶的密封。

(2) 有些外露的螺钉头，最好也在其上面注一层与其颜色相近的密封胶。外窗台泛水坡度反坡，应在抹灰时掌握好抹灰的倾斜度，通过放线来控制。若交接处不密实，应在此部位注一层防水胶。

(3) 安窗框时，保证窗框与结构间无间隙，作密实处理。

(4) 防治框内积水，其办法是在封边及轨道的根部钻直径 2mm 的孔，一旦积水，可通过小孔排向室外。

5.2 开启不灵活

5.2.1　产生原因

(1) 推拉窗轨道变形，弯曲，凸凹不平；

(2) 轨道内有垃圾、灰渣等杂物也会影响轮子前进；

(3) 平开窗窗铰松动，滑槽变形，滑块脱落等造成开启不灵活；

(4) 外窗台超高而影响平开窗的开启。

5.2.2　防治措施

(1) 窗框、窗扇及轨道变形，轻微的修整，严重的更换；

(2) 对于框内的杂物应清理干净；

(3) 窗铰变形，滑块变形，滑块脱落等，大部分可以修复，不能修复的要更换；

(4) 平开窗在外窗台抹灰时，应控制好其标高，以免影响平开窗的开启。

5.3 密封质量差

5.3.1 产生原因

(1) 没有按设计要求选择密封材料；

(2) 密封胶条的长度不够，接头不严密，粘接不好；

(3) 注胶质量不好。

5.3.2 防治措施

(1) 安装时按设计要求选择密封材料；

(2) 密封胶条要按其自然长度进行对接，接头处要切成45°角，对接截面用胶粘结；

(3) 窗外侧的密封材料宜使用整体的硅酮密封胶，且注胶前要对注胶部位清理干净，注胶要求均匀饱满。

5.4 门窗框、扇不规矩、不方正

5.4.1 产生原因

(1) 长期存放因受压或碰撞引起变形，安装时未及时校正；

(2) 铝门、窗框安装时未做认真垂吊和卡方，就急于固定；

(3) 填缝不均匀，局部填塞过紧，引起窗框变形，填缝完毕后，未重新进行垂直、平整度的复查。

5.4.2 防治措施

(1) 铝门、窗框、扇进场时应垂直放置整齐，底层垫实垫平，防止变形；

(2) 安框时应检查框是否方正，在安装洞口认真吊垂线，用水平尺靠直靠平，待框的两条对角线长度相等，表面垂直，再用木楔子将四周固定；

(3) 填缝应均匀，填缝完毕后在窗扇安装前要对窗框的垂直度和平整度重新复查，如有偏差，及时调整。

5.5 框、扇表面污染

5.5.1 产生原因

(1) 铝合金门、窗框、扇未用塑料胶纸包裹保护，致使铝合金制品表面受到腐蚀性液体侵蚀；

(2) 由于未采取保护措施，在抹灰时，水泥砂浆溅在铝合金制品表面，又没有及时擦净。

5.5.2 防治措施

(1) 铝合金门、窗框组装完后，应将其用塑料胶纸包裹好，不应过早拆除；

(2) 溅上水泥砂浆后，应及时用软布擦拭干净。

课题6 铝合金门窗安装质量标准与施工安全措施

6.1 铝合金门窗的施工安全

铝合金门窗在施工中必须遵守如下安全规则：

(1) 使用电动工具时，应严格遵守安全操作规程，不得违章作业。电动工具使用前，应检查其开关安全保护措施是否齐全有效，经检查合格后，方可接通电源启动机具。

(2) 使用铝合金型材切割机切割型材时，防止铝屑飞溅伤人。

(3) 施工现场安装铝合金门窗时，因是多项工种交叉作业，所以要戴好安全帽，防止坠物伤人。

(4) 各种清洁剂及密封胶应封口并设置专门库房保管好，不要随意堆放，防止发生火灾。

6.2 铝合金门窗的质量标准

铝合金门窗施工过程中必须遵守国家施工规范（GB 50210—2001）的规定。下面是门窗工程的相关规定。

5 门 窗 工 程

5.1 一 般 规 定

5.1.1 本章适用于木门窗制作与安装、金属门窗安装、塑料门窗安装、特种门安装、门窗玻璃安装等分项工程的质量验收。

5.1.2 门窗工程验收时应检查下列文件和记录：

1 门窗工程的施工图、设计说明及其他设计文件。

2 材料的产品合格证书、性能检测报告、进场验收记录和复验报告。

3 特种门及其附件的生产许可文件。

4 隐蔽工程验收记录。

5 施工记录。

5.1.3 门窗工程应对下列材料及其性能指标进行复验：

1 人造木板的甲醛含量。

2 建筑外墙金属窗、塑料窗的抗风压性能、空气渗透性能和雨水渗漏性能。

5.1.4 门窗工程应对下列隐蔽工程项目进行验收：

1 预埋件和锚固件。

2 隐蔽部位的防腐、填嵌处理。

5.1.5 各分项工程的检验批应按下列规定划分：

1 同一品种、类型和规格的木门窗、金属门窗、塑料门窗及门窗玻璃每100樘应划分为一个检验批，不足100樘也应划分为一个检验批。

2 同一品种、类型和规格的特种门每50樘应划分为一个检验批，不足50樘也应划分为一个检验批。

5.1.6 检查数量应符合下列规定：

1 木门窗、金属门窗、塑料门窗及门窗玻璃，每个检验批应至少抽查5%，并不得少于3樘，不足3樘时应全数检查；高层建筑的外窗，每个检验批应至少抽查10%，并不得少于6樘，不足6樘时应全数检查。

2 特种门每个检验批应至少抽查50%，并不得少于10樘，不足10樘时应全数检查。

5.1.7 门窗安装前，应对门窗洞口尺寸进行检验。

5.1.8 金属门窗和塑料门窗安装应采用预留洞口的方法施工，不得采用边安装边砌口或先安装后砌口的方法施工。

5.1.9　木门窗与砖石砌体、混凝土或抹灰层接触处应进行防腐处理并应设置防潮层；埋入砌体或混凝土中的木砖应进行防腐处理。

5.1.10　当金属窗或塑料窗组合时，其拼樘料的尺寸、规格、壁厚应符合设计要求。

5.1.11　建筑外门窗的安装必须牢固。在砌体上安装门窗严禁用射钉固定。

5.1.12　特种门安装除应符合设计要求和本规范规定外，还应符合有关专业标准和主管部门的规定。

5.3　金属门窗安装工程

5.3.1　本节适用于钢门窗、铝合金门窗、涂色镀锌钢板门窗等金属门窗安装工程的质量验收。

主 控 项 目

5.3.2　金属门窗的品种、类型、规格、尺寸、性能、开启方向、安装位置、连接方式及铝合金门窗的型材壁厚应符合设计要求。金属门窗的防腐处理及填嵌、密封处理应符合设计要求。

检验方法：观察；尺量检查；检查产品合格证书、性能检测报告、进场验收记录和复验报告；检查隐蔽工程验收记录。

5.3.3　金属门窗框和副框的安装必须牢固。预埋件的数量、位置、埋设方式、与框的连接方式必须符合设计要求。

检验方法：手扳检查；检查隐蔽工程验收记录。

5.3.4　金属门窗扇必须安装牢固，并应开关灵活、关闭严密，无倒翘。推拉门窗扇必须有防脱落措施。

检验方法：观察；开启和关闭检查；手扳检查。

5.3.5　金属门窗配件的型号、规格、数量应符合设计要求，安装应牢固，位置应正确，功能应满足使用要求。

检验方法：观察；开启和关闭检查；手扳检查。

一 般 项 目

5.3.6　金属门窗表面应洁净、平整、光滑、色泽一致，无锈蚀。大面应无划痕、碰伤。漆膜或保护层应连续。

检验方法：观察。

5.3.7　铝合金门窗推拉门窗扇开关力应不大于100N。无锈蚀。

检验方法：用弹簧秤检查。

5.3.8　金属门窗框与墙体之间的缝隙应填嵌饱满，并采用密封胶密封。密封胶表面应光滑、顺直，无裂纹。

检验方法：观察；轻敲门窗框检查；检查隐蔽工程验收记录。

5.3.9　金属门窗扇的橡胶密封条或毛毡密封条应安装完好，不得脱槽。

检验方法：观察；开启和关闭检查。

5.3.10　有排水孔的金属门窗，排水孔应畅通，位置和数量应符合设计要求。

检验方法：观察。

5.3.11　钢门窗安装的留缝限值、允许偏差和检验方法应符合表5.3.11的规定。

钢门窗安装的留缝限值、允许偏差和检验方法　　　表 5.3.11

项次	项　　目		留缝限值(mm)	允许偏差(mm)	检验方法
1	门窗槽口宽度、高度	≤1500mm		2.5	用钢尺检查
		>1500mm		3.5	
2	门窗槽口对角线长度差	≤2000mm		5	用钢尺检查
		>2000mm		6	
3	门窗框的正、侧面垂直度			3	用 1m 垂直检测尺检查
4	门窗横框的水平度			3	用 1m 水平尺和塞尺检查
5	门窗横框标高			5	用钢尺检查
6	门窗竖向偏离中心			4	用钢尺检查
7	双层门窗内外框间距			5	用钢尺检查
8	门窗框、扇配合间隙		≤2		用塞尺检查
9	无下框时门扇与地面间留缝		4～8		用塞尺检查

5.3.12　铝合金门窗安装的允许偏差和检验方法应符合表 5.3.12 的规定。

铝合金门窗安装的允许偏差和检验方法　　　表 5.3.12

项次	项　　目		允许偏差(mm)	检验方法
1	门窗槽口宽度、高度	≤1500mm	1.5	用钢尺检查
		>1500mm	2	
2	门窗槽口对角线长度差	≤2000mm	3	用钢尺检查
		>2000mm	4	
3	门窗框的正、侧面垂直度		2.5	用垂直检测尺检查
4	门窗横框的水平度		2	用 1m 水平尺和塞尺检查
5	门窗横框标高		5	用钢尺检查
6	门窗竖向偏离中心		5	用钢尺检查
7	双层门窗内外框间距		4	用钢尺检查
8	推拉门窗扇与框搭接量		1.5	用钢直尺检查

5.3.13　涂色镀锌钢板门窗安装的允许偏差和检验方法应符合表 5.3.13 的规定。

涂色镀锌钢板门窗安装的允许偏差和检验方法　　　表 5.3.13

项次	项　　目		允许偏差(mm)	检验方法
1	门窗槽口宽度、高度	≤1500mm	2	用钢尺检查
		>1500mm	3	
2	门窗槽口对角线长度差	≤2000mm	4	用钢尺检查
		>2000mm	5	
3	门窗框的正、侧面垂直度		3	用垂直检测尺检查
4	门窗横框的水平度		3	用 1m 水平尺和塞尺检查
5	门窗横框标高		5	用钢尺检查
6	门窗竖向偏离中心		5	用钢尺检查
7	双层门窗内外框间距		4	用钢尺检查
8	推拉门窗扇与框搭接量		2	用钢直尺检查